出版说明

科学技术是第一生产力。21 世纪，科学技术和生产力必将发生新的革命性突破。

为贯彻落实"科教兴国"和"科教兴市"战略，上海市科学技术委员会和上海市新闻出版局于 2000 年设立"上海科技专著出版资金"，资助优秀科技著作在上海出版。

本书出版受"上海科技专著出版资金"资助。

上海科技专著出版资金管理委员会

国家十二·五重点图书

上海科技专著出版资金资助

水弹性力学：
基本原理与工程应用

HYDROELASTICITY: THE BASICS WITH APPLICATIONS

程贯一　王宝寿　张效慈　编著

上海交通大学出版社
SHANGHAI JIAO TONG UNIVERSITY PRESS

内 容 摘 要

本书从水弹性力学基本理论和运动方程式推导出发,阐述了梁、杆、板壳的水弹性力学问题;讨论了板、壳振动辐射噪声问题;水中兵器发射时的水弹性响应;石油工业中输液管道和深海采油立管的涡激振动;极大型浮体在海浪和海流联合作用下的水弹性响应,是一本从基本理论到各个工程领域应用内容较为丰富的专著。

本书适用于船舶、水中兵器、石油管道等工程领域的本科生、研究生以及从事水弹性力学研究的工作者。

图书在版编目(CIP)数据

水弹性力学/程贯一,王宝寿,张效慈编著. —上海:上海交通大学出版社,2013
ISBN 978-7-313-08451-4

Ⅰ.①水… Ⅱ.①程…②王…③张… Ⅲ.①水弹性力学 Ⅳ.①TV131.2

中国版本图书馆 CIP 数据核字(2012)第 087800 号

水 弹 性 力 学

程贯一 王宝寿 张效慈 **编著**

上海交通大学出版社出版发行

(上海市番禺路 951 号 邮政编码 200030)

电话:64071208 出版人:韩建民

浙江云广印业有限公司印刷 全国新华书店经销

开本:787 mm×1092 mm 1/16 印张:24.25 字数:469 千字

2013 年 1 月第 1 版 2013 年 1 月第 1 次印刷

ISBN 978-7-313-08451-4/TV 定价:68.00 元

前　言

　　将水弹性力学与弹性力学耦合起来，便形成水弹性力学，它能够更深入地揭示结构物在水中运动时所发生的物理现象。中船重工第七○二研究所在培养研究生时，设置了《水弹性力学》课程，在长期的教学中形成了一份水弹性力学讲义。这份讲义曾在工程兵舟桥研究所讲授水弹性力学课程时使用过。华中科技大学郑际嘉教授闻知这份讲义，便来信索取，作为教学参考教材。本书编撰即是在这份讲义的基础上进行的，并结合我们多年来所做的研究工作，进行了扩充修改，形成现在内容较为广泛的《水弹性力学》一书。

　　崔维成教授认真审阅了本书，支持该书的出版，并建议增加平板大挠度的变分原理和涡激振动的最新进展。我们感谢崔维成教授对本书出版的支持。在书中增加了第3.6节平板大挠度的水弹性振动和第7.5节有内部液体流动的大柔性立管涡激振动的计算。

　　船舶在高海情波浪中的航行，水中兵器在波浪中的发射等诸多水弹性响应问题，正在从线性响应过程的频域研究转向非线性响应过程的时域研究。本书内容仅是阶段性研究工作的部分成果，随着试验技术和计算技术的进展，水弹性力学必将向更深层次进一步发展。

　　本书可供船舶、水工、水中兵器、石油管道等各种工程领域的大学生、研究生使用，也可供设计院、研究院从事水弹性力学的专业工作者参考使用。

编著者

2012 年 3 月

目　录

绪　论

　　水弹性力学是研究液体和固体相互作用的一门力学学科。在各种工程领域中,水弹性力学有着广泛的应用。水翼的颤振问题;潜望镜和雷达天线的水弹性振动问题;水中声波、激波与壳体结构的相互作用问题,等等。在水弹性力学中,要考虑水动力、弹性力和惯性力三种力的耦合作用,把水动力学的方程和弹性力学的方程耦合起来进行求解,因此,这方面的问题要比水动力学和弹性力学方面的问题难一些。作为液体的水,通常可以按不可压缩的流体进行处理,但在有些情况下,也要考虑到它的压缩性,如水声和水中激波的传播问题,固体则按弹性体或塑性体处理。

　　水弹性力学中有各种类型的振动问题,当物体在液体中受到激振源的作用时,会产生自由振动和强迫振动,激振源可以是航行体中的动力机械、螺旋桨等,也可以是流体中的脉动,如湍流、波浪等。当激振源的频率与物体-流体系统的固有频率相同时,便会产生共振现象,引起振幅的急剧增长,物体-流体系统的固有频率(或自振频率)与单独物体(或处在空气中,流体的影响可忽略)的固有频率是不相同的,液体耦合作用的影响不可忽略。当物体有航速时,由于弹性力、惯性力和水动力的耦合作用,其振动现象较为复杂,存在有一个临界航速,当物体达到临界航速时,会产生颤振现象(flutter),它是一种中性稳定的振动状态;当物体的航速大于临界值时,便产生动力失稳现象,振幅愈振愈大,称为疾振现象(galloping),对于非圆截面的结构,往往会产生疾振。习惯上,颤振是指结构物具有两个自由度以上的以同一频率耦合起来的振动现象。当自然流中有湍流,或一物体处于另一物体的尾流之中,则由于湍流脉动力引起物体的振动现象,称为抖振(buffeting)。

　　圆柱杆在流体中运动时,由于尾流中旋涡的形成,对圆柱杆产生周期性的脉动力作用,由此引起的振动称为涡激振动,在垂直于运动的方向,其振动比较显著,如高空输电线在风中会产生很大音响的振动,螺旋桨在一定条件下会产生唱音,均属于涡激振动的例子。

　　本书中讨论梁、杆、板、壳一类物体的水弹性力学问题,对于水介质,则不可压缩和可压缩的情形都要讨论到。书中对于哈密顿原理的应用给予充分的重视,它为复杂系统的动态过程分析提供了一个进行近似计算的有力工具。

我国已故老科学家徐芝纶院士在《弹性力学》一书[1]中详细叙述了各种弹性构件变形的理论计算公式;已故科学家钱伟长院士在《变分方法与有限元》[2]中详细叙述了弹性构件的有限元计算方法及力学系统的变分原理。本书中的多处内容就是根据上述著作将其推广应用到相应的水弹性力学问题中来的。

在 20 世纪 50 年代,我国已有一些水弹力学的论文发表,如郑哲敏院士等的论文"悬臂梁在一侧受有液体作用时的自由振动"[3],开创了我国水弹力学的研究工作,到 20 世纪 80 年代,吴有生院士完成了水面浮体的三维水弹性力学理论计算[4, 5],开拓了水弹性力学的三维理论。

本书从水弹性力学的基本问题开始,可提供给初学者学习,也描述了国内外水弹性力学较广泛范围内的工作,可提供给大学学生及有兴趣于该领域工作者们的参考。

参考文献

[1]　徐芝伦. 弹性力学[M]. 北京:人民教育出版,1983.

[2]　钱伟长. 变分法及有限元[M]. 北京:科学出版社,1980.

[3]　郑哲敏,马宗魁. 悬臂梁在一侧受有液体作用时的自由振动[J]. 力学学报,1959,3(2):111-119.

[4]　Wu Y S. Three Dimensional Hydroelastic Theory of a Floating Body [D]. Ph. D Thesis 1984.

[5]　Bishop R E D, W. G. Price F R S and Wu Yousheng. A General Linear Hydroelasticity Theory of Floating Structures Moving in a Seaway [J]. Phil Trans R. Soc Lond,1986,A316:375-426.

第1章 水弹性力学问题的微分方程和变分原理

1.1 水弹性力学问题的微分方程

考虑一个弹性体,其区域为 V_S,外面包围着液体,其区域为 V_L,弹性体表面 S_P,弹性体和流体的交界面 S,弹性体表面 S_P 上的分布力为 $\bar{P}$(见图 1.1),设弹性体是各向同性的,它产生的位移是小的,液体则按理想流体来处理,弹性体运动的微分方程为

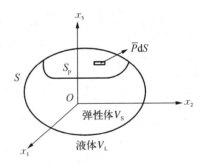

$$\rho_S \frac{\mathrm{D}^2 u_i}{\mathrm{D}t^2} = \sigma_{ij,j} + F_i \qquad (1.1)$$

图 1.1 弹性体液体耦合图

式中:ρ_S 为弹性体的密度,下标 S 表示弹性体;u_i 为弹性体质点沿 x_i 方向的位移;F_i 为作用于弹性体上的体积力;σ_{ij} 为应力,$\sigma_{ij,j}$ 表示 $\dfrac{\partial}{\partial x_j}\sigma_{ij}$;$t$ 为时间。

应变-位移关系为

$$e_{ij} = \frac{1}{2}(u_{i,j} + u_{j,i}) \qquad (1.2)$$

式中:$e_{i,j}$ 为 6 个应变分量,即 e_{11},e_{22},e_{33},$e_{12} = e_{21}$,$e_{23} = e_{32}$,$e_{31} = e_{13}$。

各向同性弹性体的应力-应变关系为

$$\sigma_{ij} = \lambda e_{kk}\delta_{ij} + 2\mu e_{ij} \qquad (1.3)$$

式中:λ,μ 为拉梅常数,它们和杨氏系数 E,泊松比 ν 的关系为

$$\lambda = \frac{E\nu}{(1+\nu)(1-2\nu)}, \quad \mu = \frac{E}{2(1+\nu)} \qquad (1.4)$$

式中：$e_{kk} = e_{11} + e_{22} + e_{33}$ 为体积膨胀应变，k 为哑标。

在弹性体的 S_P 部分表面上，外力 F 是已知的。

对于理想流体部分的区域 V_L，其运动微分方程的欧拉形式为

$$\rho_L \frac{\mathrm{D}^2 u_i}{\mathrm{D}t^2} = -\frac{\partial p}{\partial x_i} + F_i \tag{1.5}$$

式中：ρ_L 为流体的密度；$\dfrac{\mathrm{D}^2 u_i}{\mathrm{D}t^2}$ 为流体质点的加速度；p 为压强；F_i 为体积力。

连续方程为

$$\frac{\mathrm{D}\rho_L}{\mathrm{D}t} + \rho_L \, \dot{u}_{i,\,i} = 0 \tag{1.6}$$

对于不可压缩的液体，其状态方程可取

$$\rho_L = 常数 \tag{1.7}$$

考虑到压缩性，对于纯液体，其压强与密度间的关系可由下列半经验的公式给出：

$$\left(\frac{p+B}{p_0+B} \right)^{\frac{1}{A}} = \frac{\rho_L}{\rho_{L_0}} \tag{1.8}$$

式中：A，B 为与液体性质有关的常数，对于水 $A = 7$，$B = 3\,000$ 大气压，下标 0 表示未经扰动时的量。

若考虑水的微量可压缩性，则有

$$p = K(\rho - \rho_0)/\rho_0 \tag{1.9}$$

式中：K 为体积弹性系数，$\Delta p = K \dfrac{\Delta \rho}{\rho}$，$K = \rho \dfrac{\mathrm{d}p}{\mathrm{d}\rho}$。

对于水在 15℃ 时，有

$$K = 2.045 \times 10^{10} \ \mathrm{dyn/dm^2} (1 \ \mathrm{dyn} = 10^{-5} \ \mathrm{N})$$

还要求给出相应的初始条件、边界条件以及无穷远处的条件，在弹性体和流体的交界面 S 上应满足压强相等和法向速度相等的条件：

$$(\dot{u}_i n_i)_S = (\dot{u}_i n_i)_L \quad 在 S 上 \tag{1.10}$$

式中：n_i 为 S 面上单位法矢沿 x_i 方向的分量，指向弹性体的外部为正。

$$p = -\sigma_{ij} n_i n_j \quad 在 S - S_P 上 \tag{1.11}$$

其中的负号是由于弹性体中应力 σ_{ij} 的方向规定与流体中压强方向相反。

$$\bar{P}_i = \sigma_{ij} n_j + p n_i \quad 在 S_P 上 \tag{1.12}$$

式中：$\bar{P}_i$ 是弹性体表面 S_P 上的分布力。

从以上的方程中分析，对于弹性体，其未知量有 3 个位移分量 u_i，6 个应变分量 e_{ij}，6 个应力分量 σ_{ij}，从式(1.1)～式(1.3)共有 15 个方程式，对于理想流体，其未知量有 3 个速度分量 $\dot{u}_i$，压强 p 和密度 ρ 各一个量，从式(1.5)～式(1.7)共有 5 个方程式，在满足初始条件和边界连续性条件下，耦合求解上述方程组，可以求得各种具体问题的解，在现代电子计算机高度发展的情况下，可以用各种数值方法求解各种相当广泛的水弹性力学问题。

1.2 质点系运动的变分原理
——哈密顿原理[1]

设质点系的质量为 $m_i(i = 1, 2, \cdots, n)$，坐标为 (x_i, y_i, z_i)，在第 i 个质点上的作用力为 F_i，它有势函数 U，U 只依赖于质点的坐标，即

$$U = U(x_1, y_1, z_1; x_2, y_2, z_2; \cdots; x_n, y_n, z_n) \tag{1.13}$$

故作用力 F_i 为保守力场，具有关系

$$F_{x_i} = -\frac{\partial U}{\partial x_i}, \ F_{y_i} = -\frac{\partial U}{\partial y_i}, \ F_{z_i} = -\frac{\partial U}{\partial z_i} \quad (i = 1, 2, \cdots, n) \tag{1.14}$$

现在讨论质点系从时间 $t = t_1$ 到 $t = t_2$ 之间的运动，设起始位置 $[x_i(t_1), y_i(t_1), z_i(t_1)]$ 和终了位置 $[x_i(t_2), y_i(t_2), z_i(t_2)]$ 是已知的，那么质点系在已知外力作用下从 t_1 到 t_2 必有一条真实发生的运动路径 $[x_i(t), y_i(t), z_i(t)]$，称之为实路径，也可以设想有许多偏离实路径的路径 $[\tilde{x}_i(t), \tilde{y}_i(t), \tilde{z}_i(t)]$，称之为虚路径，则哈密顿原理为：

质点系从已知的起始位置运动到已知的终了位置之间的实路径，必须使作用量

$$\Pi = \int_{t_1}^{t_2} (T - U) \mathrm{d}t \tag{1.15}$$

成驻值，其中 T, U 为质点系的动能和势能。
又有

$$T = \frac{1}{2} \sum_{i=1}^{n} m_i (\dot{x}_i^2 + \dot{y}_i^2 + \dot{z}_i^2) \tag{1.16}$$

即要求

$$\delta \Pi = \delta \int_{t_1}^{t_2} (T - U) \mathrm{d}t = \int_{t_1}^{t_2} (\delta T - \delta U) \mathrm{d}t = 0 \tag{1.17}$$

可以从质点系的牛顿运动方程出发,推导得出这一结果,前者为

$$m_i \ddot{x}_i = F_{x_i}, \quad m_i \ddot{y}_i = F_{y_i}, \quad m_i \ddot{z}_i = F_{z_i} \quad (i = 1, 2, \cdots, n) \tag{1.18}$$

把它们写成平衡力系的形式(达朗贝尔原理)

$$m_i \ddot{x}_i - F_{x_i} = 0, \quad m_i \ddot{y}_i - F_{y_i} = 0, \quad m_i \ddot{z}_i - F_{z_i} = 0 \tag{1.19}$$

我们把虚路径与实路径之间的差异,称为虚位移,用 δx_i, δy_i, δz_i 表示:

$$\left. \begin{aligned} \delta x_i &= \tilde{x}_i(t) - x_i(t) \\ \delta y_i &= \tilde{y}_i(t) - y_i(t) \\ \delta z_i &= \tilde{z}_i(t) - z_i(t) \end{aligned} \right\} \tag{1.20}$$

利用虚功原理,可得

$$\sum_{i=1}^{n} \{ (m_i \ddot{x}_i - F_{x_i}) \delta x_i + (m_i \ddot{y}_i - F_{y_i}) \delta y_i + (m_i \ddot{z}_i - F_{z_i}) \delta z_i \} = 0 \tag{1.21}$$

对时间 t 进行积分,得

$$\int_{t_1}^{t_2} \sum_{i=1}^{n} \{ (m_i \ddot{x}_i - F_{x_i}) \delta x_i + (m_i \ddot{y}_i - F_{y_i}) \delta y_i + (m_i \ddot{z}i - F_{z_i}) \delta z_i \} \mathrm{d}t = 0$$

利用分部积分公式

$$\int_{t_1}^{t_1} m_i \ddot{x}_i \delta x_i \mathrm{d}t = m_i \dot{x}_i \delta x_i \Big|_{t_1}^{t_2} - \int_{t_1}^{t_2} m_i \dot{x}_i \delta \dot{x}_i \mathrm{d}t$$

$$= -\int_{t_1}^{t_2} \delta \left(\frac{1}{2} m_i \dot{x}_i^2 \right) \mathrm{d}t = -\delta \int_{t_1}^{t_2} \left(\frac{1}{2} m_i \dot{x}_i^2 \right) \mathrm{d}t \tag{1.22}$$

利用力的势函数 U,有

$$\int_{t_1}^{t_2} -F_{x_i} \delta x_i = \int_{t_1}^{t_2} \frac{\partial U}{\partial x_i} \delta x_i \tag{1.23}$$

综合起来,便得

$$\left. \begin{aligned} &\int_{t_1}^{t_2} \sum_{i=1}^{n} \left\{ \frac{\partial U}{\partial x_i} \delta x_i + \frac{\partial U}{\partial y_i} \delta y_i + \frac{\partial U}{\partial z_i} \delta z_i - \delta \left[\frac{1}{2} m_i (\dot{x}_i^2 + \dot{y}_i^2 + \dot{z}_i^2) \right] \right\} \mathrm{d}t = 0 \\ &\delta \int_{t_1}^{t_2} (U - T) \mathrm{d}t = 0 \end{aligned} \right\}$$

$$\tag{1.24}$$

即得式(1.17),上面完成了从牛顿运动方程到哈密顿原理的推导,反过来,也可以从哈密顿原理推导得出牛顿运动方程,这两者是等价的,但作为哈密顿原理的变分原理比运动方程的适用范围更广泛,它在量子力学中进一步得到了发展,还有,利用变分原理较易于求得某些问题的近似解。

如果几个质点的运动不是完全自由的,而是受到有 m 个条件的约束

$$\phi_j(t, x_1, \cdots, x_n; y_1, \cdots, y_n; z_1, \cdots, z_n) = 0 \quad (j = 1, 2, \cdots, m; m < 3n) \tag{1.25}$$

则独立的变量只剩下 $3n-m$ 个,如果用 $3n-m$ 个新的独立变量(或称广义坐标)

$$q_1, q_2, \cdots, q_{3n-m}$$

来表示质点系的位置,即

$$\left. \begin{aligned} x_i &= x_i(q_1, q_2, \cdots, q_{3n-m}, t) \\ y_i &= x_i(q_1, q_2, \cdots, q_{3n-m}, t) \\ z_i &= x_i(q_1, q_2, \cdots, q_{3n-m}, t) \end{aligned} \right\} (i = 1, 2, \cdots, n) \tag{1.26}$$

由势能和动能的表示式为

$$\left. \begin{aligned} U &= U(q_1, q_2, \cdots, q_{3n-m}, t) \\ T &= T(q_1, q_2, \cdots, q_{3n-m}; \dot{q}_1, \dot{q}_2, \cdots, \dot{q}_{3n-m}, t) \end{aligned} \right\} \tag{1.27}$$

于是变分原理成为

$$\delta\Pi = \int_{t_1}^{t_2} \sum_{i=1}^{3n-m} \left\{ \frac{\partial(T-U)}{\partial q_i} \delta q_i + \frac{\partial T}{\partial \dot{q}_i} \delta \dot{q}_i \right\} \mathrm{d}t = 0 \tag{1.28}$$

进行分部积分后,得

$$\delta\Pi = \int_{t_1}^{t_2} \sum_{i=1}^{3n-m} \left\{ \frac{\partial(T-U)}{\partial q_i} - \frac{\mathrm{d}}{\mathrm{d}t}\left(\frac{\partial T}{\partial \dot{q}_i}\right) \right\} \delta q_i \mathrm{d}t = 0 \tag{1.29}$$

由于变分 δq_i(虚位移)是任意的,可得

$$\frac{\partial(T-U)}{\partial q_i} - \frac{\mathrm{d}}{\mathrm{d}t}\left(\frac{\partial T}{\partial \dot{q}_i}\right) = 0 \quad (i = 1, 2, \cdots, 3n-m) \tag{1.30}$$

长期以来,人们把

$$L = T-U \tag{1.31}$$

称为拉格朗日函数,把式(1.30)写成

$$\frac{\mathrm{d}}{\mathrm{d}t}\left(\frac{\partial L}{\partial \dot{q}_i}\right) - \left(\frac{\partial L}{\partial q_i}\right) = 0 \quad (i = 1, 2, \cdots, 3n - m) \tag{1.32}$$

式(1.32)称为保守系统的拉格朗日方程式。

对于非保守系统的情形,即力系没有一个势函数 U,可以通过做功的形式写出表达式

$$\sum_{i=1}^{n} (F_{x_i} \delta x_i + F_{y_i} \delta y_i + F_{z_i} \delta z_i)$$

$$= \sum_{i=1}^{n} \sum_{k=1}^{3n-m} \left(F_{x_i} \frac{\partial x_i}{\partial q_k} \delta q_k + F_{y_i} \frac{\partial y_i}{\partial q_k} \delta q_k + F_{z_i} \frac{\partial z_i}{\partial q_k} \delta q_k\right)$$

$$= \sum_{k=1}^{3n-m} Q_k \delta q_k \tag{1.33}$$

其中利用了

$$\delta x_i = \sum_{k=1}^{3n-m} \frac{\partial x_i}{\partial q_k} \delta q_k, \ \delta y_i = \sum_{k=1}^{3n-m} \frac{\partial y_i}{\partial q_k} \delta q_k, \ \delta z_i = \sum_{k=1}^{3n-m} \frac{\partial z_i}{\partial q_k} \delta q_k \tag{1.34}$$

$$Q_k = \sum_{i=1}^{n} \left(F_{x_i} \frac{\partial x_i}{\partial q_k} + F_{y_i} \frac{\partial y_i}{\partial q_k} + F_{z_i} \frac{\partial z_i}{\partial q_k}\right) \tag{1.35}$$

式(1.35)即相应于广义坐标 q_k 的广义力。

变分原理可以写成

$$\int_{t_1}^{t_2} \left(\delta T + \sum_{k=1}^{3n-m} Q_k \delta q_k\right) \mathrm{d}t = 0 \tag{1.36}$$

换成

$$\sum_{k=1}^{3n-m} \int_{t_1}^{t_2} \left(\frac{\partial T}{\partial q_k} - \frac{\mathrm{d}}{\mathrm{d}t} \frac{\partial T}{\partial \dot{q}_k} + Q_k\right) \delta q_k \mathrm{d}t = 0$$

于是非保守力系的拉格朗日方程式为

$$\frac{\mathrm{d}}{\mathrm{d}t}\left(\frac{\partial T}{\partial \dot{q}}\right) - \frac{\partial T}{\partial q_k} = Q_k \quad (k = 1, 2, \cdots, 3n - m) \tag{1.37}$$

1.3 水弹性力学的变分原理

设有一弹性体,其区域为 V_S,在其表面 S_P 上,作用有已知的外力分布 $\bar{P}$,弹性

体周围与流体接触,流体的外界面为 S,设 S 为固定的。

弹性体和流体耦合系统的变分原理为:

满足运动方程(1.1),方程(1.5),在 $t = t_1$ 和 $t = t_2$ 时的位移 u_i 给定,并在应变、位移关系式(1.2),应力、应变关系式(1.3),连续方程式(1.6),状态方程式(1.8)或方程式(1.9),以及相应边界条件的约束下,问题的正确解可使下列泛函取驻值而求得:

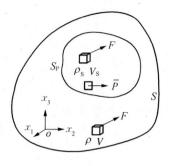

图 1.2　弹性体和流体耦合系统

$$\varPi = \int_{t_1}^{t_2}\left\{\int_{V_S}\left[\frac{1}{2}\rho_S\,\dot{u}_i\,\dot{u}_i - A(e_{ij}) + F_iu_i\right]\mathrm{d}v + \int_{S_P}\bar{P}_iu_i\mathrm{d}s + \right.$$

$$\left.\int_{V_L}\left[\frac{1}{2}\rho\dot{u}_i\,\dot{u}_i + \frac{1}{2}pu_{i,i} + F_iu_i\right]\right\}\mathrm{d}v \tag{1.38}$$

式中:$A(e_{ij})$ 为弹性体的应变能密度;$-pu_{i,i}$ 为流体受压后的势能密度。

$$A = \frac{1}{2}\sigma_{ij}e_{ij} = \frac{1}{2}(\lambda e_{kk}e_{ll} + 2\mu e_{ij}e_{ij}) \tag{1.39}$$

如果把这个系统的总势能定义为

$$U = \int_{V_S}\left[A(e_{ij}) - F_iu_i\right]\mathrm{d}v - \int_{S_P}\bar{P}_iu_i\mathrm{d}s + \int_{V_L}\left[-\frac{Pu_{i,i}}{2} - F_iu_i\right]\mathrm{d}v \tag{1.40}$$

总动能定义为

$$T = \int_{V_S}\frac{1}{2}\rho_S\,\dot{u}_i\,\dot{u}_i\mathrm{d}v + \int_{V_L}\frac{1}{2}\rho\dot{u}_i\,\dot{u}_i\mathrm{d}v \tag{1.41}$$

则变分原理可写成标准的形式

$$\delta\varPi = \delta\int_{t_1}^{t_2}(T - U)\mathrm{d}t = 0 \tag{1.42}$$

我们将流体作为具有微量压缩性的声介质来考虑,其压强 p 与散度 $\mathrm{div}\,\boldsymbol{u} = u_{i,i}$ 之间有如下关系:

$$p = -\rho c^2\mathrm{div}\,\boldsymbol{u} \tag{1.43}$$

式中:c 为介质的声速。

泛函方程(1.38)可写成

$$\Pi = \int_{t_1}^{t_2} \left\{ \int_{V_S} \left[\frac{1}{2} \rho_S \dot{u}_i \dot{u}_i - A(e_{ij}) + F_i u_i \right] \mathrm{d}v + \int_{S_P} \bar{P}_i u_i \mathrm{d}s + \right.$$

$$\left. \int_{V_L} \left[\frac{1}{2} \rho \dot{u}_i \dot{u}_i - \frac{\rho c^2}{2} (\mathrm{div}\, \boldsymbol{u})^2 + F_i u_i \right] \mathrm{d}v \right\} \mathrm{d}t \qquad (1.44)$$

进行变分运算,得

$$\delta \Pi = \int_{t_1}^{t_2} \left\{ \int_{V_S} \left[\rho_S \dot{u}_i \delta \dot{u}_i - \frac{\partial A}{\partial e_{ij}} \delta e_{ij} + F_i \delta u_i \right] \mathrm{d}v + \int_{S_P} \bar{P}_i \delta u_i \mathrm{d}s + \right.$$

$$\left. \int_{V_L} \left[\rho \dot{u}_i \delta \dot{u}_i - \rho c^2 \mathrm{div}\, \boldsymbol{u}\, \mathrm{div}\, \delta \boldsymbol{u} + F \delta u_i \right] \mathrm{d}v \right\} \mathrm{d}t = 0 \qquad (1.45)$$

利用分部积分

$$\int_{t_1}^{t_2} \rho \dot{u}_i \delta \dot{u}_i \mathrm{d}t = \rho \dot{u}_i \delta u_i \Big|_{t_1}^{t_2} - \int_{t_1}^{t_2} \rho \ddot{u}_i \delta u_i \mathrm{d}t = -\int_{t_1}^{t_2} \rho \ddot{u}_i \delta u_i \mathrm{d}t \qquad (1.46)$$

其中利用了在 t_1、t_2 瞬时 $\delta u_i = 0$ 的条件。

应变能部分可变成

$$\frac{\partial A}{\partial e_{ij}} \delta e_{ij} = \frac{1}{2} \frac{\partial A}{\partial e_{ij}} (\delta u_{i,j} + \delta u_{j,i}) \qquad (1.47)$$

由于 $\dfrac{\partial A}{\partial e_{ij}} = \dfrac{\partial A}{\partial e_{ji}}$,式(1.47)可变为

$$\frac{\partial A}{\partial e_{ij}} \delta e_{ij} = \frac{\partial A}{\partial e_{ji}} \delta u_{i,j} \qquad (1.48)$$

利用分部积分,得

$$\int_{V_S} \frac{\partial A}{\partial e_{ij}} \delta e_{ij} \mathrm{d}v = \int_{V_S} \frac{\partial A}{\partial e_{ij}} \delta u_{i,j} \mathrm{d}v = \int_{V_S} \left[\left(\frac{\partial A}{\partial e_{ij}} \delta u_i \right)_{,j} - \left(\frac{\partial A}{\partial e_{ij}} \right)_{,j} \delta u_i \right] \mathrm{d}v$$

$$(1.49)$$

利用格林定理,可证

$$\int_{V_S} \left(\frac{\partial A}{\partial e_{ij}} \delta u_i \right)_{,j} \mathrm{d}v = \int_{S_P} \frac{\partial A}{\partial e_{ij}} \delta u_i n_j \mathrm{d}s \qquad (1.50)$$

式中:n_j 是 S_P 上指向弹性体外的单位法矢的分量。

将流体中压缩势能变成

$$\rho c^2 \int_{V_L} \mathrm{div}\, \boldsymbol{u}\, \mathrm{div}\, \delta \boldsymbol{u} \mathrm{d}v = \rho c^2 \int_{V_L} \left[\mathrm{div}(\delta \boldsymbol{u}\, \mathrm{div}\, \boldsymbol{u}) - \delta \boldsymbol{u}\, \nabla (\mathrm{div}\, \boldsymbol{u}) \right] \mathrm{d}v \qquad (1.51)$$

再利用高斯公式,有

$$\rho c^2 \int_{V_L} \operatorname{div} \boldsymbol{u} \operatorname{div} \delta \boldsymbol{u} \mathrm{d}v = \rho c^2 \int_{S_P+S} \delta u_n \operatorname{div} \boldsymbol{u} \mathrm{d}s - \int_{V_L} \rho c^2 \delta \boldsymbol{u} \nabla \operatorname{div} \boldsymbol{u} \mathrm{d}v \quad (1.52)$$

式中：u_n 是指向流体域 V_L 外部的法向位移。

将式(1.46)～式(1.52)代入式(1.45)，得

$$\delta \Pi = \int_{t_1}^{t_2} \Big\{ \int_{V_S} [-\rho_s \ddot{u}_i + \sigma_{ij,j} + F_i] \delta u_i \mathrm{d}v + \int_{S_P} [\bar{P}_i - \sigma_{ij} n_j] \delta u_i \mathrm{d}s +$$

$$\int_{V_L} \Big[(-\rho \ddot{u}_i + F_i) \delta u_i + \rho c^2 \delta u_i \frac{\partial}{\partial x_i} (\operatorname{div} \boldsymbol{u}) \Big] \mathrm{d}v - \rho c^2 \int_{S_P+S} \delta u_i n_i \operatorname{div} \boldsymbol{u} \mathrm{d}s \Big\} \mathrm{d}t$$

$$= 0 \tag{1.53}$$

由此得

$$\rho_s \ddot{u}_i - \sigma_{ij,j} - F_i = 0 \qquad \text{在 } V_S \text{ 中}$$

$$\rho \ddot{u}_i = -\frac{\partial p}{\partial x_i} + F_i \qquad \text{在 } V_L \text{ 中}$$

$$\bar{P}_i = \sigma_{ij} n_j + p n_i \qquad \text{在 } S_P \text{ 上}$$

在上面的推导中，利用了 $\dfrac{\partial A}{\partial e_{ij}} = \sigma_{ij}$，式(1.43)，并注意到 S_P 面上弹性体的外法向与流体的外法向相反，归并时，将流体项的符号改过来，我们设 S 面是固定的，即在 S 面上，$u_n = 0$，从而 $\delta u_n = 0$，故式(1.53)中关于 S 面上的积分也消失。

上面讨论的是弹性体与有界流体耦合作用的变分原理，对于无界流体，要求在无穷远处满足物理上的辐射条件

$$\frac{\dot{u}_n}{c} + \operatorname{div} \boldsymbol{u} = 0 \tag{1.54}$$

为此要构造一个适当的泛函，在这种情形下，格拉特威尔和马森[7, 8]在实际存在的位移解 $\boldsymbol{u}$ 上再加上一组附加解 $\boldsymbol{u}^*$，而构成如下的泛函：

$$\Pi = \int_{t_1}^{t_2} \Big\{ \int_{V_S} \Big[\frac{\rho_S}{4} (\dot{u}_i \dot{u}_i^* + \dot{u}_i \dot{u}_i^*) - \frac{\lambda}{4} (e_{kk} \bar{e}_{ll}^* + \bar{e}_{kk} e_{ll}^*) - \frac{\mu}{2} (e_{ij} \bar{e}_{ij}^* + \bar{e}_{ij} e_{ij}^*) +$$

$$\frac{1}{4} (F_i \bar{u}_i^* + \bar{F}_i u_i^* + F_i^* \bar{u}_i + \bar{F}_i^* u_i) \Big] \mathrm{d}v + \frac{1}{4} \int_{S_P} (\bar{P}_i \bar{u}_i^* + \bar{\bar{P}}_i u_i^* + \bar{P}_i^* \bar{u}_i +$$

$$\bar{P}_i^* u_i) \mathrm{d}s + \frac{\rho}{4} \int_V (\dot{u}_i \dot{u}_i^* + \dot{u} \dot{u}_i^*) \mathrm{d}v - \frac{\rho c^2}{4} \int_V (\operatorname{div} \boldsymbol{u} \operatorname{div} \bar{\boldsymbol{u}}^* + \operatorname{div} \bar{\boldsymbol{u}} \operatorname{div} \boldsymbol{u}^*) \mathrm{d}v +$$

$$\frac{1}{4} \int_V (F_i \bar{u}_i^* + \bar{F}_i u_i^* + F_i^* \bar{u}_i + \bar{F}_i^* u_i) \mathrm{d}v - \frac{\rho c}{8} \int_{S_\infty} (\dot{u}_n \bar{u}_n^* + \dot{\bar{u}}_n u_n^* - u_n \dot{\bar{u}}_n^* -$$

$$\bar{u}_n \dot{u}_n^*) \mathrm{d}s \Big\} \mathrm{d}t \tag{1.55}$$

式中：e, e^* 为质点的复合偏应变向量；u, u^* 为质点的复合位移向量；$\bar{u}$, $\bar{u}^*$ 为共轭复位移向量，称 u^* 为 u 的附加位移（adjoint displacement），若令 $u = u^*$ 且为实向量，则上面的泛函就转变成式(1.44)的形式。

对上述泛函应用哈密顿原理

$$
\left.
\begin{aligned}
&\delta\Pi = 0 \\
&\delta u = \delta\bar{u}^* = 0 \qquad \text{在 } t_1,\ t_2 \text{ 瞬时}
\end{aligned}
\right\}
\tag{1.56}
$$

进行变分运算：

$$
\begin{aligned}
\delta\Pi = \int_{t_1}^{t_2}\Bigg\{ & \int_{V_S}\Big[\frac{\rho_S}{4}(\dot{u}_i\delta\dot{\bar{u}}_i^* + \dot{\bar{u}}_i^*\delta\dot{u}_i + \dot{\bar{u}}_i\delta\dot{u}_i^* + \dot{u}_i^*\delta\dot{\bar{u}}_i) - \frac{\lambda}{4}(e_{kk}\delta\bar{e}_{ll}^* + \bar{e}_{ll}^*\delta e_{kk} + \\
& \bar{e}_{kk}\delta e_{ll}^* + e_{ll}^*\delta\bar{e}_{kk}) - \frac{\mu}{2}(e_{ij}\delta\bar{e}_{ij}^* + \bar{e}_{ij}^*\delta e_{ij} + \bar{e}_{ij}\delta e_{ij}^* + e_{ij}^*\delta\bar{e}_{ij})\Big]dv + \\
& \frac{1}{4}\int_{V_S+V}(F_i\delta\bar{u}_i^* + \bar{F}_i\delta u_i^* + F_i^*\delta\bar{u}_i + \bar{F}_i^*\delta u_i)dv + \frac{1}{4}\int_{S_P}(\bar{P}_i\delta\bar{u}_i^* + \bar{\bar{P}}_i\delta u_i^* + \\
& \bar{P}_i^*\delta\bar{u}_i + \bar{\bar{P}}^*\delta u_i)ds + \frac{\rho}{4}\int_V(\dot{u}_i\delta\dot{\bar{u}}_i^* + \dot{\bar{u}}_i^*\delta\dot{u}_i + \dot{\bar{u}}\delta\dot{u}_i^* + \dot{u}_i^*\delta\dot{\bar{u}}_i)dv - \\
& \frac{\rho c^2}{4}\int_V(\operatorname{div}u\,\operatorname{div}\delta\bar{u}^* + \operatorname{div}\bar{u}^*\,\operatorname{div}\delta u + \operatorname{div}\bar{u}\operatorname{div}\delta u^* + \operatorname{div}\delta\bar{u}\operatorname{div}u^*)dv - \\
& \frac{\rho c}{8}\int_{S_\infty}(\dot{u}_n\delta\bar{u}_n^* + \dot{\bar{u}}_n^*\delta u_n + \dot{\bar{u}}_n\delta u_n^* + u_n^*\delta\dot{\bar{u}}_n - u_n\delta\dot{\bar{u}}_n^* - \dot{\bar{u}}_n^*\delta u_n - \dot{\bar{u}}_n\delta u_n^* - \\
& \dot{u}_n^*\delta\bar{u}_n)ds\Bigg\}dt = 0
\end{aligned}
\tag{1.57}
$$

利用分部积分

$$
\int_{t_1}^{t_2}\int_V \ddot{u}\delta\dot{\bar{u}}^*\,dvdt = \int_V \dot{u}\delta\bar{u}^*\,dv\Big|_{t_1}^{t_2} - \int_{t_1}^{t_2}\int_V \ddot{u}\delta\bar{u}^*\,dt = -\int_{t_1}^{t_2}\int_V \ddot{u}\delta\bar{u}^*\,dvdt
\tag{1.58}
$$

$$
\begin{aligned}
\int_{V_S} e_{kk}\delta\bar{e}_{ll}^*\,dv &= \int_{V_S}\operatorname{div}u\,\operatorname{div}(\delta\bar{u}^*)dv = \int_{V_S}\big[\operatorname{div}(\delta\bar{u}^*\operatorname{div}u) - \delta\bar{u}^*\,\nabla\operatorname{div}u\big]dv \\
&= \int_{S_P}\delta\bar{u}^*\,\operatorname{div}u\,ds - \int_{V_S}\delta\bar{u}^*\cdot\nabla\operatorname{div}u\,dv
\end{aligned}
\tag{1.59}
$$

$$
\int_{V_S} e_{ij}\delta\bar{e}_{ij}^*\,dv = \int_{V_S} e_{ij}\cdot\frac{1}{2}(\delta\bar{u}_{i,j}^* + \delta\bar{u}_{j,i}^*)dv
\tag{1.60}
$$

由于 $e_{ij}=e_{ji}$，上式可变成

$$\int_{V_S} e_{ij}\,\delta\bar{e}_{ij}^*\,dv = \int_{V_S} e_{ij}\,\delta\bar{u}_{i,j}^*\,dv = \int_{V_S}(e_{ij}\,\delta\bar{u}_i^*)_{,j}\,dv - \int_{V_S} e_{ij,j}\,\delta\bar{u}_i^*\,dv \quad (1.61)$$

再利用格林定理,得

$$\int_{V_S}(e_{ij}\,\delta\bar{u}_i^*)_{,j}\,dv = \int_{S_P} e_{ij}\,\delta\bar{u}_i^*\,n_j\,ds \qquad (1.62)$$

式中：n_j 是 S_P 上指向 V_S 外部的单位法矢分量。

$$\int_V \mathrm{div}\,\boldsymbol{u}\,\mathrm{div}(\delta\bar{\boldsymbol{u}}^*)\,dv = \int_{S_P+S_\infty}\delta\bar{u}_n^*\,\mathrm{div}\,\boldsymbol{u}\,ds - \int_V \delta\bar{u}_n^*\cdot\nabla\mathrm{div}\,\boldsymbol{u}\,dv \qquad (1.63)$$

$$\int_{t_1}^{t_2}\int_{S_\infty}(\dot{u}_n\delta\bar{u}_n^* + \bar{u}_n^*\delta\dot{u}_n)\,dsdt = \int_{S_\infty}\bar{u}_n^*\,\delta u_n\,ds\Big|_{t_1}^{t_2} + \int_{t_1}^{t_2}\int_{S_\infty}(\dot{u}_n\delta\bar{u}_n^* - \dot{\bar{u}}_n^*\delta u_n)\,dsdt$$

$$= \int_{t_1}^{t_2}\int_{S_\infty}(\dot{u}_n\delta\bar{u}_n^* - \dot{\bar{u}}_n^*\delta u_n)\,dsdt \qquad (1.64)$$

$$\int_{t_1}^{t_2}\int_{S_\infty}(\dot{u}_n\delta\bar{u}_n^* + \bar{u}_n^*\delta\dot{u}_n + \dot{\bar{u}}_n\delta u_n^* + u_n^*\delta\dot{\bar{u}}_n - u_n\delta\dot{\bar{u}}_n^* - \dot{\bar{u}}_n^*\delta u_n -$$

$$\bar{u}_n\delta\dot{u}_n^* - \dot{u}_n^*\delta\bar{u}_n)\,dsdt$$

$$= \int_{t_1}^{t_2}\int_{S_\infty}(\dot{u}_n\delta\bar{u}_n^* - \dot{\bar{u}}_n^*\delta u_n + \dot{\bar{u}}_n\delta u_n^* - \dot{u}_n^*\delta\bar{u}_n + \dot{u}_n\delta\dot{u}_n^* - \dot{\bar{u}}_n^*\delta u_n +$$

$$\dot{\bar{u}}_n\delta u_n^* - \dot{u}_n^*\delta\bar{u}_n)\,dsdt$$

$$= 2\int_{t_1}^{t_2}\int_{S_\infty}(\dot{u}_n\delta\bar{u}_n^* + \dot{\bar{u}}_n\delta u_n^* - \dot{u}_n^*\delta\bar{u}_n - \dot{\bar{u}}_n^*\delta u_n)\,dsdt \qquad (1.65)$$

将以上诸式代入式(1.57),得

$$\delta\Pi = \int_{t_1}^{t_2}\Bigg\{\int_{V_S}\Bigg[\delta\bar{\boldsymbol{u}}^*\Big(-\frac{\rho_S\ddot{\boldsymbol{u}}}{4} + \frac{\lambda}{4}\nabla\mathrm{div}\,\boldsymbol{u} + \frac{\mu}{2}\nabla\cdot\boldsymbol{e} + \frac{F}{4}\Big) + \delta\boldsymbol{u}^*\Big(-\frac{\rho_S\ddot{\boldsymbol{u}}}{4} +$$

$$\frac{\lambda}{4}\nabla\mathrm{div}\,\bar{\boldsymbol{u}} + \frac{\mu}{2}\nabla\cdot\bar{\boldsymbol{e}} + \frac{1}{4}\bar{F}\Big) + \delta\bar{\boldsymbol{u}}\Big(-\frac{\rho_S\ddot{\bar{\boldsymbol{u}}}^*}{4} + \frac{\lambda}{4}\nabla\mathrm{div}\,\boldsymbol{u}^* + \frac{\mu}{2}\nabla\cdot\boldsymbol{e}^* +$$

$$\frac{1}{4}\bar{F}^*\Big) + \delta\boldsymbol{u}\Big(-\frac{\rho_S\ddot{\bar{\boldsymbol{u}}}^*}{4} + \frac{\lambda}{4}\nabla\mathrm{div}\,\boldsymbol{u}^* + \frac{\mu}{2}\nabla\cdot\boldsymbol{e}^* + \frac{1}{4}F^*\Big)\Bigg]dv +$$

$$\int_V\Bigg[\delta\bar{\boldsymbol{u}}^*\Big(-\frac{\rho\ddot{\boldsymbol{u}}}{4} + \frac{\rho c^2}{4}\nabla\mathrm{div}\,\boldsymbol{u} + \frac{1}{4}F\Big) + \delta\boldsymbol{u}^*\cdot\Big(-\frac{\rho\ddot{\boldsymbol{u}}}{4} + \frac{\rho c^2}{4}\nabla\mathrm{div}\,\bar{\boldsymbol{u}} +$$

$$\frac{1}{4}\bar{F}\Big) + \delta\bar{\boldsymbol{u}}\Big(-\frac{\rho\ddot{\boldsymbol{u}}^*}{4} + \frac{\rho c^2}{4}\nabla\mathrm{div}\,\bar{\boldsymbol{u}}^* + \frac{1}{4}\bar{F}^*\Big) + \delta\boldsymbol{u}\cdot\Big(-\frac{\rho\ddot{\boldsymbol{u}}^*}{4} +$$

$$\frac{\rho c^2}{4}\nabla\mathrm{div}\,\boldsymbol{u}^* + \frac{1}{4}F^*\Big)\Bigg]dv - \frac{1}{4}\int_{S_P}\Big[\delta\bar{\boldsymbol{u}}^*(\lambda\mathrm{div}\,\boldsymbol{u} + 2\mu e\cdot n - \bar{P} +$$

$$\rho c^2\mathrm{div}\,\boldsymbol{u}) + \delta\boldsymbol{u}^*\cdot(\lambda\mathrm{div}\,\bar{\boldsymbol{u}} + 2\mu\bar{e}\cdot n - \bar{P} + \rho c^2\mathrm{div}\,\bar{\boldsymbol{u}}) + \delta\boldsymbol{u}(\lambda\mathrm{div}\,\dot{\boldsymbol{u}}^* +$$

$$2\mu\bar{e}^* \cdot n - \bar{P}^* + \rho c^2 \operatorname{div} \bar{u}^*) + \delta\bar{u}(\lambda\operatorname{div}u^* + 2\mu e^* \cdot n - \bar{P}^* +$$

$$\rho c^2 \operatorname{div} u^*) \Big] ds - \frac{\rho c^2}{4} \int_{S_\infty} \Big[\delta\bar{u}^* \Big(\operatorname{div}u + \frac{\dot{u}_n}{c} \Big) + \delta u_n^* \Big(\operatorname{div}\bar{u} + \frac{\dot{\bar{u}}_n}{c} \Big) +$$

$$\delta u_n \Big(\operatorname{div}\bar{u}^* - \frac{\dot{\bar{u}}_n^*}{c} \Big) + \delta\bar{u}_n \Big(\operatorname{div}u^* - \frac{\dot{u}_n^*}{c} \Big) \Big] ds \Big\} dt = 0 \tag{1.66}$$

由于上式中的各变分量都是任意的,故必有

$$\left.\begin{array}{l} -\rho_S \ddot{u} + \lambda\,\nabla\operatorname{div}u + 2\mu\,\nabla \cdot e + F = 0 \\ -\rho_S \ddot{u}^* + \lambda\,\nabla\operatorname{div}u^* + 2\mu\,\nabla \cdot e^* + F^* = 0 \end{array}\right\} \quad \text{在 } V_S \text{ 中} \tag{1.67}$$

$$\left.\begin{array}{l} -\rho\ddot{u} + \rho c^2\,\nabla\operatorname{div}u + F = 0 \\ -\rho\ddot{u}^* + \rho c^2\,\nabla\operatorname{div}u^* + F^* = 0 \end{array}\right\} \quad \text{在 } V_L \text{ 中} \tag{1.68}$$

$$\left.\begin{array}{l} \lambda\operatorname{div}u + 2\mu e \cdot n - \bar{P} + \rho c^2\operatorname{div}u = 0 \\ \lambda\operatorname{div}u^* + 2\mu e^* \cdot n - \bar{P}^* + \rho c^2\operatorname{div}u^* = 0 \end{array}\right\} \quad \text{在 } S_P \text{ 上} \tag{1.69}$$

$$\left.\begin{array}{l} \operatorname{div}u + \dfrac{\dot{u}_n}{c} = 0 \\[2mm] \operatorname{div}u^* - \dfrac{\dot{u}_n^*}{c} = 0 \end{array}\right\} \quad \text{在 } S_\infty \text{ 上} \tag{1.70}$$

式(1.67)就是弹性体质点运动的微分方程式,式(1.68)就是流体质点运动的微分方程式,式(1.69)是交界面 S_P 上满足的应力连续条件,式(1.70)是无穷远处的辐射条件,由上述的变分原理可求得所需的解 u 和附加的解 u^*,从式(1.70)可看到所需的解 u 在无穷远处向外辐射,满足物理现象,而附加解 u^* 在无穷远处向内辐射,不满足物理现象,故它不是客观存在的解,而是一种人为的虚构,两者组织起来,使系统成为一个没有能量辐射耗散的保守系统,但在求解时需增加很多工作量。

上面我们把哈密顿原理应用到弹性体与流体的耦合系统中来。有关变分原理的形式是多种多样的,在弹性力学的静力学问题中,有最小势能原理,有最小余能原理,哈密顿原理是对刚体动力导问题提出来的,把它应用到弹性体动力学的问题,也就是相应于把最小势能原理推广到动力学的问题。1952 年 Toupin 提出了动力学系统的一个变分原理,将最小余能原理推广到动力学问题中。1981 年 Yamamito 提出一个弹性体与流体耦合系统的变分原理,其思想是对于弹性体部分采用了哈密顿原理,对于流体部分采用了 Toupin 原理,把两者结合起来,形成了一个耦合系统的变分原理,我们则统一地将哈密顿原理应用到弹性体与流体之中,形成耦合系统的变分原理。

1.4　弹性体与流体耦合系统的拉格朗日方程式

上面讨论的变分原理要求在 t_1 和 t_2 瞬时系统的位移是已知的,这在实际应用中确实带来了限制,我们可以取 t_1 为初始瞬时,系统的位移可以是已知的,当运动到 t_2 瞬时,其位移尚未知道,所以变分原理只能应用于某些特定的问题,但是,变分原理还有一个很大的用处,即可以利用它来推导出运动方程式,下面我们试图用变分原理来推导弹性体与流体耦合系统的拉格朗日方程式。

我们讨论的系统可以是非保守的,在式(1.38)的泛函中,把力系分成保守力系与非保守力系两部分,对于保守力系,可表示成势能 U 的一部分,于是式(1.38)可写为

$$\Pi = \int_{t_1}^{t_2} \left\{ L + \int_V F'_i u_i \mathrm{d}v + \int_S P'_i u_i \mathrm{d}s \right\} \mathrm{d}t \tag{1.71}$$

式中: $L = T - U$。其中: T 为弹性体与流体动能之和; U 为弹性体的应变能、流体的压缩势能及保守力系的势能之和;非保守力系 F'_i, P'_i 表示在式(1.71)的积分中,包括式(1.38)中的 S_∞ 面上的积分在内。

弹性体变形产生的位移用广义坐标 q_k 表示 $(k = 1, 2, \cdots, \infty)$。例如,可以用弹性体在真空中固有振动的模态 $\psi_k(x_1, x_2, x_3)$, $(k = 1, 2, \cdots, \infty)$ 作为广义坐标,令

$$q_k = \psi_k(x_1, x_2, x_3)\xi_k(t) \quad (k = 1, 2, \cdots, \infty) \tag{1.72}$$

对于给定的弹性体,模态函数 $\psi_k(x_1, x_2, x_3)$ 可先求得,对于单位速度 $\dot{\xi}_k(t) = 1$,弹性体表面的速度 $\dot{q}_k$ 是已知的,在满足流体无穷远处的条件下,可以求解出流体的流场函数,因此流体的动能可表示成 $\dot{q}_k(k = 1, 2, \cdots, \infty)$ 的函数,在一般情况下,弹性体和流体耦合体总的势能和动能可表示成式(1.27)的形式,即 L 可表示为

$$L = T - U = L(q_k, \dot{q}_k, t) \quad (k = 1, 2, \cdots, \infty) \tag{1.73}$$

对式(1.71)求驻值,有

$$\int_{t_1}^{t_2} \delta L \mathrm{d}t = \int_{t_1}^{t_2} \left[\sum_{k=1}^{\infty} \left(\frac{\partial L}{\partial \dot{q}_k} \delta \dot{q}_k + \frac{\partial L}{\partial q_k} \delta q_k \right) \right] \mathrm{d}t$$

$$= \sum_{k=1}^{\infty} \frac{\partial L}{\partial \dot{q}_k} \delta q_k \Big|_{t_1}^{t_2} - \int_{t_1}^{t_2} \sum_{k=1}^{\infty} \left[\frac{\mathrm{d}}{\mathrm{d}t} \left(\frac{\partial L}{\partial \dot{q}_k} \right) - \frac{\partial L}{\partial q_k} \right] \delta q_k \mathrm{d}t$$

$$= -\int_{t_1}^{t_2} \sum_{k=1}^{\infty} \left[\frac{\mathrm{d}}{\mathrm{d}t} \left(\frac{\partial L}{\partial \dot{q}_k} \right) - \frac{\partial L}{\partial q_k} \right] \delta q_k \mathrm{d}t \tag{1.74}$$

其中利用了 t_1, t_2 瞬时的虚位移 $\delta q_k = 0$。

对于非保守力系的处理,设系统质点的位移可表示成广义坐标位移的函数

$$u_i = u_i(q_k, t) \quad (i = 1, 2, 3; \quad k = 1, 2, \cdots, \infty) \tag{1.75}$$

$$\delta u_i = \sum_{k=1}^{\infty} \frac{\partial u_i}{\partial q_k} \delta q_k \tag{1.76}$$

式(1.71)中非保守力系项的变分为

$$\int_V F_V' \delta u_i \mathrm{d}v + \int_S P_i' \delta u_i \mathrm{d}s = \int_V F_i' \sum_{k=1}^{\infty} \frac{\partial u_i}{\partial q_k} \delta q_k \mathrm{d}v + \int_S P_i' \sum_{k=1}^{\infty} \frac{\partial u_i}{\partial q_k} \delta q_k \mathrm{d}s$$

$$= \sum_{k=1}^{\infty} \left\{ \int_V F_i' \frac{\partial u_i}{\partial q_k} \mathrm{d}v + \int_S P_i' \frac{\partial u_i}{\partial q_k} \mathrm{d}s \right\} \delta q_k = \sum_{k=1}^{\infty} Q_k \delta q_k \tag{1.77}$$

其中的广义力(非保守的)Q_k 为

$$Q_k = \int_V F_i' \frac{\partial u_i}{\partial q_k} \mathrm{d}t + \int_S P_i' \frac{\partial u_i}{\partial q_k} \mathrm{d}s \tag{1.78}$$

利用式(1.74),式(1.77)取驻值 $\delta \Pi = 0$,由于 δq_k 是任意的,便可得弹性体和流体耦合系统的拉格朗日方程式为

$$\frac{\mathrm{d}}{\mathrm{d}t} \left(\frac{\partial L}{\partial \dot{q}_k} \right) - \frac{\partial L}{\partial q_k} = Q_k \quad (k = 1, 2, \cdots, \infty) \tag{1.79}$$

以上的讨论中,假定了弹性体是各向同性的,变形很小,但对于各向异性、大变形挠度的情形,也可以推广应用,只要把相应的方程改动一下,如运动方程改为

$$[(\delta_{ik} + u_{i,k}) \sigma_{kj}]_{,j} + F_i - \rho_s \ddot{u}_i = 0 \tag{1.80}$$

应变位移关系改为

$$e_{ij} = \frac{1}{2} (u_{i,j} + u_{j,i} + u_{k,i} u_{k,j}) \tag{1.81}$$

应力应变关系改为

$$\sigma_{ij} = \sum a_{ijkl} e_{kl} \tag{1.82}$$

在 S_P 上边界条件改为

$$(\delta_{ij} + u_{i,j}) \sigma_{jk} n_k = \bar{P}_i - p n_i \tag{1.83}$$

在 $S - S_P$ 上的边界条件改为

$$pn_i + (\delta_{ij} + u_{i,j})\sigma_{jk}n_k = 0 \tag{1.84}$$

同样可以建立起哈密顿形式的变分原理。

1.5　水面弹性体和流体耦合振动的变分原理

研究一个弹性结构在水面附近的水弹性振动问题,必须考虑水面的非线性条件。在海洋工程中,系泊结构的水弹性振动问题在某些条件下要考虑非线性的水面条件,例如,在我国南海地区常遇到较大的浪级,就需要考虑非线性的水面条件[4]。

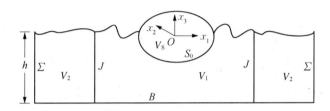

图 1.3　位于水面上的弹性体和流体的耦合振动

考虑非线性自由面条件后,问题变得较为困难,我们作这样一个简化处理,即把流体区域分成近区 V_1 和远区 V_2 两个区域,在近区 V_1 中,考虑非线性的自由面条件,在远区 V_2 中,考虑线性化的自由面条件,这样的简化处理是合理的,因为由结构振动引起的波浪,其波幅随离结构距离的增加而减小,在远区,波幅很小,可以作线性化处理,这样,仅在局部的近区 V_1 中处理非线性自由面条件,要稍为容易一些。

结构物在水面振动时,要求在湿表面 S_0 上满足物面与水之间压强、速度连续的条件,在水面 F 上满足压强为常数的条件,在无穷远 Σ 处,要求满足水波向外传播的辐射条件,在近区 V_1 和远区 V_2 的交界面 J 上,要求满足相应的连续条件。

设在近区 V_1 中流体运动的速度势为 ϕ_1,要求满足

$$\nabla^2\phi_1 = 0 \qquad 在 V_1 中 \tag{1.85}$$

$$\phi_{1t} + \frac{1}{2}|\nabla\phi_1|^2 + gx_3 = 0 \quad 在 F 上 \tag{1.86}$$

$$-\zeta_t - \phi_{1,1}\zeta_1 - \phi_{1,2}\zeta_2 + \phi_{1,3} = 0 \quad 在 F 上,\zeta(x_1,x_2,x_3,t) \tag{1.87}$$

$$\phi_{1n} = V_n \qquad 在 S_0 上 \tag{1.88}$$

$$\phi_{1n} = 0 \quad 在 B 上 \tag{1.89}$$

设在远区 V_2 中流体的速度势为 ϕ_2，要求满足

$$\nabla^2 \phi_2 = 0 \quad 在 V_2 中 \tag{1.90}$$

$$\frac{\partial \phi_2}{\partial x_3} - \nu \phi_2 = 0, \ \nu = \frac{\omega^2}{g} \quad 在 F 上 \tag{1.91}$$

$$\phi_{2n} = 0 \quad 在 B 上 \tag{1.92}$$

$$\lim_{r=\infty} \sqrt{r} \left(\frac{\partial \phi_2}{\partial r} - \mathrm{i}m_j \phi_2 \right) = 0 \quad 在 \Sigma 上 \tag{1.93}$$

$$(j = 0, 1, 2, \cdots, k)$$

式中：ω 为弹性体振动的圆频率；m_j 为波数；$m_0 \mathrm{th}(m_0 h) = \omega^2/g$，$m_j \tan(m_j h) = \omega^2/g$，$j = 1, 2, \cdots, k$，其中 h 为水深，式(1.93)即为辐射条件，要求扰动波是向外传播的。

在交界面 J 上要求满足速度势及其法向导数的连续条件，即

$$\phi_1 = \phi_2, \ \phi_{1n} = -\phi_{2n} \qquad 在 J 上 \tag{1.94}$$

其中：法向 n 是指向区域之外的，故式(1.94)的后式中出现负号。

设弹性体质点的位移为 $u_i (i = 1, 2, 3)$，则其运动微分方程为

$$[(\delta_{ik} - u_{i,k}) \sigma_{kj}]_{,j} + F_i - \rho_S \frac{\mathrm{d}^2 u_i}{\mathrm{d}t^2} = 0 \quad 在 V_S 中 \tag{1.95}$$

应变位移关系为

$$e_{ij} = \frac{1}{2}(u_{i,j} + u_{j,i} + u_{k,i} u_{k,j}) \qquad 在 V_S 中 \tag{1.96}$$

本构方程

$$\frac{\partial A(e_{ij})}{\partial e_{ij}} = \sigma_{ij} \quad 或 \ \sigma_{ij} = \sum a_{ijkl} \sigma_{kl} \qquad 在 V_S 中 \tag{1.97}$$

在弹性体与流体的交界面 S_0 上，满足应力和法向速度连接条件

$$pn_i = -(\delta_{ik} + u_{i,k}) \sigma_{kj} n_j \quad 在 S_0 上 \tag{1.98}$$

$$\phi_{1n} = -\frac{\mathrm{d}u_i}{\mathrm{d}t} n_i \qquad 在 S_0 上 \tag{1.99}$$

在弹性体的其余表面上,则要求满足

$$(\delta_{ik} + u_{i,k})\sigma_{kj}n_j = 0 \qquad 在 \partial V_S - S_0 上 \tag{1.100}$$

式(1.95)～式(1.100)是一组大位移的弹性力学方程。

为使问题简化一些,我们考察一下远区 V_2 的方程(1.90)～方程(1.93),它具有解析解,取它的特征函数系列,冠以未知系数作为解析解,这样取 ϕ_2 为

$$\phi_2(r, \theta, x_3) = \sum_{K=0}^{K-1} \sum_{l=0}^{L-1} \phi_{Kl}\psi_{Kl} \tag{1.101}$$

其中

$$\left.\begin{aligned} \psi_0 l &= \mathrm{H}_l^{(1)}(m_0 r)\mathrm{ch}(m_0(x_3 + h))\cos(l_\theta + \delta) \\ \psi_1 l &= \mathrm{N}_l(m_1 r)\cos m_1(x_3 + h)\cos(l_\theta + \delta) \\ &\cdots\quad\cdots \\ \psi_K l &= \mathrm{N}_l(m_K r)\cos m_K(x_3 + h)\cos(l_\theta + \delta) \quad (K \geqslant 1) \end{aligned}\right\} \tag{1.102}$$

式中: ϕ_{Kl} 为未知常数; $\mathrm{H}_l^{(1)}$ 为第一类柱汉开尔函数; N_l 为第二类变形贝塞尔函数,式(1.101)、式(1.102)满足了式(1.90)～式(1.93)的要求,其中

$$m_0\mathrm{th}(m_0 h) = \frac{\omega^2}{g}, \quad m_j\tan(m_j h) = \frac{\omega^2}{g}$$

为了满足其余微分方程的要求,选取如下的泛函

$$\Pi(\phi_1, \phi_2, u_i, \zeta) = \int_{t_1}^{t_2}\mathrm{d}t\left\{\int_{V_1} -\left[\rho\phi_{1t} + \frac{1}{2}\rho|\nabla\phi_1|^2 + \rho g x_3\right]\mathrm{d}v - \right.$$
$$\left.\int_J \rho\left(\phi_1 - \frac{1}{2}\phi_2\right)\cdot\phi_{2n}\mathrm{d}s + \int_{V_S}\left[\frac{1}{2}\rho_S\frac{\mathrm{d}u_i}{\mathrm{d}t}\frac{\mathrm{d}u_i}{\mathrm{d}t} - A(e_{ij}) + F_i u_i\right]\mathrm{d}v\right\} \tag{1.103}$$

可以证明这个泛函取驻值所得的解,能满足式(1.85)～式(1.100)中有关的各个方程,在取驻值时,取 ϕ_1、ϕ_2、u_i、ζ 为独立变分量。ζ 为水面升高。

$$\delta\Pi = \int_{t_1}^{t_2}\mathrm{d}t\left\{\int_{V_1} -\left[\rho\delta\phi_{1t} + \rho\nabla\phi_1\cdot\nabla\delta\phi_1\right]\mathrm{d}v + \int_{\partial V_1}p\delta\nu\mathrm{d}s - \int_J\rho\left[\left(\delta\phi_1 - \frac{1}{2}\delta\phi_2\right)\cdot\right.\right.$$
$$\left.\left.\phi_{2n} + \left(\phi_1 - \frac{1}{2}\phi_2\right)\delta\phi_{2n}\right]\mathrm{d}s + \int_{V_S}\left[\rho_s\frac{\mathrm{d}u_i}{\mathrm{d}t}\frac{\mathrm{d}\delta u_i}{\mathrm{d}t} - \frac{\partial A}{\partial e_{ij}}\delta e_{ij} + F_i\delta u_i\right]\mathrm{d}v\right\}$$
$$\tag{1.104}$$

式中: ∂V_1 为近区 V_1 的边界面, $\delta\nu$ 为 ∂V_1 的法向位移变分,交界面 J 是固定不动的,对于弹性体质点位移 u_i,是取的拉格朗日坐标,故不需考虑边界面 ∂V_S 的变分。

对上式中的各项进行计算

$$\int_{V_1} -\rho\delta\phi_{1t}\,dv = -\rho\frac{d}{dt}\int_{V_1}\delta\phi_1\,dv + \rho\int_{\partial V_1} V_n\delta\phi_1\,ds \qquad (1.105)$$

式中：∂V_1 为近区 V_1 的边界面；V_n 为边界 ∂V_1 运动的法向速度，指向外部为正，我们所选取的 V_1，其边界面 J 和 B 是固定的，自由面 F 和与物体的接触面 S_0 则是运动的，在 S_0 上取 $V_n = -\dot{u}_i n_i$，有

$$\int_{V_1} -\rho\,\nabla\phi_1\,\nabla\delta\phi_1\,dv = -\int_{V_1}\rho[\nabla\cdot(\nabla\phi_1\delta\phi_1) - \nabla^2\phi_1\delta\phi_1]dv$$

$$= \int_{V_1}\rho\,\nabla^2\phi_1\delta\phi_1\,dv - \int_{\partial V_1}\rho\phi_{1n}\delta\phi_1\,ds \qquad (1.106)$$

$$\int_{\partial V_1} p\delta\nu\,ds = \int_F p\delta\nu\,ds + \int_{S_0} p\delta\nu\,ds \qquad (1.107)$$

$$\int_{S_0} p\delta\nu\,ds = -\int_{S_0} pn_i\delta u_i\,ds \qquad (1.108)$$

式中：δu_i 是弹性体表面质点的位移变分；$\delta\nu$ 是相应界面上的法向位移变分。由连续性的要求，取 S_0 面上流体与弹性体的位移变分相等，负号是由于 $\delta\nu$ 与 n_i 的指向相反而引起的。

为了计算交界面 J 上的积分，先在区域 V_2 中对解析函数 ϕ_2 和 $\delta\phi_2$ 应用格林定理

$$\int_{V_2}[\delta\phi_2\,\nabla^2\phi_2 - \phi_2\,\nabla^2(\delta\phi_2)]dv = \int_{\partial V_2}(\phi_{2n}\delta\phi_2 - \phi_2\delta\phi_{2n})ds \qquad (1.109)$$

由于 ϕ_2，$\delta\phi_2$ 满足方程(1.90)～方程(1.93)，故式(1.109)可变为

$$\int_J (\phi_{2n}\delta\phi_2 - \phi_2\delta\phi_{2n})ds = 0$$

也即

$$\int_J \phi_{2n}\delta\phi_2\,ds = \int_J \phi_2\delta\phi_{2n}\,ds \qquad (1.110)$$

式(1.104)中对 J 的积分可变成

$$-\int_J\Big[\Big(\delta\phi_1 - \frac{1}{2}\delta\phi_2\Big)\phi_{2n} + \Big(\phi_1 - \frac{1}{2}\phi_2\Big)\delta\phi_{2n}\Big]ds$$

$$= -\int_J \phi_{2n}\delta\phi_1\,ds - \int_J\Big[\phi_1\delta\phi_{2n} - \frac{1}{2}\phi_2\delta\phi_{2n} - \frac{1}{2}\phi_2\delta\phi_{2n}\Big]ds$$

$$= -\int_J \phi_{2n}\delta\phi_1\,ds - \int_J (\phi_1 - \phi_2)\delta\phi_{2n}\,ds \qquad (1.111)$$

继续转化对 V_S 区域中的各项积分：

$$\int_{t_1}^{t_2} dt \int_{V_s} \rho_s \frac{du_i}{dt} \frac{d\delta u_i}{dt} dv = \int_{V_s} \rho_s \frac{du_i}{dt} \delta u_i dv \Big|_{t_1}^{t_2} - \int_{t_1}^{t_2} dt \int_{V_s} \frac{d^2 u_i}{dt^2} \delta u_i dv \quad (1.112)$$

$$\int_{V_s} -\frac{\partial A}{\partial e_{ij}} \delta e_{ij} dv = \int_{V_s} -\sigma_{ij} \delta e_{ij} dv = \int_{V_s} -\sigma_{ij} \delta \frac{1}{2}(u_{i,j} + u_{j,i} + u_{k,i} u_{k,j}) dv$$

$$= \int_{V_s} -\sigma_{ij} \delta e_{ij} \left(\frac{1}{2}\delta u_{i,j} + \frac{1}{2}\delta u_{j,i} + \frac{1}{2}u_{k,i}\delta u_{k,j} + \frac{1}{2}u_{k,j}\delta u_{k,i}\right) dv$$

$$= \int_{V_s} -\sigma_{ij}(\delta u_{i,j} + u_{k,i}\delta u_{k,j}) dv = \int_{V_s} -\sigma_{ij}\delta u_{k,j}(\delta_{ki} + u_{k,i}) dv$$

$$= \int_{V_s} -(\delta_{ik} + u_{i,k})\sigma_{kj}\delta u_{i,j} dv$$

$$= \int_{V_s} [(\delta_{ik} + u_{i,k})\sigma_{kj}]_{,j}\delta u_i dv - \int_{\partial V_s} (\delta_{ik} + u_{i,k})\sigma_{kj}n_j\delta u_i ds$$

$$(1.113)$$

将式(1.105)～式(1.113)代入式(1.104)，并注意到在 t_1，t_2 时，取 $\delta\phi_1 = 0$，$\delta u_i = 0$，得

$$\delta\Pi = \int_{t_1}^{t_2} dt \Big\{ \rho \int_{F\cup s_0} V_n\delta\phi_1 ds + \int_{V_1} \rho\nabla^2\phi_1\delta\phi_1 dv - \int_{\partial V_1} \rho\phi_{1n}\delta\phi_1 ds + \int_F p\delta\nu ds -$$

$$\int_{S_0} pn_i\delta u_i ds - \int_J \rho\phi_{2n}\delta\phi_1 ds - \int_J \rho(\phi_1 - \phi_2)\delta\phi_{2n} ds - \int_{V_S} \rho_S \frac{d^2 u_i}{dt^2}\delta u_i dv +$$

$$\int_{V_S} [(\delta_{ik} + u_{i,k})\sigma_{kj}]_{,j}\delta u_i dv - \int_{\partial V_S} (\delta_{ik} + u_{i,k})\sigma_{kj}n_j\delta u_i ds + \int_{V_S} F_i\delta u_i dv$$

$$= \int_{t_1}^{t_2} dt \Big\{ \rho \int_{F\cup s_0} (V_n - \phi_{1n})\delta\phi_1 ds + \int_{V_1} \rho\nabla^2\phi_1\delta\phi_1 dv - \int_B \rho\phi_{1n}\delta\phi_1 ds + \int_F p\delta\nu ds -$$

$$\int_{S_0} [pn_i + (\delta_{ik} + u_{i,k})\sigma_{kj}n_j]\delta u_i ds - \int_{\partial V_S - S_0} (\delta_{ik} + u_{i,k})\sigma_{kj}n_j\delta u_i ds -$$

$$\int_J [\rho(\phi_{1n} + \phi_{2n})\delta\phi_1 + \rho(\phi_1 - \phi_2)\delta\phi_{2n}] ds +$$

$$\int_{V_S} \left[((\delta_{ik} + u_{i,k})\sigma_{kj})_{,j} + F_i - \rho_S \frac{d^2 u_i}{dt^2} \right]\delta u_i dv \Big\}$$

$$= 0 \quad (1.114)$$

由于变分 $\delta\phi_{1n}$，$\delta\phi_{2n}$，$\delta\nu$，δu_i 是任意的，故可得

$$\nabla^2\phi_1 = 0 \quad 在 V_1 中 \quad (1.85)$$

$$p = -\rho\phi_{1t} - \frac{1}{2}\rho|\nabla\phi_1|^2 - \rho g\zeta = 0 \quad 在 F 上 \quad (1.86)$$

$$\phi_{1n} = 0 \quad 在 B 上 \quad (1.89)$$

$$\phi_{1n} = V_n = \frac{\zeta_t}{\sqrt{1 + \zeta_{,1}^2 + \zeta_{,2}^2}} \quad \text{在 } F \text{ 上} \tag{1.87}$$

$$p n_i = -(\delta_{ik} + u_{i,k})\sigma_{kj}n_j \quad \text{在 } S_0 \text{ 上} \tag{1.98}$$

$$\phi_{1n} = V_n = -\dot{u}_i \cdot n_i \quad \text{在 } S_0 \text{ 上} \tag{1.88}$$

$$(\delta_{ik} + u_{i,k})\sigma_{kj}n_j = 0 \quad \text{在 } \partial V_s - S_0 \text{ 上} \tag{1.100}$$

$$\phi_{1n} = -\phi_{2n}, \quad \phi_1 = \phi_2 \quad \text{在 } J \text{ 上} \tag{1.94}$$

$$[(\delta_{ik} + u_{i,k})\sigma_{kj}]_{,j} + F_i - \rho_s \frac{\mathrm{d}^2 u_i}{\mathrm{d}t^2} = 0 \quad \text{在 } V_S \text{ 中} \tag{1.95}$$

可见,通过对式(1.103)的泛函取驻值所得的解,满足了有关的各个方程,还有方程(1.96)、方程(1.97)是作为约束条件进行变分的,故也是满足的,方程(1.90)~方程(1.93)已经得到满足,故上面全部的微分方程得到了满足。

1.6　带有自由面的流体运动的变分原理

J. C. Luke[5]于1967年首先提出了这一变分原理,他讨论的问题是二维渠道中的表面波,表面波方程要求满足

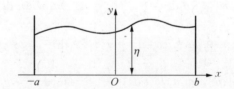

图 1.4　三维渠道中的表面波

$$\phi_{xx} + \phi_{yy} = 0 \tag{1.115}$$

$$\frac{1}{2}(\phi_x^2 + \phi_y^2) + \phi_t + g y = 0, \quad y = \eta \tag{1.116}$$

$$-\eta_x \phi_x + \phi_y - \eta_t = 0, \quad y = \eta \tag{1.117}$$

$$\phi_y = 0, \quad y = 0 \tag{1.118}$$

这是一组经典的水波方程,LuKe取泛函为

$$\Pi = \int_{t_1}^{t_2} \mathrm{d}t \int_{-a}^{b} \int_{0}^{\eta} \left[\frac{1}{2}(\phi_x^2 + \phi_y^2) + \phi_t + g y \right] \mathrm{d}x \mathrm{d}y \tag{1.119}$$

对它取驻值就能得出所需问题的解

$$\delta \Pi = \int_{t_1}^{t_2} \mathrm{d}t \int_{-a}^{b} \left\{ \left[\frac{1}{2}(\phi_x^2 + \phi_y^2) + \phi_t + gy \right]_{y=\eta} \delta \eta + \right.$$

$$\left. \int_0^{\eta(x,\ t)} (\phi_x \delta \phi_x + \phi_y \delta \phi_y + \delta \phi_t) \mathrm{d}y \right\} \mathrm{d}x = 0 \qquad (1.120)$$

对式(1.120)某些项进行分部积分处理,得

$$\int_0^{\eta} \phi_y \delta \phi_y \mathrm{d}y = \phi_y \delta \phi \Big|_0^{\eta} - \int_0^{\eta} \phi_{yy} \delta \phi \mathrm{d}y \qquad (1.121)$$

$$\int_{-a}^{b} \int_0^{\eta} \phi_x \delta \phi_x \mathrm{d}x \mathrm{d}y = \int_0^{\eta} \phi_x \delta \phi \mathrm{d}y \Big|_{-a}^{b} - \int_{-a}^{b} \int_0^{\eta} \phi_{xx} \delta \phi \mathrm{d}x \mathrm{d}y - \int_{-a}^{b} \phi_x \delta \phi \eta_x \Big|_{y=\eta}$$

$$(1.122)$$

$$\int_{t_1}^{t_2} \int_0^{\eta} \delta \phi_t \mathrm{d}y \mathrm{d}t = \int_0^{\eta} \delta \phi \mathrm{d}y \Big|_{t_1}^{t_2} - \int_{t_1}^{t_2} \delta \phi \eta_t \mathrm{d}t \Big|_{y=\eta} \qquad (1.123)$$

代入式(1.120),得

$$\delta \Pi = \int_{t_1}^{t_2} \mathrm{d}t \int_{-a}^{b} \left\{ \left[\frac{1}{2}(\phi_x^2 + \phi_y^2) + \phi_t + gy \right]_{y=\eta} \delta \eta + \left[(-\eta_x \phi_x + \phi_y - \eta_t) \delta \phi \right]_{y=\eta} - \right.$$

$$\left. \int_0^{\eta} (\phi_{xx} + \phi_{yy}) \delta \phi \mathrm{d}y - \left[\phi_v \delta \phi \right]_{y=0} + \int_0^{\eta} \phi_x \delta \phi \mathrm{d}y \Big|_{-a}^{b} + \int_0^{\eta} \delta \phi \mathrm{d}y \Big|_{t_1}^{t_2} \right\} \mathrm{d}x$$

$$= 0 \qquad (1.124)$$

取独立变分量为 $\delta \phi$, $\delta \eta$,并限定在 t_1, t_2 处 $\delta \phi = 0$,由此得

$$\delta \Pi = \int_{t_1}^{t_2} \mathrm{d}t \int_{-a}^{b} \left\{ \left[\frac{1}{2}(\phi_x^2 + \phi_y^2) + \phi_t + gy \right]_{y=\eta} \delta \eta + \left[(-\eta_x \phi_x + \phi_y - \eta_t) \delta \phi \right]_{y=\eta} - \right.$$

$$\left. \int_0^{\eta} (\phi_{xx} + \phi_{yy}) \delta \phi \mathrm{d}y - \left[\phi_y \delta \phi \right]_{y=0} + \int_0^{\eta} \phi_x \delta \phi \mathrm{d}y \Big|_{-a}^{b} \right\} \mathrm{d}x = 0 \qquad (1.125)$$

由于 $\delta \phi$、$\delta \eta$ 是可以任意选取的,故可得式(1.115)～式(1.118)。

对于具有自由面边界的问题,采用压强函数比传统的动能减势能的拉格朗日函数更好,能同时满足边界面上的条件。

若给定端面 $x = -a$ 处随时间变化的速度分布,那就变成强迫振动问题了,例如试验水池中的摇摆式造波机,端面壁按一定规律运动,有一定的强迫力作用,在泛函式(1.119)中再加入相应强迫力做功的一项。

洛纳尔特于 1982 年总结了三维空间中具有自由面的变分原理[2],问题的提法为

$$\nabla^2 \phi(x,\ t) = 0 \qquad \text{在 V 中} \qquad (1.126)$$

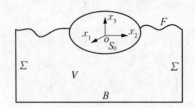

图 1.5　在三维空间中水面上的物体

$$\phi_t + \frac{1}{2}\,|\nabla\phi|^2 + g\chi_3 = 0 \qquad 在\,F\,上 \qquad\qquad (1.127)$$

$$\phi_n = V_n \qquad\qquad 在\,S_0\,上 \qquad\qquad (1.128)$$

$$\phi_n = V_n = \frac{\zeta_t}{(1 + \zeta_{x_1}^2 + \zeta_{x_2}^2)^{1/2}} \qquad 在\,F\,上 \qquad\qquad (1.129)$$

$$\phi_n = V_n \qquad\qquad 在\,\Sigma\,上 \qquad\qquad (1.130)$$

$$\phi_n = 0 \qquad\qquad 在\,B\,上$$

建立如下的变分问题中的泛函

$$\Pi(\phi,\,\zeta) = -\int_{t_1}^{t_2}\mathrm{d}t\left\{\int_V p\,\mathrm{d}v + \int_\Sigma \rho\phi V_n\,\mathrm{d}s\right\} \qquad (1.131)$$

其中取速度势 ϕ 和自由面 ζ 作为独立变分量

$$\zeta = \zeta(x_1,\,x_2,\,t) \qquad\qquad (1.132)$$

$$p = -\rho\left(\phi_t + \frac{1}{2}\,|\nabla\phi|^2 + gx_3\right) \qquad\qquad (1.133)$$

对泛函取驻值

$$\delta\Pi = \int_{t_1}^{t_2}\mathrm{d}t\left\{\int_V [\rho\delta\phi_t + \nabla\phi\cdot\nabla\delta\phi]\mathrm{d}v - \int_{\partial v} p\delta(\partial v)\mathrm{d}s - \int_\Sigma \rho V_n\delta\phi\,\mathrm{d}s\right\}$$

$$(1.134)$$

对各项进行计算

$$\int_V \rho\delta\phi_t\,\mathrm{d}v = \frac{\mathrm{d}}{\mathrm{d}t}\int_V \rho\delta\phi\,\mathrm{d}v - \int_{\partial v}\rho V_n\delta\phi\,\mathrm{d}s = \frac{\mathrm{d}}{\mathrm{d}t}\int_V \rho\delta\phi\,\mathrm{d}v - \int_{S_0+F}\rho V_n\delta\phi\,\mathrm{d}s$$

$$(1.135)$$

式中：V_n 为区域边界的法向速度；边界 B，Σ 为静止，$V_n = 0$。

$$\int_V \rho\, \nabla\phi\, \nabla\delta\phi\mathrm{d}v = \int_V \rho[\nabla(\nabla\phi\delta\phi) - \nabla^2\phi\delta\phi]\mathrm{d}v$$

$$= \int_{\partial V} \rho\phi_n\delta\phi\mathrm{d}s - \int_V \rho\, \nabla^2\phi\delta\phi\mathrm{d}v \tag{1.136}$$

将式(1.135),式(1.136)代入式(1.134),得

$$\delta\Pi = \int_V \rho\delta\phi\mathrm{d}v\Big|_{t_1}^{t_2} + \int_{t_1}^{t_2}\mathrm{d}t\Big\{-\int_{S_0+F}\rho V_n\delta\phi\mathrm{d}s + \int_{S_0+F+\Sigma+B}\rho\phi_n\delta\phi\mathrm{d}s - \int_V \rho\, \nabla^2\phi\delta\phi\mathrm{d}v -$$

$$\int_{\partial V} p\delta(\partial V)\mathrm{d}s - \int_\Sigma \rho V_n\delta\phi\mathrm{d}s\Big\}$$

$$= \int_{t_1}^{t_2}\mathrm{d}t\Big\{-\int_V \rho\, \nabla^2\phi\delta\phi\mathrm{d}v + \int_B \rho\phi_n\delta\phi\mathrm{d}s + \int_{S_0}\rho(\phi_n - V_n)\delta\phi\mathrm{d}s + \int_F \rho(\phi_n - V_n)\delta\phi\mathrm{d}s +$$

$$\int_\Sigma \rho(\phi_n - V_n)\delta\phi\mathrm{d}s - \int_F p\delta\zeta\mathrm{d}s\Big\}$$

$$= 0 \tag{1.137}$$

其中对 $\delta(\partial V)$,仅容许对自由面 F 作变分 $\delta\zeta$,其余各边界面不作变分,由于 $\delta\phi$, $\delta\zeta$ 是任意取的,故由式(1.137)即可得式(1.126)～式(1.130)以及在 B 上 $\phi_n = 0$ 的条件。

Yeung 的总结并没有说明无穷远处 Σ 面上的条件,也没有处理好 Σ 面上的问题,作为振动物体引起的波考虑,应在 Σ 处满足物理现象上的辐射条件,同样 Luke 的工作,也没有说明边界点 $-a$, b 处的情况。在建立变分原理时,应弥补这方面的不足。

1.7　有限水深中结构振动的变分原理

本节内容选自黄玉盈的论文[5]。

我们讨论有限水深中结构振动问题,结构应作为弹性体考虑,其区域为 V_S,流体的区域为 V_L,沿水平方向伸张到无穷。

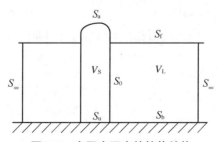

图 1.6　有限水深中的柱体结构

注：S_a 为结构在水面以上的表面,S_0 为结构在水中的表面,S_u 为结构底部表面,S_f 为水面,S_∞ 为水域远处表面,S_b 为水域的底面。

我们建立如下形式的泛函：

$$\Pi = \int_{t_1}^{t_2} \left\{ \int_{V_S} \left[\frac{1}{2}\rho_S \dot{u}_j \dot{u}_j - \frac{1}{2}\sigma_{ij}\varepsilon_{ij} \right] dv + \int_{V_L} \left[\frac{1}{2}\rho\varphi_{,j}\varphi_{,j} - \frac{1}{2}\frac{\rho\dot{\phi}^2}{c^2} \right] dv - \right.$$

$$\left. \int_{S_0} \rho\dot{u}_j n_j ds - \int_{S_\infty} \frac{1}{2}\rho\varphi\frac{\partial\varphi}{\partial n} ds \right\} dt \tag{1.138}$$

式中：对弹性体区域 V_S 的积分函数为动能减势能；对流体区域 V_L 的积分函数也为动能减势能；第三项为流体与结构交界面 S_0 上的积分；第四项为流体无穷处 S_∞ 上的积分，在自由面 S_f 上，取速度势 $\phi = 0$。

对上述泛函取驻值，得

$$\delta\Pi = \int_{t_1}^{t_2} \left\{ \int_{V_S} \left[\rho_S \dot{u}_j \delta\dot{u}_j - \sigma_{ij}\delta u_{i,j} \right] dv + \int_{V_L} \left[\rho\varphi_{,j}\delta\varphi_{,j} - \frac{\rho}{c^2}\dot{\phi}\delta\dot{\phi} \right] dv - \right.$$

$$\left. \int_{S_0} \rho(\phi\delta\dot{u}_j n_j + \dot{u}_j n_j\delta\phi) ds - \int_{S_\infty} \frac{1}{2}\rho\left(\delta\varphi\frac{\partial\varphi}{\partial n} + \phi\frac{\partial\delta\phi}{\partial n} \right) ds \right\} dt$$

$$= 0 \tag{1.139}$$

对上式中各项进行处理，有

$$\int_{t_1}^{t_2}\int_{V_S} \rho\dot{u}_j\delta\dot{u}_j dvdt = \int_{V_S} \rho\dot{u}_j\delta u_j dv \Big|_{t_1}^{t_2} - \int_{t_1}^{t_2}\int_{V_S} \rho\ddot{u}_j\delta u_j dvdt \tag{1.140}$$

$$\int_{V_S} -\sigma_{ij}\delta u_{i,j} dv = \int_{V_S} \left[(-\sigma_{ij}\delta u_i)_{,j} + \sigma_{ij,j}\delta u_i \right] dv$$

$$= \int_{V_S} \sigma_{ij,j}\delta u_i dv - \int_{S_0+S_a+S_u} \sigma_{ij}n_j\delta u_i ds \tag{1.141}$$

式中：$S_0 + S_a + S_u$ 为包围 V_S 的曲面；n_j 指向 V_S 的外部方向为正。

$$\int_{V_L} \rho\varphi_{,j}\delta\varphi_{,j} dv = \int_{V_L} \left[(\rho\varphi_{,j} \cdot \delta\varphi)_{,j} - \rho\varphi_{,j,j}\delta\varphi \right] dv$$

$$= \int_{V_L} -\rho\varphi_{,j,j}\delta\varphi dv + \int_{S_0+S_f+S_b+S_\infty} \rho\varphi_{,j}n_j\delta\varphi ds \tag{1.142}$$

式中：$S_0 + S_f + S_b + S_\infty$ 为包围流体区域 V_L 的封闭曲面；n_j 指向 V_L 的外部。

$$\int_{t_1}^{t_2}\int_{V_L} -\frac{\rho}{c^2}\dot{\phi}\delta\dot{\phi} dvdt = \int_{V_L} -\frac{\rho}{c^2}\dot{\phi}\delta\phi dv \Big|_{t_1}^{t_2} + \int_{t_1}^{t_2}\int_{V_L} \frac{\rho}{c^2}\ddot{\phi}\delta\phi dvdt \tag{1.143}$$

$$\int_{t_1}^{t_2}\int_{S_0} -\rho\phi\delta\dot{u}_j n_j dsdt = \int_{S_0} -\rho\phi\delta u_j n_j ds \Big|_{t_1}^{t_2} + \int_{t_1}^{t_2}\int_{S_0} \rho\dot{\phi}\delta u_j n_j dsdt \tag{1.144}$$

$$\int_{S_\infty} \frac{1}{2}\rho\left(\delta\varphi\frac{\partial\varphi}{\partial n} + \phi\frac{\partial\delta\varphi}{\partial n} \right) ds = -\int_{S_\infty} \rho\frac{\partial\phi}{\partial n}\delta\varphi ds - \frac{1}{2}\int_{S_\infty} \rho\left(\varphi\frac{\partial\delta\varphi}{\partial n} - \frac{\partial\varphi}{\partial n}\delta\varphi \right) ds$$

$$\tag{1.145}$$

将以上各项代入式(1.140),注意在 t_1 和 t_2 瞬时的变分量 $\delta\varphi$,δu_j 等为零,得

$$\int_{t_1}^{t_2}\Big\{\int_{V_S}(-\rho\ddot{u}_j+\sigma_{ji,i})\delta u_j\mathrm{d}v+\int_{V_L}\Big(-\rho\varphi_{,jj}+\frac{\rho}{c^2}\ddot{\phi}\Big)\delta\phi\mathrm{d}v+$$

$$\int_{S_0}(-\sigma_{ji}n_i+\rho\dot{\phi}n_j)\delta u_j\mathrm{d}s-\int_{S_a+S_n}\sigma_{ji}n_i\delta u_j\mathrm{d}s+\int_{S_0}(\rho\varphi_{,j}n_j-\rho\dot{u}_jn_j)\delta\phi\mathrm{d}s+$$

$$\int_{S_f+S_b}\rho\varphi_{,j}n_j\delta\varphi\mathrm{d}s-\frac{1}{2}\int_{S_\infty}\rho\Big(\varphi\frac{\partial\delta\varphi}{\partial n}-\frac{\partial\varphi}{\partial n}\delta\varphi\Big)\Big\}\mathrm{d}t=0 \qquad (1.146)$$

我们对该问题再做一些具体的讨论,设在自由面 S_f 上的 $\varphi=0$,也即 S_f 上的 $\delta\varphi=0$,上式中对 S_f 的积分消失,在底部 S_b 上的边界条件要求 $\varphi_{,j}n_j=0$,故上式中对 S_n 的积分消失,设结构底部 S_u 是固定的,其中的 $\delta u_j=0$,故上式中对 S_u 的积分消失。对于无穷远处 S_∞ 积分的处理,若在选用速度势 ϕ 的表达式时,采用满足辐射条件的解,例如取满足辐射条件的函数族组合,每一项函数前冠以未知的待定常数,则 S_∞ 上的积分消失,由上述变分问题所得的解满足下面各式:

$$\rho\ddot{u}_j=\sigma_{ji,i} \qquad 在 V_S 中 \qquad (1.147)$$

$$\phi_{,jj}=\frac{1}{c^2}\ddot{\phi} \qquad 在 V_L 中 \qquad (1.148)$$

$$\rho\dot{\phi}n_j=\sigma_{ji,i},\quad \varphi_{,j}n_j=\dot{u}_jn_j \qquad 在 S_0 上 \qquad (1.149)$$

$$\sigma_{ji}n_i=0 \qquad 在 S_a 上 \qquad (1.150)$$

上面这些式子为弹性体 V_S 中的运动方程,流体 V_L 中的运动方程,弹性体与流体交界面 S_0 上的应力连续方程和速度连续方程,弹性体与空气交界面 S_a 上的法向应力消失方程。变分处理所得的解,满足了求解该问题的要求。

1.8　无界流体中的声弹性变分原理

哈密顿变分原理仅适用于保守系统,对于非保守系统,由于耗散力项不存在势函数,不能解析地列入泛函之中,对于结构振动的声辐射问题,由于声波向远处辐射会消耗能量,是一个非保守系统,很难建立其解析形式的变分原理。Glad well[7] 根据 Morse 和 Feshlach 的建议,利用附加位移、压力等项的办法建立起一个变分原理,可自动地满足无穷远处的辐射条件,其基本思想是在原有的物理系统上,加上一个设想的系统(在物理上不存在的系统),该系统在无穷远处向内辐射声波,给系统输入能量,这样整个系统形成保守系统,但由于引入设想系统,独立的变分量增加一倍,要大大地增加计算工作量,后来,Glad well 和 Mason 对矩形板的声弹性

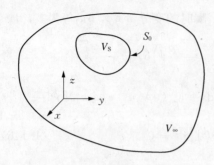

图 1.7　在无界流体中的弹性体

响应作了数值计算[8],对于较复杂结构未见有利用这种方法进行计算。他们在矩形板的计算中,用了附加位移,又用了声波方程的格林函数,其实,声波方程的格林函数本身已满足了声波方程和无穷远处辐射条件的要求,可以建立起较简单的变分原理,而不必再用附加位移等增加计算量的方法。本文则在利用声波方程基本解的基础上建立起一个较简单的变分原理。

设结构的区域为 V_S,处于无界流体之中,交界面为 S_0,我们建立如下形式的泛函:

$$\Pi = \int_{t_1}^{t_2} \left\{ \int_{V_S} \left[\frac{1}{2} \rho_S \dot{u}_i \dot{u}_i - A(\varepsilon_{ij}) \right] \mathrm{d}v - \int_{S_0} \rho \phi \dot{u}_i n_i \mathrm{d}s + \int_{S_0} \frac{1}{2} \rho \phi \frac{\partial \phi}{\partial n} \mathrm{d}s \right\} \mathrm{d}t$$

$$\tag{1.151}$$

式中: ϕ 为流体中的扰动速度势,拟采用

$$\phi = \int_{S_0} \psi(\xi) \frac{\mathrm{e}^{ikR - iwt}}{R} \mathrm{d}s(\xi), \quad R = \sqrt{(x_i - \xi_i)(x_i - \xi_i)} \tag{1.152}$$

式中: $\psi(\xi)$ 为物面 S_0 上的源强分布,通过变分原理待求。ϕ 的这种表达形式本身已满足了流场中的声波方程和无穷远处的辐射条件。

对式(1.151)取变分,令其等于零

$$\delta \Pi = \int_{t_1}^{t_2} \left\{ \int_{V_S} \left[\rho_S \dot{u}_i \delta \dot{u}_i - \frac{\partial A}{\partial \varepsilon_{ij}} \delta \varepsilon_{ij} \right] \mathrm{d}v - \int_{S_0} (\rho \delta \phi \dot{u}_i n_i + \rho \phi \delta \dot{u}_i n_i) \mathrm{d}s + \right.$$

$$\left. \int_{S_0} \frac{1}{2} \rho (\phi \delta \phi_{,n} + \phi_{,n} \delta \phi) \mathrm{d}s \right\} \mathrm{d}t$$

$$= 0 \tag{1.153}$$

进一步进行处理,有

$$\int_{t_1}^{t_2} \int_{V_S} \rho_S \dot{u}_i \delta \dot{u}_i \mathrm{d}v \mathrm{d}t = \int_{V_S} \rho_S \dot{u}_i \delta u_i \mathrm{d}v \Big|_{t_1}^{t_2} - \int_{t_1}^{t_2} \int_{V_S} \rho_S \ddot{u}_i \delta u_i \mathrm{d}v \mathrm{d}t \tag{1.154}$$

$$\int_{V_S} -\frac{\partial A}{\partial \varepsilon_{ij}} \delta \varepsilon_{ij} \mathrm{d}v = \int_{V_S} -\sigma_{ij} \delta \varepsilon_{ij} \mathrm{d}v = \int_{V_S} -\sigma_{ij} \delta u_{i,j} \mathrm{d}v$$

$$= \int_{V_S} \left[(-\sigma_{ij} \cdot \delta u_i)_{,j} + \sigma_{ij,j} \delta u_i \right] \mathrm{d}v$$

$$= \int_{S_0} -\sigma_{ij} n_j \delta u_i \mathrm{d}s + \int_{V_S} \sigma_{ij,j} \delta u_i \mathrm{d}v \tag{1.155}$$

$$-\int_{t_1}^{t_2}\int_{S_0}\rho\phi\delta\dot{u}_i n_i \mathrm{d}s\mathrm{d}t =-\int_{S_0}\rho\phi\delta u_i n_i \mathrm{d}s\Big|_{t_1}^{t_2}+\int_{t_1}^{t_2}\int_{S_0}\rho\dot{\phi}\delta u_i n_i \mathrm{d}s\mathrm{d}t \quad (1.156)$$

$$\int_{S_0}\frac{1}{2}\rho(\phi\delta\phi_{,n}+\phi_{,n}\delta\phi)\mathrm{d}s = \int_{S_0}\rho\phi_{,n}\delta\phi\mathrm{d}s+\int_{S_0}\frac{1}{2}\rho(\phi\delta\phi_{,n}-\phi_{,n}\delta\phi)\mathrm{d}s$$

$$(1.157)$$

由于 ϕ, $\phi_{,n}$, $\delta\phi$, $\delta\phi_{,n}$ 均满足波动方程和无穷处的辐射条件,可证明

$$\int_{S_0}\frac{1}{2}\rho(\phi\delta\phi_{,n}-\phi_{,n}\delta\phi)\mathrm{d}s = 0 \quad (1.158)$$

将式(1.155)~式(1.159)代入式(1.154),并取 t_1, t_2 瞬时的变分量为零,则有

$$\delta\Pi = \int_{t_1}^{t_2}\Big\{\int_{V_S}(-\rho_S\ddot{u}_i+\sigma_{ij,j})\delta u_i \mathrm{d}v - \int_{S_0}(\sigma_{ij}n_j-\rho\dot{\phi}n_i)\delta u_i \mathrm{d}s-$$

$$\int_{S_0}(\rho\dot{u}_i n_i-\rho\phi_{,n})\delta\phi\mathrm{d}s\Big\}\mathrm{d}t$$

$$= 0 \quad (1.159)$$

由此得

$$\rho_S\ddot{u}_i = \sigma_{ij,j} \quad 在 V_S 中 \quad (1.160)$$

$$\sigma_{ij}n_j = \rho\dot{\phi}n_i \quad 在 S_0 中 \quad (即 \sigma_{ij}n_j =-pn_i) \quad (1.161)$$

$$\dot{u}_i n_i = \phi_n \quad 在 S_0 上 \quad (1.162)$$

由此可见,由式(1.151)泛函取驻值所得的解,满足弹性体运动微分方程(1.160)、弹性体与流体交界面 S_0 上应力连续条件(式(1.161))和法向速度连续条件(式(1.162)),由于 ϕ 采取的形式已满足了流体运动微分方程和无穷远处的辐射条件,故所得结果为系统的正确解。

注意式(1.151)中对 S_0 面积分,其上的法向 n 取指向弹性体外部为正,取统一值时的独立变分量为弹性体质点位移 u_i 和流体的速度势 ϕ,后者通过其 S_0 面上的分布源强 $\psi(\xi)$ 取独立变分。

顺便提一下,Leipholz 对于特定的结构例子(柱),建立了一个非保守系统的变分原理[9]。

参考文献

[1] 钱伟长. 变分法及有限元[M]. 北京:科学出版社,1980.

[2] Yeung R W. Numerical Methods in Free — Surface Flouts [J]. Annual Review of Fluid Mechanics, 1982, 14: 395 - 442.

[3] Bai K J and Yeung R W. Numerical Solutions to Free Surface Flow Problems [R]. Tenth Sym Naval Hydrodynamics, 1974.

［4］ 梁立孚,章梓茂. 推导弹性力学变分原理的一种凑合法——及逆法[J]. 哈尔滨船舶工程学院学报,1985,4.

［5］ 黄玉盈. 液固耦联系统固有频率的一个变分式[J]. 华中工学院学报,1985,13(1): 91－96.

［6］ Yamamoto Y Int. J. of Engineering Science. 1981, 12: 1757－1762.

［7］ G. M. L. Glad well. A Variational Formulation of Damped Acoustic Structural Vibration Problems [J]. J. Sound Vib. 1966, 4(2): 172－186.

［8］ G. M. L. Glad well. V. Mason. Variational Finite Element Calculation of the Acoustic Response of a Rectangular Panel [J]. J. Sound Vib. 1971, 14(1): 115－135.

［9］ Leipholz H H E. Variational Principle for Non-conservative Problems: A Foundation for a Finite Element Approach [J]. Computer Methods in App. Mech. Engineering, 1979, 17/18: 609－617.

第 2 章　梁的水弹性振动

2.1　梁振动的微分方程[1]

设有一水平梁,在垂直分布力 $F_y(z, t)$ 作用下运动,其挠度为 $W(z, t)$,见图 2.1,设挠度由弯曲应变和剪切应变所引起,分别表示为 $\alpha(z, t)$ 和 $\beta(z, t)$,有

$$w(z, t) = \alpha(z, t) + \beta(z, t) \tag{2.1}$$

在梁上取一段长度为 $\mathrm{d}z$ 的微元,一端有剪力 S 和弯矩 M 作用,另一端有剪力 $S + \dfrac{\partial S}{\partial z}\mathrm{d}z$ 和弯矩 $M + \dfrac{\partial M}{\partial z}\mathrm{d}z$ 作用,见图 2.2。

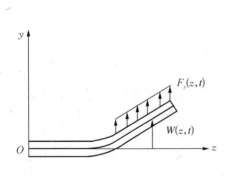

图 2.1　水平梁的挠度和作用力

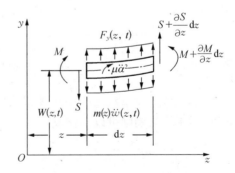

图 2.2　水平梁微元上的作用力

设梁单位长度的质量为 $m(z)$;其加速度为 $\ddot{w}(z, t)$,"$\cdot\cdot$"表示对时间的二次微分;单位长度的折合惯性矩为 $\mu(z)$;α' 为 α 对 z 的微分,它表示梁微元弯曲的角度。根据达朗贝尔原理,有

$$\varSigma F_y = 0, \; m\ddot{w} - \frac{\partial S}{\partial z} - F_y(z, t) = 0 \tag{2.2}$$

$$\Sigma M = 0 \quad \frac{\partial M}{\partial z}\mathrm{d}z + S\mathrm{d}z + \frac{\partial S}{\partial z}\frac{\mathrm{d}z^2}{2} - \mu\ddot{a}'\mathrm{d}z = 0$$

它可变成

$$\frac{\partial M}{\partial z} + S = \mu\ddot{a}' \tag{2.3}$$

梁微元的曲率 a'' 与所受弯矩 M 的关系为

$$a'' = \frac{M}{EI} \tag{2.4}$$

式中：EI 为梁微元的抗弯刚度（I 为梁断面的惯性矩）；β' 为剪切应变的角度。它与剪力 S 的关系为

$$\beta' = \frac{S}{GK} \tag{2.5}$$

式中：GK 为梁微元的抗剪刚度。

从以上 5 式中消去 a, S, M，得

$$\left.\begin{aligned}
& m\ddot{w} + \frac{\partial^2 M}{\partial z^2} - (\mu\ddot{a}')' - F_y(z, t) = 0 \\
& \beta' = \frac{S}{GK} = \frac{1}{GK}[\mu\ddot{a}' - (EIa'')'] = \frac{1}{Gk}[\mu\ddot{a}' - M'] \\
& m\ddot{w} + (EIa'')'' - (\mu\ddot{a}')' = F_y
\end{aligned}\right\} \tag{2.6}$$

$$\left.\begin{aligned}
& \ddot{a}' = \ddot{w}' - \ddot{\beta}', \quad a'' = w'' - \beta'' \\
& (GK)\beta' = \mu(\ddot{w}' - \ddot{\beta}') - [EI(w'' - \beta'')]' \\
& m\ddot{w} + [EI(w'' - \beta'')]'' - [\mu(\ddot{w}' - \ddot{\beta}')]' = F_y \\
& \beta' = \frac{1}{GK}[\mu\ddot{a}' - (EIa'')']
\end{aligned}\right\} \tag{2.7}$$

原则上，式(2.1)、式(2.6)、式(2.7)可对任意梁及其边界条件、初始条件进行求解，对于均匀梁则可以简化成：

$$\left.\begin{aligned}
& m\ddot{w} + EIa^{\mathrm{IV}} - \mu\ddot{a}'' = F_y \\
& a^{\mathrm{IV}} = w^{\mathrm{IV}} - \beta^{\mathrm{IV}} - \frac{1}{GK}[m\ddot{w}'' - F_y''] \\
& \ddot{a}'' = \ddot{w}'' - \ddot{\beta}'' = \ddot{w}'' - \frac{1}{GK}[m\ddddot{w} - \ddot{F}_y] \\
& m\ddot{w} + EI\left[w^{\mathrm{IV}} - \frac{1}{GK}(m\ddot{w}'' - F_y'')\right] - \mu\ddot{w}'' + \frac{\mu}{GK}(m\ddddot{w} - \ddot{F}y) = F_y \\
& m\ddot{w} + \frac{\mu m}{GK}\ddddot{w} - \left(\mu + \frac{EIm}{GK}\right)\ddot{w}'' + EIw^{\mathrm{IV}} = F_y + \frac{\mu}{GK}\ddot{F}_y - \frac{EI}{GK}F_y''
\end{aligned}\right\} \tag{2.8}$$

对于没有外力作用的自由振动,则有

$$m\ddot{w} + \frac{\mu m}{GK}\ddot{w} - \left(\mu + \frac{EIm}{GK}\right)\ddot{w}'' + EIw^{\mathrm{IV}} = 0 \tag{2.9}$$

对于细长梁,可略去梁断面转动惯量和剪应变的影响,即可令 $\mu = 0$, $G = \infty$, 得

$$m\ddot{w} + EIw^{\mathrm{IV}} = 0 \tag{2.10}$$

对于非均匀的细长梁,式(2.10)成为

$$m\ddot{w} + (EIw'')'' = 0 \tag{2.11}$$

用分离变量法求解,令

$$w(z,\ t) = W(z)T(t)$$

代入式(2.11)得

$$-\frac{\ddot{T}}{T} = \frac{(EIW'')''}{mW} \tag{2.12}$$

由于 z, t 为独立变量,式(2.12)必等于常数,以 ω^2 表示,得

$$\ddot{T} + \omega^2 T = 0 \tag{2.13}$$

$$(EIW'')'' - m\omega^2 W = 0 \tag{2.14}$$

对于均匀梁,式(2.12)成为

$$W^{\mathrm{IV}} - \frac{m\omega^2}{EI}W = 0 \tag{2.15}$$

梁的初始条件为

$$w(z,\ 0) = f_1(z),\quad \dot{w}(z,\ 0) = f_2(z) \tag{2.16}$$

边界条件则根据梁两端的固定方式而定,式(2.13)、式(2.15)的解为

$$T = A\cos\omega t + B\sin\omega t \tag{2.17}$$

$$W = C\mathrm{sh}\sqrt{\frac{\omega}{a}}z + D\mathrm{ch}\sqrt{\frac{\omega}{a}}z + E\sin\sqrt{\frac{\omega}{a}}z + F\cos\sqrt{\frac{\omega}{a}}z \tag{2.18}$$

式中: $a = \sqrt{\dfrac{EI}{m}}$。这样,得梁的挠度为

$$w = WT$$

$$= (A\cos\omega t + B\sin\omega t)\left[C\mathrm{sh}\sqrt{\frac{\omega}{a}}z + D\mathrm{ch}\sqrt{\frac{\omega}{a}}z + E\sin\sqrt{\frac{\omega}{a}}z + F\cos\sqrt{\frac{\omega}{a}}z\right]$$

$$\tag{2.19}$$

对于悬臂梁,固定端的挠度和斜率为零,自由端的弯矩和剪力为零,边界条件为

$$W(0) = 0, \quad W'(0) = 0, \quad W''(l) = 0, \quad W'''(l) = 0 \tag{2.20}$$

代入式(2.18),得

$$
\left.
\begin{aligned}
&D + F = 0 \\
&C + E = 0 \\
&C\mathrm{ch}\sqrt{\frac{\omega}{a}}l + D\mathrm{sh}\sqrt{\frac{\omega}{a}}l - E\cos\sqrt{\frac{\omega}{a}}l + F\sin\sqrt{\frac{\omega}{a}}l = 0 \\
&C\mathrm{sh}\sqrt{\frac{\omega}{a}}l + D\mathrm{ch}\sqrt{\frac{\omega}{a}}l - E\sin\sqrt{\frac{\omega}{a}}l - F\cos\sqrt{\frac{\omega}{a}}l = 0
\end{aligned}
\right\} \tag{2.21}
$$

为了使上面方程组有非零解,必须使下面行列式为零

$$
\begin{vmatrix}
0 & 1 & 0 & 1 \\
1 & 0 & 1 & 0 \\
\mathrm{ch}\sqrt{\frac{\omega}{a}}l & \mathrm{sh}\sqrt{\frac{\omega}{a}}l & -\cos\sqrt{\frac{\omega}{a}}l & \sin\sqrt{\frac{\omega}{a}}l \\
\mathrm{sh}\sqrt{\frac{\omega}{a}}l & \mathrm{ch}\sqrt{\frac{\omega}{a}}l & -\sin\sqrt{\frac{\omega}{a}}l & -\cos\sqrt{\frac{\omega}{a}}l
\end{vmatrix} = 0 \tag{2.22}
$$

称为梁的特征方程式,展开成

$$
-\begin{vmatrix}
1 & 1 & 0 \\
\mathrm{ch}\sqrt{\frac{\omega}{a}}l & -\cos\sqrt{\frac{\omega}{a}}l & \sin\sqrt{\frac{\omega}{a}}l \\
\mathrm{sh}\sqrt{\frac{\omega}{a}}l & -\sin\sqrt{\frac{\omega}{a}}l & -\cos\sqrt{\frac{\omega}{a}}l
\end{vmatrix}
-\begin{vmatrix}
1 & 0 & 1 \\
\mathrm{ch}\sqrt{\frac{\omega}{a}}l & \mathrm{sh}\sqrt{\frac{\omega}{a}}l & -\cos\sqrt{\frac{\omega}{a}}l \\
\mathrm{sh}\sqrt{\frac{\omega}{a}}l & \mathrm{ch}\sqrt{\frac{\omega}{a}}l & -\sin\sqrt{\frac{\omega}{a}}l
\end{vmatrix} = 0
$$

$$
-\left[\cos^2\sqrt{\frac{\omega}{a}}l + \sin^2\sqrt{\frac{\omega}{a}}l\right] + \left[-\mathrm{ch}\sqrt{\frac{\omega}{a}}l\cos\sqrt{\frac{\omega}{a}}l - \sin\sqrt{\frac{\omega}{a}}l\,\mathrm{sh}\sqrt{\frac{\omega}{a}}l\right] -
$$

$$
\left[-\mathrm{sh}\sqrt{\frac{\omega}{a}}l\sin\sqrt{\frac{\omega}{a}}l + \cos\sqrt{\frac{\omega}{a}}l\,\mathrm{ch}\sqrt{\frac{\omega}{a}}l\right] - \left[\mathrm{ch}^2\sqrt{\frac{\omega}{a}}l - \mathrm{sh}^2\sqrt{\frac{\omega}{a}}l\right]
$$

$$= 0$$

解得

$$
\cos\sqrt{\frac{\omega}{a}}l = -\frac{1}{\mathrm{ch}\sqrt{\frac{\omega}{a}}l} \tag{2.23}
$$

其特征值为

$$\sqrt{\frac{\omega}{a}}l = 0.597\pi,\ 1.49\pi,\ \frac{5}{2}\pi,\ \frac{7}{2}\pi,\ \frac{9}{2}\pi,\ \cdots \qquad (2.24)$$

各阶振动模态的频率为

$$\omega_1 = (0.597)^2 \frac{\pi^2}{l^2}\sqrt{\frac{EI}{m}},\quad \omega_2 = (1.49)^2 \frac{\pi^2}{l^2}\sqrt{\frac{EI}{m}},\ \cdots$$

n 足够大时，为

$$\omega_n = \left(n - \frac{1}{2}\right)^2 \frac{\pi^2}{l^2}\sqrt{\frac{EI}{m}} \qquad (2.25)$$

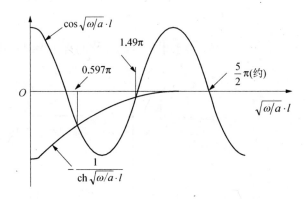

图 2.3　均匀梁频率特征方程的图解（悬臂梁）

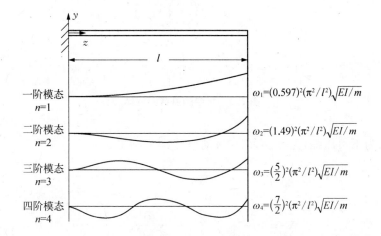

图 2.4　均匀悬臂梁的前四阶模态及相应频率

可再解得特征函数的表达式(也即各阶振动模态)为

$$W_n(z) = D\left[\left[\frac{\sin\sqrt{\frac{\omega_n}{a}}l - \mathrm{sh}\sqrt{\frac{\omega_n}{a}}l}{\mathrm{ch}\sqrt{\frac{\omega_n}{a}}l + \cos\sqrt{\frac{\omega_n}{a}}l}\right]\left(\mathrm{sh}\sqrt{\frac{\omega_n}{a}}z - \sin\sqrt{\frac{\omega_n}{a}}z\right) + \left(\mathrm{ch}\sqrt{\frac{\omega_n}{a}}z - \cos\sqrt{\frac{\omega_n}{a}}z\right)\right]$$

$$\tag{2.26}$$

求解时,先将自然频率式(2.24)代入式(2.18),再利用式(2.21)将 C, E, F 表示成 D,即得。

2.2　水中悬臂圆柱体的自由振动

本节内容选自张悉德的论文[2],水中悬臂圆柱体的自由振动如图 2.5 所示。

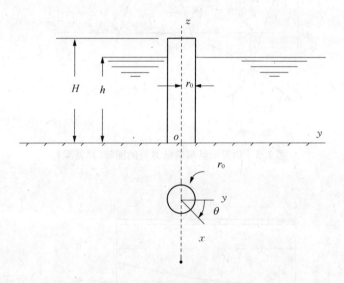

图 2.5　水中的悬臂圆柱体

设水为不可压缩,无黏性,存在扰动速度势 ϕ,满足

$$\nabla^2\phi = 0 \tag{2.27}$$

式中　　　　　　　　　$$\nabla^2 = \frac{\partial^2}{\partial r^2} + \frac{1}{r}\frac{\partial}{\partial r} + \frac{1}{r^2}\frac{\partial^2}{\partial \theta^2} + \frac{\partial^2}{\partial z^2}$$

为柱坐标中的拉普拉斯算子,要求 ϕ 满足的边界条件为

$$\left.\frac{\partial \phi}{\partial z}\right|_{z=0} = 0 \qquad (a)$$

$$\phi\big|_{z=h} = 0, \quad \text{高频近似条件} \quad (b)$$

$$\phi\big|_{r\to\infty} = 0 \qquad (c) \tag{2.28}$$

$$\left.\frac{\partial \phi}{\partial r}\right|_{r=r_0} = \dot{w}\cos\theta \qquad (d)$$

式中：$w = w(z, t)$ 为柱体沿 y 方向的振动位移。$z = h$ 处采用高频近似，比水面的线性化条件更简化，$r \to \infty$ 处的条件也相应地简化了。

用分离变量法，令

$$\phi(r, \theta, z, t) = R(r)\Theta(\theta)Z(z)\dot{T}(t) \tag{2.29}$$

代入式(2.27)，得三个常微分方程

$$R''\Theta Z + \frac{1}{r}R'\Theta Z + \frac{1}{r^2}R\Theta''Z + R\Theta Z'' = 0$$

$$\frac{R''}{R} + \frac{1}{r}\frac{R'}{R} + \frac{1}{r^2}\frac{\Theta''}{\Theta} + \frac{Z''}{Z} = 0$$

$$\frac{R''}{R} + \frac{1}{r}\frac{R'}{R} + \frac{1}{r^2}\frac{\Theta''}{\Theta} = -\frac{Z''}{Z} = m^2$$

$$\frac{r^2 R''}{R} + \frac{r R'}{R} - m^2 r^2 = -\frac{\Theta''}{\Theta} = n^2$$

三个常微分方程为

$$Z''(z) + m^2 Z(z) = 0 \tag{2.30}$$

$$\Theta''(\theta) + n^2 \Theta(\theta) = 0 \tag{2.31}$$

$$R''(r) + \frac{1}{r}R'(r) - \left(m^2 + \frac{n^2}{r^2}\right)R(r) = 0 \tag{2.32}$$

其中：m，n 为待定常数，式(2.32)的解为变形贝塞尔函数，各式的解为

$$Z(z) = A_1 \cos mz + A_2 \sin mz$$

$$\Theta(\theta) = B_1 \cos n\theta + B_2 \sin n\theta$$

$$R(r) = C_1 I_n(mr) + C_2 K_n(mr)$$

式中：A_i，B_i，$C_i(i = 1, 2)$ 为常数，$I_n(mr)$ 和 $K_n(mr)$ 分别为 n 阶第一类和第二类变形贝塞尔函数。

由边界条件(式 2.28(a)，(b))，得

$$Z_s(z) = A_s \cos \frac{(2s-1)\pi}{2h} z \qquad (s = 1, 2, 3, \cdots)$$

由边界条件(式 2.28(c)),得

$$R_n = c_n K_n \left(\frac{(2s-1)\pi}{2h} r \right)$$

对于 θ 的解应为周期的,故 n 为整数,合并常数,得

$$\phi(r, \theta, z, t) = \dot{T}(t) \sum_{s=1}^{\infty} \sum_{n=1}^{\infty} K_n \left(\frac{(2s-1)\pi}{2h} r \right) \cos \left(\frac{(2s-1)\pi}{2h} z \right) \cdot$$
$$[A_{sn} \cos n\theta + B_{sn} \sin n\theta]$$

利用边界条件(式 2.28(d))得

$$\dot{w} \cos \theta = W(z) \, \dot{T}(t) \cos \theta$$
$$= \dot{T}(t) \sum_{s=1}^{\infty} \sum_{n=1}^{\infty} \frac{(2s-1)\pi}{2h} \cdot K_n' \left(\frac{(2s-1)n}{2h} r_0 \right) \cdot$$
$$\cos \left(\frac{(2s-1)\pi}{2h} z \right) [A_{sn} \cos n\theta + B_{sn} \sin n\theta]$$

利用三角函数系的正交性条件,得

$$A_{sn} = 0 \quad (n \neq 1)$$
$$B_{sn} = 0$$
$$A_{s1} = \frac{4}{\pi(2s-1)} \frac{1}{K_1' \left(\frac{(2s-1)\pi}{2h} r_0 \right)} \int_0^h W(\zeta) \cos \frac{(2s-1)\pi}{2h} \zeta \mathrm{d}\zeta$$

于是,得

$$\phi(r, \theta, z, t) = \dot{T}(t) \frac{4\cos\theta}{\pi} \sum_{s=1}^{\infty} \frac{K_1 \left(\frac{(2s-1)\pi}{2h} r \right)}{(2s-1) K_1' \left(\frac{(2s-1)\pi}{2h} r_0 \right)}$$
$$\cos \left(\frac{(2s-1)\pi}{2h} z \right) \int_0^h W(\zeta) \cos \left(\frac{(2s-1)\pi}{2h} \zeta \right) \mathrm{d}\zeta \tag{2.33}$$

上面对流体作了求解,再要和柱体的变形方程耦合起来,柱体表面的压强为

$$p = -\rho \left. \frac{\partial \phi}{\partial t} \right|_{r=r_0}$$

流体对柱体沿 y 轴方向的作用力为

$$F_y(z, t) = \rho \int_0^{2\pi} \frac{\partial \phi}{\partial t}\bigg|_{r=r_0} r_0 \cos\theta \mathrm{d}\theta$$

$$= 4r_0\rho\ddot{T}(t) \sum_{s=1}^{\infty} \frac{\mathrm{K}_1\left(\dfrac{2s-1}{2h}r_0\right)}{(2s-1)\mathrm{K}_1'\left(\dfrac{(2s-1)\pi}{2h}r_0\right)}$$

$$\cos\left(\frac{(2s-1)\pi}{2h}z\right)\int_0^h W(\zeta)\cos\left(\frac{(2s-1)\pi}{2h}\zeta\right)\mathrm{d}\zeta$$

式中：ρ 为水的密度。柱体作为梁处理的运动方程为

$$\rho_1 A\ddot{w} + EIw^{\mathrm{IV}} = F_y(z)$$

将它分为与水接触和不与水接触两部分处理，其挠度以 w_1 和 w_2 表示，其运动方程分别为

$$\rho_1 AW_1(z)\ddot{T}(t) + EIW_1^{\mathrm{IV}}(z)T(t)$$

$$= 4r_0\rho\ddot{T}(t) \sum_{s=1}^{\infty} \frac{\mathrm{K}_1\left(\dfrac{(2s-1)\pi}{2h}r_0\right)}{(2s-1)\mathrm{K}_1'\left(\dfrac{(2s-1)\pi}{2h}r_0\right)}$$

$$\cos\left(\frac{(2s-1)\pi}{2h}z\right)\int_0^h W_1(\zeta)\cos\left(\frac{(2s-1)}{2h}\zeta\right)\mathrm{d}\zeta \qquad (2.34)$$

$$\rho_1 AW_2(z)\ddot{T}(t) + EIW_2^{\mathrm{IV}}(z)T(t) = 0 \qquad (2.35)$$

式(2.34)是一个积分微分方程，当进行自由振动时，$T(t)$ 按正弦规律变化，设其圆频率为 ω，则有

$$-\rho_1 A\omega^2 W_1(z) + EIW_1^{\mathrm{IV}}(z) + 4r_0\rho\omega^2 \sum_{s=1}^{\infty} \frac{\mathrm{K}_1\left(\dfrac{(2s-1)\pi}{2h}r_0\right)}{(2s-1)\mathrm{K}_1'\left(\dfrac{(2s-1)\pi}{2h}r_0\right)} \cdot$$

$$\cos\left(\frac{(2s-1)\pi}{2h}z\right)\int_0^h W_1(\zeta)\cos\left(\frac{(2s-1)\pi}{2h}\zeta\right)\mathrm{d}\zeta = 0 \qquad (2.36)$$

令

$$m(z) = \frac{-1}{W_1(z)}4r_0\rho \sum_{s=1}^{\infty} \frac{\mathrm{K}_1\left(\dfrac{(2s-1)\pi}{2h}r_0\right)}{(2s-1)\mathrm{K}_1'\left(\dfrac{(2s-1)\pi}{2h}r_0\right)} \cos\left(\frac{(2s-1)\pi}{2h}z\right) \cdot$$

$$\int_0^h W_1(\zeta)\cos\left(\frac{(2s-1)\pi}{2h}\zeta\right)\mathrm{d}\zeta \qquad (2.37)$$

则式(2.36)变为

$$EIW_1^{\text{IV}}(z) - \omega^2[\rho_1 A + m(z)]W_1(z) = 0 \tag{2.38}$$

式中：$m(z)$ 为附加质量的分布，它是未知函数 $W_1(z)$ 的函数。从物理意义上看，高频近似下的流体对柱体的作用相当于增加了一项附加质量，没有对阻尼项有贡献，因这时没有表面波辐射出去，也就没有能量的耗散，式(2.34)则变为

$$EIW_2^{\text{IV}}(z) - \omega^2 \rho_1 A W_2(z) = 0 \tag{2.39}$$

对式(2.36)，式(2.39)求解，将式(2.36)改写为

$$W_1^{\text{IV}}(z) - k^4 W_1(z) = \sum_{s=1}^{\infty} R_s G_s \cos\left[\frac{(2s-1)\pi}{2h}z\right] \tag{2.40}$$

式中：

$$k^4 = \frac{\rho_1 A \omega^2}{EI} \tag{2.41}$$

$$R_s = -\frac{4\rho k^4}{\rho_1 A} \frac{a K_1\left(\frac{(2s-1)\pi}{2h}r_0\right)}{(2s-1)K_1'\left[\frac{(2s-1)\pi}{2h}r_0\right]} \tag{2.42}$$

$$G_s = \int_0^h w_1(\zeta) \cos\left[\frac{(2s-1)\pi}{2h}\zeta\right]\mathrm{d}\zeta \tag{2.43}$$

其中：下标 S 为分解成级数的项次序号；R_s 和 G_s 为相应于第 S 项的模态幅值表示符号。

方程(2.40)齐次方程的通解为

$$W_{11}(z) = D_1\cos kz + D_2\sin kz + D_3\mathrm{ch}\,kz + D_4\mathrm{sh}\,kz$$

其中 $D_i(i=1,2,3,4)$ 为待定常数，其特解假定为

$$W_{12}(z) = \sum_{s=1}^{\infty} f_s\cos\frac{(2s-1)\pi}{2h}z$$

代入式(2.40)，比较系数得

$$f_s = \frac{R_s G_s}{\left(\frac{(2s-1)\pi}{2h}\right)^4 - k^4}$$

$$W_{12}(z) = \sum_{s=1}^{\infty} E_s G_s \cos\left[\frac{(2s-1)\pi}{2h}z\right]$$

其中
$$E_s = \frac{R_s}{\left[\dfrac{(2s-1)\pi}{2h}\right]^4 - k^4} \tag{2.44}$$

方程(2.40)的通解为
$$W_1(z) = W_{11}(z) + W_{12}(z)$$

代入式(2.43)得
$$G_s = D_1 I_s^{(1)} + D_2 I_s^{(2)} + D_3 I_s^{(3)} + D_4 I_s^{(4)} + \sum_{j=1}^{\infty} E_j G_j$$

$$\int_0^h \cos\left[\frac{(2s-1)\pi}{2h}\zeta\right] \cos\left[\frac{(2j-1)\pi}{2h}\zeta\right] \mathrm{d}\zeta$$

其中
$$
\left.
\begin{aligned}
I_s^{(1)} &= \int_0^h \cos\left[\frac{(2s-1)\pi}{2h}\zeta\right] \cos(k\zeta)\,\mathrm{d}\zeta \\[2mm]
I_s^{(2)} &= \int_0^h \cos\left[\frac{(2s-1)\pi}{2h}\zeta\right] \sin(k\zeta)\,\mathrm{d}\zeta \\[2mm]
I_s^{(3)} &= \int_0^h \cos\left[\frac{(2s-1)\pi}{2h}\zeta\right] \mathrm{ch}(k\zeta)\,\mathrm{d}\zeta \\[2mm]
I_s^{(4)} &= \int_0^h \cos\left[\frac{(2s-1)\pi}{2h}\zeta\right] \mathrm{sh}(k\zeta)\,\mathrm{d}\zeta
\end{aligned}
\right\} \tag{2.45}
$$

由于 $\cos\left[\dfrac{(2s-1)\pi}{2h}\zeta\right]$ 的正交性,有

$$G_s = D_1 I_s^{(1)} + D_2 I_s^{(2)} + D_3 I_s^{(3)} + D_4 I_s^{(4)} + \frac{h}{2} E_s G_s$$

由此求得 G_s 为

$$G_s = \frac{1}{1 - \dfrac{h}{2} E_s}\left[D_1 I_s^{(1)} + D_2 I_s^{(2)} + D_3 I_s^{(3)} + D_4 I_s^{(4)}\right]$$

最后得方程(2.36)的解为

$$W_1(z) = D_1 \cos kz + D_2 \sin kz + D_3 \mathrm{ch}\, kz + D_4 \mathrm{sh}\, kz + \sum_{s=1}^{\infty} \frac{E_s}{1 - \dfrac{h}{2} E_s}$$

$$\left[D_1 I_s^{(1)} + D_2 I_s^{(2)} + D_3 I_s^{(3)} + D_4 I_s^{(4)}\right] \cos\left[\frac{(2s-1)\pi}{2h}z\right] \tag{2.46}$$

其中 $I_s^{(i)}(i=1,2,3,4)$ 由式(2.45)积分得

$$
\left.
\begin{aligned}
I_s^{(1)} &= \frac{1}{\left[\dfrac{(2s-1)\pi}{2h}\right]^2-k^2}\left[(-1)^{s-1}\frac{(2s-1)\pi}{2h}\cos kh\right] \\[2ex]
I_s^{(2)} &= \frac{1}{\left[\dfrac{(2s-1)\pi}{2h}\right]^2-k^2}\left[(-1)^{s-1}\frac{(2s-1)\pi}{2h}\sin kh-k\right] \\[2ex]
I_s^{(3)} &= \frac{1}{\left[\dfrac{(2s-1)\pi}{2h}\right]^2+k^2}\left[(-1)^{s-1}\frac{(2s-1)\pi}{2h}\operatorname{ch} kh\right] \\[2ex]
I_s^{(4)} &= \frac{1}{\left[\dfrac{(2s-1)\pi}{2h}\right]^2+k^2}\left[(-1)^{s-1}\frac{(2s-1)\pi}{2h}\operatorname{sh} kh-k\right]
\end{aligned}
\right\}
\tag{2.47}
$$

方程(2.34)的解为

$$
W_2(z)=D_1'\cos kz+D_2'\sin kz+D_3'\operatorname{ch} kz+D_4'\operatorname{sh} kz \tag{2.48}
$$

利用边界条件和连续条件求式(2.46)式(2.48)中的常数 D_1，D_i' $(i=1,2,3,4)$

$$
W_1(z)\big|_{z=0}=0,\quad W_1'(z)\big|_{z=0}=0,\quad W_2''(z)\big|_{z=H}=0,\quad W_2'''(z)\big|_{z=H}=0 \tag{2.49}
$$

$$
\left.
\begin{aligned}
&W_1(z)\big|_{z=h}=W_2(z)\big|_{z=h},\quad W_1'(z)\big|_{z=h}=W_2'(z)\big|_{z=h} \\
&W_1''(z)\big|_{z=h}=W_2''(z)\big|_{z=h},\quad W_1'''(z)\big|_{z=h}=W_2'''(z)\big|_{z=h}
\end{aligned}
\right\}
\tag{2.50}
$$

解得

$$
D_1\left[1+\sum_{s=1}^{\infty}F_sI_s^{(1)}\right]+D_2\sum_{s=1}^{\infty}F_sI_s^{(2)}+D_3\left[1+\sum_{s=1}^{\infty}F_sI_s^{(3)}\right]+D_4\sum_{s=1}^{\infty}F_sI_s^{(4)}=0
$$

$$
D_2+D_4=0
$$

$$
D_1\cos kh+D_2\sin kh+D_3\operatorname{ch} kh+D_4\operatorname{sh} kh-
$$

$$
D_1'\cos kh-D_2'\sin kh-D_3'\operatorname{ch} kh-D_4'\operatorname{sh} kh=0
$$

$$
-D_1\left[k\sin kh+\sum_{s=1}^{\infty}(-1)^{s-1}\frac{(2s-1)\pi}{2h}F_sI_s^{(1)}\right]+D_2\left[k\cos kh-\sum_{s=1}^{\infty}(-1)^{s-1}\right.
$$

$$
\left.\frac{(2s-1)\pi}{2h}F_sI_s^{(2)}\right]+D_3\left[k\operatorname{sh} kh-\sum_{s=1}^{\infty}(-1)^{s-1}\frac{(2s-1)\pi}{2h}F_sI_s^{(3)}\right]+
$$

$$D_4\Big[k\,\mathrm{ch}\,kh-\sum_{s=1}^{\infty}(-1)^{s-1}\frac{(2s-1)\pi}{2h}F_sI_s^{(4)}\Big]+D_1'k\sin kh-D_2'k\cos kh-$$

$$D_3'\,\mathrm{sh}\,kh-D_4'k\,\mathrm{ch}\,kh=0$$

$$-D_1\cos kh-D_2\sin kh+D_3\,\mathrm{ch}\,kh+D_4\,\mathrm{sh}\,kh+D_1'\cos kh+D_2'\sin kh-$$

$$D_3'\,\mathrm{ch}\,kh-D_4'\,\mathrm{sh}\,kh=0$$

$$D_1\Big[k^3\sin kh+\sum(-1)^{s-1}\Big(\frac{(2s-1)\pi}{2h}\Big)^3F_sI_s^{(1)}\Big]+D_2\Big[-k^3\cos kh+$$

$$\sum_{s=1}^{\infty}(-1)^{s-1}\Big(\frac{(2s-1)\pi}{2h}\Big)^3F_sI_s^{(2)}\Big]+D_3\Big[k^3\,\mathrm{sh}\,kh+$$

$$\sum_{s=1}^{\infty}(-1)^{s-1}\Big(\frac{(2s-1)\pi}{2h}\Big)^3F_sI_s^{(3)}\Big]+D_4\Big[k^3\,\mathrm{ch}\,kh+$$

$$\sum_{s=1}^{\infty}(-1)^{s-1}\Big(\frac{(2s-1)\pi}{2h}\Big)^3F_sI_s^{(4)}\Big]-D_1'k^3\sin kh+D_2'k^3\cos kh-$$

$$D_3'k^3\,\mathrm{sh}\,kh-D_4'k^3\,\mathrm{ch}\,kh=0 \qquad\qquad (2.51)$$

$$-D_1'\cos kH-D_2'\sin kH+D_3'\,\mathrm{ch}\,kH+D_4'\,\mathrm{sh}\,kH=0$$

$$D_1'\sin kH-D_2'\cos kH+D_3'\,\mathrm{sh}\,kH+D_4'\,\mathrm{ch}\,kH=0$$

其中
$$F_s=\frac{E_s}{1-\dfrac{h}{2}E_s}$$

　　在联立方程组(2.51)中,为了能有常数 D_i, D_i' ($i=1,2,3,4$)的非零解,其系数的行列式应为零,得求频率 ω 的特征方程为

$$
\begin{vmatrix}
\alpha & \beta \\
\cos kh & \sin kh-\mathrm{sh}\,kh \\
-(k\sin kh+\sigma^{(1)}) & k(\cos kh-\mathrm{ch}\,kh)-\sigma^{(2)}+\sigma^{(4)} \\
-\mathrm{ch}\,kh & -\sin kh-\mathrm{sh}\,kh \\
k^3\sin kh+\Sigma^{(1)} & -k^3(\cos kh+\mathrm{ch}\,kh)+\Sigma^{(2)}-\Sigma^{(4)} \\
0 & 0 \\
0 & 0
\end{vmatrix}
$$

$$
\begin{vmatrix}
1 & 0 & 0 & 0 & 0 \\
\mathrm{ch}\,kh & -\cos kh & -\sin kh & -\mathrm{ch}\,kh & -\mathrm{sh}\,kh \\
k\,\mathrm{sh}\,kh-\sigma^{(3)} & k\sin kh & -k\cos kh & -k\,\mathrm{sh}\,kh & -k\,\mathrm{ch}\,kh \\
\mathrm{ch}\,kh & \cos kh & \sin kh & -\mathrm{ch}\,kh & -\mathrm{sh}\,kh \\
k^3\,\mathrm{sh}\,kh+\Sigma^{(3)} & -k^3\sin kh & k^3\cos kh & -k^3\,\mathrm{sh}\,kh & -k^3\,\mathrm{ch}\,kh \\
0 & -\cos kH & -\sin kH & \mathrm{ch}\,kH & \mathrm{sh}\,kH \\
0 & \sin kH & -\cos kH & \mathrm{sh}\,kH & \mathrm{ch}\,kH
\end{vmatrix}=0 \quad (2.52)
$$

其中

$$\alpha = \frac{1 + \sum\limits_{s=1}^{\infty} F_s I_s^{(1)}}{1 + \sum\limits_{s=1}^{\infty} F_s I_s^{(3)}}$$

$$\beta = \frac{\sum\limits_{s=1}^{\infty} F_s (I_s^{(2)} - I_s^{(4)})}{1 + \sum\limits_{s=1}^{\infty} F_s I_s^{(3)}}$$

$$\sigma^{(i)} = \sum_{i=1}^{\infty} (-1)^{s-1} \frac{(2s-1)\pi}{2h} F_s I_s^{(i)}$$

$$\Sigma^{(i)} = \sum_{s=1}^{\infty} (-1)^{s-1} \left[\frac{(2s-1)\pi}{2h}\right]^3 F_s I_s^{(i)} \quad (i = 1, 2, 3, 4) \qquad (2.53)$$

由特征方程(2.52)解出频率 ω 后,代入式(2.51)求常数 D_i, D_i' ($i = 1, 2, 3, 4$),实际上求得诸常数的比值,再把它们代入式(2.46)、式(2.48),即可求得振型函数,或振动的模态函数,再利用初始条件,可求得振幅和振动的初相角。

2.3 用变分法的离散化近似
计算梁的振动问题

本节内容所用近似计算方法,参考钱伟长的著作[3]。

变截面梁的自由振动方程为

$$(EIw'')'' + m\ddot{w} = 0 \qquad (2.54)$$

其中的抗弯刚度 EI 和质量分布 m 均是沿梁长的函数,取沿梁长的坐标为 x,梁的长度为 l,则梁的动能为

$$T = \int_0^l \frac{1}{2} m(x) \dot{w}^2 \mathrm{d}x \qquad (2.55)$$

梁的势能为

$$U = \int_0^l \frac{1}{2} EI (w'')^2 \mathrm{d}x \qquad (2.56)$$

我们讨论一种正弦类型的振动

$$w(x, t) = w(x)\sin(\omega t + \varepsilon) \qquad (2.57)$$

应用哈密顿原理,并取从 t_1 到 t_2 为一个振动周期

$$\delta \int_{t_1}^{t_2} (T-U)\mathrm{d}t = 0 \tag{2.58}$$

计算得

$$\int_{t_1}^{t_2} \int_0^l \left\{ \frac{1}{2} m\omega^2 [w(x)]^2 \cos^2(\omega t + \varepsilon) - \frac{1}{2} EI [w''(x)]^2 \sin^2(\omega t + \varepsilon) \right\} \mathrm{d}x\mathrm{d}t$$

$$= \frac{\pi}{\omega} \int_0^l \left\{ \frac{1}{2} m\omega^2 w^2 - \frac{1}{2} EI w''^2 \right\} \mathrm{d}x \tag{2.59}$$

为了离散化,将梁分割成许多元素,每个元素中有 4 个节点: x_1,x_2,x_3,x_4,其中 x_1,x_4 为端部节点的坐标,x_2,x_3 为内部节点的坐标,每个元素中的位移分布可写成

$$w^{(e)}(x) = N_1(x)w_1^{(e)} + N_2(x)w_2^{(e)} + N_3(x)w_3^{(e)} + N_4(x)w_4^{(e)} = [N(x)]\{w\}^e \tag{2.60}$$

式中: $w_i^{(e)}$ 为 x_i 点的位移; $N_i(x)$ 为形状函数。我们取为三次的拉格朗日插值函数

$$N_k(x) = \prod_{m=1}^4 \frac{x - x_m}{x_k - x_m} = \frac{(x - x_1)\cdots(x - x_4)}{(x_k - x_1)\cdots(x_k - x_4)} \quad (m \neq k;\ k = 1,\ 2,\ 3,\ 4) \tag{2.61}$$

其形状如图 2.6 所示,要求在相邻有限元的连接处,近似函数及其导数连续(导函数的阶数比泛函中出现的最高阶导数小一阶)。每个元素有 4 个自由度。典型元素的泛函为

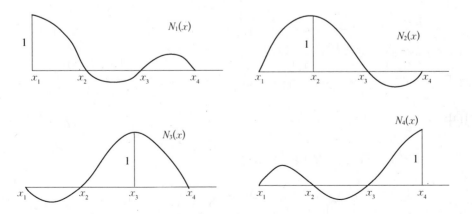

图 2.6　三次的拉格朗日插值函数

$$\Pi^{(e)} = \int_{x_1}^{x_4} \left\{ EI \left[\frac{d^2 w^{(e)}}{dx^2} \right]^2 - m\omega^2 [w^{(e)}]^2 \right\} dx$$

$$= \int_{x_1}^{x_4} \{ EI [N_1'' w_1^{(e)} + N_2'' w_2^{(e)} + N_3'' w_3^{(e)} + N_4'' w_4^{(e)}]^2 -$$

$$m\omega^2 [N_1 w_1^{(e)} + N_2 w_2^{(e)} + N_3 w_3^{(e)} + N_4 w_4^{(e)}]^2 \} dx$$

$$= [Lw^{(e)}] [k]^{(e)} \{w\}^{(e)} - \omega^2 [w]^{(e)} [M]^{(e)} \{w\}^{(e)} \tag{2.62}$$

其中

$$k_{ij}^{(e)} = \int_{x_1}^{x_4} (EI) N_i''(x) N_j''(x) dx \tag{2.63}$$

是刚度矩阵 $[K]^e$ 的元素。

$$m_{ij}^{(e)} = \int_{x_1}^{x_4} m N_i(x) N_j(x) dx \tag{2.64}$$

是质量矩阵 $[M]^e$ 的元素。

利用驻值条件

$$\frac{\partial \Pi^{(e)}}{\partial w_i^{(e)}} = 0 \quad (i = 1, 2, 3, 4) \tag{2.65}$$

得典型有限元的特性方程

$$[k]^{(e)} \{w\}^{(e)} - \omega^2 [M]^{(e)} \{w\}^e = 0 \tag{2.66}$$

将边界条件应用于边界有限元,取固定端处为第一有限元,应满足

$$w_1^{(1)} = 0, \quad w_1'^{(1)} = 0 \tag{2.67}$$

代入式(2.60),得

$$w_1^{(1)} = 0$$

$$w_1'^{(1)} = N_1'(x_1) w_1^{(1)} + N_2'(x_1) w_2^{(1)} + N_3'(x_1) w_3^{(1)} + N_4'(x_1) w_4^{(1)} = 0$$

解得

$$w_1^{(1)} = 0, \quad w_2^{(1)} = \alpha w_3^{(1)} + \beta w_4^{(1)} \tag{2.68}$$

其中

$$\alpha = \frac{N_3'(x_1)}{N_2'(x_1)}, \quad \beta = -\frac{N_4'(x_1)}{N_2'(x_1)} \tag{2.69}$$

对于节点处于三等分有限元的情况,有

$$w_1'^{(1)} = 0, \quad w_2^{(1)} = \frac{1}{2} w_3^{(1)} - \frac{1}{9} w_4^{(1)} \tag{2.70}$$

梁整体的泛函为

$$\Pi = \sum_{e=1}^{M} \Pi^{(e)} \tag{2.71}$$

作为一个具体例子,将梁分为三个有限元,每个节点可按局部与整体进行编号,如表 2.1 所示。

表 2.1　有限元的局部和整体编号

有限元号	节　点　号	
	局　部	整　体
①	1 2 3 4	1 2 3 4
②	1 2 3 4	4 5 6 7
③	1 2 3 4	7 8 9 10

每个有限元的泛函可写为

$$
\begin{aligned}
\Pi^{(e)} &= \int_{x_1}^{x_4} \left\{ EI \left[\sum_{i=1}^{4} N_i'' w_i^{(e)} \right] \left[\sum_{j=1}^{4} N_j'' w_j^{(e)} \right] - m\omega^2 \left[\sum_{i=1}^{4} N_i w_i^{(e)} \right] \left[\sum_{j=1}^{4} N_j w_j^{(e)} \right] \right\} \mathrm{d}x \\
&= \int_{x_1}^{x_4} \left\{ \sum_{i=1}^{4} \sum_{j=1}^{4} w_i^{(e)} w_j^{(e)} \left[-\omega^2 m N_i N_j + EI N_i'' N_j'' \right] \mathrm{d}x \right. \\
&= \sum_{i=1}^{4} \sum_{j=1}^{4} w_i^{(e)} w_j^{(e)} \left[k_{ij}^{(e)} - \omega^2 m_{ij}^{(e)} \right]
\end{aligned} \tag{2.72}
$$

整体泛函为

$$
\begin{aligned}
\Pi &= \sum_{i=1}^{10} \sum_{j=1}^{10} w_i w_j \left[k_{ij} - \omega^2 m_{ij} \right] \\
&= [w][K]\{w\} - \omega^2 [w][M]\{w\}
\end{aligned} \tag{2.73}
$$

其中

$$[w] = [w_1, w_2, \cdots, w_{10}] = \{w\}^{\mathrm{T}}$$

$[w]^{(1)} [k]^{(1)} \{w\}^{(1)}$

$$
= [w_1, w_2, \cdots, w_{10}]
\begin{bmatrix}
k_{11}^{(1)} & k_{12}^{(1)} & k_{13}^{(1)} & k_{14}^{(1)} & 0 & \cdots\cdots & 0 \\
k_{21}^{(1)} & k_{22}^{(1)} & k_{23}^{(1)} & k_{24}^{(1)} & 0 & \cdots & 0 \\
k_{31}^{(1)} & k_{32}^{(1)} & k_{33}^{(1)} & k_{34}^{(1)} & 0 & \cdots & 0 \\
k_{41}^{(1)} & k_{42}^{(1)} & k_{43}^{(1)} & k_{44}^{(1)} & 0 & \cdots & 0 \\
0 & 0 & 0 & 0 & 0 & \cdots & 0 \\
\vdots & & & & & \cdots & 0 \\
0 & 0 & \cdots & \cdots & \cdots & \cdots & 0
\end{bmatrix}
\begin{Bmatrix}
w_1 \\ w_2 \\ w_3 \\ w_4 \\ \vdots \\ \vdots \\ w_{10}
\end{Bmatrix}
\tag{2.74}
$$

$[w]^{(2)} [k]^{(2)} \{w\}^{(2)}$

$$
= [w_1, w_2, \cdots, w_{10}]
\begin{bmatrix}
0 & 0 & 0 & 0 & \cdots & \cdots & \cdots & & 0 \\
\vdots & & 0 & 0 & & & & & \\
\vdots & & 0 & 0 & & & & & \\
\vdots & & & & k_{11}^{(2)} & k_{12}^{(2)} & k_{13}^{(2)} & k_{14}^{(2)} & \\
\vdots & & & & k_{21}^{(2)} & k_{22}^{(2)} & k_{23}^{(2)} & k_{24}^{(2)} & \\
\vdots & & & & k_{31}^{(2)} & k_{32}^{(2)} & k_{33}^{(2)} & k_{34}^{(2)} & 0 & 0 & 0 \\
\vdots & & & & k_{41}^{(2)} & k_{42}^{(2)} & k_{43}^{(2)} & k_{44}^{(2)} & 0 & 0 & 0 \\
\vdots & & & & & & 0 & & \vdots \\
\vdots & & & & & & 0 & & \vdots \\
0 & \cdots & \cdots & \cdots & \cdots & & 0 & \cdots & 0
\end{bmatrix}
\begin{Bmatrix}
w_1 \\ w_2 \\ w_3 \\ \vdots \\ \vdots \\ \vdots \\ \vdots \\ \vdots \\ \vdots \\ w_{10}
\end{Bmatrix}
\tag{2.75}
$$

$[w][K]\{w\}$

$$
= [w_1, w_2, \cdots, w_{10}]
\begin{bmatrix}
k_{11} & k_{12} & k_{13} & k_{14} & \cdots & \cdots & \cdots & \cdots & \cdots & 0 \\
k_{21} & k_{22} & k_{23} & k_{24} & & & & & & 0 \\
k_{31} & k_{32} & k_{33} & k_{34} & & & & & & 0 \\
k_{41} & k_{42} & k_{43} & k_{44} & k_{45} & k_{46} & k_{47} & 0 & \cdots & 0 \\
0 & 0 & 0 & k_{54} & k_{55} & k_{56} & k_{57} & 0 & \cdots & 0 \\
\vdots & & \vdots & k_{64} & & & & & & \\
\vdots & & \vdots & k_{74} & k_{75} & k_{76} & k_{77} & k_{78} & k_{79} & k_{7,10} \\
\vdots & & & 0 & 0 & 0 & k_{87} & & & \\
\vdots & & & & 0 & k_{97} & & & & \\
0 & 0 & \cdots & \cdots & \cdots & 0 & k_{10,7} & k_{10,8} & k_{10,9} & k_{10,10}
\end{bmatrix}
\begin{Bmatrix}
w_1 \\ w_2 \\ w_3 \\ \vdots \\ \vdots \\ \vdots \\ \vdots \\ \vdots \\ \vdots \\ w_{10}
\end{Bmatrix}
\tag{2.76}
$$

其中整体刚度矩阵的各元素由相应有限元刚度矩阵的元素代入而得,其中

$$k_{44} = k_{44}^{(1)} + k_{11}^{(2)} \left.\right\}$$
$$k_{77} = k_{44}^{(2)} + k_{11}^{(3)} \left.\right\}$$

$$(2.77)$$

同样也可得出整体质量矩阵的表达式。

边界有限元在利用边界条件以后，可以压缩它的矩阵维数，对于 $\Pi^{(1)}$，利用式(2.68)，可得

$$
\begin{aligned}
\Pi^{(1)} &= \int_{x_1}^{x_4} \left[EI \left(N_1'' w_1^{(1)} + N_2'' w_2^{(1)} + N_3'' w_3^{(1)} + N_4'' w_4^{(1)} \right)^2 - m\omega^2 \right. \\
&\quad \left. \left(N_1 w_1^{(1)} + N_2 w_2^{(1)} + N_3 w_3^{(1)} + N_4 w_4^{(1)} \right)^2 \right] \mathrm{d}x \\
&= \int_{x_1}^{x_4} \left\{ EI \left[(N_3'' + \alpha N_2'') w_3^{(1)} + (N_4'' + \beta N_2'') w_4^{(1)} \right]^2 - \right. \\
&\quad \left. m\omega^2 \left[(N_3 + \alpha N_2) w_3^{(1)} + (N_4 + \beta N_2) w_4^{(1)} \right]^2 \right\} \mathrm{d}x \\
&= k_{33}^{*(1)} w_3^{(1)^2} + 2 k_{34}^{*(1)} w_3^{(1)} w_4^{(1)} + k_{44}^{*(1)} w_4^{(1)^2} - \\
&\quad \omega^2 \left[m_{33}^{*(1)} w_3^{(1)^2} + 2 m_{34}^{*(1)} w_3^{(1)} w_4^{(1)} + m_{44}^{*(1)} w_4^{(1)^2} \right]
\end{aligned}
$$

$$(2.78)$$

其中

$$
\begin{aligned}
k_{33}^{*(1)} &= k_{33}^{(1)} + 2\alpha k_{23}^{(1)} + \alpha^2 k_{22}^{(1)} \\
k_{34}^{*(1)} &= k_{43}^{*(1)} = k_{43}^{(1)} + \alpha k_{42}^{(1)} + \beta k_{32}^{(1)} + \alpha\beta k_{22}^{(1)} \\
k_{44}^{*} &= k_{44}^{(1)} + 2\beta k_{24}^{(1)} + \beta^2 k_{22}^{(1)}
\end{aligned}
\left.\right\}
$$

$$(2.79)$$

同样可得到压缩维数后的质量矩阵元素。

相应的矩阵为

$$
\begin{bmatrix} k_{33}^{*(1)} & k_{34}^{*(1)} \\ k_{43}^{*(1)} & k_{44}^{*(1)} \end{bmatrix} \text{ 和 } \begin{bmatrix} m_{33}^{*(1)} & m_{34}^{*(1)} \\ m_{43}^{*(1)} & m_{44}^{*(1)} \end{bmatrix}
$$

$$(2.80)$$

讨论悬臂梁的情形。设另一端没有弯矩和剪力的作用，有

$$w_{10}'' = 0, \quad w_{10}''' = 0 \quad \text{即} \quad w_4^{(3)''} = 0, \quad w_4^{(3)'''} = 0$$

$$(2.81)$$

用同样方法，可压缩第三有限元的维数。

$$w^{(3)}(x) = N_1 w_1^{(3)} + N_2 w_2^{(3)} + N_3 w_3^{(3)} + N_4 w_4^{(3)}$$

$$(2.82)$$

利用式(2.81)，可得

$$
\begin{aligned}
N_1''(x_4) w_1^{(3)} + N_2''(x_4) w_2^{(3)} + N_3''(x_4) w_3^{(3)} + N_4''(x_4) w_4^{(3)} &= 0 \\
N_1'''(x_4) w_1^{(3)} + N_2'''(x_4) w_2^{(3)} + N_3'''(x_4) w_3^{(3)} + N_4'''(x_4) w_4^{(3)} &= 0
\end{aligned}
\left.\right\}
$$

$$(2.83)$$

解 $w_3^{(3)}$，$w_4^{(3)}$，可得

$$
\left.
\begin{aligned}
w_3^{(3)} &= \frac{\begin{vmatrix} N_1''(x_4)w_1^{(3)} + N_2''(x_4)w_2^{(3)} & N_4''(x_4) \\ N_1'''(x_4)w_1^{(3)} + N_2'''(x_4)w_2^{(3)} & N_4'''(x_4) \end{vmatrix}}{\begin{vmatrix} N_3''(x_4) & N_4''(x_4) \\ N_3'''(x_4) & N_4'''(x_4) \end{vmatrix}} = \alpha_1 w_1^{(3)} + \beta_1 m_2^{(3)} \\
w_4^{(3)} &= \gamma_1 w_1^{(3)} + \delta_1 w_2^{(3)}
\end{aligned}
\right\}
\tag{2.84}
$$

其中的 α_1，β_1，γ_1，δ_1 为

$$
\left.
\begin{aligned}
\alpha_1 &= \frac{N_1''N_4''' - N_4''N_1'''}{N_4''N_3''' - N_3''N_4'''} \\
\beta_1 &= \frac{N_2''N_4''' - N_4''N_2'''}{N_4''N_3''' - N_3''N_4'''} \\
\gamma_1 &= \frac{N_3''N_1''' - N_1''N_3'''}{N_4''N_3''' - N_3''N_4'''} \\
\delta_1 &= \frac{N_3''N_2''' - N_2''N_3'''}{N_4''N_3''' - N_3''N_4'''}
\end{aligned}
\right\}
\tag{2.85}
$$

$$
\begin{aligned}
\Pi^{(3)} &= \int_{x_1}^{x_4} \left[EI(N_1''w_1^{(3)} + N_2''w_2^{(3)} + N_3''w_3^{(3)} + N_4''w_4^{(3)})^2 - \right. \\
&\quad \left. m\omega^2(N_1 w_1^{(3)} + N_2 w_2^{(3)} + N_3 w_3^{(3)} + N_4 w_4^{(3)})^2 \right] \mathrm{d}x \\
&= \int_{x_1}^{x_4} \left\{ EI[(N_1'' + \alpha_1 N_3'' + \gamma_1 N_4'')w_1^{(3)} + (N_2'' + \beta_1 N_3'' + \delta_1 N_4'')w_2^{(3)}]^2 - \right. \\
&\quad \left. m\omega^2[(N_1 + \alpha_1 N_3 + \gamma_1 N_4)w_1^{(3)} + (N_2 + \beta_1 N_3 + \delta_1 N_4)w_2^{(2)}]^2 \right\} \mathrm{d}x \\
&= k_{11}^{*(3)} w_1^{(3)^2} + 2k_{12}^{*(3)} w_1^{(3)} w_2^{(3)} + k_{22}^{*(3)} w_2^{(3)^2} - \\
&\quad \omega^2[m_{11}^{*(3)} w_1^{(3)^2} + 2m_{12}^{*(3)} w_1^{(3)} w_2^3 + m_{22}^{*(3)} w_2^{(3)^2}]
\end{aligned}
\tag{2.86}
$$

其中

$$
\left.
\begin{aligned}
k_{11}^{*(3)} &= k_{11}^{(3)} + \alpha_1^2 k_{33}^{(3)} + \gamma_1^2 k_{44}^{(3)} + 2\alpha_1 k_{13}^{(3)} + 2\gamma_1 k_{14}^{(3)} + 2\alpha_1 \gamma_1 k_{34}^{(3)} \\
k_{22}^{*(3)} &= k_{22}^{(3)} + \beta_1^2 k_{33}^{(3)} + \delta_1^2 k_{44}^{(3)} + 2\beta_1 k_{23}^{(3)} + 2\delta_1 \dot{k}_{24}^{(3)} + 2\beta_1 \delta_1 k_{34}^{(3)} \\
k_{12}^{*(3)} &= k_{12}^{(3)} + \beta_1 k_{13}^{(3)} + \delta_1 k_{14}^{(3)} + \alpha_1 k_{32}^{(3)} + \alpha_1 \beta_1 k_{33}^{(3)} + \alpha_1 \delta_1 k_{34}^{(3)} + \\
&\quad \gamma_1 k_{42}^{(3)} + \gamma_1 \beta_1 k_{43}^{(3)} + \gamma_1 \delta_1 k_{44}^{(3)}
\end{aligned}
\right\}
\tag{2.87}
$$

$$
\left.
\begin{aligned}
m_{11}^{*(3)} &= m_{11}^{(3)} + \alpha_1^2 m_{33}^{(3)} + \gamma_1^2 m_{44}^{(3)} + 2\alpha_1 m_{13}^{(3)} + 2\gamma_1 m_{14}^{(3)} + 2\alpha_1 \gamma_1 m_{34}^{(3)} \\
m_{22}^{*(3)} &= m_{22}^{(3)} + \beta_1^2 m_{33}^{(3)} + \delta_1^2 m_{44}^{(3)} + 2\beta_1 m_{23}^{(3)} + 2\delta_1 m_{24}^{(3)} + 2\beta_1 \delta_1 m_{34}^{(3)} \\
m_{12}^{*(3)} &= m_{12}^{(3)} + \beta_1^2 m_{13}^{(3)} + \delta_1^2 m_{14}^{(3)} + \alpha_1 m_{32}^{(3)} + 2\beta_1 m_{33}^{(3)} + \alpha_1 \delta_1 m_{34}^{(3)} + \\
&\quad \gamma_1 m_{42}^{(3)} + \gamma_1 \beta_1 m_{43}^{(3)} + \gamma_1 \delta_1 m_{44}^{(3)}
\end{aligned}
\right\}
\tag{2.88}
$$

整体的刚度矩阵和质量矩阵可写成

$$
[K^*] = \begin{bmatrix}
k_{33}^{*(1)} & k_{34}^{*(1)} & 0 & 0 & 0 & 0 \\
k_{43}^{*(1)} & k_{44}^{*(1)}+k_{11}^{(2)} & k_{12}^{(2)} & k_{13}^{(2)} & k_{14}^{(2)} & \vdots \\
0 & k_{21}^{(2)} & k_{22}^{(2)} & k_{23}^{(2)} & k_{24}^{(2)} & \vdots \\
\vdots & k_{31}^{(2)} & k_{32}^{(2)} & k_{33}^{(2)} & k_{34}^{(2)} & 0 \\
\vdots & k_{41}^{(2)} & k_{42}^{(2)} & k_{43}^{(2)} & k_{44}^{(2)}+k_{11}^{*(3)} & k_{12}^{*(3)} \\
0 & 0 & 0 & 0 & k_{21}^{*(3)} & k_{22}^{*(3)}
\end{bmatrix} \tag{2.89}
$$

$$
[M^*] = \begin{bmatrix}
m_{33}^{*(1)} & m_{34}^{*(1)} & 0 & 0 & 0 & 0 \\
m_{43}^{*(1)} & m_{44}^{*(1)}+m_{11}^{(2)} & m_{12}^{(2)} & m_{13}^{(2)} & m_{14}^{(2)} & \vdots \\
0 & m_{21}^{(2)} & m_{22}^{(2)} & m_{23}^{(2)} & m_{24}^{(2)} & \vdots \\
\vdots & m_{31}^{(2)} & m_{32}^{(2)} & m_{33}^{(2)} & m_{34}^{(2)} & 0 \\
\vdots & m_{41}^{(2)} & m_{42}^{(2)} & m_{43}^{(2)} & m_{44}^{(2)}+m_{11}^{*(3)} & m_{12}^{*(3)} \\
0 & 0 & 0 & 0 & m_{21}^{*(3)} & m_{22}^{*(3)}
\end{bmatrix}
$$

$$\tag{2.90}$$

整体梁的特性方程为

$$
[K^*]\{w\} - \omega^2 [M^*]\{w\} = 0 \tag{2.91}
$$

其中

$$
\{w\}^{\mathrm{T}} = [w_3, \ w_4, \ \cdots, \ w_7, \ w_8]
$$

为使 $\{w\}$ 有非零解,必须有

$$
|k_{ij}^* - \omega^2 m_{ij}^*| = 0 \tag{2.92}
$$

这就是求特征值的方程,在本例 6 个自由度的情形中,可解得 6 个根,并相应解得 6 个模态的运动。

2.4　用变分法的离散化近似计算梁在液体中的振动问题

如图 2.7 所示,设梁的一侧为液体,梁和液体连在一起进行振动,按平面运动进行处理,设流体是无黏性不可压缩的理想流体,其运动是有势的,深度为 h,设产生的振动为高频振动,无穷远处的扰动速度为零,自由面上的压强为零。

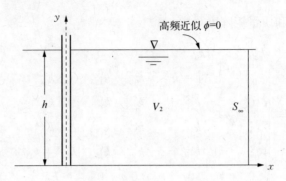

图 2.7　梁在液体中的振动

应用弹性体-流体系统的哈密顿原理

$$\delta \int_{t_1}^{t_2} L \mathrm{d}t = 0 \tag{2.93}$$

$$L = L_1 + L_2 = T_1 + T_2 - U_2 - U_1 - \int_{S_P} p_i u_i \mathrm{d}s \tag{2.94}$$

式中：T_1，T_2 为梁、液体的动能；U_1，U_2 为梁、液体的势能；p_i 为梁的 S_P 部分上已知的外力，讨论自由振动时，可令 $p_i = 0$，U_1 按梁的弯曲应变能公式计算，$U_2 = -\dfrac{1}{2}\displaystyle\int_{V_2} p\mathrm{div}\boldsymbol{u}$，对于不可压缩流体，$\mathrm{div}\boldsymbol{u} = 0$，$U_2 = 0$，对 S_∞ 的积分由于 $U_n \rightarrow 0$ 而为零，相应的对自由面的积分和对底面的积分由于 $p = 0$ 和 $U_n = 0$ 而消失。因此耦合振动的影响仅是在前节中加入流体的动能。

流体动能 T_2 为

$$T_2 = \int_{V_2} \frac{1}{2}\rho \left[\left(\frac{\partial \phi}{\partial x} \right)^2 + \left(\frac{\partial \phi}{\partial y} \right)^2 \right] \mathrm{d}x\mathrm{d}y = \frac{1}{2}\rho \int \phi \frac{\partial \phi}{\partial \boldsymbol{n}} \mathrm{d}s \tag{2.95}$$

式中：$\boldsymbol{n}$ 为指向流体区域之外的法矢。

计算包围流体区域各面上的积分，在自由面上 $\phi = 0$，在 S_∞ 面上和底部面上 $\dfrac{\partial \phi}{\partial \boldsymbol{n}} = 0$，故仅剩下沿梁面上的积分，由于在梁面上 $\dfrac{\partial}{\partial \boldsymbol{n}} = -\dfrac{\partial}{\partial x}$，得

$$T_2 = \frac{1}{2}\rho \int_0^h -\phi \frac{\partial \phi}{\partial x} \mathrm{d}y \tag{2.96}$$

令 $\phi = \varphi\cos(\omega t + \varepsilon)$

$$\int_{t_1}^{t_2} T_2 \mathrm{d}t = \frac{1}{2}\rho \int_0^h -\varphi \frac{\partial \varphi}{\partial x} \mathrm{d}y \int_{t_1}^{t_2} \cos^2(\omega t + \varepsilon)\mathrm{d}t = \frac{\pi\rho}{2\omega} \int_0^h -\varphi \frac{\partial \varphi}{\partial x} \mathrm{d}y \tag{2.97}$$

其中从 t_1 到 t_2 的积分取一个周期。

与前节中式(2.57)表示的梁位移匹配起来,有

$$\frac{\partial \varphi}{\partial x} = \omega w(y) \tag{2.98}$$

我们用源汇分布来近似计算 φ,沿 $[0, h]$ 布置源汇 $\sigma(y)$,如图 2.8 所示,为了满足自由面条件 $\varphi = 0$,必须在 $[h, 2h]$ 上布置反对称于 $y = h$ 线的源汇 $\sigma(y)$,使

$$\sigma(\eta) = -\sigma(2h - \eta) \tag{2.99}$$

为了满足底部面上 $\dfrac{\partial \varphi}{\partial y} = 0$ 的条件,应在 $[-h, 0]$ 段布置对称于 $y = 0$ 的源汇 σ,使

$$\sigma(\eta) = \sigma(-\eta) \tag{2.100}$$

如此可以继续沿 $[2h, 3h]$, $[-2h, -h]$,…段上布置下去,我们近似地取三段布置,即

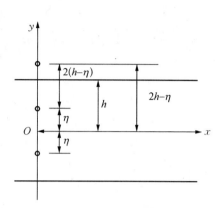

图 2.8　源汇 $\sigma(y)$ 的布置

$$
\begin{aligned}
\varphi &= \int_0^h \frac{\sigma(\eta)}{2\pi} \ln\sqrt{x^2 + (y-\eta)^2}\,\mathrm{d}\eta - \int_0^h \frac{\sigma(\eta)}{2\pi}\ln\sqrt{x^2 + (y-2h+\eta)^2}\,\mathrm{d}\eta + \\
&\quad \int_0^h \frac{\sigma(\eta)}{2\pi}\ln\sqrt{x^2 + (y+\eta)^2}\,\mathrm{d}\eta \\
\frac{\partial \varphi}{\partial x} &= \int_0^h \frac{\sigma}{2\pi}\frac{x}{x^2 + (y-\eta)^2}\,\mathrm{d}\eta - \int_0^h \frac{\sigma}{2\pi}\frac{x}{x^2 + (y-2h+\eta)^2}\,\mathrm{d}\eta + \\
&\quad \int_0^h \frac{\sigma}{2\pi}\frac{x}{x^2 + (y+\eta)^2}\,\mathrm{d}\eta
\end{aligned}
\left.\vphantom{\begin{aligned}1\\2\\3\\4\end{aligned}}\right\}
$$

$$\tag{2.101}$$

采用前节中的计算实例,将梁分成 9 小段,当 $x \to 0, y \to \eta$ 时,便得

$$
\begin{aligned}
\frac{\partial \varphi}{\partial x} &= \lim_{x \to 0, y \to \eta} \int_0^h \frac{\sigma}{2\pi}\left[\frac{x}{x^2 + (y-\eta)^2} + \frac{x}{x^2 + (y+\eta)^2} - \frac{x}{x^2 + (y-2h+\eta)^2}\right]\mathrm{d}\eta \\
&= \lim_{x \to 0, y \to \eta} \int_0^h \frac{\sigma}{2\pi}\frac{x}{x^2 + (y-\eta)^2}\,\mathrm{d}y = \lim_{x \to 0, y \to \eta}\int_0^h \frac{\sigma}{2\pi}\frac{-x\,\mathrm{d}(y-\eta)}{x^2+(y-\eta)^2} \\
&= \lim_{x \to 0, y \to \eta}\int_{\eta-\delta}^{\eta+\delta} \frac{\sigma}{2\pi}\frac{-\mathrm{d}\left(\dfrac{y-\eta}{x}\right)}{1 + \left(\dfrac{y-\eta}{x}\right)^2} = -\frac{\sigma}{2\pi}\tan^{-1}\frac{y-\eta}{x}\Bigg|_{\eta-\delta}^{\eta+\delta} = -\frac{\sigma}{2\pi}\left(-\frac{\pi}{2} - \frac{\pi}{2}\right) \\
&= \frac{\sigma}{2} = \omega w
\end{aligned}
$$

$$\tag{2.102}$$

解得源汇分布的强度为

$$\sigma = 2\omega w \qquad (2.103)$$

速度势为

$$\varphi = \int_0^h \frac{\omega w(\eta)}{\pi} \big[\ln\sqrt{x^2 + (y-\eta)^2} + \ln\sqrt{x^2 \ (y+\eta)^2} - \ln\sqrt{x^2 + (y-2h+\eta)^2}\big]\mathrm{d}\eta$$

$$(2.104)$$

流体的动能为

$$T_2 = \frac{1}{2}\rho\cos^2(\omega t + \varepsilon)\int_0^h -\varphi\frac{\partial\varphi}{\partial x}\mathrm{d}y \qquad (2.105)$$

其中的

$$\rho\int_0^h -\varphi\frac{\partial\varphi}{\partial x}\mathrm{d}y = \rho\int_0^h \frac{\omega^2}{\pi}w(y)\mathrm{d}y\int_0^h w(\eta)\ln\sqrt{\frac{[x^2 + (y-\eta)^2][x^2 + (y+\eta)^2]}{x^2 + (y-2h+\eta)^2}}\mathrm{d}\eta$$

$$(2.106)$$

采用前节中的分段节点,算例可得

$$\rho\int_0^h -\varphi\frac{\partial\varphi}{\partial x}\mathrm{d}y = \frac{\rho\omega^2}{\pi}\Big\{\int_{y_1}^{y_4}\big[(N_3 + \alpha N_2)w_3 + (N_4 + \beta w_4)w_4\big]\mathrm{d}y +$$

$$\int_{y_4}^{y_7}\big[N_1 w_4 + N_2 w_5 + N_3 w_6 + N_4 w_7\big]\mathrm{d}y +$$

$$\int_{y_7}^{y_{10}}\big[(N_1 + \alpha_1 N_3 + \gamma_1 N_4)w_7 + (N_2 + \beta_1 N_3 + \delta_1 N_4)w_8\big]\mathrm{d}y\Big\}$$

$$\Big\{\int_{y_1}^{y_4}\big[(N_3 + \alpha N_2)w_3 + (N_4 + \beta w_4)\cdot w_4\big] +$$

$$\int_{y_4}^{y_7}\big[N_1 w_4 + N_2 w_5 + N_3 w_6 + N_4 w_7\big] +$$

$$\int_{y_7}^{y_{10}}\big[(N_1 + \alpha_1 N_3 + \gamma_1 N_4)w_7 + (N_2 + \beta_1 N_3 + \delta_1 N(_4)w_8)\big]\Big\}\cdot$$

$$\ln\sqrt{\frac{[x^2 + (y-\eta)^2][x^2 + (y+\eta)^2]}{x^2 + (y-2h+\eta)^2}}\mathrm{d}\eta$$

$$= \omega^2[w_3, w_4, \cdots, w_8]\begin{bmatrix}\Delta m_{ij}^* \\ i = 3, \cdots, 8 \\ j = 3, \cdots, 8\end{bmatrix}\begin{Bmatrix}w_3 \\ w_4 \\ \vdots \\ w_8\end{Bmatrix} \qquad (2.107)$$

式中:Δm_{ij}^* 为附加质量矩阵的元素,例如

$$\Delta m_{33}^{*} = \frac{\rho}{\pi} \int_{y_1}^{y_4} \int_{y_1}^{y_4} \left[N_3(y) + \alpha N_2(y) \right] \left[N_3(\eta) + \alpha N_2(\eta) \right]$$

$$\ln \sqrt{\frac{\left[x^2 + (y-\eta)^2 \right]\left[x^2 + (y+\eta)^2 \right]}{x^2 + (y - 2h + \eta)^2}} \mathrm{d}y \mathrm{d}\eta$$

$$= \Delta m_{33} + \alpha^2 \Delta m_{22} + 2\alpha \Delta m_{23} \tag{2.108}$$

$$\Delta m_{33} = \frac{\rho}{\pi} \int_{y_1}^{y_4} \int_{y_1}^{y_4} N_3(y) N_3(\eta) \ln \sqrt{\frac{\left[x^2 + (y-\eta)^2 \right]\left[x^2 + (y+\eta)^2 \right]}{x^2 + (y - 2h + \eta)^2}} \mathrm{d}y \mathrm{d}\eta$$

$$\tag{2.109}$$

等等。

把流体部分的附加质量加入到前节中的特性方程,便得

$$\left[K^* \right] \{w\} - \omega^2 \left[M^{**} \right] \{w\} = 0 \tag{2.110}$$

其中

$$\left[M^{**} \right] = \left[M^* \right] + \left[\Delta M^* \right] \tag{2.111}$$

用与前节相同的方法,可求出各阶的振动频率与振动模态。

2.5　水中圆柱体在地震波作用下的响应

安桑·N·威廉姆在这方面做了很好的工作[4]。

现在讨论水中的圆柱结构在地震波作用下的响应。如图 2.9 所示,设海底沿水平的 x 方向有一辐值为 U_0,频率为 ω 的运动,即 $U_b(t) = \mathrm{Re}\{U_0 \mathrm{e}^{-\mathrm{i}\omega t}\}$,则柱体在水的耦合下产生相应的响应,作为一维梁处理,其水平位移 $U'(z, t)$ 的方程为

$$EI \frac{\partial^4 U'}{\partial z^4} + m_\mathrm{s} \frac{\partial^2 U'}{\partial t^2} = w'(z, t) \tag{2.112}$$

式中

$$w'(z, t) = \begin{cases} -2a\rho \int_0^\pi \dfrac{\partial \phi}{\partial t} \cos(\pi - \theta) \mathrm{d}\theta & 0 \leqslant z \leqslant d, \quad r = a \\ 0 & d < z \leqslant h \end{cases} \tag{2.113}$$

式中:$\phi(r, \theta, z, t)$ 为流体的速度势;ρ 为密度。对 $U'(z, t)$ 的结构边界条件为

$$U' = U_b, \qquad \frac{\partial U'}{\partial z} = 0 \quad \text{在 } z = 0 \text{ 处} \tag{2.114}$$

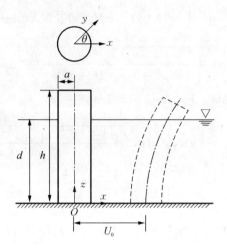

图 2.9 水中圆柱结构在地震波作用下的响应

$$\frac{\partial^2 U'}{\partial z^2} = \frac{\partial^3 U'}{\partial z^3} = 0 \qquad \text{在 } z = h \text{ 处} \tag{2.115}$$

在典型地震波的频率范围内,水面重力波的影响可忽略不计,而流体的压缩性成为重要因素,结构振动在流体中产生声波向远方传播出去,流体运动的速度势满足声波波动方程

$$\frac{\partial^2 \phi}{\partial r^2} + \frac{1}{r}\frac{\partial \phi}{\partial r} + \frac{1}{r^2}\frac{\partial^2 \phi}{\partial \theta^2} + \frac{\partial^2 \phi}{\partial z^2} = \frac{1}{c^2}\frac{\partial^2 \phi}{\partial t^2} \tag{2.116}$$

式中 c 为水中声速,在 15℃时, $c = 1\,430$ m/s,边界条件为

$$\frac{\partial \phi}{\partial z} = 0 \quad z = 0 \qquad \frac{\partial^2 \phi}{\partial t^2} + g\frac{\partial \phi}{\partial z} = 0 \quad z = d$$

$$\frac{\partial \phi}{\partial r} = \frac{\partial U'}{\partial t}\cos\theta \qquad r = a \quad 0 \leqslant z \leqslant d$$

$$(2.117(a),\ (b),\ (c))$$

还有 $r \to \infty$ 处的辐射条件,若地震频率 $\omega \geqslant \overline{\omega} = \dfrac{\pi \cdot 2c}{2d}$,即第一割断频率,则要求在无穷远处 ϕ 为外传波,否则要求 $\phi \to 0$, $r \to \infty$。

设结构的水平位移 $U'(z, t)$ 和流体速度势 $\phi(r, \theta, z, t)$ 均为时间的谐函数,频率等于地震频率 ω,即 $U'(z, t) = \mathrm{Re}\{\overline{U}(z)\mathrm{e}^{-i\omega t}\}$, $\phi(r, \theta, z, t) = \mathrm{Re}\{\phi(r, \theta, z)\mathrm{e}^{-i\omega t}\}$,于是柱体的运动方程变为

$$EI\frac{\mathrm{d}^4 \overline{U}}{\mathrm{d}z^4} - m_s \omega^2 \overline{U} = \overline{w}(z) \qquad r = a \tag{2.118}$$

式中

$$\overline{w}(z) = \begin{cases} 2ai\omega\rho\displaystyle\int_0^\pi \phi(a,\,\theta,\,z)\cos(\pi-\theta)\mathrm{d}\theta & (0 \leqslant z \leqslant d) \\ 0 & (d < z \leqslant h) \end{cases} \qquad (2.119)$$

结构边界条件为

$$\overline{U} = U_0,\quad \frac{\mathrm{d}\overline{U}}{\mathrm{d}z} = 0 \quad 在\ z = 0 \qquad (2.120(a))$$

$$\frac{\mathrm{d}^2\overline{U}}{\mathrm{d}z^2} = \frac{\mathrm{d}^3\overline{U}}{\mathrm{d}z^3} = 0 \quad 在\ z = h \qquad (2.120(b))$$

流体的控制方程变为

$$\frac{\partial^2\Phi}{\partial r^2} + \frac{1}{r}\frac{\partial\Phi}{\partial r} + \frac{1}{r^2}\frac{\partial^2\Phi}{\partial\theta^2} + \frac{\partial^2\Phi}{\partial z^2} + \frac{\omega^2}{c^2}\Phi = 0 \qquad (2.121)$$

边界条件为

$$\frac{\partial\Phi}{\partial z} = 0,\quad z = 0 \qquad (2.122(a))$$

$$\frac{\partial\Phi}{\partial z} - \frac{\omega^2}{g}\Phi = 0,\quad z = d_i \qquad (2.122(b))$$

$$\frac{\partial\Phi}{\partial r} = -\mathrm{i}\omega\overline{U}\cos\theta \quad (r = a,\, 0 \leqslant z \leqslant d) \qquad (2.122(c))$$

及 $r \to \infty$ 处的辐射条件。

Liaw 和 Chopra 于 1974 年的研究表明[5]，对于典型的地震波频率，表面波辐射阻尼是不重要的，在下面的分析中将忽略之，这相当于在(2.122(b))中令 $g = 0$(或 $\omega = \infty$) 变为

$$\Phi = 0 \quad 在\ z = d\ 上 \qquad (2.123)$$

速度势的空间分量可表示成

$$\Phi(r,\,\theta,\,z) = \sum_{m=0}^\infty \psi_m(r,\,z)\cos m\theta \qquad (2.124)$$

定义新变量 $\qquad V(z) = \overline{U} = U_0 \qquad (2.125)$

结构运动方程为

$$\frac{\mathrm{d}^4V}{\mathrm{d}z^4} - \alpha^4 V = W(z) \qquad (2.126(a))$$

边界条件为
$$V = \frac{dV}{dz} = 0 \qquad z = 0$$

$$\frac{d^2 V}{dz^2} = \frac{d^3 V}{dz^3} = 0 \qquad z = h \qquad\qquad (2.126(b),(c))$$

其中 $\alpha^4 = m_S \omega^2 / EI$，及

$$W(z) = \begin{cases} \alpha^4 U_0 - \dfrac{a_i \omega \rho \pi}{EI} \psi_1(a, z) & 0 \leqslant z \leqslant d \\[2mm] \alpha^4 U_0 & d < z \leqslant h \end{cases} \qquad (2.127)$$

Liu 和 Cheng（1984）[6] 得出满足式（2.126）、式（2.127）边值问题的格林函数 $V_G(z; z_0)$：

$$V_G(z; z_0) = \{ \operatorname{sh}\alpha(z - z_0) - \sin\alpha(z - z_0) \} / 2\alpha^3 + \frac{1}{4\alpha^3(1 + \operatorname{ch}\alpha h \cos\alpha h)} \cdot$$
$$\{ [C(z_0)(\operatorname{sh}\alpha h + \sin\alpha h) - S(z_0)(\operatorname{ch}\alpha h + \cos\alpha h)](\operatorname{ch}\alpha z - \cos\alpha z) + [S(z_0)(\operatorname{sh}\alpha h - \sin\alpha h) - C(z_0)(\operatorname{ch}\alpha h + \cos\alpha h)]$$
$$(\operatorname{sh}\alpha z - \sin z) \}, \ z > z_0 \qquad\qquad (2.128)$$

式中

$$\left. \begin{array}{l} C(z_0) = \operatorname{ch}\alpha(h - z_0) + \cos\alpha(h - z_0) \\ S(z_0) = \operatorname{sh}\alpha(h - z_0) + \sin\alpha(h - z_0) \end{array} \right\} \qquad (2.129)$$

它满足

$$\frac{d^4 V_G}{dz^4} - \alpha^4 V_G = \delta(z - z_0), \quad 0 \leqslant z \leqslant h \qquad (2.130(a))$$

$$V_G = \frac{dV_G}{dz} = 0 \qquad z = 0 \qquad\qquad (2.130(b))$$

$$\frac{d^2 V_G}{dz^2} = \frac{d^3 V_G}{dz^3} = 0 \qquad z = h \qquad\qquad (2.130(c))$$

关于 $z < z_0$ 的格林函数，可在式（2.128）右端交换 z 和 z_0 而得，在 $[0, h]$ 中对 $V(z)$ 和 $V_G(z, z_0)$ 应用一维的格林等式，得

$$\int_0^h \left\{ V_G \left(\frac{d^4 V}{dz^4} - \alpha^4 V \right) - V \left(\frac{d^4 V_G}{dz^4} - \alpha^4 V_G \right) \right\} dz$$
$$= \left[V_G \frac{d^3 V}{dz^3} - \frac{dV_G}{dz} \frac{d^2 V}{dz^2} + \frac{d^2 V_G}{dz^2} \frac{dV}{dz} - \frac{d^3 V_G}{dz^3} V \right]_0^h \qquad (2.131)$$

将式(2.126)、式(2.130)代入式(2.131),得

$$\bar{U}(z_0) = U_0 + \int_0^h V_G(z, z_0) W(z) \mathrm{d}z \qquad (2.132)$$

式中 $W(z)$ 由式(2.127)给定,在湿柱面上的边界条件式(2.122(c))可写成

$$\frac{\partial \psi}{\partial r}(a, z_0) = -\frac{\omega^2 \rho \pi a}{EI} \int_0^d V_G(z, z_0) \psi_1(a, z) \mathrm{d}z - \mathrm{i}\omega V_1(z_0)$$

$$(2.133(\mathrm{a}))$$

其中

$$V_1(z_0) = U_0 \{ \mathrm{ch}\,\alpha z_0 + \cos \alpha z_0 + \frac{1}{1 + \mathrm{ch}\,\alpha h \,\cos \alpha h}$$

$$[\mathrm{sh}\,\alpha h \,\sin \alpha h (\mathrm{ch}\,\alpha z_0 - \cos \alpha z_0) - (\mathrm{sh}\,\alpha h \,\cos \alpha h + \mathrm{ch}\,\alpha h \,\sin \alpha h)$$

$$(\mathrm{sh}\,\alpha z_0 - \sin \alpha z_0)]\}/2$$

$$(2.133(\mathrm{b}))$$

流体域中的问题也利用格林函数来处理,格式函数 $G(r, \theta, z; r_0, \theta_0, z_0)$ 要求满足

$$\frac{\partial^2 G}{\partial r^2} + \frac{1}{r}\frac{\partial G}{\partial r} + \frac{1}{r^2}\frac{\partial^2 G}{\partial \theta^2} + \frac{\partial^2 G}{\partial z^2} + \frac{\omega^2}{c^2}G = -4\pi r^{-1}\delta(r - r_0)\delta(\theta - \theta_0)\delta(z - z_0)$$

$$(2.134(\mathrm{a}))$$

$$\frac{\partial G}{\partial z} = 0 \quad \text{在 } z = 0 \text{ 上} \qquad (2.134(\mathrm{b}))$$

$$G = 0 \quad \text{在 } z = d \text{ 上} \qquad (2.134(\mathrm{c}))$$

和 $r \to \infty$ 处相应的辐射条件。

Morse 和 Fesbach (1953) 用特征函数展开方法求得格林函数[7]

$$G(r, \theta, z; r_0, \theta_0, z_0) = \sum_{m=0}^{\infty} \in_m G_m(r, z; r_0, z_0)\cos m(\theta - \theta_0) \quad (2.135)$$

其中 $\varepsilon_0 = 1, \varepsilon_m = 2$(对 $m \geq 1$) 及

$$G_m(r, z; r_0, z_0) = \frac{2\pi\mathrm{i}}{d}\sum_{n=1}^{N}\begin{Bmatrix} H_m(\lambda_n r)J_m(\lambda_n r_0) \\ H_m(\lambda_n r_0)J_m(\lambda_n r) \end{Bmatrix}\cos k_n z \cos k_n z_0 +$$

$$\frac{4}{d}\sum_{n=N+1}^{\infty}\begin{Bmatrix} K_m(\lambda_n' r)I_m(\lambda_n' r_0) \\ K_m(\lambda_n' r_0)I_m(\lambda_n' r) \end{Bmatrix}\cos k_n z \cos k_n z_0 \qquad (2.136)$$

式中: J_m 和 H_m 为第一类的贝塞尔函数和汉克尔函数; I_m 和 K_m 为第一类和第二

类的修正贝塞尔函数;及

$$k_n = (2n-1)\frac{\pi}{2\alpha} \quad n \geqslant 1 \tag{2.137(a)}$$

$$k = \frac{\omega}{c} \tag{2.137(b)}$$

$$\lambda_n = (k^2 - k_n^2)^{1/2} \quad n \leqslant N \tag{2.137(c)}$$

$$\lambda_n' = (k_n^2 - k^2)^{1/2} = \mathrm{i}\lambda_n \quad n > N \tag{2.137(d)}$$

其中：N 为满足条件 $k^2 - k_n^2 > 0$ 的最大整数 n 的值,式(2.136)中括弧上一行为 $r \geqslant r_0$ 情形,下一行为 $r < r_0$ 情形,在 $r = r_0$ 处,其用法与柱面外法线与水平轴之间的夹角有关(见 Isaacson, 1982)[8],在本例中该夹角为零。

考虑流体的压缩性在格林函数中引出 N 个传播模式,若式(2.137a)中 $n = 1$ 的第一个特征值 k_1 大于 k,则 $[k^2 - k_n^2] < 0$ 对所有 n 成立,传播模式消失,当无量纲频率 $\Omega = \dfrac{\omega}{c}\bigg/\dfrac{\pi}{2d} = \dfrac{k}{k_1} = 1$ 时,有 $\omega = \bar{\omega}$,可证明激励频率在这第一个割断频率以下时,解中无水动力辐射阻尼,仅有附加质量,相当于忽去流体的可压缩性,后者在任何频率时均无辐射阻尼,流体压缩性在物理上提供了当 $\omega > \bar{\omega}$ 时的水动力辐射阻尼,对 $\Phi(r, \theta, z)$ 和 $G(r, \theta, z; r_0, \theta_0, z_0)$ 应用格林定理得

$$\int_S \left\{ \Phi(r, \theta, z)\frac{\partial G}{\partial n}(r, \theta, z; r_0, \theta_0, z_0) - G(r, \theta, z; r_0, \theta_0, z_0)\frac{\partial \Phi}{\partial n}(r, \theta, z) \right\} \mathrm{d}s$$
$$= 2\pi\Phi(r_0, \theta_0, z_0) \tag{2.138}$$

(r_0, θ_0, z_0) 位于 S 面上,S 包括湿柱面 S_c,平均自由面 S_0,海底 S_b,无穷远处柱面 S_∞;n 为 S 面上指向流体区域内的单位法矢,由于 G 和 Φ 满足的边界条件,在 S_0,S_b,S_∞ 上积分都等于 0,积分方程(2.138)变为

$$\int_{S_c} \left\{ \Phi(a, \theta, z)\frac{\partial G}{\partial r}(a, \theta, z; a, \theta_0, z_0) - G(a, \theta, z; a, \theta_0, z_0)\frac{\partial \Phi}{\partial r}(a, \theta, z) \right\} \mathrm{d}s$$
$$= 2\pi\Phi(a, \theta_0, z_0) \tag{2.139}$$

将 Φ 和 G 的级数形式式(2.124)和式(2.135)代入式(2.139),对 θ 积分,导出 Φ 及其在 S_c 上法向导数的傅里系数的无穷积分方程组,即

$$a\int_0^d \left\{ \psi_l(a, z)\frac{\partial G_l}{\partial r}(a, z; a, z_0) - G_l(a, z; a, z_0)\frac{\partial \psi_l}{\partial r}(a, z) \right\} \mathrm{d}z = \psi_l(a, z_0) \tag{2.140}$$

$l = 0, 1, 2, \cdots$,对于 $l = 1$,有

$$a \int_0^d \left\{ \psi_1(a, z) \frac{\partial G}{\partial r}(a, z; a, z_0) - G_1(a, z; a, z_0) \frac{\partial \psi_1}{\partial r}(a, z) \right\} dz = \psi_1(a, z_0)$$

$$(2.141)$$

方程(2.133(a))、方程(2.141)为求解湿柱面 $r = a$，$0 \leqslant z \leqslant d$ 上 ψ_1，$\partial \psi_1 / \partial r$ 的联立积分方程组，采用有限元分割的数值方法求解，当 ψ_1 和 $\partial \psi_1 / \partial r$ 求得后，可由式(2.132)计算水平位移函数 $\overline{U}(z)$。

柱体上的总力 $F(t) = \mathrm{Re}\{\overline{F} \mathrm{e}^{-i\omega t}\}$ 为

$$F(t) = -2\rho a \int_0^d \int_0^\pi \frac{\partial \phi}{\partial t}(a, \theta; z, t) \cos(\pi - \theta) \mathrm{d}\theta \mathrm{d}z \quad 在 r = a 上$$

$$(2.142(a))$$

给出

$$\overline{F} = -i\omega \rho a \pi \int_0^d \psi_1(a, z) \mathrm{d}z \qquad (2.142(b))$$

倾覆力矩 $T(z, t) = \mathrm{Re}\{\overline{T}(z) \mathrm{e}^{-i\omega t}\}$ 和剪力 $V(z, t) = \mathrm{Re}\{\overline{V}(z) \mathrm{e}^{-i\omega t}\}$ 为

$$\overline{T}(z) = -EI \frac{\mathrm{d}^2 \overline{U}}{\mathrm{d}z^2} = -EI \int_0^h \frac{\mathrm{d}^2 V_G(\zeta, z)}{\mathrm{d}z^2} W(\zeta) \mathrm{d}\zeta \quad 在 z = 0 上 \quad (2.143(a))$$

$$\overline{V}(z) = EI \frac{\mathrm{d}^3 \overline{U}}{\mathrm{d}z^3} = EI \int_0^h \frac{\mathrm{d}^3 V_G(\zeta, z)}{\mathrm{d}z^3} W(\zeta) \mathrm{d}\zeta \quad 在 z = 0 上 \qquad (2.143(b))$$

将式(2.127)和式(2.129)的 $W(\zeta)$ 和 $V_G(\zeta, z)$ 代入，得围绕海底的倾覆力矩和对柱底的剪力为

$$\overline{T}(0) = -\frac{\alpha^2 EI U_0 \sin \alpha h \, \mathrm{sh} \alpha h}{(1 + \mathrm{ch} \alpha h \, \cos \alpha h)} + \frac{ai\omega\rho\pi}{2\alpha} \int_0^d \left\{ \mathrm{sh} \alpha \zeta + \sin \alpha \zeta + \frac{1}{1 + \mathrm{ch} \alpha h \cos \alpha h} \right.$$
$$\left[(\mathrm{ch} \alpha h \sin \alpha h - \cos \alpha h \, \mathrm{sh} \alpha h)(\mathrm{ch} \alpha \zeta - \cos \alpha \zeta) - \right.$$
$$\left. \mathrm{sh} \alpha h \, \sin \alpha h \big((\mathrm{sh} \alpha \zeta - \sin \alpha \zeta) \big] \right\} \psi_1(a, \zeta) \mathrm{d}\zeta$$

$$\overline{V}(0) = -\frac{\alpha^3 EI U_0 (\mathrm{ch} \alpha h \, \sin \alpha h + \cos \alpha h \, \mathrm{sh} \alpha h)}{1 + \cos \alpha h \, \mathrm{ch} \alpha h} + \frac{ai\omega\rho\pi}{2} \int_0^d \left\{ \mathrm{ch} \alpha \zeta + \cos \alpha \zeta + \right.$$
$$\frac{1}{1 + \mathrm{ch} \alpha h \, \cos \alpha h} \cdot \left[\mathrm{sh} \alpha h \, \sin \alpha h (\mathrm{ch} \alpha \zeta - \cos \alpha \zeta) - (\mathrm{ch} \alpha h \, \sin \alpha h + \right.$$
$$\left. \cos \alpha h \, \mathrm{sh} \alpha h)(\mathrm{sh} \alpha \zeta - \sin \alpha \zeta) \right] \right\} \psi_1(a_1 \zeta) \mathrm{d}\zeta \qquad (2.144(a)), (b))$$

积分方程的数值求解：

将积分区间 $[0, d]$ 分成 $\overline{N}$ 个小线段，L_n，$n = 1, 2, \cdots, \overline{N}$，在每小段上，设

$\psi_1(a, z)$和$\partial\psi(a, z)/\partial r$为常数,积分方程变为两个代数方程组

$$\frac{\partial\psi_1}{\partial r}(a, z_m) + \mathrm{i}\omega V_1(z_m) + \frac{\omega^2\rho\pi a}{EI}\sum_{n=1}^{\bar{N}}\int_{L_n} V_G(z, z_m)\mathrm{d}z\,\psi_1(a, z_n) = 0$$

$$(2.145(a))$$

$$\psi_1(a, z_m) + a\sum_{n=1}^{\bar{N}}\left\{\int_{L_n} G_1(a, z; a, z_m)\mathrm{d}z\frac{\partial\psi_1}{\partial r}(a, z_n) - \right.$$

$$\left.\int_{L_n}\frac{\partial G_1}{\partial r}(a, z; a, z_m)\mathrm{d}z\psi_1(a, z_n)\right\} = 0 \qquad (2.145(b))$$

$m = 1, 2, \cdots, \bar{N}$,$z_j$为元素$L_j$的中心节点,式(2.145)可写成矩阵形式

$$\boldsymbol{AP} + \boldsymbol{P}' = \boldsymbol{B}, \quad \boldsymbol{CP} = \boldsymbol{DP}' \qquad (2.146(a), (b))$$

其中的矩阵元素为

$$a_{mn} = \frac{\omega^2\rho\pi a}{EI}\int_{L_n} V_G(z; z_m)\mathrm{d}z \qquad (2.147(a))$$

$$b_m = -\mathrm{i}\omega V_1(z_m) \qquad (2.147(b))$$

$$C_{mn} = \delta_{mn} - a\int_{L_n}\frac{\partial G_1(a, z; a, z_m)}{\partial r}\mathrm{d}z \qquad (2.147(c))$$

$$d_{mn} = -a\int_{L_n} G_1(a, z; a, z_m)\mathrm{d}z \qquad (2.147(d))$$

$$p_n = \psi_1(a, z_n) \qquad (2.147(e))$$

$$p_n' = \frac{\partial\psi_1(a, z_n)}{\partial r} \qquad (2.147(f))$$

式(2.147)中的积分可由元素节点值与元素长度Δz的乘积而得,这与式(2.145)的近似度相同,当$m = n$时式(2.147(c))和式(2.147(d))中节点出现奇性,G_1和$\partial G_1/\partial r$在该点处的值是发散的,可将奇性部分减去,解析地把它积分出来,这一处理奇性元素的相似技术在处理不可压缩的表面波绕射问题中也同样采用,见 Fenton(1978)[9]和 Isaacson(1982)[8]的工作。

求得矩阵系数后,可由矩阵方程(2.146(a), (b))求得柱面上节点处的ψ_1和$\partial\psi_1/\partial r$,将区面$[0, d]$分割成$N = 20$段和$40$段,后者使计算结果的变化不超过$1\%\sim 2\%$,说明已达数值收敛。计算结果见图 2.10 和图 2.11。对于钢材,取$E_S = 200\times 10^6\ \mathrm{kN/m^2}$,对于混凝土取$E_C = 34\times 10^6\ \mathrm{kN/m^2}$,钢和混凝土结构的壁厚分别取为外半径的$10\%$和$20\%$,频率轴上的符号(○)和(•)分别为钢塔的和混凝土塔在空气中的固有频率。

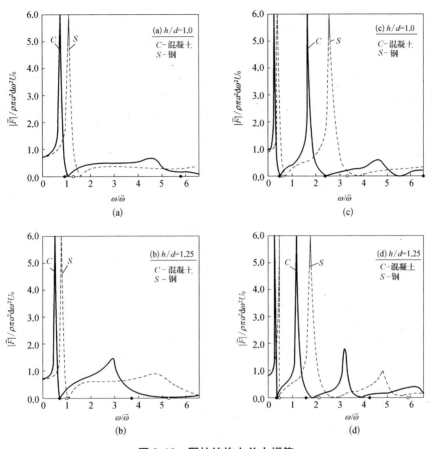

图 2.10　圆柱结构上总力幅值

对伸出水面波长圆柱体上
的总水动力 $a/d = 0.1$
(a) $h/d = 1.0$　(b) $h/d = 1.25$

对未伸出水面波长圆柱体上
的总水动力 $a/d = 0.25$
(c) $h/d = 1.0$　(d) $h/d = 1.25$

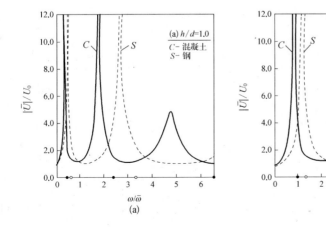

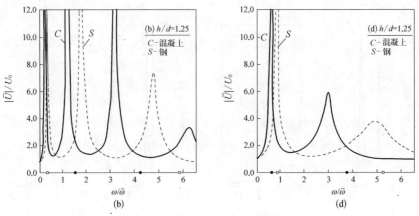

图 2.11　圆柱结构头部位移幅值

对伸出水面波长圆柱结构　　　　　　　对未出水面波长圆柱结构
头部位移幅值 $a/d = 0.1$　　　　　　　头部位移幅值 $a/d = 0.25$
(a) $h/d = 1.0$　(b) $h/d = 1.25$　　　(c) $h/d = 1.0$　(d) $h/d = 1.25$

由图可见,对于相同的 a/d 和 h/d 值,混凝土结构的固有频率低于钢结构的,高出水面的结构比与水面对齐的结构具有较低的固有频率,图中还表明水的影响减少结构的固有频率。

对于低于第一割断频率 $\bar{\omega}$ 的地震频率 ω,在解中无水动力辐射阻尼,仅有附加质量,故当 $\omega/\bar{\omega} < 1.0$ 时水动力和振动响应可达无限,对于 $\omega/\bar{\omega} > 1.0$ 的情形,特别对较短粗的柱体,具有高频大阻尼,水动力和它的响应都是有界的。

包含奇性的矩阵元素 c_{mm} 和 d_{mm} 经过处理后的表达式为

$$c_{mm} = 1 - a\Delta z \left\{ \sum_{p=1}^{N} \left[\frac{2\pi i}{d} \mu_p H_1'(\mu_p a) J_1(\mu_p a) - \frac{4}{d} K_1'(\mu_p a) I_1(\mu_p a) \right] \cos^2 k_p z_m + \right.$$

$$\frac{4}{d} \sum_{p=1}^{\infty} \left[\mu_p K_1'(\mu_p a) I_1(\mu_p a) + \frac{1}{2a} \left(1 + \frac{d}{2\pi ap}\right) \right] \cos^2 k_p z_m -$$

$$\frac{1}{ad} \left[\cos\frac{\pi z_m}{d} \left(-\frac{1}{2} - \frac{d}{4\pi a} \ln[2 - 2\cos(2\pi z_m/d)]\right) + \right.$$

$$\left. \sin\frac{\pi z_m}{d} \left(\frac{\sin(2\pi z_m/d)}{2 - 2\cos(2\pi z_m/d)} + \frac{1}{4a}(d - 2z_m)\right) \right] + \frac{1}{2\pi a^2} \left[\ln\left(\frac{\pi\Delta z}{2d}\right) - 1 \right] \right\}$$

$$(2.148(a))$$

$$d_{mm} = -a\Delta z \left\{ \sum_{p=1}^{N} \left[\frac{2\pi i}{d} H_1(\mu_p a) J_1(\mu_p a) - \frac{4}{d} K_1(\mu_p a) I_1(\mu_p a) \right] \cos^2 k_p z_m + \right.$$

$$\frac{4}{d} \sum_{p=1}^{\infty} \left[K_1(\mu_p a) I_1(\mu_p a) - \frac{d}{2\pi ap} \right] \cos^2 k_p z_m + \frac{1}{2\pi a} \left(\sin\frac{\pi z_m}{d} \left(\pi - \frac{2\pi z_m}{d}\right) - \right.$$

$$\left. \cos\frac{\pi z_m}{d} \ln[2 - 2\cos(2\pi z_m/d)] \right) - \frac{1}{\pi a} \left[\ln\left(\frac{\pi\Delta z}{2d}\right) - 1 \right] \right\}$$

$$(2.148(b))$$

式中：$\mu_p = \begin{cases} \lambda_p & p \leqslant N \\ \lambda_p' & p > N \end{cases}$

2.6　用边界积分方程方法求解水弹性振动的平面问题

菲利浦·L F,刘等人在这方面做了很好的工作[6]。

考虑一水坝结构,水域展伸到无穷,如图 2.12 所示,振动由地震引起,考虑小振幅的地震波,其频率为 ω,时间因子为 $e^{-i\omega t}$。在典型的地震频率范围内,要考虑水的可压缩性,可以忽略重力的影响,将水作为理想流体考虑,具有速度势,去掉时间因子后,波动方程可变为亥尔姆霍尔兹方程

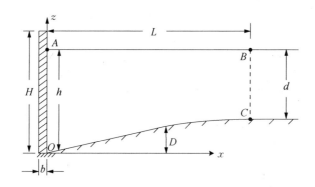

图 2.12　定义和坐标系简图

$$\frac{\partial^2 \phi}{\partial x^2} + \frac{\partial^2 \phi}{\partial z^2} + k^2 \phi = 0, \quad k = \frac{\omega}{c} \tag{2.149}$$

式中：c 为水中声速。水中压强为

$$P = i\omega\rho\phi \tag{2.150}$$

ρ 为水的密度。设水平地震的位移幅值为 U_0,则底部的法向速度为

$$\frac{\partial \phi}{\partial n} = -i\omega U_0(\boldsymbol{n} \cdot \boldsymbol{e}_x), \quad z = D(x) \tag{2.151}$$

式中：$\boldsymbol{n}$ 为底部 D 的外向单位法矢；$\boldsymbol{e}_x$ 为 x 方向的单位矢,沿自由面上,压力为零,忽略重力,有

$$\phi = 0, \quad z = h \tag{2.152}$$

在坝面上的水平速度与坝水平位移 u 的关系为

$$\frac{\partial \phi}{\partial x} = -\mathrm{i}\omega u(z), \quad x = 0 \qquad 0 < z < h \tag{2.153}$$

在 $x \to \infty$ 处,若波数 k 大于传播模式的截断波数,则辐射条件要求波向远方传播,否则 ϕ 随 $x \to \infty$ 而消失,在远处的等深度 d 区域,满足控制方程(2.149)和辐射条件的解析解为

$$\phi = \sum_{n=1}^{N} A_n \mathrm{e}^{\mathrm{i}\sqrt{k^2-k_n^2}(X-L)} \cos k_n(z-h+d) + \sum_{n=N+1}^{\infty} A_n \mathrm{e}^{-\sqrt{k_n^2-k^2}(X-L)} \cos k_n(z-h+d) \tag{2.154}$$

$$k_n = \frac{(2n-1)\pi}{2d}, \quad k^2 > k_N^2, \quad k_{N+1}^2 > k^2 \tag{2.155}$$

式中:$X = L$ 为等深度 d 的位置。水平速度为

$$\frac{\partial \phi}{\partial x} = \sum_{n=1}^{N} \mathrm{i}A_n \sqrt{k^2-k_n^2} \mathrm{e}^{\mathrm{i}\sqrt{k^2-k_n^2}(X-L)} \cos k_n(z-h+d) -$$

$$\sum_{n=N+1}^{\infty} A_n \sqrt{k_n^2-k^2} \mathrm{e}^{-\sqrt{k_n^2-k^2}(X-L)} \cos k_n(z-h+d) \tag{2.156}$$

式中 $X = L$ 处的速度势和水平速度为

$$\phi \big|_{X=L} = \sum_{n=1}^{\infty} A_n \cos k_n(z-h+d) \tag{2.157}$$

$$\frac{\partial \phi}{\partial x}\bigg|_{X=L} = \sum_{n=1}^{\infty} \mathrm{i}A_n \sqrt{k^2-k_n^2} \cos k_n(z-h+d) \tag{2.158}$$

其中当 $k^2 < k_n^2$ 时,$\sqrt{k^2-k_n^2} = \mathrm{i}\sqrt{k_n^2-k^2}$ 将二项级数合并成一项。

将坝体作为均匀截面的弹性梁处理,其水平挠度 $u(z)$ 的边值问题为

$$\frac{\mathrm{d}^4 u}{\mathrm{d}z^4} - \frac{m\omega^2}{EI}u = \begin{cases} 0 & h < z < H \\ \dfrac{-\mathrm{i}\omega\rho}{EI}\phi(0, z) & 0 < z < h \end{cases} \tag{2.159}$$

$$u = U_0 \qquad z = 0 \tag{2.160}$$

$$\frac{\mathrm{d}u}{\mathrm{d}z} = 0 \qquad z = 0 \tag{2.161}$$

$$\frac{\mathrm{d}^2 u}{\mathrm{d}z^2} = \frac{\mathrm{d}^3 u}{\mathrm{d}z^3} = 0 \qquad z = H \tag{2.162}$$

式(2.159)右端需知水面速势,故两个边值问题必须同时求解。

梁位移的积分表示:

引入新变量 v,令

$$u - U_0 = v \tag{2.163}$$

将式(2.159)~式(2.162)重写成

$$\frac{\mathrm{d}^4 v}{\mathrm{d}z^4} - \alpha^4 v = W(z) \qquad 0 < z < H \tag{2.164}$$

$$v = \frac{\mathrm{d}v}{\mathrm{d}z} = 0 \qquad z = 0 \tag{2.165}$$

$$\frac{\mathrm{d}^2 v}{\mathrm{d}z^2} = \frac{\mathrm{d}^3 v}{\mathrm{d}z^3} = 0 \qquad z = H \tag{2.166}$$

其中

$$\alpha^4 = \frac{m\omega^2}{EI} \tag{2.167}$$

$$W = \begin{cases} \alpha^4 V_0 & h < z < H \\ \dfrac{-\mathrm{i}\omega\rho}{EI}\phi(0,\ z) + \alpha^4 U_0 & 0 < z < h \end{cases} \tag{2.168}$$

边值问题式(2.164)~式(2.168)的格林函数 V_G 要满足下列方程

$$\frac{\mathrm{d}^4 V_G}{\mathrm{d}z^4} - \alpha^4 V_G = \delta(z - \xi) \quad 0 < z < H \tag{2.169}$$

$$V_G = \frac{\mathrm{d}V_G}{\mathrm{d}z} = 0 \quad z = 0 \tag{2.170}$$

$$\frac{\mathrm{d}^2 V_G}{\mathrm{d}z^2} = \frac{\mathrm{d}^3 V_G}{\mathrm{d}z^3} = 0 \quad z = H \tag{2.171}$$

应用拉氏变换

$$L\{V_G\} = \int_0^\infty V_G(z)\mathrm{e}^{-sz}\mathrm{d}z = \widetilde{V}_G(s) \tag{2.172}$$

有

$$\widetilde{V}_G = \frac{sA + B + \mathrm{e}^{-s\xi}}{s^4 - \alpha^4} \tag{2.173}$$

式中:$A = V_G''(0)$,$B = V_G'''(0)$ 为待定常数,其中 $'$ 表示对 z 的微分,式(2.173)的反拉氏转换为

$$V_G(z;\ \xi) = \frac{A}{2\alpha^2}(\mathrm{ch}\,\alpha z - \cos\alpha z) + \frac{B}{2\alpha^3}(\mathrm{sh}\,\alpha z - \sin\alpha z) +$$

$$\frac{1}{2\alpha^3}[\mathrm{sh}\,\alpha(z - \xi) - \sin\alpha(z - \xi)] \quad 对\ z > \xi \tag{2.174}$$

利用式(2.171)求常数 A 和 B,可得

$$
\begin{aligned}
V_G(z;\ \xi) &= \frac{\mathrm{sh}\,\alpha(z-\xi) - \sin\alpha(z-\xi)}{(2\alpha^3)} + \Big\{ \{[\mathrm{ch}\,\alpha(H-\xi) + \cos\alpha(H-\xi)] \\
&\quad (\mathrm{sh}\,\alpha H + \sin\alpha H)\} - \{[\mathrm{sh}\,\alpha(H-\xi) + \sin\alpha(H-\xi)](\mathrm{ch}\,\alpha H + \\
&\quad \cos\alpha H)\}(\mathrm{ch}\,\alpha z - \cos\alpha z) + \{[\mathrm{sh}\,\alpha(H-\xi) + \sin\alpha(H-\xi)] \\
&\quad (\mathrm{sh}\,\alpha H - \sin\alpha H) - [\mathrm{ch}\,\alpha(H-\xi) + \cos\alpha(H-\xi)](\mathrm{ch}\,\alpha H + \\
&\quad \cos\alpha H)\} \cdot (\mathrm{sh}\,\alpha z - \sin\alpha z) \Big\} / [4\alpha^3(1 + \mathrm{ch}\,\alpha H \cos\alpha H)] \qquad z > \xi
\end{aligned}
$$

$$(2.175)$$

对于 $\xi > z$,将式(2.175)右端中的 ξ 和 z 交换而得。

边界条件式(2.153)可写成

$$
\frac{\partial\phi}{\partial x} = -\frac{\omega^2\rho}{EI}\int_0^h V_G(\xi;\ z)\phi(0,\ \xi)\mathrm{d}\xi - \mathrm{i}\omega v_1 \qquad (2.176)
$$

其中

$$
v_1 = \frac{U_0}{2}\{\mathrm{ch}\,\alpha z + \cos\alpha z + [\mathrm{sh}\,\alpha H\,\sin\alpha H(\mathrm{ch}\,\alpha z - \cos\alpha z) -
$$

$$
(\mathrm{sh}\,\alpha H\,\cos\alpha H + \mathrm{ch}\,\alpha H\,\sin\alpha H)(\mathrm{sh}\,\alpha z - \sin\alpha z)]/(1 + \mathrm{ch}\,\alpha H\,\cos\alpha H)\}
$$

$$(2.177)$$

式(2.176)使 $\partial\phi/\partial n(=-\partial\phi/\partial x)$ 沿坝面与 ϕ 相关,故坝与水耦合问题变成水体问题的求解而将式(2.176)变为一部分边界条件。

边界积分方法的应用:

方程(2.149)、方程(2.151)、方程(2.152)、方程(2.176)和 $x \to \infty$ 处辐射条件完全确定了求 ϕ 的边值问题。利用边界积分方程方法可求得变水深域的数值解,将水域分成两部分,远域为等水深域,见图 2.12,近域的边界为 Γ,由 AB、BC,刚性底部 CO 和坝面 OA 组成,对 ϕ 和亥尔姆霍尔兹方程的自由空间格林函数 G 应用格林等式,得如下积分方程:

$$
\alpha\phi(x,\ z) = \int_\Gamma\left[\phi(x',\ z')\frac{\partial G}{\partial n} - G\frac{\partial\phi(x',\ z')}{\partial n}\right]\mathrm{d}s(x',\ z') \qquad (2.178)
$$

$$
\alpha = \begin{cases} 1, & \text{若}(x,\ z)\text{ 为一内点} \\ \dfrac{1}{2}, & \text{若}(x,\ z)\text{ 为光滑边界上的一点} \\ \text{内角}/2\pi, & \text{若}(x,\ z)\text{ 为不光顺边界上的一点} \end{cases} \qquad (2.179)
$$

相应于 $(x,\ z)$ 点源的自由空间格林函数为

$$G(x', z'; x; z) = -\frac{\mathrm{i}}{4}\mathrm{H}_0^{(1)}(kr), \quad r = \sqrt{(x-x')^2 + (z-z')^2} \quad (2.180)$$

其中：$\mathrm{H}_0^{(1)}$ 为零阶第一类球汉开尔函数。

若将源点 (x, z) 置于边界上，可用式(2.178)求解边界上未知的 ϕ 或 $\partial\phi/\partial n$。有各种不同的方法将式(2.178)数值离散化，见[10-13]，本文计算中采用了二次内插函数。

沿坝面 OA，式(2.176)提供了节点上 ϕ 和 $\partial\phi/\partial n$ 间的关系，表示成沿坝面离散 ϕ 值的线性组合。沿边界 BC，利用辐射边界条件式(2.157)和式(2.158)将 ϕ 和 $\partial\phi/\partial n$ 代以一组未知系数 A_n。式(2.157)、式(2.158)级数中截取的项数要使未知系数的数目与边界 BC 的节点数相同。

数值解：

全湿面的弹性坝，水深为常数，$d = H = h$，$\rho g = 62.4\ \mathrm{lb/ft^3}$，$h = 100\ \mathrm{ft}$，$c = 4\ 720\ \mathrm{ft/s}$，坝厚 $b = 30.6\ \mathrm{ft}$，混凝土 $mg = 4\ 800\ \mathrm{lb/ft^2}$。$BC$ 位于 $x = L = 0.2h$，沿 BC 的四个节点处应用辐射条件，混凝土的弹性模量为 $E = 7.22 \times 10^8\ \mathrm{lb/ft^2}$，质量比 $\rho h/m = 1.3$，频率比 $\omega_b/\omega_1 = 0.51$，ω_b 为干坝的第一自振频率。

$$\left(\frac{m\omega_b^2}{EI}\right)^{1/4} H = 1.875 \quad (2.181)$$

$\omega_1 = \pi c/2h$ 为等水深域的第一截断频率，在频率范围 $1 < \dfrac{\omega}{\omega_1} < 3$ 中，远场解中包含有一传播模态和三个衰减模态，在频率范围 $3 < \dfrac{\omega}{\omega_1} < 5$ 中，则有两个传播模态和两个衰减模态。BC 边界上的节点数是可以增加的，但与解析解的结果比较，4 个节点已足够精确了，截断级数最后项的系数 A_4 约小于第一项系数 A_1 的 1%。

沿坝面 AO 的处理：将边界条件的积分表示式(2.175)离散化，得坝面上 ϕ 和 $\partial\phi/\partial n$ 的一组线代数方程，将它嵌入边界积分解的系统中，解的矩阵大小对于这种耦合问题并不增大，数值结果示于图 2.13 中，总的水动力定义为

$$|F| = \left|\int_0^h p\,\mathrm{d}z\right| = \left|\int_0^h \mathrm{i}\rho\omega\phi(o, z)\,\mathrm{d}z\right| \quad (2.182)$$

图 2.13 中水动力和激励频率都无量纲化了，由于干坝的第一自振频率小于水域的第一截断频率，故当发生共振时无辐射阻尼，故近 $\omega/\omega_1 = 0.44$ 的响应为无穷大。这一共振频率低于干坝的频率($\omega_b/\omega_1 = 0.51$)是由水体附加质量的影响，所有别的响应峰为有界的。

图 2.13 中示出了数值解与解析解[14]的比较，符合很好。

另一个坝设计时关心的问题是空化发生的可能性，当坝面上水压强的幅值超过静压时便会发生空化。图 2.14(a)表示刚体坝和弹性坝坝面上的压强分布，

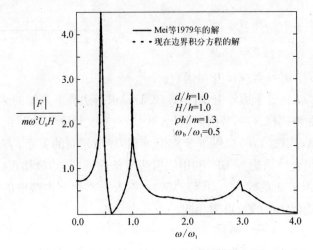

图 2.13 弹性坝面上总水动力与激励频率关系图

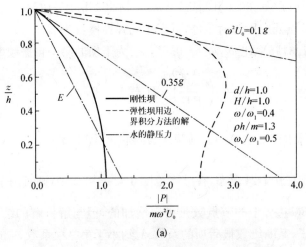

(a)

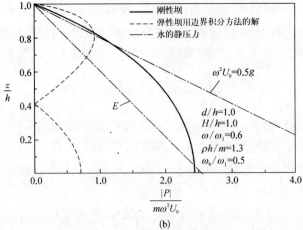

(b)

图 2.14 沿坝面的压强分布

(a) $\omega/\omega_1 = 0.4$；(b) $\omega/\omega_1 = 0.6$

$\omega/\omega_1 = 0.4$。图中也画出了不同地震加速度 $|a| = \omega^2 U_0$ 时的静压分布,对于刚性坝,当 $|a| < 0.35g$ 时坝面上是不会发生空化的。若考虑为弹性坝,则 $|a|$ 低到 $0.1g$ 时便会发生空化。图 2.14(b)中示出了 $\omega/\omega_1 = 0.6$ 的情形,刚性坝的压强分布形状相同,弹性坝由于振动模态不同发生很大变化。

有干段的弹性坝,除了增加 20% 的干段外,其余参数与前相同。这样 $H/h = 1.20$。总水动力示于图 2.15 中,由于坝较高,第一自振频率 ω_b 较小。头两个自振频率为 $\omega_b/\omega_1 = 0.354$ 和 2.22,在截断频率处的总水动力比前面全湿坝的要大。

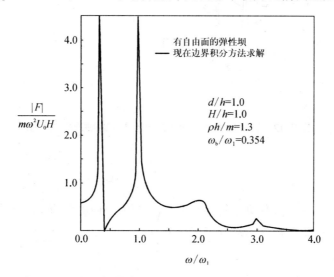

图 2.15　有干段弹性坝面上总水动力与激励频率关系图

变水深的弹性坝,考虑具有一斜底的水域,图 2.16 斜底角为 $30°$,等深部分的水深为坝面处之半,$d = 0.5h$,无干段 $H = h$,用与前面相同的物理参数,定义等深区的截断频率为 $\omega_1 = \pi c/2d$,干坝的第一自振频率为 $\omega_b/\omega_1 = 0.255$,计算区取到 $x = h$,用了 15 块矩形元素,在 BC 上用 4 个节点,计算结果示于图 2.17 中,由于斜底,头两个共振频率小于 ω_1,故响应为无穷大。

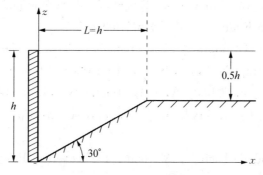

图 2.16　有斜底弹性坝图

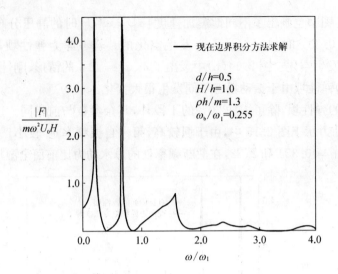

图 2.17　有斜底弹性坝面上总水动力与激励频率关系图

结语

　　边界积分方程方法提供了解决坝水相互作用的精确而有效的计算方法,本方法可推广到包含垂直地震运动和考虑地面韧性,后者采用 ϕ 和 $\partial\phi/\partial n$ 之间的阻抗条件。

参考文献

[1] Bisplinghoff R L, Ashley H, Halfman R L. Aeroelasticity Addison [M]. Wesley Publishing Company, Inc. Cambridge 42, Mass. 1955.

[2] 张悉德. 部分埋入水中悬臂圆柱体的弯曲自由振动[J]. 应用数学和力学, 1982,3(4): 537 - 546.

[3] 钱伟长. 变分法与有限元[M]. 北京:科学出版社,1980.

[4] Anrhony N W. Earthquake Response of Submerged Circular Cylinder [M]. Ocean Engng, 1986. 13(6): 569 - 585.

[5] Liaw C Y and Chopra A K. Dynamics of Towers Surrounded by Water [J]. J. Earthquake Engng Struct. Dynamics, 1974, 3: 33 - 49.

[6] Liu P. L-F. and Cheng A H -D. Boundary Solutions for Fluid-structure Interaction [J]. J. Hydraul Div, Am. Soc. civ Eng, 1984, rs 110(1): 51 - 61.

[7] Morse P and Fesbach H. Methods of Theoretical Physics. Vol. I. [M]. NewYork; Ma Graw-Hill, 1953.

[8] Isaacson M Dw SYQ. Fixed and Floating Axisymmetric Structure in Waves [J]. J. Watways Port, Coastal Ocean Div Am. Soe. Civ. Engrs 1982, 108 (WW2): 180 – 199.

[9] Fenton J D. Wave forces on Vertical bodies of revolution [J]. J. Fluid Mech, 1978, 85: 241 – 255.

[10] Bird H W K and Shepard R. Wave Interaction with Large Submerged Structures [J]. J. of the waterway, Port, Coastal and Ocean Decision, ASCE, V – 108 N WW2, 1982, 5: 146 – 162.

[11] Hanna Y G and Humar J L. Boundary Element Analysis of Fluid Domain [J]. J. of the Engineering Mechanics Division. ASCE. V. 108 NUM2, 1824: 436 – 449.

[12] Liu P L-F and Liggett J A. Appl. Of Boundary Element Methods to Problems of Water Waves. Develop [J]. In Boundary Element Methods-2. Banerjee P K and shaw R P, eds. Applied Science Publishers Ltd. London 1982: 37 – 67.

[13] Shaw R P. Boundary Integral Equation Methods Applied to Wave Problems. Devel. In Boundary Element Methods-1 [J]. P. K. Banerjce and R. Butterfield eds. London: Applied Science Publishers Ltd, 1973: 121 –153.

[14] Mei C C, Foda M A, Tong P. Exact and Hybrid-Element Solutions for the vib. of a Thin Elastic Structure Seated on Sea Floor [J]. App. Ocean Resources VIN2. 1979: 79 – 88.

[15] Lwke J C. A Variational Principle for a Fluid with a Free Surface [J]. J. Fluid Mechanics, 1967, 27(Part. 2): 395 – 397.

第 3 章　水面平板的水弹性振动

3.1　平板运动的微分方程和边界条件

考虑小挠度的薄板,受到的载荷垂直于板面,取 xy 平面位于平板的中面上,取出一微元,其上剪力和弯矩为

$$\left. \begin{aligned} Q_x &= \int_{-h/2}^{h/2} \tau_{xz}\,\mathrm{d}z \\ Q_y &= \int_{-b/2}^{b/2} \tau_{yz}\,\mathrm{d}z \\ M_x &= \int_{-h/2}^{h/2} z\sigma_x\,\mathrm{d}z \\ M_y &= \int_{-b/2}^{b/2} z\sigma_y\,\mathrm{d}z \\ M_{xy} &= \int_{-h/2}^{h/2} z\tau_{xy}\,\mathrm{d}z \\ M_{yx} &= \int_{-b/2}^{b/2} z\tau_{yx}\,\mathrm{d}z \end{aligned} \right\} \tag{3.1}$$

由于 $\tau_{xy} = \tau_{yx}$,故扭矩 $M_{xy} = M_{yx}$,考虑 z 轴方向力的作用,有

$$\frac{\partial Q_x}{\partial x}\mathrm{d}x\mathrm{d}y + \frac{\partial Q_y}{\partial y}\mathrm{d}y\mathrm{d}x + q\mathrm{d}x\mathrm{d}y - m\ddot{w}\mathrm{d}x\mathrm{d}y = 0$$

$$\frac{\partial Q_x}{\partial x} + \frac{\partial Q_y}{\partial y} + q - m\ddot{w} = 0 \tag{3.2}$$

对 x 轴取力矩,有

$$-\frac{\partial M_{xy}}{\partial x}\mathrm{d}x\mathrm{d}y - \frac{\partial M_y}{\partial y}\mathrm{d}y\mathrm{d}x + Q_y\mathrm{d}x\mathrm{d}y = 0$$

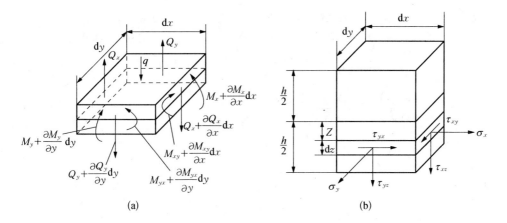

图 3.1　平板微元上的受力图

$$-\frac{\partial M_{xy}}{\partial x}-\frac{\partial M_y}{\partial y}+Q_y=0 \tag{3.3}$$

其他力如惯性力等为高阶小量。

同样,对 y 轴取力矩,有

$$\frac{\partial M_{yx}}{\partial y}+\frac{\partial M_x}{\partial x}-Q_x=0 \tag{3.4}$$

利用式(3.3)、式(3.4),式(3.2)可变为

$$\frac{\partial^2 M_x}{\partial x^2}+\frac{\partial^2 M_{yx}}{\partial x\partial y}+\frac{\partial^2 M_y}{\partial y^2}+\frac{\partial^2 M_{xy}}{\partial x\partial y}=-q+m\ddot{w}$$

$$\frac{\partial^2 M_x}{\partial x^2}+\frac{\partial^2 M_y}{\partial y^2}+2\frac{\partial^2 M_{xy}}{\partial x\partial y}=-q+m\ddot{w} \tag{3.5}$$

弯曲与挠度变形之间的关系为

$$\left.\begin{aligned}
M_x &=-D\left(\frac{\partial^2 w}{\partial x^2}+\nu\frac{\partial^2 w}{\partial y^2}\right)\\[4pt]
M_y &=-D\left(\frac{\partial^2 w}{\partial x^2}+\nu\frac{\partial^2 w}{\partial x^2}\right)\\[4pt]
M_{xy} &=M_{yx}=-D(1-\nu)\frac{\partial^2 w}{\partial x\partial y}
\end{aligned}\right\} \tag{3.6}$$

其中: $D=\dfrac{Eh^3}{12(1-\nu^2)}$ 为板的抗弯刚度,将式(3.6)代入式(3.5)得

$$\frac{\partial^4 w}{\partial x^4} + \nu \frac{\partial^4 w}{\partial x^2 \partial y^2} + \nu \frac{\partial^4 w}{\partial x^2 \partial y^2} + 2(1-\nu) \frac{\partial^4 w}{\partial x^2 \partial y^2} + \frac{\partial^4 w}{\partial y^4}$$

$$= \frac{1}{D}(q - m\ddot{w})$$

$$\frac{\partial^4 w}{\partial x^4} + 2 \frac{\partial^4 w}{\partial x^2 \partial y^2} + \frac{\partial^4 w}{\partial y^4}$$

$$= \frac{1}{D}(q - m\ddot{w}) \tag{3.7}$$

或写成

$$\nabla^4 w = \frac{1}{D}(q - m\ddot{w})$$

利用式(3.3)、式(3.4)和式(3.6),可得剪力与挠度变形之间的关系:

$$\left.\begin{aligned}
Q_x &= \frac{\partial M_{yx}}{\partial y} + \frac{\partial M_x}{\partial x} = -D(1-\nu)\frac{\partial^3 w}{\partial x \partial y^2} - D\left(\frac{\partial^3 w}{\partial x^3} + \nu \frac{\partial^3 w}{\partial x \partial y^2}\right) \\
&= -D \frac{\partial}{\partial x}\left(\frac{\partial^2 w}{\partial x^2} + \frac{\partial^2 w}{\partial y^2}\right) \\
Q_y &= -D \frac{\partial}{\partial y}\left(\frac{\partial^2 w}{\partial x^2} + \frac{\partial^2 w}{\partial y^2}\right)
\end{aligned}\right\} \tag{3.8}$$

考虑边界条件,对于固定端边的情形,有

$$w(x, y)\big|_{x=a} = 0, \qquad \frac{\partial w(x, y)}{\partial x}\bigg|_{x=a} = 0 \tag{3.9}$$

对于简支端边的情形,有

$$w(x, y)\big|_{x=a} = 0, \qquad \left(\frac{\partial^2 w}{\partial x^2} + \nu \frac{\partial^2 w}{\partial y^2}\right)\bigg|_{x=a} = 0 \tag{3.10}$$

由于沿 $x=a$ 的直线,有 $\frac{\partial^2 w}{\partial y^2} = 0$,故有 $\frac{\partial^2 w}{\partial x^2}\bigg|_{a=0} = 0$,或 $\Delta w\big|_{x=a} = 0$。

对于自由端 $x=a$,有 $M_x\big|_{x=a} = 0$,$M_{xy}\big|_{x=a} = 0$,$Q_x\big|_{x=a} = 0$

$$\left.\begin{aligned}
&\left(\frac{\partial^2 w}{\partial x^2} + \nu \frac{\partial^2 w}{\partial y^2}\right)\bigg|_{x=a} = 0 \quad &(a) \\
&\frac{\partial^2 w}{\partial x \partial y}\bigg|_{x=a} = 0 \quad &(b) \\
&\frac{\partial}{\partial x}\left(\frac{\partial^2 w}{\partial x^2} + \frac{\partial^2 w}{\partial y^2}\right)\bigg|_{x=a} = 0 \quad &(c)
\end{aligned}\right\} \tag{3.11}$$

Kirchhoff 论证了对于求平板的挠度问题,用这三个条件太多了一些,用两个条件就够了,将剪力 Q_x 和扭矩 M_{xy} 的条件合成一个,其联合作用相当于

$$V_x = \left(Q_x + \frac{\partial M_{xy}}{\partial y}\right)_{x=a} = 0$$

即

$$\left[-D\frac{\partial}{\partial x}\left(\frac{\partial^2 w}{\partial x^2} + \frac{\partial^2 w}{\partial y^2}\right) - D(1-\nu)\frac{\partial^3 w}{\partial x \partial y^2}\right]_{x=a} = 0$$

$$\left[\frac{\partial^3 w}{\partial x^3} + (2-\nu)\frac{\partial^3 w}{\partial x \partial y^2}\right]_{x=a} = 0 \tag{3.12}$$

平板中由弯矩作用引起的应变能的计算如下。

平板在 xz 平面中的曲率为 $-\dfrac{\partial^2 w}{\partial x^2}$,平板元素在弯矩 $M_x \mathrm{d}y$ 作用下产生的角位移为 $-\dfrac{\partial^2 w}{\partial x^2}\mathrm{d}x$,做功为 $-\dfrac{1}{2}M_x\dfrac{\partial^2 w}{\partial x^2}\mathrm{d}x\mathrm{d}y$。相似地,弯矩 $M_y\mathrm{d}x$ 做功为 $-\dfrac{1}{2}M_y\dfrac{\partial^2 w}{\partial y^2}\mathrm{d}x\mathrm{d}y$,扭矩 $M_{xy}\mathrm{d}x$ 产生的扭角为 $-\dfrac{\partial}{\partial x}\dfrac{\partial w}{\partial y}\mathrm{d}x$,做功为 $-\dfrac{1}{2}M_{xy}\dfrac{\partial^2 w}{\partial x \partial y}\mathrm{d}x\mathrm{d}y$。

同样,$M_{yx}\mathrm{d}x$ 做功为 $-\dfrac{1}{2}M_{yx}\dfrac{\partial^2 w}{\partial x \partial y}\mathrm{d}x\mathrm{d}y$,几部分相加,便得平板的应变能为

$$U = \frac{1}{2}D\int_s \left\{\left(\frac{\partial^2 w}{\partial x^2}\right)^2 + \nu\frac{\partial^2 w}{\partial x^2}\frac{\partial^2 w}{\partial y^2} + \left(\frac{\partial^2 w}{\partial y^2}\right)^2 + \nu\frac{\partial^2 w}{\partial x^2}\frac{\partial^2 w}{\partial y^2} + \right.$$

$$\left. 2(1-\nu)\left(\frac{\partial^2 w}{\partial x \partial y}\right)^2\right\}\mathrm{d}x\mathrm{d}y$$

$$= \frac{D}{2}\int_s \left\{(\nabla^2 w)^2 - 2(1-\nu)\left[\frac{\partial^2 w}{\partial x^2}\frac{\partial^2 w}{\partial y^2} - \left(\frac{\partial^2 w}{\partial x \partial y}\right)^2\right]\right\}\mathrm{d}x\mathrm{d}y \tag{3.13}$$

3.2　水面矩形平板水弹性振动的数值解法

本节内容中有关平板有限元的计算参考钱伟长教授"变分法与有限元"一书中关于平板静弯曲的计算[1],本节中将它推广到动力学问题,又推广到水弹性振动问题,提出了与流体耦合的计算方法。

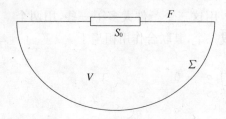

图 3.2 水面平板与流体的耦合

考虑水面处一块矩形平板的振动问题，如图 3.2 所示，S_0 为平板面，F 为水面，V 为水域，Σ 为远处水面，设其振动中的位移为

$$w(x,\ y,\ t) = w_0(x,\ y)\cos\omega t \quad (3.14)$$

设矩形板的长为 a，宽为 b，取坐标面 Oxy 与水面重合，原点位于板的中心，$z > 0$ 的下半空间为水域，对于流体，设为不可压、无黏性，扰动速度势 $\phi(x,\ y,\ z,\ t)$ 要求满足

$$\nabla^2 \phi = 0 \quad (3.15)$$

在板面处，法向速度与板相同。

$$\frac{\partial \phi}{\partial z} = \frac{\partial \phi}{\partial n} = \dot{w},\ z = 0,\ |x| < \frac{a}{2},\ |y| < \frac{b}{2} \quad (3.16)$$

在其余的水面部分，采用高频近似

$$\phi = 0,\ z = 0,\ |x| > \frac{a}{2},\ |y| > \frac{b}{2} \quad (3.17)$$

在这样简化的水面条件下，可采用哈密顿形式的变分原理，即取泛函为 $\int_{t_1}^{t_2}(T-U)\mathrm{d}t$。不考虑水的重力的影响，这时的势能 U 中，仅有平板变形的应变能，动能 T 则包含流体与板的动能之和。

考虑的是简谐振动，设流体的速度势为

$$\phi = \phi_0(x,\ y,\ z)\omega\sin\omega t \quad (3.18)$$

则利用式(3.14)、式(3.16)得

$$\frac{\partial \phi_0}{\partial n} = w_0(x,\ y),\ z = 0,$$

$$|x| < \frac{a}{2},\ |y| < \frac{b}{2}$$

$$(3.19)$$

我们用有限元的方法处理平板问题，将板分成若干个矩形有限元，采用图 3.3 所示的 4 节点 16 个自由度的有限元，若我们取角点上的挠度、角度等变形值 w_i，$w_{\xi i}$，$w_{\eta i}$，$w_{\xi\eta i}$（$i = 1, 2, 3, 4$）作为待定参数，则挠

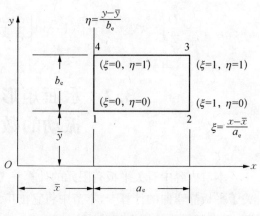

图 3.3 四节点的矩形有限元

度函数 $w(x, y)$ 可写成

$$w = [N(\xi, \eta)]\{w\} \tag{3.20}$$

式中

$$[N(\xi, \eta)] = [N_1, N_2, \cdots, N_{16}] \tag{3.21}$$

为形状函数或称插值函数；

$$\{w\}^{\mathrm{T}} = [w] = [w_1, w_{\xi_1}, w_{\eta_1}, w_{\xi\eta_1}; \cdots; w_4, w_{\xi_4}, w_{\eta_4}, w_{\xi\eta_4}] \tag{3.22}$$

为挠度参数列阵；

形状函数为

$$
\left.
\begin{aligned}
N_1(\xi, \eta) &= (1 - 3\xi^2 + 2\xi^3)(1 - 3\eta^2 + 2\eta^3) \\
N_2(\xi, \eta) &= \xi(\xi - 1)^2(1 - 3\eta^2 + 2\eta^3) \\
N_3(\xi, \eta) &= (1 - 3\xi^2 + 2\xi^3)\eta(\eta - 1)^2 \\
N_4(\xi, \eta) &= \xi(\xi - 1)^2 \eta(\eta - 1)^2 \\
N_5(\xi, \eta) &= \xi^2(3 - 2\xi)(1 - 3\eta^2 + 2\eta^3) \\
N_6 &= \xi^2(\xi - 1)(1 - 3\eta^2 + 2\eta^3) \\
N_7(\xi, \eta) &= \xi^2(3 - 2\xi)\eta(\eta - 1)^2 \\
N_8(\xi, \eta) &= \xi^2(\xi - 1)\eta(\eta - 1)^2 \\
N_9(\xi, \eta) &= \xi^2(3 - 2\xi)\eta^2(3 - 2\eta) \\
N_{10}(\xi, \eta) &= \xi^2(\xi - 1)\eta^2(3 - 2\eta) \\
N_{11}(\xi, \eta) &= \xi^2(3 - 2\xi)\eta^2(\eta - 1) \\
N_{12}(\xi, \eta) &= \xi^2(\xi - 1)\eta^2(\eta - 1) \\
N_{13}(\xi, \eta) &= (1 - 3\xi^2 + 2\xi^3)\eta^2(3 - 2\eta) \\
N_{14}(\xi, \eta) &= \xi(\xi - 1)^2 \eta^2(3 - 2\eta) \\
N_{15}(\xi, \eta) &= (1 - 3\xi^2 + 2\xi^3)\eta^2(\eta - 1) \\
N_{16}(\xi, \eta) &= \xi(\xi - 1)^2 \eta^2(\eta - 1)
\end{aligned}
\right\} \tag{3.23}
$$

平板的动能 T_1 为各元素动能之和

$$T_1 = \sum T_1^{\mathrm{e}} \tag{3.24}$$

$$
\begin{aligned}
T_1^{\mathrm{e}} &= \frac{\rho_1 h}{2} \int_0^1 \int_0^1 \dot{w}^2 a_{\mathrm{e}} b_{\mathrm{e}} \mathrm{d}\xi \mathrm{d}\eta = \frac{\rho_1 h a_{\mathrm{e}} b_{\mathrm{e}}}{2} \int_0^1 \int_0^1 \omega^2 \sin^2 \omega t w_0^2 \mathrm{d}\xi \mathrm{d}\eta \\
&= \frac{\rho_1 h a_{\mathrm{e}} b_{\mathrm{e}}}{2} \omega^2 \sin^2 \omega t \int_0^1 \int_0^1 \left(\sum_{i=1}^{16} N_i w_i \right) \left(\sum_{j=1}^{16} N_j \omega_j \right) \mathrm{d}\xi \mathrm{d}\eta
\end{aligned}
$$

$$= \frac{\rho_1 h a_e b_e}{2} \omega^2 \sin^2 \omega t \sum_{i=1}^{16} \sum_{j=1}^{16} w_i w_j \int_0^1 \int_0^1 N_i(\xi, \eta) N_j(\xi, \eta) \mathrm{d}\xi \mathrm{d}\eta$$

$$= \frac{1}{2} \omega^2 \sin^2 \omega t \sum_{i=1}^{16} \sum_{j=1}^{16} m_{ij}^e w_i w_j \tag{3.25}$$

式中

$$m_{ij}^e = \rho_1 h a_e b_e \int_0^1 \int_0^1 N_i(\xi, \eta) N_j(\xi, \eta) \mathrm{d}\xi \mathrm{d}\eta \tag{3.26}$$

为平板元素的质量矩阵元素。

式(3.25)也可写成

$$T_1^e = \frac{1}{2} \omega^2 \sin^2 \omega t [w_i][m_{ij}^e]\{w_j\} \tag{3.27}$$

平板的应变能 U 为各元素应变能 U^e 之和

$$U = \Sigma U^e \tag{3.28}$$

$$U^e = \frac{D}{2} \int_0^1 \int_0^1 \left\{ \left(\frac{\partial^2 w}{\partial x^2}\right)^2 + \left(\frac{\partial^2 w}{\partial y^2}\right)^2 + 2\nu \frac{\partial^2 w}{\partial x^2} \frac{\partial^2 w}{\partial y^2} + 2(1-\nu) \left(\frac{\partial^2 w}{\partial x \partial y}\right)^2 \right\} a_e b_e \mathrm{d}\xi \mathrm{d}\eta$$

$$= \frac{D}{2} \int_0^1 \int_0^1 \left\{ \frac{1}{a_e^4} \left(\frac{\partial^2 w}{\partial \xi^2}\right)^2 + \frac{1}{b_e^4} \left(\frac{\partial^2 w}{\partial \eta^2}\right)^2 + \frac{2\nu}{a_e^2 b_e^2} \frac{\partial^2 w}{\partial \xi^2} \frac{\partial^2 w}{\partial \eta^2} + \frac{2(1-\nu)}{a_e^2 b_e^2} \left(\frac{\partial^2 w}{\partial \xi \partial \eta}\right)^2 \right\} a_e b_e \mathrm{d}\xi \mathrm{d}\eta$$

$$= \frac{D}{2} \int_0^1 \int_0^1 \left\{ \frac{1}{a_e^4} \left(\sum_{i=1}^{16} \frac{\partial^2 N_i}{\partial \xi^2} w_i\right) \left(\sum_{j=1}^{16} \frac{\partial^2 N_j}{\partial \xi^2} w_j\right) + \frac{1}{b_e^4} \left(\sum_{i=1}^{16} \frac{\partial^2 N_i}{\partial \eta^2} w_i\right) \left(\sum_{j=1}^{16} \frac{\partial^2 N_j}{\partial \eta^2} w_j\right) + \right.$$

$$\left. \frac{2\nu}{a_e^2 b_e^2} \left(\sum_{i=1}^{16} \frac{\partial^2 N_i}{\partial \xi^2} w_i\right) \left(\sum_{j=1}^{16} \frac{\partial^2 N_j}{\partial \eta^2} w_j\right) + \frac{2(1-\nu)}{a_e^2 b_e^2} \left(\sum_{i=1}^{16} \frac{\partial^2 N_i}{\partial \xi \partial \eta} w_i\right) \left(\sum_{j=1}^{16} \frac{\partial^2 N_j}{\partial \xi \partial \eta} w_j\right) \right\}$$

$$\cos^2 \omega t a_e b_e \mathrm{d}\xi \mathrm{d}\eta$$

$$= \frac{D}{2} \sum_{i=1}^{16} \sum_{j=1}^{16} w_i w_j \int_0^1 \int_0^1 \left\{ \frac{1}{a_e^4} \frac{\partial^2 N_i}{\partial \xi^2} \frac{\partial^2 N_j}{\partial \xi^2} + \frac{1}{b_e^4} \frac{\partial^2 N_i}{\partial \eta^2} \frac{\partial^2 N_j}{\partial \eta^2} + \frac{2\nu}{a_e^2 b_e^2} \frac{\partial^2 N_i}{\partial \xi^2} \frac{\partial^2 N_j}{\partial \eta^2} + \right.$$

$$\left. \frac{2(1-\nu)}{a_e^2 b_e^2} \frac{\partial^2 N_i}{\partial \xi \partial \eta} \frac{\partial^2 N_j}{\partial \xi \partial \eta} \right\} \cos^2 \omega t a_e b_e \mathrm{d}\xi \mathrm{d}\eta$$

$$= \frac{1}{2} \sum_{i=1}^{16} \sum_{j=1}^{16} K_{ij}^e w_i w_j \cos^2 \omega t \tag{3.29}$$

式中

$$K_{ij}^e = D \int_0^1 \int_0^1 \left\{ \frac{1}{a_e^4} \frac{\partial^2 N_i}{\partial \xi^2} \frac{\partial^2 N_j}{\partial \xi^2} + \frac{1}{b_e^4} \frac{\partial^2 N_i}{\partial \eta^2} \frac{\partial^2 N_j}{\partial \eta^2} + \frac{2\nu}{a_e^2 b_e^2} \frac{\partial^2 N_i}{\partial \xi^2} \frac{\partial^2 N_j}{\partial \eta^2} + \right.$$

$$\left.\frac{2(1-\nu)}{a_{\mathrm{e}}^2 b_{\mathrm{e}}^2}\frac{\partial^2 N_i}{\partial\xi\partial\eta}\frac{\partial^2 N_j}{\partial\xi\partial\eta}\right\}a_{\mathrm{e}}b_{\mathrm{e}}\mathrm{d}\xi\mathrm{d}\eta \tag{3.30}$$

称为平板元素的刚度矩阵元素,式(3.28)也可写成

$$U^{\mathrm{e}}=\frac{1}{2}[w_i][K_{ij}^{\mathrm{e}}]\{w_j\}\cos^2\omega t \tag{3.31}$$

在边界上的元素,要按边界条件的要求进行处理,现在讨论的问题都是自由端边,则按式(3.11(a))和式(3.12)的要求处理,例如在左边边界处的元素,要求

$$\sum_{i=1}^{16}\left\{\frac{1}{a_{\mathrm{e}}^2}\frac{\partial^2 N_i}{\partial\xi^2}w_i+\frac{\nu}{b_{\mathrm{e}}^2}\frac{\partial^2 N_i w_i}{\partial\eta^2}\right\}\bigg|_{\xi=0}=0 \tag{3.32}$$

$$\sum_{i=1}^{16}\left\{\frac{1}{a_{\mathrm{e}}^3}\frac{\partial^3 N_i}{\partial\xi^3}w_i+\frac{2-\nu}{a_{\mathrm{e}}b_{\mathrm{e}}^2}\frac{\partial^3 N_i}{\partial\xi\partial\eta^2}w_i\right\}\bigg|_{\xi=0}=0 \tag{3.33}$$

由这两个方程,可将 16 个挠度参数去掉两个,对每个边界上元素进行类似的处理,去掉相应的参数,根据式(3.24)、式(3.28),由各元素的质量矩阵和刚度矩阵组装整个平板的质量矩阵和刚度矩阵,例如,对于刚度矩阵的装配,考虑图 3.4 所示对四块元素的组装,将每个元素 e 编好号,再将每元素的节点(1),(2),(3),(4)按总的次序编号,每个元素的刚度矩阵为

$$\begin{bmatrix}
K_{11}^{e} & K_{12}^{e} & K_{13}^{e} & K_{14}^{e} \\
K_{21}^{e} & K_{22}^{e} & K_{23}^{e} & K_{24}^{e} \\
K_{31}^{e} & K_{32}^{e} & K_{33}^{e} & K_{34}^{e} \\
K_{41}^{e} & K_{42}^{e} & K_{43}^{e} & K_{44}^{e}
\end{bmatrix} \tag{3.34}$$

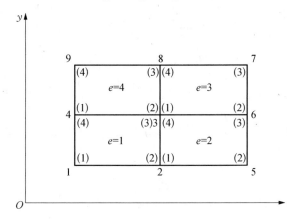

图 3.4　四块元素的刚度矩阵装配

其中每个元素本身为四阶矩阵,组装后的总矩阵为

$$
[K] = \begin{bmatrix}
K_{11}^{(1)} & K_{12}^{(1)} & K_{13}^{(1)} & K_{14}^{(1)} & \cdot \\
K_{21}^{(1)} & K_{22}^{(1)}+K_{11}^{(2)} & K_{23}^{(1)}+K_{14}^{(2)} & K_{24}^{(1)} & K_{12}^{(2)} \\
K_{31}^{(1)} & K_{32}^{(1)}+K_{41}^{(2)} & K_{33}^{(1)}+K_{44}^{(2)}+K_{11}^{(4)}+K_{22}^{(2)} & K_{34}^{(1)}+K_{21}^{(4)} & K_{42}^{(2)} \\
K_{41}^{(1)} & K_{42}^{(1)} & K_{43}^{(1)}+K_{12}^{(4)} & K_{44}^{(1)}+K_{11}^{(4)} & \cdot \\
\cdot & K_{21}^{(2)} & K_{24}^{(2)} & \cdot & K_{22}^{(2)} \\
\cdot & K_{31}^{(2)} & K_{34}^{(2)}+K_{21}^{(3)} & \cdot & K_{31}^{(2)} \\
\cdot & \cdot & K_{31}^{(3)} & \cdot & \cdot \\
\cdot & \cdot & K_{41}^{(3)}+K_{32}^{(4)} & K_{31}^{(4)} & \cdot \\
\cdot & \cdot & K_{42}^{(4)} & K_{41}^{(4)} & \cdot
\end{bmatrix}
$$

$$
\begin{bmatrix}
\cdot & \cdot & \cdot & \cdot \\
K_{13}^{(2)} & \cdot & \cdot & \cdot \\
K_{43}^{(2)}+K_{12}^{(3)} & K_{13}^{(2)} & K_{14}^{(3)}+K_{23}^{(4)} & K_{24}^{(4)} \\
\cdot & \cdot & K_{13}^{(4)} & K_{14}^{(4)} \\
K_{23}^{(2)} & \cdot & \cdot & \cdot \\
K_{33}^{(2)}+K_{22}^{(3)} & K_{23}^{(3)} & K_{24}^{(3)} & \cdot \\
K_{32}^{(3)} & K_{33}^{(3)} & K_{34}^{(3)} & \cdot \\
K_{42}^{(3)} & K_{43}^{(3)} & K_{44}^{(3)}+K_{33}^{(4)} & K_{34}^{(4)} \\
\cdot & \cdot & K_{43}^{(4)} & K_{44}^{(4)}
\end{bmatrix} \tag{3.35}
$$

对于质量矩阵也可作一样的组装处理。

我们讨论流体部分的问题,流体部分的动能 T_2 为

$$
\left.
\begin{array}{l}
T_2 = \displaystyle\int_V \frac{\rho}{2}(\nabla\phi \cdot \nabla\phi)\mathrm{d}V \\[2mm]
\nabla\phi \cdot \nabla\phi = \nabla(\phi\,\nabla\phi) - \phi\,\nabla^2\phi
\end{array}
\right\} \tag{3.36}
$$

$$
T_2 = \int_V \frac{\rho}{2}\nabla \cdot (\phi\,\nabla\phi)\mathrm{d}V = \int_{\partial V} \frac{\rho}{2}\phi\phi_n\mathrm{d}s \tag{3.37}
$$

式(3.37)对边界面 ∂V 上的积分,在自由面 F 上和无穷远面 Σ 上均消失,仅留下对板面 S_0 部分的积分,有

$$
T_2 = \frac{\rho}{2}\int_{S_0} \phi\phi_n\mathrm{d}s \tag{3.38}
$$

利用式(3.18)、式(3.19),得

$$T_2 = \frac{\rho}{2} \int_{S_0} \phi_0 \omega \sin \omega t \, (\omega w_0 \sin \omega t) \, \mathrm{d}s = \frac{\rho}{2} \omega^2 \sin^2 \omega t \int_{S_0} \phi_0 w_0 \, \mathrm{d}s \qquad (3.39)$$

式中：法向 n 指向流体区域的外部；而挠度函数 w 是以向下为正的。在对式(3.39)实行有限元计算以前，先要解在板面 S_0 上的 ϕ_0 值，为此，我们先讨论流体域中的求解问题。

在板面上分布偶极子，其强度为 $f(\xi, \eta)$，则速度势为

$$\phi = \int_{S_0} f(\xi, \eta) \frac{z}{r^3} \mathrm{d}\xi \mathrm{d}\eta \qquad (3.40)$$

式中：$r = \sqrt{(x-\xi)^2 + (y-\eta)^2 + z^2}$。式(3.40)满足自由面 F 上和无穷远处的条件，未知强度函数 $f(\xi, \eta)$ 根据板面 S_0 上的条件求定，我们用有限基本解的方法来处理流体问题，将板面节点参数，按整体进行排列，去掉受边界条件约束而消去的节点变形参数，得 n 个独立的节点参数 $w_i (i = 1, 5, \cdots, n)$，其中取 $i = 1, 5, 9, 13, \cdots$ 是考虑节点挠度与流体耦合，忽略角度对流体的作用。取相应的板面速度函数为 $\psi_i(\xi, \eta)$，例如对于图 3.3 中的第 3 节点，对于 z 方向位移的变形参数，有

$$\psi_i = \begin{cases} (1-3\xi^2+2\xi^3)(1-3\eta^2+2\eta^3) & (0<\xi<1, \quad 0<\eta<1) \\ (1-3\xi^2-2\xi^3)(1-3\eta^2+2\eta^3) & (-1<\xi<0, \quad 0<\eta<1) \\ (1-3\xi^2-2\xi^3)(1-3\eta^2-2\eta^3) & (-1<\xi<0, \quad -1<\eta<0) \\ (1-3\xi^2+2\xi^3)(1-3\eta^2-2\eta^3) & (0<\xi<1, \quad -1<\eta<0) \end{cases}$$

$$(3.41)$$

这是一个土堆形的函数，对于边界上的节点，只有上面区域的一半，对于角点，只有上面区域的四分之一，这样，将流体速度势表示成

$$\phi = -\sum_{i=1}^{n} w_i \phi_i \omega \sin \omega t \qquad (3.42)$$

板面上位移表示式(3.14)可写成

$$w(x, y, t) = \sum_{i=1}^{n} w_i \cos \omega t \cdot \psi_i \qquad (3.43)$$

由式(3.16)可得

$$\frac{\partial \phi_i}{\partial n} = \psi_i \qquad (3.44)$$

式中：ψ_i 为由式(3.41)，在相应节点位置附近 $(-1<\xi<1, -1<\eta<1)$ 中定义的土堆形函数。在其余区域中，$\psi_i = 0$，ψ_i 是已知函数，ϕ_i 的边界条件确定后便可

求解。令

$$\phi_i = \int_{S_0} f_i(\xi, \eta) \frac{z}{r^3} \mathrm{d}\xi \mathrm{d}\eta \tag{3.45}$$

$$-\frac{\partial \phi_i}{\partial z} = -\frac{\partial}{\partial z} \int_{S_0} f_i(\xi, \eta) \frac{z}{r^3} \mathrm{d}\xi \mathrm{d}\eta = \psi_i \quad z = 0 \tag{3.46}$$

采用偶极子分布的基本解方法求解,有标准的程序可利用,求得 ϕ_i 后,式(3.42)作为节点挠度 w_i 的线性函数,代入式(3.39)中,得

$$T_2 = \frac{\rho}{2} \omega^2 \sin^2 \omega t \int_{S_0} \Big(\sum_{i=1}^n w_i \phi_i \Big) \Big(\sum_{j=1}^n w_j \psi_j \Big) \mathrm{d}s$$

$$= \frac{\rho}{2} \omega^2 \sin^2 \omega t \sum_{i=1}^n \sum_{j=1}^n w_i w_j \int_{S_0} \phi_i \psi_j \mathrm{d}s$$

$$= \frac{\rho}{2} \omega^2 \sin^2 \omega t \sum_{i=1}^n \sum_{j=1}^n m_{2ij} w_i w_j \tag{3.47}$$

式中

$$m_{2ij} = \int_{S_0} \phi_i \psi_j \mathrm{d}s = \int_{S_j} \phi_i \psi_j \mathrm{d}s \tag{3.48}$$

为流体的附加质量矩阵元素,由于 ψ_j 仅在其节点邻域内有值($-1 < \xi < 1$,$-1 < \eta < 1$),故只要对 S_j 积分便可,流体的作用,仅对平板变形参数 w_i($i = 1, 5, 9, \cdots$)中挠度部分有耦合作用,不计对角度变形部分的作用,这一点在组装矩阵时要注意。

我们再回到哈密顿变分原理

$$\delta \int_{t_1}^{t_2} \mathrm{d}t (T - U) = 0$$

$$\delta \int_{t_1}^{t_2} (T_1 + T_2 - U) \mathrm{d}t = 0$$

用前面对平板、流体动能和势能的计算结果,有

$$\delta \int_{t_1}^{t_2} \left[\frac{1}{2} \omega^2 \sin^2 \omega t \sum_{i=1}^n \sum_{j=1}^n (m_{ij} + m_{2ij}) w_i w_j - \frac{1}{2} \cos^2 \omega t \sum_{i=1}^n \sum_{j=1}^n K_{ij} w_i w_j \right] \mathrm{d}t = 0$$

哈密顿变分原理要求在 t_1,t_2 瞬时的运动状态是确定的,但对于时间为周期性的运动,若取时间积分段 $t_2 - t_1$ 为一个周期,则对时间的积分可计算出来,因而得

$$\delta \left[\frac{\omega^2 \pi \cdot 2}{2\omega} \sum_{i=1}^n \sum_{j=1}^n (m_{ij} + m_{2ij}) w_i w_j - \frac{2\pi}{2\omega} \sum_{i=1}^n \sum_{j=1}^n K_{ij} w_i w_j \right] = 0$$

$$\delta\left\{\sum_{i=1}^{n}\sum_{j=1}^{n}\left[\omega^{2}(m_{ij}+m_{2ij})-K_{ij}\right]w_{i}w_{j}\right\}=0 \tag{3.49}$$

进行变分得

$$[K]\{w_{i}\}-\omega^{2}[M]\{w_{i}\}=0 \tag{3.50}$$

为求得 w_i 的非零解,其系数的行列式应等于零,得

$$\left|K_{ij}-\omega^{2}(m_{ij}+m_{2ij})\right|=0 \tag{3.51}$$

即为求频率 ω 的特征方程,求得频率 ω_i 后,利用式(3.50)可求出各阶振动模态的 w_i 值。

3.3　阻尼平板的振动及其变分原理

拉格德威尔等人在这方面做了很好的工作[2]。

在结构振动中,由于材料内耗的能量损失,存在有阻尼,考虑阻尼力作用后的平板振动方程为

$$m\ddot{w}+D\,\nabla^{4}w=q-b\dot{w} \tag{3.52}$$

式中: b 为阻尼系数。设平板的边界为 $\Gamma=\Gamma_1+\Gamma_2$,并设在 Γ_1 部分边界上,挠度和倾角为已知,在 Γ_2 部分边界上,剪力和弯矩为已知,有

$$w=g(s,\,t),\qquad \frac{\partial w}{\partial n'}=h(s,\,t)\quad \text{在}\ \Gamma_1\ \text{上} \tag{3.53}$$

$$Q_{n'}-\frac{\partial M_{n's}}{\partial s}=Q(s,\,t),\quad M_{n'}=M(s,\,t)\quad \text{在}\ \Gamma_2\ \text{上} \tag{3.54}$$

式中: $M_{n'}$ 为弯矩; $M_{n's}$ 为扭矩; $Q_{n'}$ 为剪力。要求在满足边界条件式(3.53)、式(3.54)的情形下来求解运动方程(3.52)。

由于存在耗散能量的阻尼项,我们采用类同于第 1 章 1.3 节中的方法来建立变分原理,取拉格朗日函数为

$$L=\frac{m}{4}\int_{s}(\dot{w}\dot{w}^{*}+\dot{\overline{w}}\dot{w}^{*})\mathrm{d}s-\frac{D}{4}\int_{s}\left\{\nabla^{2}w\,\nabla^{2}\overline{w}^{*}+\nabla^{2}\overline{w}\,\nabla^{2}w^{*}-\right.$$

$$(1-\nu)\sum\left(\frac{\partial^{2}w}{\partial x^{2}}\frac{\partial^{2}\overline{w}^{*}}{\partial y^{2}}-\frac{\partial^{2}w}{\partial x\partial y}\frac{\partial^{2}\overline{w}^{*}}{\partial x\partial y}\right)\right\}\mathrm{d}s+\frac{1}{4}\int_{s}\sum fw^{*}\,\mathrm{d}s+$$

$$\frac{1}{4}\int_{\Gamma_2}\sum\left(q\,\overline{w}^{*}-M\frac{\partial\overline{w}^{*}}{\partial n'}\right)\mathrm{d}s-\frac{1}{8}\int_{s}b(\dot{w}\,\overline{w}^{*}+\dot{\overline{w}}w^{*}-w\dot{\overline{w}}^{*}-$$

$$\overline{w}\,\dot{w}^*\,)\mathrm{d}s \tag{3.55}$$

式中带（＊）号项为实际挠度项的附加项，若 $w = w^*$ 且为实数量，则 L 变成通常无阻尼项时的 L。

应用哈密顿变分原理

$$
\left.
\begin{aligned}
&\delta \varPi = 0, \quad \varPi = \int_{t_1}^{t_2} L\mathrm{d}t \\
&\delta w = \delta w^* = 0 \qquad 当\ t = t_1,\ t = t_2\ 时 \\
&\delta w = \delta w^* = 0,\ \frac{\partial \delta w}{\partial n'} = \frac{\partial \delta w^*}{\partial n'} = 0 \quad 在边界\ \varGamma_1\ 上
\end{aligned}
\right\} \tag{3.56}
$$

可得

$$
\begin{aligned}
\delta \varPi = &\frac{m}{4}\int_{t_1}^{t_2}\!\!\int_S (\dot{w}\delta\dot{\overline{w}}^* + \delta\dot{w}\,\dot{\overline{w}}^* + \dot{\overline{w}}\delta\dot{w}^* + \delta\dot{\overline{w}}\,\dot{w}^*)\mathrm{d}s\mathrm{d}t - \\
&\frac{D}{4}\int_{t_1}^{t_2}\!\!\int_S \Big\{ \nabla^2\delta w\,\nabla^2\overline{w}^* + \nabla^2 w\,\nabla^2\delta\overline{w}^* + \nabla^2\delta\overline{w}\,\nabla^2 w^* + \nabla^2 w\,\nabla^2\delta w^* - \\
&(1-\nu)\Big(\frac{\partial^2\delta w}{\partial x^2}\frac{\partial^2\overline{w}^*}{\partial y^2} + \frac{\partial^2 w}{\partial x}\frac{\partial^2\delta\overline{w}^*}{\partial y^2} + \frac{\partial^2\delta\overline{w}}{\partial x^2}\frac{\partial^2 w^*}{\partial y^2} + \frac{\partial^2\overline{w}}{\partial x^2}\frac{\partial^2\delta w^*}{\partial y^2} - \\
&\frac{\partial^2\delta w}{\partial x\partial y}\frac{\partial^2\overline{w}^*}{\partial x\partial y} - \frac{\partial^2 w}{\partial x\partial y}\frac{\partial^2\delta\overline{w}^*}{\partial x\partial y} - \frac{\partial^2\delta\overline{w}}{\partial x\partial y}\frac{\partial^2 w^*}{\partial x\partial y} - \frac{\partial^2\overline{w}}{\partial x\partial y}\frac{\partial^2\delta w^*}{\partial x\partial y}\Big)\Big\}\mathrm{d}s\mathrm{d}t + \\
&\frac{1}{4}\int_{t_1}^{t_2}\!\!\int_S (f\delta\overline{w}^* + \overline{f}\delta w^* + f^*\delta\overline{w} + \overline{f}^*\delta w)\mathrm{d}s\mathrm{d}t + \frac{1}{4}\int_{t_1}^{t_2}\!\!\int_{\varGamma_2} \Big(q\delta\overline{w}^* + \\
&\overline{q}\delta w^* + q^*\delta\overline{w} + \overline{q}^*\delta w - M\frac{\partial\delta\overline{w}^*}{\partial n'} - \overline{M}\frac{\partial\delta w^*}{\partial n'} - M^*\frac{\partial\delta\overline{w}}{\partial n'} - \\
&\overline{M}^*\frac{\partial\delta w}{\partial n'}\Big)\mathrm{d}s\mathrm{d}t - \frac{1}{8}\int_{t_1}^{t_2}\!\!\int_S b(\delta\dot{w}\,\overline{w}^* + \dot{w}\delta\overline{w}^* + \delta\dot{\overline{w}}w^* + \dot{\overline{w}}\delta w^* - \\
&\delta w\dot{\overline{w}}^* - w\delta\dot{\overline{w}}^* - \delta\overline{w}\dot{w}^* - \delta\overline{w}\,\dot{w}^*)\mathrm{d}s\mathrm{d}t \\
= &0 \tag{3.57}
\end{aligned}
$$

对式（3.57）中各项积分进行处理

$$
\int_{t_1}^{t_2} \dot{w}\delta\dot{\overline{w}}\mathrm{d}t = [\dot{w}\delta\overline{w}^*]_{t_1}^{t_2} - \int_{t_1}^{t_2} \ddot{w}\delta\overline{w}^*\,\mathrm{d}t = -\int_{t_1}^{t_2} \ddot{w}\delta\overline{w}^*\,\mathrm{d}t
$$

$$
\int_S \nabla^2\delta\overline{w}^*\ \nabla^2 w\mathrm{d}s = \int_S \mathrm{div}(\nabla\delta\overline{w}^*)\ \nabla^2 w\mathrm{d}s
$$

$$
= \int_S [\mathrm{div}(\nabla\delta\overline{w}^*\ \nabla^2 w) - \nabla\delta\overline{w}^* \cdot \nabla\nabla^2 w]\mathrm{d}s
$$

$$
= \int_{\varGamma} \frac{\partial}{\partial n'}\delta\overline{w}^*\ \nabla^2 w\mathrm{d}s - \int_S \nabla\delta\overline{w}^*\ \nabla\nabla^2 w\mathrm{d}s
$$

$$= \int_{\Gamma_2} \frac{\partial}{\partial n'} \delta \overline{w}^* \ \nabla^2 w \mathrm{d}s - \int_S \left[\mathrm{div}(\delta \overline{w}^* \ \nabla \nabla^2 w) - \delta \overline{w}^* \ \nabla^2 \nabla^2 w \right] \mathrm{d}s$$

$$= \int_{\Gamma_2} \frac{\partial}{\partial n'} \delta \overline{w}^* \ \nabla^2 w \mathrm{d}s - \int_{\Gamma_2} \delta \overline{w}^* \ \nabla^2 \frac{\partial w}{\partial n'} \mathrm{d}s + \int_S \delta \overline{w}^* \ \nabla^4 w \mathrm{d}s$$

$$\frac{\partial^2 w}{\partial x^2} \frac{\partial^2 \delta \overline{w}^*}{\partial y^2} = \frac{\partial^2 w}{\partial x^2} \frac{\partial}{\partial y} \frac{\partial \delta \overline{w}^*}{\partial y} = \frac{\partial}{\partial y} \left(\frac{\partial^2 w}{\partial x^2} \frac{\partial \delta \overline{w}^*}{\partial y} \right) - \frac{\partial^3 w}{\partial x^2 \partial y} \frac{\partial \delta \overline{w}^*}{\partial y}$$

$$= \frac{\partial}{\partial y} \left(\frac{\partial^2 w}{\partial x^2} \frac{\partial \delta \overline{w}^*}{\partial y} \right) - \frac{\partial}{\partial y} \left(\frac{\partial^3 w}{\partial x^2 \partial y} \delta \overline{w}^* \right) + \frac{\partial^4 w}{\partial x^2 \partial y^2} \delta \overline{w}^*$$

$$= \frac{\partial}{\partial y} \left[\frac{\partial}{\partial y} \left(\frac{\partial^2 w}{\partial x^2} \delta \overline{w}^* \right) - \left(\frac{\partial^3 w}{\partial y \partial x^2} \delta \overline{w}^* \right) \right] - \frac{\partial}{\partial y} \left(\frac{\partial^3 w}{\partial y \partial x^2} \delta \overline{w}^* \right) + \frac{\partial^4 w}{\partial x^2 \partial y^2} \delta \overline{w}^*$$

$$= \frac{\partial^2}{\partial y^2} \left(\frac{\partial^2 w}{\partial x^2} \delta \overline{w}^* \right) - 2 \frac{\partial}{\partial y} \left(\frac{\partial^3 w}{\partial x \partial y^2} \delta \overline{w}^* \right) + \frac{\partial^4 w}{\partial x^2 \partial y^2} \delta \overline{w}^*$$

$$- \frac{\partial^2 w}{\partial x \partial y} \frac{\partial^2 \delta \overline{w}^*}{\partial x \partial y} = - \frac{\partial}{\partial y} \left(\frac{\partial^2 w}{\partial x \partial y} \frac{\partial \delta \overline{w}^*}{\partial x} \right) + \frac{\partial^3 w}{\partial x \partial y^2} \frac{\partial \delta \overline{w}^*}{\partial x}$$

$$= - \frac{\partial^2}{\partial x \partial y} \left(\frac{\partial^2 w}{\partial x \partial y} \delta \overline{w}^* \right) + \frac{\partial}{\partial y} \left(\frac{\partial^3 w}{\partial x^2 \partial y} \delta \overline{w}^* \right) + \frac{\partial}{\partial x} \left(\frac{\partial^3 w}{\partial x \partial y^2} \delta \overline{w}^* \right) - \frac{\partial^4 w}{\partial x^2 \partial y^2} \delta \overline{w}^*$$

整理可得

$$\delta \Pi = \frac{1}{4} \int_{t_1}^{t_2} \int_S \sum \delta \overline{w}^* X(w) \mathrm{d}s \mathrm{d}t - \frac{1}{4} \int_{t_1}^{t_2} \int_{\Gamma_2} \left\{ \sum \delta \overline{w}^* \left(Q_n - \frac{\partial M_{n't}}{\partial s} - q \right) - \right.$$
$$\left. \sum \delta \left(\frac{\partial \overline{w}^*}{\partial n} \right) (M_n - m) \right\} \mathrm{d}s \mathrm{d}t = 0 \tag{3.58}$$

其中
$$X(w) = - m \ddot{w} + D \nabla^4 w + f - b \dot{w} \tag{3.59}$$

$$X^*(w^*) = - m \ddot{w}^* + D \nabla^2 w^* + f^* + b \dot{w}^* \tag{3.60}$$

这样,由变分原理可得 w 的微分方程 $X(w) = 0$,具有负阻尼系数的附加 w^* 的微分方程和 Γ_2 上所需的边界条件。

3.4　阻尼平板在声介质中的耦合振动及其变分原理

我们考虑一块嵌在无限刚性平面上的平板,在入射声波的激励下产生振动,考虑一个频率为 ω 的入射波,平板的上部区域为 $+$,总压为

$$p(\omega) = p_i(\omega) + p_s(\omega) \qquad 在 + 中 \tag{3.61}$$

式中：p_i 为入射波压力；p_s 为散射波压力。要求总压在平面上满足条件

$$\frac{1}{\rho\omega^2}\frac{\partial p}{\partial z} = \begin{cases} w(\omega) & \text{在平板区域 } S_1 \text{ 上} \\ 0 & \text{在其余区域 } S_2 \text{ 上} \end{cases} \tag{3.62}$$

由此得

$$\frac{1}{\rho\omega^2}\frac{\partial p_s}{\partial z} = \begin{cases} w(\omega) - \dfrac{1}{\rho\omega^2}\dfrac{\partial p_i}{\partial z} & \text{在 } S_1 \text{ 上} \\ -(1/\rho\omega^2)\partial p_i/\partial z & \text{在 } S_2 \text{ 上} \end{cases} \tag{3.63}$$

散射压力场 p_s 满足波动方程，在＋中无奇性，满足无穷远处的辐射条件，若已知其在 $z = 0$ 平面上的法向导数，则它可以被唯一地求定：

$$p_s(x, y, z) = -\frac{1}{2\pi}\int_{S_1+S_2} \left.\frac{\partial p_s}{\partial z}\right|_{z=0} \frac{e^{ikR}}{R}\,\mathrm{d}s \qquad \text{在＋中} \tag{3.64}$$

式中：$R = \sqrt{(x-\xi)^2 + (y-\eta)^2 + z^2}$；$\xi$，$\eta$ 为 $z = 0$ 平面上的点。由此得

$$p_s(x, y, z) = -\frac{\rho\omega^2}{2\pi}\int_{S_1} \frac{w e^{ikR}}{R}\,\mathrm{d}s + \frac{1}{2\pi}\int_{S_1+S_2} \left.\frac{\partial p_i}{\partial z}\right|_{z=0} \frac{e^{ikR}}{R}\,\mathrm{d}s \tag{3.65}$$

为处理第二个积分，注意 $p_i(x, y, -z)$ 满足波动方程，在＋中无奇性满足辐射条件，故有

$$p_i(x, y, -z) = -\frac{1}{2\pi}\int_{S_1+S_2} \left.\frac{\partial p_i}{\partial z}\right|_{z=0} \frac{e^{ikR}}{R}\,\mathrm{d}s \qquad \text{在＋中} \tag{3.66}$$

$$p = p_i(x, y, z) + p_i(x, y, -z) - \frac{\rho\omega^2}{2\pi}\int_{S_1} \frac{w e^{ikR}}{R}\,\mathrm{d}s \qquad \text{在＋中} \tag{3.67}$$

式(3.67)的压力场可导致相应的速度场

$$\rho\omega^2 U = \nabla P$$

它满足波动方程和辐射条件，对于第 1 章中 1.3 节描述的变分原理式(1.55)中的流体部分

$$\Pi_L = \int_{t_1}^{t_2} \left\{ \frac{\rho}{4}\int_{V_L} (\dot{u}_i\dot{\bar{u}}_i^* + \dot{\bar{u}}_i\dot{u}_i^*)\,\mathrm{d}v - \frac{\rho c^2}{4}\int_{V_L} (\mathrm{div}\,\boldsymbol{u}\,\mathrm{div}\,\bar{\boldsymbol{u}}^* + \mathrm{div}\,\bar{\boldsymbol{u}}\,\mathrm{div}\,\boldsymbol{u}^*)\,\mathrm{d}v - \right.$$

$$\left. \frac{\rho c}{8}\int_{S_\infty} (\dot{u}_n\dot{\bar{u}}_n^* + \dot{\bar{u}}_n\dot{u}_n^* - u_n\dot{\bar{u}}_n^* - \bar{u}_n\dot{u}_n^*)\,\mathrm{d}s \right\}\mathrm{d}t \tag{3.68}$$

若考虑到时间因子均为 $e^{-i\omega t}$，则它可以写成

$$\Pi_{\mathrm{L}} = \int_{t_1}^{t_2} \left\{ \frac{\rho \omega^2}{4} \int_{V_{\mathrm{L}}} (\dot{u}_i \bar{u}_i^* + \bar{u}_i u_i^*) \mathrm{d}v - \frac{\rho c^2}{4} \int_{V_{\mathrm{L}}} (\operatorname{div} u \operatorname{div} \bar{u}^* + \operatorname{div} \bar{u} \operatorname{div} u^*) \mathrm{d}v - \right.$$

$$\left. \frac{\mathrm{i}\rho \omega c}{8} \int_{S_\infty} (u_n \bar{u}_n^* - \bar{u}_n u_n^*) \mathrm{d}s \right\} \mathrm{d}t \tag{3.69}$$

其中注意在运算时 u_i 与 $\bar{u}_i$ 等的时间微分差一个符号,利用转换关系

$$\int_{V_{\mathrm{L}}} \operatorname{div} \boldsymbol{u} \operatorname{div} \bar{\boldsymbol{u}}^* \mathrm{d}v = \int_{V_{\mathrm{L}}} \left[\operatorname{div}(\bar{\boldsymbol{u}}^* \operatorname{div} \boldsymbol{u}) - \bar{\boldsymbol{u}}^* \cdot \nabla \operatorname{div} \boldsymbol{u} \right] \mathrm{d}v$$

$$= \int_{S+S_\infty} \bar{u}_n^* \operatorname{div} \boldsymbol{u} \mathrm{d}s - \int_{V_{\mathrm{L}}} \bar{\boldsymbol{u}}^* \cdot \nabla \operatorname{div} \boldsymbol{u} \mathrm{d}v$$

$$= \int_{S+S_\infty} u_n \operatorname{div} \bar{\boldsymbol{u}}^* \mathrm{d}s - \int_{V_{\mathrm{L}}} \boldsymbol{u} \cdot \nabla \operatorname{div} \bar{\boldsymbol{u}}^* \mathrm{d}v$$

可得

$$\Pi_{\mathrm{L}} = \int_{t_1}^{t_2} \left\{ \frac{\rho c^2}{8} \int_{V_{\mathrm{L}}} \Sigma \bar{\boldsymbol{u}}^* \cdot M(\boldsymbol{u}) \mathrm{d}v - \frac{\rho c^2}{8} \int_{S_\infty} \Sigma \bar{u}_n^* R(\boldsymbol{u}) \mathrm{d}s - \frac{\rho c^2}{8} \int_{S} \Sigma \bar{u}_n^* R^*(\boldsymbol{u}^*) \mathrm{d}s \right\} \mathrm{d}t \tag{3.70}$$

式中

$$M(\boldsymbol{u}) = \nabla \operatorname{div} \boldsymbol{u} + k^2 \boldsymbol{u}, \quad R(\boldsymbol{u}) = \operatorname{div} \boldsymbol{u} - \mathrm{i}k u_n, \quad R^*(\boldsymbol{u}^*) = \operatorname{div} \boldsymbol{u}^* - \mathrm{i}k u_n^* \tag{3.71}$$

若 $\boldsymbol{u}$, $\boldsymbol{u}^*$ 满足波动方程和辐射条件,则 $M(\boldsymbol{u}) = M(\boldsymbol{u}^*) = 0$, $R(\boldsymbol{u}) = R^*(\boldsymbol{u}^*) = 0$,有

$$\Pi_{\mathrm{L}} = -\frac{\rho c^2}{8} \int_{t_1}^{t_2} \int_{S} \Sigma \bar{u}_n^* \operatorname{div} \boldsymbol{u} \mathrm{d}s \mathrm{d}t \tag{3.72}$$

利用 $P = -\rho c^2 \operatorname{div} \boldsymbol{u}$ 并去掉对时间的积分,可得

$$\Pi_{\mathrm{L}} = \frac{1}{8} \int_{S} \Sigma \bar{u}_n^* P \mathrm{d}s$$

对于上述的平板情形,仅在板面 S_1 部分上有法向速度,且 $\bar{u}_m^* = -\bar{w}^*$,在其余部分上法向速度为零,再利用式(3.67),可得

$$\Pi_{\mathrm{L}} = +\frac{1}{8} \int_{S_1} \Sigma \bar{u}_n^* \left[P_i(x, y, z) + P_i(x, y, -z) - \frac{\rho \omega^2}{2\pi} \int_{S_1} \frac{w \mathrm{e}^{\mathrm{i}kR}}{R} \mathrm{d}s \right] \mathrm{d}s$$

$$= -\frac{1}{4} \int_{S_1} \left[\bar{w}^* P_i(x, y, 0) + w \bar{P}_i^*(x, y, 0) \right] \mathrm{d}s +$$

$$\frac{\rho \omega^2}{16\pi} \int_{S_1} \int_{S_1} \left[w \bar{w}^* \frac{\mathrm{e}^{\mathrm{i}kR}}{R} + \bar{w} w^* \frac{\mathrm{e}^{-\mathrm{i}kR}}{R} \right] \mathrm{d}s \mathrm{d}s \tag{3.73}$$

上面所述为流体部分的泛函表达式,对于结构部分可由式(3.55)表示成

$$L = \frac{m\omega^2}{4} \int_{S_1} (w\overline{w}^* + \overline{w}w^*) \mathrm{d}s - \frac{D}{4} \int_{S_1} \{ \nabla^2 w \nabla^2 \overline{w}^* + \nabla^2 \overline{w} \nabla^2 w^* -$$

$$(1-\nu) \sum \left(\frac{\partial^2 w}{\partial x^2} \frac{\partial^2 \overline{w}^*}{\partial y^2} - \frac{\partial^2 w}{\partial x \partial y} \frac{\partial^2 \overline{w}^*}{\partial x \partial y} \right) \} \mathrm{d}s + \frac{\mathrm{i}\omega}{4} \int_{S_1} b(w\overline{w}^* - \overline{w}w^*) \mathrm{d}s$$

$$(3.74)$$

联合式(3.73)、式(3.74),可得平板耦合振动变分原理的泛函为

$$\Pi = \frac{m\omega^2}{4} \int_{S_1} (w\overline{w}^* + \overline{w}w^*) \mathrm{d}s - \frac{D}{4} \int_{S_1} \{ \nabla^2 w \nabla^2 \overline{w}^* + \nabla^2 \overline{w} \nabla^2 w^* -$$

$$(1-\nu) \sum \left(\frac{\partial^2 w}{\partial x^2} \frac{\partial^2 \overline{w}^*}{\partial y^2} - \frac{\partial^2 w}{\partial x \partial y} \frac{\partial^2 \overline{w}^*}{\partial x \partial y} \right) \} \mathrm{d}s + \frac{\mathrm{i}\omega}{4} \int_{S_1} b(w\overline{w}^* - \overline{w}w^*) \mathrm{d}s -$$

$$\frac{1}{4} \int_{S_1} (\overline{w}^* P_i + w^* \overline{P}_i^*) \mathrm{d}s + \frac{\rho\omega^2}{16\pi} \int_{S_1} \int_{S_1} \left[w\overline{w}^* \frac{\mathrm{e}^{\mathrm{i}kR}}{R} + \overline{w}w^* \frac{\mathrm{e}^{-\mathrm{i}kR}}{R} \right] \mathrm{d}s\mathrm{d}s \quad (3.75)$$

在该表达式中仅包含有板的挠度 w,用有限元的节点挠度离散化方法表示该泛函,得到一个挠度的二次方程,取驻值,可得求解节点挠度的一组线代数方程。详细的算例可参考文献[2]。

3.5   水中弹性平板在声波作用下的振动

阿勃拉哈姆斯在这方面做了很好的工作[3]。

3.5.1   引言

水中弹性平板与声波相互作用的问题,属于水弹性力学范围的问题。要对平板运动方程和声波方程在满足交界面压力、速度连续条件下进行耦合求解,该问题也具有重要的应用背景。如水声工程中的水听器利用弹性膜片与声波的相互作用而取得信号,水下结构较弱的板片部分在一定的条件下引起共振而产生较强的辐射噪声。

阿勃拉哈姆斯[1]对非线性有限长弹性平板进行了声散射的计算,他考虑的是小载荷比(声波压力与弹性平板质量力之比为小量)的情形,利用多重尺度法进行渐近展开,获得了第一阶共振和第二阶共振情形时的解,可以看出分叉现象的存在。

本文不拟采用摄动展开方法,因考虑的是水中声波,小载荷比的假设不复存

在,我们不对载荷比等参数作限制,直接用数值方法求解非线性微分方程,期望通过数值模拟计算的研究,对非线性振动中的分叉与混沌现象获得一些规律性的认识。

3.5.2 运动方程的推导

考虑平面问题,弹性薄板在 x 方向的宽度为 $2a$,在 y 方向是无限长的,重合安置在无穷的刚性平面 xy 内,在 $z > 0$ 的半空间内充满着液体,其中有声波向板面入射,引起平板的振动。

设平面两端在刚性平面上的支撑点是固定的,其间的距离 $2a$ 不能改变,因此平板有振动挠度时,平板中面有一个薄膜拉力产生,这个薄膜拉力引起平板振动方程中的非线性项。

取直角坐标系 $Oxyz$,平板位于 $z = 0$,$|x| < a$ 区间内,设平板的挠度为 $w = w(x, t)$,则平板振动的方程为

$$B \frac{\partial^4 w}{\partial x^4} - N\left[\int_{-a}^{a} \left(\frac{\partial w}{\partial x}\right)^2 \mathrm{d}x\right] \frac{\partial^2 w}{\partial x^2} + m \frac{\partial^2 w}{\partial t^2} = P(x, 0, t), \quad z = 0, \quad |x| < a$$

(3.76)

式中:$B = Eh^3/12(1-\nu^2)$ 为平板的抗弯刚度;h 为平板的厚度;E, ν 为材料的杨氏模量、泊松比;左端第二项为平板的薄膜张力所引起的非线性项,薄膜张力为 $N\left[\int_{-a}^{a} \left(\frac{\partial w}{\partial x}\right)^2 \mathrm{d}x\right]$,其中 $N = \dfrac{Eh}{4a}$;m 为平板单位面积的质量;$P(x, 0, t)$ 为液体对板面的作用力。设液体中的速度势满足线性化的波动方程

$$\frac{\partial^2 \phi}{\partial x^2} + \frac{\partial^2 \phi}{\partial z^2} = \frac{1}{c^2} \frac{\partial^2 \phi}{\partial t^2} \quad z > 0$$

(3.77)

式中:c 为声波速度。压力与速度势之间的关系为

$$P(x, z, t) = -\rho \frac{\partial \phi}{\partial t}(x, z, t)$$

(3.78)

板面上的速度连接条件为

$$\dot{w}(x, t) = \frac{\partial \phi}{\partial z}(x, 0, t)$$

(3.79)

设平板两端为简支,则应满足边界条件

$$w = w_{xx} = 0 \qquad x = \pm a$$

(3.80)

若为别的支撑结构,则也可写出相应的边界条件。

设入射声波的速度势 ϕ_i 为

$$\phi_i(x, z, t) = \phi_0 \cos\left[\Omega(z\cos\theta + x\sin\theta + ct)/c\right] \quad 0 \leqslant \theta \leqslant \frac{\pi}{2} \quad (3.81)$$

式中：ϕ_0 为波幅；Ω 为波频率；θ 为波行进方向与 z 轴的夹角。

总的速度势 ϕ 可看成由入射波势 ϕ_i，反射波势 ϕ_r 和散射波势 ϕ_s 三部分组成

$$\phi = \phi_i + \phi_r + \phi_s \quad (3.82)$$

其中反射波与入射波的关系为

$$\phi_r(x, z, t) = \phi_i(x, -z, t) \quad (3.83)$$

表示入射波和反射波在 $z=0$ 的平面上满足了法向速度为零的边界条件，为了满足弹性平板 $|x| < a, z = 0$ 上的边界条件，还需另加一散射势。

散射势 ϕ 要求满足波动方程

$$\phi_{xx} + \phi_{zz} = \frac{1}{c^2}\ddot{\phi} \quad z > 0 \quad (3.84)$$

其要求满足的边界条件为

$$\phi_z = 0 \qquad |x| > a, z = 0 \quad (3.85)$$

$$\phi_z = \dot{w}(x, 0, t) \qquad |x| < a, z = 0 \quad (3.86)$$

还要求在无穷远处 $\sqrt{x^2 + z^2} \to \infty$，满足辐射条件。

3.5.3 运动方程的求解

平板的运动方程式(3.76)是非线性的，我们采用其线性方程的模态来近似之，其线性方程形式为

$$B\frac{\partial^4 w}{\partial x^4} + m\frac{\partial^2 w}{\partial t^2} = 0 \quad (3.87)$$

采用分离变量法，令 $w = w(x)T(t)$ 代入得

$$Bw^{IV}T + mw\ddot{T} = 0, \quad -\frac{\ddot{T}}{T} = \frac{B}{m}\frac{w^{IV}}{w} = \omega^2 \quad (3.88)$$

令 $\dfrac{m}{B} = \mu^4$，可得

$$\ddot{T} + \omega^2 T = 0 \quad (3.89)$$

$$w^{IV} - \omega^2\mu^4 w = 0 \quad (3.90)$$

式(3.89)的解为

$$T = A\sin\omega t + B\cos\omega t$$

式(3.90)的解为

$$w = C\mathrm{sh}(\mu\sqrt{\omega}x) + D\mathrm{ch}(\mu\sqrt{\omega}x) + E\sin(\mu\sqrt{\omega}x) + F\cos(\mu\sqrt{\omega}x) \quad (3.91)$$

式中：常数 A，B，C，D，E，F 由初始条件和边界条件求得。

利用边界条件式(3.80)，式(3.91)变为

$$\left.\begin{array}{l} C\mathrm{sh}(\mu\sqrt{\omega}a) + D\mathrm{ch}(\mu\sqrt{\omega}a) + E\sin(\mu\sqrt{\omega}a) + F\cos(\mu\sqrt{\omega}a) = 0 \\ -C\mathrm{sh}(\mu\sqrt{\omega}a) + D\mathrm{ch}(\mu\sqrt{\omega}a) - E\sin(\mu\sqrt{\omega}a) + F\cos(\mu\sqrt{\omega}a) = 0 \\ C\mathrm{sh}(\mu\sqrt{\omega}a) + D\mathrm{ch}(\mu\sqrt{\omega}a) - E\sin(\mu\sqrt{\omega}a) - F\cos(\mu\sqrt{\omega}a) = 0 \\ -C\mathrm{sh}(\mu\sqrt{\omega}a) + D\mathrm{ch}(\mu\sqrt{\omega}a) + E\sin(\mu\sqrt{\omega}a) - F\cos(\mu\sqrt{\omega}a) = 0 \end{array}\right\} \quad (3.92)$$

上面四式中，前两式相加，得

$$D\mathrm{ch}(\mu\sqrt{\omega}a) + F\cos(\mu\sqrt{\omega}a) = 0 \quad (3.93)$$

后两式相加，得

$$D\mathrm{ch}(\mu\sqrt{\omega}a) - F\cos(\mu\sqrt{\omega}a) = 0 \quad (3.94)$$

将式(3.93)、式(3.94)两式相加，得

$$D\mathrm{ch}(\mu\sqrt{\omega}a) = 0$$

故得 $\qquad\qquad\qquad D = 0 \qquad\qquad\qquad (3.95)$

将式(3.92)中前两式相减，得

$$C\mathrm{sh}(\mu\sqrt{\omega}a) + E\sin(\mu\sqrt{\omega}a) = 0 \quad (3.96)$$

后两式相减，得

$$C\mathrm{sh}(\mu\sqrt{\omega}a) - E\sin(\mu\sqrt{\omega}a) = 0 \quad (3.97)$$

将式(3.96)、式(3.97)相加，得

$$C\mathrm{sh}(\mu\sqrt{\omega}a) = 0,\ 故得 C = 0 \quad (3.98)$$

将式(3.95)、式(3.98)的 $D = 0$，$C = 0$ 代入式(3.92)，得

$$\left.\begin{array}{l} E\sin(\mu\sqrt{\omega}a) + F\cos(\mu\sqrt{\omega}a) = 0 \\ E\sin(\mu\sqrt{\omega}a) - F\cos(\mu\sqrt{\omega}a) = 0 \end{array}\right\} \quad (3.99)$$

为使 E，F 有非零解，有

$$\begin{vmatrix} \sin(\mu\sqrt{\omega}a) & \cos(\mu\sqrt{\omega}a) \\ \sin(\mu\sqrt{\omega}a) & -\cos(\mu\sqrt{\omega}a) \end{vmatrix} = 0 \tag{3.100}$$

$$\left.\begin{aligned} & -2\sin(\mu\sqrt{\omega}a)\cos(\mu\sqrt{\omega}a) = 0 \\ & \sin(2\mu\sqrt{\omega}a) = 0, \quad 2\mu\sqrt{\omega}a = n\pi \\ & \mu\sqrt{\omega_n}a = \frac{n\pi}{2} \end{aligned}\right\} \tag{3.101}$$

式中：ω_n 为 n 阶模态的特征频率，n 阶模态为

$$W_n = E_n\sin\frac{n\pi}{2a}(x+a) \tag{3.102}$$

我们以干模态的数列来渐近求解，设

$$w(x,\ t) = \sum_{n=1}^{\infty}V_n(t)\sin\frac{n\pi}{2a}(x+a) \tag{3.103}$$

代入式(3.76)，得

$$B\sum_{n=1}^{\infty}V_n(t)\left(\frac{n\pi}{2a}\right)^4\sin\frac{n\pi}{2a}(x+a) + N\int_{-a}^{a}\left[\sum_{n=1}^{\infty}V_n\frac{n\pi}{2a}\cos\frac{n\pi}{2a}(x+a)\right]^2\mathrm{d}x \cdot$$

$$\sum_{n=1}^{\infty}V_n\left(\frac{n\pi}{2a}\right)^2\sin\frac{n\pi}{2a}(x+a) + m\sum_{n=1}^{\infty}\ddot{V}_n\sin\frac{n\pi}{2a}(x+a) = P(x,\ 0,\ t) \tag{3.104}$$

左端第二项中的积分可变成

$$\int_{-a}^{a}\left[\sum_{n=1}^{\infty}V_n\frac{n\pi}{2a}\cos\frac{n\pi}{2a}(x+a)\right]^2\mathrm{d}x = \sum_{n=1}^{\infty}V_n^2\left(\frac{n\pi}{2a}\right)^2a \tag{3.105}$$

代入式(3.104)，并对每项乘以 $\sin\dfrac{n\pi}{2a}(x+a)$，再进行积分$\displaystyle\int_{-a}^{a}$，得

$$BV_n(t)\left(\frac{n\pi}{2a}\right)^4a + N\left[\sum_{m=1}^{\infty}V_m^2\left(\frac{m\pi}{2a}\right)^2a\right]V_n\left(\frac{n\pi}{2a}\right)^2a + m\ddot{V}_na$$

$$= \int_{-a}^{a}P(x,\ 0,\ t)\sin\frac{n\pi}{2a}(x+a)\mathrm{d}x \tag{3.106}$$

其中利用了模态解的正交条件，我们得到了模态幅值 $V_n(t)$ 的微分方程。

现在我们来分析计算声波压力 $P(x,\ 0,\ t)$，先考虑散射势 ϕ，其要求满足的方程为式(3.84)、式(3.85)及辐射条件，设平板表面的速度为

$$\dot{w}(x,\ t) = \sum_{n=1}^{\infty}\dot{v}_n(t)\sin\frac{n\pi}{2a}(x+a) \qquad |x| < a,\ z = 0 \tag{3.107}$$

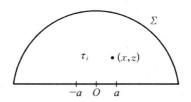

图 3.5　刚性平面上的长度为 $2a$ 的弹性板

在 $z = 0$，$|x| > a$ 处，$\dot{w} = 0$，在无穷远面 Σ 上，要求满足辐射条件，则根据格林定理

$$\int_S \left(\phi \frac{\partial G_n}{\partial n} - G_n \frac{\partial \phi}{\partial n} \right) \mathrm{d}s = \begin{cases} -\phi(x, t) & x \in \tau_i \\ 0 & x \in \tau_0 \\ -\dfrac{1}{2}\phi(x, t) & x \in s \end{cases} \qquad (3.108)$$

式中：$G_n \mathrm{e}^{\mathrm{i}\omega t}$ 为满足波动方程（3.84）及辐射条件的格林函数

$$\sqrt{R}\left(\frac{\partial G}{\partial R} + \mathrm{i}k_n G \right) = 0 \quad R \to \infty \qquad (3.109)$$

在这种二维情形下，

$$G_n = \frac{\mathrm{i}}{4} H_0^{(2)}(k_n R), \quad k_n = \frac{\omega_n}{C}, \quad R = \sqrt{(x - \xi)^2 + (z - \zeta)^2} \qquad (3.110)$$

式中：$H_0^{(2)}$ 为零阶第二类柱汉开尔函数，式（3.108）中的积分面 S 为包含 x 轴和无穷远 Σ 面的封闭曲面，由于在 Σ 面上，ϕ，G 均满足辐射条件（式（3.109）），故式（3.108）左端该部分的积分为零，采用式（3.108）第三式，即 $|x| < a$，$z = 0$，有

$$\frac{\partial \phi}{\partial n} = \dot{w}(x, t) = \sum_{n=1}^{\infty} \dot{V}_n(t) \sin \frac{n\pi(x + a)}{2a}$$

令 $\qquad \dot{V}_n(t) = \dot{V}_{n0} \mathrm{e}^{\mathrm{i}\omega_n t}, \qquad \dfrac{\partial \phi}{\partial n} = \displaystyle\sum_{n=1}^{\infty} \dot{V}_{n0} \mathrm{e}^{\mathrm{i}\omega_n t} \sin \dfrac{n\pi(x + a)}{2a} \qquad (3.111)$

还有，在 x 轴上，$\dfrac{\partial G}{\partial n} = \dfrac{\partial G}{\partial z} = \dfrac{z}{R} \dfrac{\partial G}{\partial R} = 0$，故有

$$\phi = \frac{\mathrm{i}}{2} \int_{-a}^{a} \sum_{n=1}^{\infty} \dot{v}_n(t) \sin \frac{n\pi(\xi + a)}{2a} H_0^{(2)}(k_n |x - \xi|) \mathrm{d}\xi$$

$$= \frac{\mathrm{i}}{2} \sum_{n=1}^{\infty} \dot{v}_{n0} \mathrm{e}^{\mathrm{i}\omega_n t} \int_{-a}^{a} \sin \frac{n\pi(\xi + a)}{2a} H_0^{(2)}(k_n |x - \xi|) \mathrm{d}\xi \qquad (3.112)$$

利用压力表示式(3.78)和总速度势式(3.82),有

$$P(x,\ z,\ t) = -\rho\dot{\phi} = -\rho\dot{\phi}_i - \rho\dot{\phi}_r - \rho\dot{\phi}_s \tag{3.113}$$

其中第三项散射势的压力为

$$-\rho\dot{\phi}_s(x,\ 0,\ t) = \frac{-i\rho}{2}\sum_{n=1}^{\infty}i\omega_n\dot{V}_{n0}e^{i\omega_n t}\int_{-a}^{a}\sin\frac{n\pi(\xi+a)}{2a}H_0^{(2)}(k_n|x-\xi|)d\xi$$

将其中的积分表示成

$$\int_{-a}^{a}\sin\frac{n\pi(\xi+a)}{2a}H_0^{(2)}(k_n|x-\xi|)d\xi = f_n(x) + ig_n(x) \tag{3.114}$$

可得

$$-\rho\dot{\phi}_s(x,\ 0,\ t) = \frac{\rho}{2}\sum_{n=1}^{\infty}\omega_n\dot{V}_{n0}e^{i\omega_n t}[f_n(x) + ig_n(x)]$$

$$= \frac{\rho}{2}\sum_{n=1}^{\infty}[\omega_n\dot{v}_n f_n(x) + \ddot{v}_n g_n(x)] \tag{3.115}$$

利用入射波速度势式(3.81)和反射波式(3.83)以及式(3.115),式(3.113)可写成

$$P(x,\ 0,\ t) = \rho\phi_0\Omega\sin[\Omega(z\cos\theta + x\sin\theta + ct)/c]_{z=0} +$$

$$\rho\phi_0\Omega\sin[\Omega(-z\cos\theta + x\sin\theta) + ct/c]_{z=0} +$$

$$\frac{\rho}{2}\sum_{n=1}^{\infty}[\omega_n\dot{v}_n f_n(x) + \ddot{v}_n g_n(x)]$$

$$= 2\rho\phi_0\Omega\sin[\Omega(X\sin\theta + ct)/c] +$$

$$\frac{\rho}{2}\sum_{n=1}^{\infty}[\omega_n\dot{v}_n f_n(x) + \ddot{v}_n g_n(x)] \tag{3.116}$$

利用式(3.116),式(3.106)的右端可变为

$$\int_{-a}^{a}P(x,\ 0,\ t)\sin\frac{n\pi}{2a}(x+a)dx$$

$$= \int_{-a}^{a}\{\rho\phi_0\Omega\sin[\Omega(z\cos\theta + x\sin\theta + ct)/c] + \rho\phi_0\Omega\sin[\Omega(-z\cos\theta + x\sin\theta +$$

$$ct)/c] - \frac{\rho}{2\pi}\sum_{m=1}^{\infty}[\ddot{v}_m f_m(x) - \omega_m\dot{v}_m g_m(x)]\}\cdot\sin\frac{n\pi}{2a}(x+a)dx \tag{3.117}$$

右端第一、二项为由入射、反射声波所引起的作用力,令 $z=0$,可得

$$\int_{-a}^{a}\left\{\rho\phi_0\Omega\sin[\Omega(x\sin\theta + ct)/c] + \rho\phi_0\Omega\sin[\Omega(x\sin\theta + ct)/c]\right\}\sin\frac{n\pi}{2a}(x+a)dx$$

$$= 2\rho\phi_0\Omega \int_{-a}^{a} \sin\left[\Omega(x\sin\theta+ct)/c\right]\sin\frac{n\pi}{2a}(x+a)\mathrm{d}x$$

$$= 2\rho\phi_0\Omega \left\{ \cos\Omega t \int_{-a}^{a} \sin\left(\frac{\Omega}{c}x\sin\theta\right)\sin\frac{n\pi}{2a}(x+a)\mathrm{d}x + \right.$$

$$\left. \sin\Omega t \int_{-a}^{a} \cos\left(\frac{\Omega x\sin\theta}{c}\right)\sin\frac{n\pi}{2a}(x+a)\mathrm{d}x \right\} \tag{3.118}$$

这是一项以 Ω 为频率的声波激励力,至此,我们已导得了平板振动的微分方程(3.106),由于在非线性项中及散射项中各阶模态的耦合,方程还是比较复杂的,为了简化以便于获得一些规律,我们采用一阶模态,即取 $n=1$,$m=1$,则式(3.106)可变为

$$B\left(\frac{\pi}{2a}\right)^4 av_1(t) + N\left(\frac{\pi}{2}\right)^2 v_1^3 \left(\frac{\pi}{2a}\right)^2 + ma\,\ddot{v}_1$$

$$= 2\rho\phi_0\Omega\sin\Omega t \int_{-a}^{a} \cos\left(\frac{\Omega x\sin\theta}{c}\right)\sin\frac{\pi(x+a)}{2a}\mathrm{d}x -$$

$$\frac{\rho}{2\pi} \int_{-a}^{a} \left[\ddot{v}_1 f_1(x) - \omega_1\,\dot{v}_1 g_1(x)\right]\sin\frac{\pi(x+a)}{2a}\mathrm{d}x$$

把它归并成

$$\left[ma + \frac{\rho}{2\pi} \int_{-a}^{a} f_1(x)\sin\frac{\pi(x+a)}{2a}\mathrm{d}x\right]\ddot{v}_1 - \frac{\rho\omega_1}{2\pi}\,\dot{v}_1 \int_{-a}^{a} g_1(x)\sin\frac{\pi(x+a)}{2a}\mathrm{d}x +$$

$$\frac{B\pi^4}{16a^3}v_1 + N\frac{\pi^4}{16a^2}v_1^3 = 2\rho\phi_0\Omega\sin\Omega t \int_{-a}^{a} \cos\left(\frac{\Omega x\sin\theta}{c}\right)\sin\frac{\pi(x+a)}{2a}\mathrm{d}x \tag{3.119}$$

左端第一项为惯性力,包括散射势的附加质量在内;第二项为散射势引起的阻尼力,尚未把结构部分的阻尼考虑进去;第三、四项为结构部分的线性、非线性恢复力,方程右端为由入射波、反射波引起。

$$ma\,\ddot{v}_1 - \frac{\rho}{2}\,\ddot{v}_1 \int_{-a}^{a} g_1(x)\sin\frac{\pi(x+a)}{2a}\mathrm{d}x - \frac{\rho}{2}\Omega\,\dot{v}_1 \int_{-a}^{a} f_1(x)\sin\frac{\pi(x+a)}{2a}\mathrm{d}x +$$

$$B\frac{(n\pi)^4}{16a^3}v_1 + \frac{N\pi^4}{16a^2}v_1^3 = 2\rho\phi_0\Omega\sin\Omega t \int_{-a}^{a} \cos\frac{\Omega x\sin\theta}{c}\sin\frac{\pi(x+a)}{2a}\mathrm{d}x \tag{3.120}$$

式中的附加质量项和阻尼项前面为负号,说明积分号下面的积分值应为负,才能表示出正确的物理意义,我们还要加进结构阻尼项,然后规定方程中各参数的范围,即可进行计算。

阿勃拉哈姆斯计算得出:在接近共振时,非线性项有显著的影响,这是板的挠度取一个自由度的情况,接着阿勃拉哈姆斯又计算了板的挠度取两个自由度的情况[4],计算得出:平板在入射波的作用下会同时发生第一次和第二次的共振,产生

两个散射声场。第一个散射场的频率等于入射波的频率,第二个散射场的频率等于三倍或三分之一入射波的频率,两个散射场的幅值量级与入射波的辐值的相同,在一定的条件下,大部分入射波的能量是由第二个散射波耗去的。

3.6 平板大挠度的水弹性振动

我们考虑的平板大挠度,是指板的挠度和板的厚度相比不再是一个小量,但是它和板的长度与宽度相比,还是一个较小的量,考虑大挠度后,平板的应变能不仅是由弯曲所引起,还有平板平面中的伸展力所引起的应变能,平板应变能的表达式为

$$
U_1 = \int_s \Big\{ \frac{Eh}{2\,(1-\nu^2)} \big[(e_{xx}+e_{yy})^2 + 2\,(1-\nu^2)(e_{xy}^2 - e_{xx}e_{yy}) \big] +
$$

$$
\frac{D}{2} \Big[\Big(\frac{\partial^2 w}{\partial x^2} + \frac{\partial^2 w}{\partial y^2} \Big)^2 + 2(1-\nu)\Big(\Big(\frac{\partial^2 w}{\partial x \partial y} \Big)^2 - \frac{\partial^2 w}{\partial x^2} \frac{\partial^2 w}{\partial y^2} \Big) \Big] \Big\} \mathrm{d}x\mathrm{d}y
$$

$$(3.121)$$

式(3.121)中前一大项为伸展力所引起的应变能,后一大项为平板弯曲所引起的应变能[5]。e_{xx},e_{yy} 和 e_{xy} 为平板中面的应变,它的表达式为

$$
e_{xx} = \frac{\partial u}{\partial x} + \frac{1}{2}\Big(\frac{\partial w}{\partial x} \Big)^2, \quad e_{yy} = \frac{\partial v}{\partial y} + \frac{1}{2}\Big(\frac{\partial w}{\partial y} \Big)^2, \quad e_{xy} = \frac{1}{2}\Big(\frac{\partial u}{\partial y} + \frac{\partial v}{\partial x} + \frac{\partial w}{\partial x} \frac{\partial w}{\partial y} \Big)
$$

$$(3.122)$$

其中考虑了大挠度的影响,保留到 $\Big(\dfrac{\partial w}{\partial x} \Big)^2$ 等项,忽略了更高阶的项。

将式(3.122)代入式(3.121),得

$$
U_1 = \int_s \Big\{ \frac{Eh}{2(1-\nu^2)} \Big[\Big(\frac{\partial u}{\partial x} + \frac{\partial v}{\partial y} \Big)^2 + \Big(\frac{\partial u}{\partial x} + \frac{\partial v}{\partial y} \Big)\Big(\Big(\frac{\partial w}{\partial x} \Big)^2 + \Big(\frac{\partial w}{\partial y} \Big)^2 \Big) +
$$

$$
\frac{1}{4}\Big(\Big(\frac{\partial w}{\partial x} \Big)^4 + \Big(\frac{\partial w}{\partial y} \Big)^4 + 2\Big(\frac{\partial w}{\partial x} \Big)^2 \Big(\frac{\partial w}{\partial y} \Big)^2 \Big) + 2(1-\nu^2)\Big(\frac{1}{4}\Big(\frac{\partial u}{\partial y} + \frac{\partial v}{\partial x} \Big)^2 +
$$

$$
\frac{1}{4}\Big(\frac{\partial w}{\partial x} \Big)^2 \Big(\frac{\partial w}{\partial y} \Big)^2 + \frac{1}{2}\Big(\frac{\partial u}{\partial y} + \frac{\partial v}{\partial x} \Big)\Big(\frac{\partial w}{\partial x} \frac{\partial w}{\partial y} \Big) - \frac{\partial u}{\partial x} \frac{\partial v}{\partial y} - \frac{1}{2}\frac{\partial u}{\partial x}\Big(\frac{\partial w}{\partial y} \Big)^2 -
$$

$$
\frac{1}{2}\frac{\partial v}{\partial y}\Big(\frac{\partial w}{\partial x} \Big)^2 - \frac{1}{4}\Big(\frac{\partial w}{\partial x} \Big)^2 \Big(\frac{\partial w}{\partial y} \Big)^2 \Big] + \frac{D}{2}\Big[\Big(\frac{\partial^2 w}{\partial x^2} + \frac{\partial^2 w}{\partial y^2} \Big)^2 +
$$

$$
2(1-\nu)\Big(\Big(\frac{\partial^2 w}{\partial x \partial y} \Big)^2 - \frac{\partial^2 w}{\partial x^2} \frac{\partial^2 w}{\partial y^2} \Big) \Big] \Big\} \mathrm{d}x\mathrm{d}y \qquad (3.123)
$$

平板平面内伸展力和应变的关系式为

$$N_x = \frac{Eh}{(1-\nu^2)}(e_{xx} + \nu e_{yy}), \quad N_y = \frac{Eh}{(1-\nu^2)}(e_{yy} + \nu e_{xx}), \quad N_{xy} = 2Ghe_{xy}$$

$$(3.124)$$

式中：h 为平板的厚度；ν 为材料的泊松比。

我们从式(3.123)中看到，在大挠度情形下，平板的伸展和弯曲是耦合的，不像在小挠度情形下，两者互相独立，可以分别处理。

上面提到了，平板的大挠度与它的长度相比还是一个较小的量，这在极大型浮体结构中的确是这样，因此对于流体来讲还是可以应用线性化的条件。在工程应用中，可以假定伸展力部分的 $\dfrac{\partial u}{\partial x}$，$\dfrac{\partial v}{\partial y}$，$N_x$，$N_y$，$N_{xy}$ 等为常量，仅对非线性的挠度 $w(x, y)$ 求解。将方程(3.123)代入到上面叙述的平板应变能的表示式中。上述的一套离散化方法可以推广到这里，具体求解过程，还要费很大工夫。

参考文献

[1]　钱伟长. 变分法与有限元[M]. 北京：科学出版社，1980.

[2]　Gladwell G M L, Mason V. Variational Finite Element Calculation of the Acoustic Response of a Rectangular Panel [J]. J. Sound Vib, 1971, 14(1)：115 – 135.

[3]　Abrahams I D. Acoustic Scattering by a Finite Nonlinear Elastic Plate [J]. Proc. R. Soc. Lond. 1987, A414：237 – 253.

[4]　Abrahams I D. Acoustic Scattering by a Finite Nonlinear Elastic Plate Ⅱ. Coupled Primary and Secondary Resonances [J]. Proc. R. Soc. Lond. 1988, A418：247 – 260.

[5]　[日] 鹫津久一朗. 弹性和塑性力学中的变分法[M]. 老亮，郝松林，译. 北京：科学出版社，1984.

第4章 任意形状壳体水弹性振动的计算方法

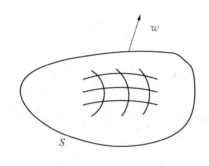

图 4.1 位于无界流体中的任意形状壳体

在本章中,任意形状壳体的基本方程采用徐芝伦的著作[1],壳体的有限元法采用钱伟长的著作[2],作者将其推广应用到水弹性振动之中。

我们要讨论的问题是一个任意形状的壳体在无界流体中的自由振动,如图 4.1 所示,流体是理想的,不可压缩的,具有扰动速度势 Φ,设振动频率为 w,壳体的法向速度为 $\dot{w}$,法向位移为

$$w = w_0(x, y, z)\cos \omega t \qquad (4.1)$$

我们将扰动速度势 Φ 表示为

$$\Phi = -w\phi(x, y, z)\sin \omega t \qquad (4.2)$$

则壳体表面速度连续的条件 $\dfrac{\partial \Phi}{\partial n} = \dot{w}$ 成为

$$\frac{\partial \phi}{\partial n} = w_0(x, y, z) \qquad \text{在 } S \text{ 上} \qquad (4.3)$$

我们对壳体采用有限元的方法求解,对流体则采用有限基本解的方法求解,两者在壳体表面连接起来。

4.1 壳体的基本方程

设有一任意形状的壳体,从中取出一小块,如图 4.2 所示,按主曲率的两个方向来取小块的形状,通过中面上一点 M 作中面的法线,再在中面上取主曲率的两个方向 α 和 β,用 R_1 和 R_2 表示曲率半径;用 k_1,k_2 表示曲率:

$k_1 = \dfrac{1}{R_1}$, $k_2 = \dfrac{1}{R_2}$, 形成正交曲线坐标系 α, β, γ, 用 A、B 表示 M 点沿 α, β 方向的拉梅系数, 即

$$\left.\begin{array}{c} (H_1)_{\gamma=0} = A \\ (H_2)_{\gamma=0} = B \end{array}\right\} \tag{4.4}$$

弧长 $\widehat{MM_1}$, $\widehat{MM_2}$ 为

$$\mathrm{d}s_1 = A\mathrm{d}\alpha, \quad \mathrm{d}s_2 = A\mathrm{d}\beta \tag{4.5}$$

对于壳体中任意一点 P（坐标为 α, β, γ）, 有

$$\widehat{PP_1} = H_1\mathrm{d}\alpha, \quad \frac{\widehat{PP_1}}{\widehat{MM_1}} = \frac{R_1+\gamma}{R_1}$$

将 $\widehat{MM_1} = A\mathrm{d}\alpha$ 代入, 有

$$\frac{H_1}{A} = 1 + \frac{\gamma}{R_1} = 1 + k_1\gamma$$

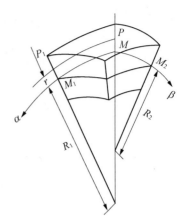

图 4.2　任意形状壳体的微元

同样, 对于 $\widehat{MM_2}$ 有

$$\frac{H_2}{B} = 1 + \frac{\gamma}{R_2} = 1 + k_2\gamma$$

于是, P 点的拉梅系数, 可用相应中面内 M 点的拉梅系数表示为

$$H_1 = A(1 + k_1\gamma), \quad H_2 = B(1 + k_2\gamma) \tag{4.6}$$

由于 γ 为直线坐标, 其因次为长度, 故对任意点, 有

$$H_3 = 1 \tag{4.7}$$

参考徐芝伦编著的《弹性力学》教科书第 19 章[1], 壳体应变的几何方程为

$$\varepsilon_1 = \frac{1}{A}\frac{\partial u}{\partial\alpha} + \frac{1}{AB}\frac{\partial A}{\partial\beta}v + k_1 w$$

$$\varepsilon_2 = \frac{1}{B}\frac{\partial v}{\partial\beta} + \frac{1}{AB}\frac{\partial B}{\partial\alpha}u + k_2 w$$

$$\varepsilon_{12} = \frac{A}{B}\frac{\partial}{\partial\beta}\left(\frac{u}{A}\right) + \frac{B}{A}\frac{\partial}{\partial\alpha}\left(\frac{v}{B}\right)$$

$$\chi_1 = \frac{\partial k_1}{\partial\alpha}\frac{u}{A} + \frac{\partial k_1}{\partial\beta}\frac{v}{B} - k_1^2 w - \frac{1}{A}\frac{\partial}{\partial\alpha}\left(\frac{1}{A}\frac{\partial w}{\partial\alpha}\right) - \frac{1}{AB^2}\frac{\partial A}{\partial\beta}\frac{\partial w}{\partial\beta}$$

$$\chi_2 = \frac{\partial k_2}{\partial\beta}\frac{v}{B} + \frac{\partial k_2}{\partial\alpha}\frac{u}{A} - k_2^2 w - \frac{1}{B}\frac{\partial}{\partial\beta}\left(\frac{1}{B}\frac{\partial w}{\partial\beta}\right) - \frac{1}{A^2B}\frac{\partial B}{\partial\alpha}\frac{\partial w}{\partial\alpha}$$

$$\chi_{12} = \frac{k_1-k_2}{2}\left[\frac{A}{B}\frac{\partial}{\partial\beta}\left(\frac{u}{A}\right) - \frac{B}{A}\frac{\partial}{\partial\alpha}\left(\frac{v}{B}\right)\right] - \frac{1}{AB}\left(\frac{\partial^2 w}{\partial\alpha\partial\beta} - \frac{1}{A}\frac{\partial A}{\partial\beta}\frac{\partial w}{\partial\alpha} - \frac{1}{B}\frac{\partial B}{\partial\alpha}\frac{\partial w}{\partial\beta}\right)$$

$$\tag{4.8}$$

式中：ε_1，ε_2，ε_{12} 为中面内的应变；χ_1，χ_2，χ_{12} 为中面的曲率变化率、扭率变化率；u，v，w 为中面内点的位移。

四个拉力剪力(薄膜内力)和四个弯矩扭矩(平板内力)为

$$\left.\begin{aligned}
N_1 &= \frac{Et}{1-\nu^2}\left[(\varepsilon_1 + \nu\varepsilon_2) + \frac{t^2}{12}k_2(\chi_1 + \nu\chi_2)\right] \\[2mm]
N_2 &= \frac{Et}{1-\nu^2}\left[(\varepsilon_2 + \nu\varepsilon_1) + \frac{t^2}{12}k_1(\chi_2 + \nu\chi_1)\right] \\[2mm]
S_{12} &= \frac{Et}{2(1+\nu)}\left(\varepsilon_{12} + \frac{t^2}{6}k_2\chi_{12}\right) \\[2mm]
S_{21} &= \frac{Et}{2(1+\nu)}\left(\varepsilon_{12} + \frac{t^2}{6}k_1\chi_{12}\right) \\[2mm]
M_1 &= \frac{Et^3}{12(1-\nu^2)}\left[(\chi_1 + \nu\chi_2) + k_2(\varepsilon_1 + \nu\varepsilon_2)\right] \\[2mm]
M_2 &= \frac{Et^3}{12(1-\nu^2)}\left[(\chi_2 + \nu\chi_1) + k_1(\varepsilon_2 + \nu\varepsilon_1)\right] \\[2mm]
M_{12} &= \frac{Et^3}{12(1+\nu)}\left(\chi_{12} + \frac{k_2}{2}\varepsilon_{12}\right) \\[2mm]
M_{21} &= \frac{Et^3}{12(1+\nu)}\left(\chi_{12} + \frac{k_1}{2}\varepsilon_{12}\right)
\end{aligned}\right\} \qquad (4.9)$$

对于薄壳，可将因子 $1 + k_1\gamma$ 和 $1 + k_2\gamma$ 用 1 代替，简化得

$$\left.\begin{aligned}
N_1 &= \frac{Et}{1-\nu^2}(\varepsilon_1 + \nu\varepsilon_2) \\[2mm]
N_2 &= \frac{Et}{1-\nu^2}(\varepsilon_2 + \nu\varepsilon_1) \\[2mm]
S_{12} &= S_{21} = S = \frac{Et}{2(1+\nu)}\varepsilon_{12} \\[2mm]
M_1 &= D(\chi_1 + \nu\chi_2) \\[1mm]
M_2 &= D(\chi_2 + \nu\chi_1) \\[1mm]
M_{12} &= M_{21} = (1-\nu)D\chi_{12}
\end{aligned}\right\} \qquad (4.10)$$

式中：$D = \dfrac{Et^3}{12(1-\nu)^2}$ 为薄壳的抗弯刚度。

4.2　壳体的有限元方法

将壳体分割成若干小块，按壳体中面主曲率方向的正交曲线坐标 α，β，γ 进行分割，在中面上分割成若干四边形，四个角顶点的排号为 1，2，3，4，对于每一点，取其位移和斜率的参数为

$$u_i, v_i, w_i, w_{i\xi}, w_{i\eta}, i = 1, 2, 3, 4$$

每个四边形单元有 20 个参数，我们选用 20 个插值函数来表示单元上的位移 u，v，w，取单元二边上的无因次坐标为 ξ，η（$0 \leqslant \xi \leqslant 1$，$0 \leqslant \eta \leqslant 1$）

$$\xi = \frac{s_1}{a_e}, \quad \eta = \frac{s_2}{b_e} \tag{4.11}$$

式中：a_e，b_e 为四边形单元的长度和宽度（在曲线上度量）。20 个插值函数为

$$
\left.
\begin{aligned}
N_1 &= (1-3\xi^2+2\xi^3)(1-3\eta^2+2\eta^3) \\
N_2 &= \xi^2(3-2\xi)(1-3\eta^2+2\eta^3) \\
N_3 &= \xi^2(3-2\xi)\eta^2(3-2\eta) \\
N_4 &= (1-3\xi^2+2\xi^3)\eta^2(3-2\eta) \\
N_5 &= (1-3\xi^2+2\xi^3)(1-3\eta^2+2\eta^3) \\
N_6 &= \xi^2(3-2\xi)(1-3\eta^2+2\eta^3) \\
N_7 &= \xi^2(3-2\xi)\eta^2(3-2\eta) \\
N_8 &= (1-3\xi^2+2\xi^3)\eta^2(3-2\eta) \\
N_9 &= (1-3\xi^2+2\xi^3)(1-3\eta^2+2\eta^3) \\
N_{10} &= \xi(\xi-1)^2(1-3\eta^2+2\eta^3) \\
N_{11} &= (1-3\xi^2+2\xi^3)\eta(\eta-1)^2 \\
N_{12} &= \xi^2(3-2\xi)(1-3\eta^2+2\eta^3) \\
N_{13} &= \xi^2(\xi-1)(1-3\eta^2+2\eta^3) \\
N_{14} &= \xi^2(3-2\xi)\eta(\eta-1)^2 \\
N_{15} &= \xi^2(3-2\xi)\eta^2(3-2\eta) \\
N_{16} &= \xi^2(\xi-1)\eta^2(3-2\eta) \\
N_{17} &= \xi^2(3-2\xi)\eta^2(\eta-1) \\
N_{18} &= (1-3\xi^2+2\xi^3)\eta^2(3-2\eta) \\
N_{19} &= \xi(\xi-1)^2\eta^2(3-2\eta) \\
N_{20} &= (1-3\xi^2+2\xi^3)\eta^2(\eta-1)
\end{aligned}
\right\} \tag{4.12}
$$

壳体中面上点的位移可表示为

$$
\left.
\begin{aligned}
u &= \sum_{i=1}^{4} N_i u_i \\
v &= \sum_{i=5}^{8} N_i v_i \\
w &= \sum_{i=9}^{20} N_i w_i
\end{aligned}
\right\} \tag{4.13}
$$

其中排列次序为 u_1，u_2，u_3，u_4，v_1，v_2，v_3，v_4，w_1，$w_{1\xi}$，$w_{1\eta}$，w_2，$w_{2\xi}$，$w_{2\eta}$，…，w_4，$w_{4\xi}$，$w_{4\eta}$。

由位移表达式便可求壳体元素的应变能和动能的表达式。

4.3　应变能和动能的计算

壳体元素的应变能 $U^{(e)}$ 为

$$
\begin{aligned}
U^{(e)} = & \int_0^\alpha \int_0^\beta \frac{1}{2} M_1 \chi_1 AB \mathrm{d}\alpha \mathrm{d}\beta + \int_0^\alpha \int_0^\beta \frac{1}{2} M_2 \chi_2 AB \mathrm{d}\alpha \mathrm{d}\beta + \int_0^\alpha \int_0^\beta \frac{1}{2} M_{12} \chi_{12} AB \mathrm{d}\alpha \mathrm{d}\beta + \\
& \int_0^\alpha \int_0^\beta \frac{1}{2} N_1 \varepsilon_1 AB \mathrm{d}\alpha \mathrm{d}\beta + \int_0^\alpha \int_0^\beta \frac{1}{2} N_2 \varepsilon_2 AB \mathrm{d}\alpha \mathrm{d}\beta + \int_0^\alpha \int_0^\beta \frac{1}{2} S_{12} \varepsilon_{12} AB \mathrm{d}\alpha \mathrm{d}\beta \\
= & \frac{1}{2} a_e b_e \int_0^1 \int_0^1 \Big\{ D(\chi_1^2 + \nu \chi_1 \chi_2) + D(\chi_2^2 + \nu \chi_1 \chi_2) + 2(1-\nu) D \chi_{12}^2 + \\
& \frac{Et}{1-\nu^2}(\varepsilon_1^2 + \nu \varepsilon_1 \varepsilon_2) + \frac{Et}{1-\nu^2}(\varepsilon_2^2 + \nu \varepsilon_1 \varepsilon_2) + \frac{Et}{1+\nu} \varepsilon_{12}^2 \Big\} AB \mid J \mid \mathrm{d}\xi \mathrm{d}\eta \quad (4.14)
\end{aligned}
$$

其中

$$
\mid J \mid = \left| \frac{\partial \alpha}{\partial \xi} \frac{\partial \beta}{\partial \eta} - \frac{\partial \beta}{\partial \xi} \frac{\partial \alpha}{\partial \eta} \right| \tag{4.15}
$$

对于薄壳，在式(4.8)的曲率变化率 χ_1、χ_2 表达式中，可忽略前三项，扭曲变化率 χ_{12} 表达式中，可忽略前两项，将它们代入式(4.14)，得

$$
\begin{aligned}
U^{(e)} = & \frac{1}{2} a_e b_e \int_0^1 \int_0^1 \Big\{ D\Big[\frac{1}{A} \frac{\partial}{\partial \alpha}\Big(\frac{1}{A} \frac{\partial w}{\partial \alpha}\Big) + \frac{1}{AB^2} \frac{\partial A}{\partial \beta} \frac{\partial w}{\partial \beta} \Big]^2 + 2\nu D\Big[\frac{1}{A} \frac{\partial}{\partial \alpha}\Big(\frac{1}{A} \frac{\partial w}{\partial \alpha}\Big) + \\
& \frac{1}{AB^2} \frac{\partial A}{\partial \beta} \frac{\partial w}{\partial \beta} \Big] \cdot \Big[\frac{1}{B} \frac{\partial}{\partial \beta}\Big(\frac{1}{B} \frac{\partial w}{\partial \beta}\Big) + \frac{1}{A^2 B} \frac{\partial B}{\partial \alpha} \frac{\partial w}{\partial \alpha} \Big] + D\Big[\frac{1}{B} \frac{\partial}{\partial \beta}\Big(\frac{1}{B} \frac{\partial w}{\partial \beta}\Big) + \frac{1}{A^2 B} \cdot \\
& \frac{\partial B}{\partial \alpha} \frac{\partial w}{\partial \alpha} \Big]^2 + 2(1-\nu) D \frac{1}{A^2 B^2} \Big[\frac{\partial^2 w}{\partial \alpha \partial \beta} - \frac{1}{A} \frac{\partial A}{\partial \beta} \frac{\partial w}{\partial \alpha} - \frac{1}{B} \frac{\partial B}{\partial \alpha} \frac{\partial w}{\partial \beta} \Big]^2 + \\
& \frac{Et}{1-\nu^2} \Big[\Big(\frac{1}{A} \frac{\partial u}{\partial \alpha} + \frac{1}{AB} \frac{\partial A}{\partial \beta} v + k_1 w\Big)^2 + \Big(\frac{1}{B} \frac{\partial v}{\partial \beta} + \frac{1}{AB} \frac{\partial B}{\partial \alpha} u + k_2 w\Big)^2 + \\
& 2\nu \Big(\frac{1}{A} \frac{\partial u}{\partial \alpha} + \frac{1}{AB} \frac{\partial A}{\partial \beta} v + k_1 w\Big)\Big(\frac{1}{B} \frac{\partial v}{\partial \beta} + \frac{1}{AB} \frac{\partial B}{\partial \alpha} u + k_2 w\Big) \Big] + \\
& \frac{Et}{1+\nu} \Big[\frac{A}{B} \frac{\partial}{\partial \beta}\Big(\frac{u}{A}\Big) + \frac{B}{A} \frac{\partial}{\partial \alpha}\Big(\frac{v}{B}\Big) \Big]^2 \Big\} AB \mid J \mid \mathrm{d}\xi \mathrm{d}\eta \tag{4.16}
\end{aligned}
$$

再将式(4.13)代入得

$$U^{(e)} = \frac{1}{2}a_e b_e \int_0^1 \int_0^1 \left\{ D\sum_{i=9}^{20}\left[\frac{1}{A}\frac{\partial}{\partial\alpha}\left(\frac{1}{A}\frac{\partial N_i}{\partial\alpha}w_i\right) + \frac{1}{AB^2}\frac{\partial A}{\partial\beta}\frac{\partial N_i}{\partial\beta}w_i\right]\right.$$

$$\sum_{i=9}^{20}\left[\frac{1}{A}\frac{\partial}{\partial\alpha}\left(\frac{1}{A}N_{j,\alpha}w_j\right) + \frac{1}{AB^2}\frac{\partial A}{\partial\beta}N_{j,\beta}w_j\right] + 2\nu D\sum_{i=9}^{20}\left[\frac{1}{A}\frac{\partial}{\partial\alpha}\left(\frac{1}{A}N_{i,\alpha}w_i\right) + \right.$$

$$\frac{1}{AB^2}\frac{\partial A}{\partial\beta}N_{i,\beta}w_i\right]\sum_{i=9}^{20}\left[\frac{1}{B}\frac{\partial}{\partial\beta}\left(\frac{1}{B}N_{j,\beta}w_j\right) + \frac{1}{A^2B}\frac{\partial B}{\partial\alpha}N_{j,\alpha}w_j\right] + $$

$$2(1-\nu)D\sum_{i=9}^{20}\left[\frac{1}{AB}\left(N_{i,\alpha\beta}w_i - \frac{1}{A}\frac{\partial A}{\partial\beta}N_{i,\alpha}w_i - \frac{1}{B}\frac{\partial B}{\partial\alpha}N_{i,\beta}w_i\right)\right] \cdot$$

$$\sum_{j=9}^{20}\left[\frac{1}{AB}\left(N_{j,\alpha\beta}w_j - \frac{1}{A}\frac{\partial A}{\partial\beta}N_{j,\alpha}w_j - \frac{1}{B}\frac{\partial B}{\partial\alpha}N_{j,\beta}w_j\right)\right] + \frac{Et}{1-\nu^2}\left[\sum_{i=1}^{20}\left(\frac{1}{A}N_{i,\alpha}u_i + \right.\right.$$

$$\frac{1}{AB}\frac{\partial A}{\partial\beta}N_i v_i + k_1 N_i w_i\right)\sum_{j=1}^{20}\left(\frac{1}{A}N_{j,\alpha}u_j + \frac{1}{AB}\frac{\partial A}{\partial\beta}N_j v_j + k_1 N_j w_j\right) + $$

$$\sum_{i=1}^{20}\left(\frac{1}{B}N_{i,\beta}v_j + \frac{1}{AB}\frac{\partial B}{\partial\alpha}N_j u_j + k_2 N_i w_i\right)\sum_{j=1}^{20}\left(\frac{1}{B}N_{j,\beta}v_j + \frac{1}{AB}\frac{\partial B}{\partial\alpha}N_j u_j + \right.$$

$$k_2 N_j w_j\right) + 2\nu\sum_{i=1}^{20}\left(\frac{1}{A}N_{i,\alpha}u_i + \frac{1}{AB}\frac{\partial A}{\partial B}N_i v_i + k_1 N_i w_i\right)\sum_{j=1}^{20}\left(\frac{1}{B}N_{j,\beta}v_j + \frac{1}{AB}\cdot\right.$$

$$\frac{\partial B}{\partial\alpha}N_j u_j + k_2 N_j w_j\right)\right] + \frac{Et}{1+\nu}\sum_{i=1}^8\left(\frac{A}{B}\frac{\partial}{\partial\beta}\frac{N_i u_i}{A} + \frac{B}{A}\frac{\partial}{\partial\alpha}\frac{N_i v_i}{B}\right)\cdot$$

$$\sum_{j=1}^8\left(\frac{A}{B}\frac{\partial}{\partial\beta}\frac{N_j u_j}{A} + \frac{B}{A}\frac{\partial}{\partial\alpha}\frac{N_j v_j}{B}\right)\right\}AB\mid J\mid \mathrm{d}\xi\mathrm{d}\eta$$

$$= \frac{1}{2}a_e b_e \sum_{i=9}^{20}\sum_{j=9}^{20}w_i w_j \int_0^1\int_0^1 D\left\{\left[\frac{1}{A}\frac{\partial}{\partial\alpha}\frac{N_{i,\alpha}}{A} + \frac{1}{AB^2}\frac{\partial A}{\partial\beta}N_{i,\beta}\right]\cdot\left[\frac{1}{A}\frac{\partial}{\partial\alpha}\frac{N_{j,\alpha}}{A} + \right.\right.$$

$$\frac{1}{AB^2}\frac{\partial A}{\partial\beta}N_{j,\beta}\right] + 2\nu\left[\frac{1}{A}\frac{\partial}{\partial\alpha}\frac{N_{i,\alpha}}{A} + \frac{1}{AB^2}\frac{\partial A}{\partial\beta}N_{i,\beta}\right]\cdot\left[\frac{1}{B}\frac{\partial}{\partial\beta}\frac{N_{j,\beta}}{B} + \right.$$

$$\frac{1}{A^2B}\frac{\partial B}{\partial\alpha}N_{j,\alpha}\right] + 2(1-\nu)\left[\frac{1}{AB}\left(N_{i,\alpha\beta} - \frac{1}{A}\frac{\partial A}{\partial\beta}N_{i,\alpha} - \frac{1}{B}\frac{\partial B}{\partial\alpha}N_{i,\beta}\right)\right]$$

$$\left[\frac{1}{AB}\left(N_{j,\alpha\beta} - \frac{1}{A}\frac{\partial A}{\partial\beta}N_{j,\alpha} - \frac{1}{B}\frac{\partial B}{\partial\alpha}N_{j,\beta}\right)\right]\right\}AB\mid J\mid \mathrm{d}\xi\mathrm{d}\eta + $$

$$\frac{1}{2}a_e b_e \frac{Et}{1-\nu^2}\left\{\sum_{i=1}^4\sum_{j=1}^4 u_i u_j \int_0^1\int_0^1\left[\frac{N_{i,\alpha}}{A}\frac{N_{j,\alpha}}{A} + \left(\frac{1}{AB}\frac{\partial B}{\partial\alpha}\right)^2 N_i N_j + \right.\right.$$

$$2\nu\frac{N_{i,\alpha}}{A}\frac{1}{AB}\frac{\partial B}{\partial\alpha}N_j + (1-\nu)\frac{A^2}{B^2}\frac{\partial}{\partial\beta}\frac{N_i}{A}\frac{\partial}{\partial\beta}\frac{N_j}{A}\right] + $$

$$\sum_{i=1}^4\sum_{j=5}^8 2u_i v_j \int_0^1\int_0^1\left[\frac{N_{i,\alpha}}{A}\frac{1}{AB}\frac{\partial A}{\partial\beta}N_j + \frac{1}{AB}\frac{\partial B}{\partial\alpha}N_i\frac{N_{j,\beta}}{B} + \nu\left(\frac{N_{i,\alpha}}{A}\frac{N_{j,\beta}}{A} + \right.\right.$$

$$\frac{1}{A^2B^2}\frac{\partial B}{\partial \alpha}N_i\frac{\partial A}{\partial \beta}N_j\Big)+(1-\nu)\Big(\frac{A}{B}\frac{\partial}{\partial \beta}\frac{N_i}{A}+\frac{B}{A}\frac{\partial}{\partial \alpha}\frac{N_j}{B}\Big)\Big]+$$

$$\sum_{i=1}^{4}\sum_{j=9}^{20}2u_iw_j\int_0^1\int_0^1\Big[\frac{N_{i,a}}{A}k_1N_j+\frac{1}{AB}\frac{\partial B}{\partial \alpha}N_ik_2N_j+\nu\Big(\frac{1}{A}N_{i,a}k_2N_j+$$

$$\frac{1}{AB}\frac{\partial B}{\partial \alpha}N_ik_1N_j\Big)\Big]+\sum_{i=5}^{8}\sum_{j=5}^{8}v_iv_j\int_0^1\int_0^1\Big[\frac{1}{A^2B^2}\Big(\frac{\partial A}{\partial \beta}\Big)^2N_iN_j+\frac{1}{B^2}N_{i,\beta}N_{j,\beta}+$$

$$\frac{1}{AB^2}\frac{\partial A}{\partial \beta}N_iN_{j,\beta}+(1-\nu)\Big(\frac{B}{A}\Big)^2\frac{\partial}{\partial \alpha}\frac{N_i}{B}\frac{\partial}{\partial \alpha}\frac{N_j}{B}\Big]+$$

$$\sum_{i=9}^{20}\sum_{j=9}^{20}w_iw_j\int_0^1\int_0^1[k_1^2N_iN_j+k_2^2N_iN_j+2\nu k_1k_2N_iN_j]+$$

$$\sum_{i=5}^{8}\sum_{j=9}^{20}v_iw_j\int_0^1\int_0^1\Big[\frac{1}{AB}\frac{\partial A}{\partial \beta}N_ik_1N_j\cdot 2+\frac{1}{B}N_{i,\beta}k_2N_j\cdot 2+$$

$$2\nu\Big(\frac{1}{AB}\frac{\partial A}{\partial \beta}N_ik_2N_j+\frac{1}{B}N_{i,\beta}k_1N_j\Big)\Big]\Big\}AB\mid J\mid \mathrm{d}\xi\mathrm{d}\eta \qquad (4.17)$$

合并后写成矩阵形式,有

$$U^{(e)}=\frac{1}{2}[w^{(e)}]\begin{bmatrix}K^{(e)}\\i,\ j=9\sim 20\end{bmatrix}\{w^{(e)}\}+\frac{1}{2}[u^{(e)}]\begin{bmatrix}K^{(e)}\\i,\ j=1\sim 4\end{bmatrix}\{u^{(e)}\}+$$

$$\frac{1}{2}[v^{(e)}]\begin{bmatrix}K^{(e)}\\i,\ j=5\sim 8\end{bmatrix}\{v^{(e)}\}+[u^{(e)}]\begin{bmatrix}K^{(e)}\\i=1\sim 4\\j=5\sim 8\end{bmatrix}\{v^{(e)}\}+$$

$$[u^{(e)}]\begin{bmatrix}K^{(e)}\\i=1\sim 4\\j=9\sim 20\end{bmatrix}\{w^{(e)}\}+[v^{(e)}]\begin{bmatrix}K^{(e)}\\i=5\sim 8\\j=9\sim 20\end{bmatrix}\{w^{(e)}\} \qquad (4.18)$$

将各元素的应变能加起来,便得整个壳体的应变能,其总装成的刚度阵为

$$K_{ij} \qquad i,\ j=1,2,\cdots ,5(m+2)$$

壳体元素的动能 $T_1^{(e)}$ 为

$$T_1^{(e)}=\int_0^1\int_0^1\frac{1}{2}m\omega^2(u^2+v^2+w^2)AB\mid J\mid \mathrm{d}\xi\mathrm{d}\eta$$

$$=\frac{1}{2}\omega^2\int_0^1\int_0^1m\Big\{\Big(\sum_{i=1}^{4}N_iu_i\Big)\Big(\sum_{j=1}^{4}N_ju_j\Big)+\Big(\sum_{i=5}^{8}N_iv_i\Big)\Big(\sum_{j=5}^{8}N_jv_j\Big)+$$

$$\Big(\sum_{j=9}^{20}N_iw_i\Big)\Big(\sum_{j=9}^{20}N_jw_j\Big)\Big\}AB\mid J\mid \mathrm{d}\xi\mathrm{d}\eta$$

$$=\frac{1}{2}\omega^2\sum_{i=1}^{4}\sum_{j=1}^{4}u_iu_j\int_0^1\int_0^1mN_iN_jAB\mid J\mid \mathrm{d}\xi\mathrm{d}\eta+\frac{1}{2}\omega^2\sum_{i=5}^{8}\sum_{j=5}^{8}v_iv_j$$

$$\int_0^1 \int_0^1 m N_i N_j AB \mid J \mid \mathrm{d}\xi\mathrm{d}\eta + \frac{1}{2}\omega^2 \sum_{i=9}^{20} \sum_{j=9}^{20} w_i w_j \int_0^1 \int_0^1 m N_i N_j AB \mid J \mid \mathrm{d}\xi\mathrm{d}\eta$$

$$= \frac{1}{2}\omega^2 \sum_{i=1}^{4} \sum_{j=1}^{4} u_i u_j m_{ij} + \frac{1}{2}\omega^2 \sum_{i=5}^{8} \sum_{j=5}^{8} v_i v_j m_{ij} + \frac{1}{2}\omega^2 \sum_{i=9}^{20} \sum_{j=9}^{20} w_i w_j m_{ij} \qquad (4.19)$$

其中

$$m_{ij} = \int_0^1 \int_0^1 m N_i N_j AB \mid J \mid \mathrm{d}\xi\mathrm{d}\eta \quad (i, j = 1, 2, \cdots, 20) \qquad (4.20)$$

整个壳体总装成的质量阵为

$$m_{ij} \qquad i, j = 1, 2, \cdots, 5(M+2)$$

式中：M 为壳体分解成元素的块数。

4.4 流体动能计算中的赫斯-斯密斯 (Hess-Smith)方法

壳体外无界流体部分的动能 T_2 为

$$T_2 = \int_V \frac{1}{2}\rho\,(\nabla\Phi)^2\,\mathrm{d}\tau = -\frac{1}{2}\int_{S+S_\infty} \Phi\,\frac{\partial\Phi}{\partial n}\mathrm{d}s = -\frac{1}{2}\int_S \Phi\,\frac{\partial\Phi}{\partial n}\mathrm{d}s \qquad (4.21)$$

式中：S_∞ 为无穷远处的包围壳体的封闭曲面,其上的积分为 0；n 为曲面上指向区域内部的法矢方向。在壳体曲面 S 上,即指向壳体之外,上式中的 $\dfrac{\partial\Phi}{\partial n}$ 等于壳体表面的法向速度 $\dot{w}$,问题在于求解 Φ。

我们先介绍一下计算流体力学中的 Hess-Smith 方法,任意物体在不同压缩流体中运动的求解问题可变成求解速度势 ϕ,满足

$$\nabla^2\phi = 0 \qquad (4.22)$$

及

$$\phi\mid_\infty = 0$$

$$\frac{\partial\phi}{\partial n}\bigg|_S = w_0(x, y, z)$$

若在物面上布置源汇 $\sigma(q)$, q 为面上的点,则由此引起的速度势为

$$\phi(P) = -\frac{1}{4\pi}\int_S \sigma(q)\,\frac{1}{r(p, q)}\mathrm{d}s \qquad (4.23)$$

其诱导速度为

$$\mathbf{V}(P) = \frac{1}{4\pi} \int_S \sigma(q) \frac{\mathbf{r}}{r^3} \mathrm{d}s \qquad 当 P \overline{\in} S \qquad (4.24)$$

$$\mathbf{V}(P) = \frac{1}{2} \sigma(P) \mathbf{n}_p + \frac{1}{4\pi} \int_S \sigma(q) \frac{\mathbf{r}}{r^3} \mathrm{d}s \qquad 当 P \in S \qquad (4.25)$$

式(4.25)中对 S 的积分理解为主值积分,在 P 点邻域中的积分可分离出来,设 P 点的邻域为 $o(\varepsilon)$,则有

$$-\frac{1}{4\pi} \frac{\partial}{\partial n} \int_{0(\varepsilon)} \sigma(P) \frac{1}{r(p, q)} \mathrm{d}s = \lim_{z \to 0} \frac{1}{4\pi} \sigma(P) \int_{0(\varepsilon)} \frac{z}{(\xi^2 + \eta^2 + z^2)^{3/2}} \mathrm{d}\xi \mathrm{d}\eta$$

$$= \lim_{z \to 0} \frac{z}{4\pi} \sigma(P) \int_{0(\varepsilon)} \frac{\mathrm{d}\xi \mathrm{d}\eta}{(\xi^2 + \eta^2 + z^2)^{3/2}} = \lim_{z \to 0} \frac{z\sigma(P)}{4\pi} \mathrm{d}\theta \int_0^\varepsilon \frac{r' \mathrm{d}r'}{(r'^2 + z^2)^{3/2}}$$

$$= \lim_{z \to 0} \frac{z\sigma(P)}{2} \left[\frac{-1}{(r'^2 + z^2)^{1/2}} \right]_0^\varepsilon = \lim_{z \to 0} \frac{z\sigma(P)}{2} \left[\frac{1}{\sqrt{z^2}} - \frac{1}{\sqrt{\varepsilon^2 + z^2}} \right] = \frac{\sigma(P)}{2}$$

即得式(4.25)右端的第一项。

利用物面上的边界条件求未知的源汇分布 $\sigma(q)$,对于物面上的某一点 q_0,有

$$\frac{1}{2} \sigma(q_0) + \frac{1}{4\pi} \int_S \sigma(q) \frac{\mathbf{r}(q_0, q)}{r^3(q_0, q)} \mathrm{d}s \cdot \mathbf{n}_{q^0} = w_0(q_0) \qquad (4.26)$$

这是第二类的弗莱特霍尔姆积分方程,用离散化的近似方法求解,将曲面 S 分割成许多小块,设有 n 块,在每一小块上取控制点 q_i,单位外法矢为 $\mathbf{n}_i$;若块分得很小,可近似认为在每一小块上 $\sigma(q)$ 为常数,则式(4.26)可离散化成下式

$$2\pi\sigma(q_i) + \sum_{\substack{j=1 \\ j \neq i}}^n \sigma_j \mathbf{n}_i \int_{S_j} \frac{\mathbf{r}}{r^3} \mathrm{d}s = 2\pi w_0(q_i) \qquad (4.27)$$

这样,便得到 n 个这样的方程,可求解 n 个未知数 $\sigma(q_i)$,$i=1,2,\cdots,n$,这是一组线性方程组,可用已知的方法进行求解,关于如何计算小块面积上的积分 $\int_{S_j} \frac{\mathbf{r}}{r^3} \mathrm{d}s$,还有一套计算公式,这里不详细介绍了。

现在再回到我们的壳体问题,在应变能的计算中,把壳体分割成若干小块,设为 M 块,则有 $M+2$ 个节点,给每个节点赋予了 5 个位移参数,一共有 $5(M+2)$ 个位移参数,在每个小块上,由式(4.13)表示出其位移分布,我们设流体是理想的,则壳体的切向速度 $\dot{u}$,$\dot{v}$ 与流体不发生作用,仅是法向速度 $\dot{w}$ 与流体发生耦合作用,由式(4.13),每一节点上有 3 个参数 w_i,w_g,$w_{i\eta}$ 与 w 有关,在整个壳体曲面 S 上,有 $3(M+2)$ 个位移参数参与流体的运动耦合,我们把各元素块统一编号,曲面

S 上的法向速度分布 $\dot{w}$ 可表示为

$$\dot{w} = \sum_{k=1}^{3(M+2)} \dot{w}_k \psi_k \tag{4.28}$$

将扰动速度势 ϕ 表示成

$$\phi = \sum_{K=1}^{3(M+2)} \dot{w}_k \phi_k \tag{4.29}$$

为满足

$$\frac{\partial \phi}{\partial n} = \dot{w} \qquad 在 S 上 \tag{4.30}$$

可使

$$\frac{\partial \phi_k}{\partial n} = \psi_k \tag{4.31}$$

其中

$$\psi_k = \begin{cases} N_9 & (0 < \xi < 1, \quad 0 < \eta < 1) \\ N_{12} & (-1 < \xi < 0, \quad 0 < \eta < 1) \\ N_{15} & (-1 < \xi < 0, \quad -1 < \eta < 0) \\ N_{18} & (0 < \xi < 1, \quad -1 < \eta < 0) \end{cases} \tag{4.32}$$

$$\psi_{k+1} = \begin{cases} N_{10} & (0 < \xi < 1, \quad 0 < \eta < 1) \\ N_{13} & (-1 < \xi < 0, \quad 0 < \eta < 1) \\ N_{16} & (-1 < \xi < 0, \quad -1 < \eta < 0) \\ N_{19} & (0 < \xi < 1, \quad -1 < \eta < 0) \end{cases} \tag{4.33}$$

$$\psi_{k+2} = \begin{cases} N_{11} & (0 < \xi < 1, \quad 0 < \eta < 1) \\ N_{14} & (-1 < \xi < 0, \quad 0 < \eta < 1) \\ N_{17} & (-1 < \xi < 0, \quad -1 < \eta < 0) \\ N_{20} & (0 < \xi < 1, \quad -1 < \eta < 0) \end{cases} \tag{4.34}$$

$$K = 1, 4, 7, \cdots, 3(M+2) - 2$$

由于函数 ψ_k, $\psi_{k\xi}$, $\psi_{k\eta}$ 是已知的,故速度势 ϕ_k, $\phi_{k\xi}$, $\phi_{k\eta}$ 可以解出,采用上述的表面源汇分布的方法求解这些速度势,可以在结构分块元素的基础上,再进行流体元素的分块,通常结构的分块稀一些,流体元素的分块可以加密,在解得 ϕ_k, $\phi_{k\xi}$, $\phi_{k\eta}$ 后,代入式(4.29)即得速度势 Φ。

流体的动能为

$$T_2 = -\frac{1}{2}\rho\int_S \phi\frac{\partial\phi}{\partial n}\mathrm{d}s = -\frac{1}{2}\rho\int_S \sum_{k=1}^{3(m+2)}\dot{w}_k\phi_k\sum_{l=1}^{3(m+2)}\dot{w}_l\psi_l\mathrm{d}s$$

$$= -\frac{1}{2}\rho\sum_{k=1}^{3(M+2)}\sum_{l=1}^{3(M+2)}\dot{w}_k\dot{w}_l\int_S \phi_k\psi_l\mathrm{d}s$$

$$= \frac{1}{2}\sum_{k=1}^{3(M+2)}\sum_{l=1}^{3(M+2)}\dot{w}_k\dot{w}_l\Delta m_{kl} \tag{4.35}$$

式中

$$\Delta m_{kl} = -\rho\int_S \phi_k\psi_l\mathrm{d}s \tag{4.36}$$

为壳体的附加质量。

4.5　水弹性振动问题的求解

我们考虑一种由式(4.1)、式(4.2)表示的简谐振动,则可以应用哈密顿原理来求解,壳体元素的应变能可表示为

$$U^{(e)} = \frac{1}{2}\sum_{i=9}^{20}\sum_{j=9}^{20}w_iw_jk_{ij} + \frac{1}{2}\sum_{i=1}^{4}\sum_{j=1}^{4}u_iu_jk_{ij} + \frac{1}{2}\sum_{i=5}^{8}\sum_{j=5}^{8}v_iv_jk_{ij} +$$

$$\sum_{i=1}^{4}\sum_{j=5}^{8}u_iv_jk_{ij} + \sum_{i=1}^{4}\sum_{j=9}^{20}u_iw_jk_{ij} + \sum_{i=5}^{8}\sum_{j=9}^{20}v_iw_jk_{ij} \tag{4.37}$$

式中

$$k_{ij}\Big|_{\substack{i=9\sim20 \\ j=9\sim20}} = a_e b_e\int_0^1\int_0^1 D\Big\{\Big[\frac{1}{A}\frac{\partial}{\partial\alpha}\frac{N_{i,\alpha}}{A} + \frac{1}{AB^2}\frac{\partial A}{\partial\beta}N_{i,\beta}\Big]\Big[\frac{1}{A}\frac{\partial}{\partial\alpha}\frac{N_{j,\alpha}}{A} + \frac{1}{AB^2}\frac{\partial A}{\partial\beta}N_{j,\beta}\Big] +$$

$$2\nu\Big[\frac{1}{A}\frac{\partial}{\partial\alpha}\frac{N_{i,\alpha}}{A} + \frac{1}{AB^2}\frac{\partial A}{\partial\beta}N_{i,\beta}\Big]\Big[\frac{1}{B}\frac{\partial}{\partial\beta}\frac{N_{j,\beta}}{B} + \frac{1}{A^2B}\frac{\partial B}{\partial\alpha}N_{j,\alpha}\Big] +$$

$$2(1-\nu)\Big[\frac{1}{AB}\Big(N_{i,\alpha\beta} - \frac{1}{A}\frac{\partial A}{\partial\beta}N_{i,\alpha} - \frac{1}{B}\frac{\partial B}{\partial\alpha}N_{i,\beta}\Big)\Big]\cdot$$

$$\Big[\frac{1}{AB}\Big(N_{j,\alpha\beta} - \frac{1}{A}\frac{\partial A}{\partial\beta}N_{j,\alpha} - \frac{1}{B}\frac{\partial B}{\partial\alpha}N_{j,\beta}\Big)\Big]\Big\}AB\,|\,J\,|\,\mathrm{d}\xi\mathrm{d}\eta +$$

$$a_e b_e\frac{Et}{1-\nu^2}\int_0^1\int_0^1 [k_1^2 N_iN_j + k_2^2 N_iN_j + 2\nu k_1k_2 N_iN_j]AB\,|\,J\,|\,\mathrm{d}\xi\mathrm{d}\eta$$

$$\tag{4.38}$$

$$k_{ij}\Big|_{\substack{i=1\sim4\\j=1\sim4}} = \frac{a_e b_e E t}{1-\nu^2}\int_0^1\int_0^1\Big[\frac{N_{i,\alpha}}{A}\frac{N_{j,\alpha}}{A} + \Big(\frac{1}{AB}\frac{\partial B}{\partial\alpha}\Big)^2 N_i N_j +$$
$$2\nu\frac{N_{i,\alpha}}{A}\frac{1}{AB}\frac{\partial B}{\partial\alpha}N_j + (1-\nu)\frac{A^2}{B^2}\frac{\partial}{\partial\beta}\frac{N_i}{A}\frac{\partial}{\partial\beta}\frac{N_j}{A}\Big]AB\mid J\mid\mathrm{d}\xi\mathrm{d}\eta$$

$$(4.39)$$

$$k_{ij}\Big|_{\substack{i=5\sim8\\j=5\sim8}} = \frac{a_e b_e E t}{1-\nu^2}\int_0^1\int_0^1\Big[\frac{1}{A^2 B^2}\Big(\frac{\partial A}{\partial\beta}\Big)^2 N_i N_j + \frac{1}{B^2}N_{i,\beta}N_{j,\beta} +$$
$$\frac{1}{AB^2}\frac{\partial A}{\partial\beta}N_i N_{j,\beta} + (1-\nu)\Big(\frac{A}{B}\Big)^2\frac{\partial}{\partial\alpha}\frac{N_i}{B}\frac{\partial}{\partial\alpha}\frac{N_j}{B}\Big]AB\mid J\mid\mathrm{d}\xi\mathrm{d}\eta$$

$$(4.40)$$

$$k_{ij}\Big|_{\substack{i=1\sim4\\j=5\sim8}} = \frac{a_e b_e E t}{1-\nu^2}\int_0^1\int_0^1\Big[\frac{N_{i,\alpha}}{A}\frac{1}{AB}\frac{\partial A}{\partial\beta}N_j + \frac{1}{AB}\frac{\partial B}{\partial\alpha}N_i\frac{N_{j,\beta}}{B} +$$
$$\nu\Big(\frac{N_{i,\alpha}}{A}\frac{N_{j,\beta}}{B} + \frac{1}{A^2 B^2}\frac{\partial B}{\partial\alpha}N_i\frac{\partial A}{\partial\beta}N_j\Big) +$$
$$(1-\nu)\Big(\frac{A}{B}\frac{\partial}{\partial\beta}\frac{N_i}{A} + \frac{B}{A}\frac{\partial}{\partial\alpha}\frac{N_i}{B}\Big]AB\mid J\mid\mathrm{d}\xi\mathrm{d}\eta \qquad (4.41)$$

$$k_{ij}\Big|_{\substack{i=1\sim4\\j=9\sim20}} = \frac{a_e b_e E t}{1-\nu^2}\int_0^1\int_0^1\Big[\frac{N_{i,\alpha}}{A}k_1 N_j + \frac{1}{AB}\frac{\partial B}{\partial\alpha}N_i k_2 N_j +$$
$$\nu\Big(\frac{1}{A}N_{i,\alpha}k_2 N_j + \frac{1}{AB}\frac{\partial B}{\partial\alpha}N_i k_1 N_j\Big)\Big]AB\mid J\mid\mathrm{d}\xi\mathrm{d}\eta \qquad (4.42)$$

$$k_{ij}\Big|_{\substack{i=5\sim8\\j=9\sim20}} = \frac{a_e b_e E t}{1-\nu^2}\int_0^1\int_0^1\Big[\frac{1}{AB}\frac{\partial A}{\partial\beta}k_1 N_i N_j + \frac{1}{B}k_2 N_{i,\beta}N_j +$$
$$2\nu\Big(\frac{1}{AB}\frac{\partial A}{\partial\beta}k_2 N_i N_j + \frac{1}{B}k_1 N_{i,\beta}N_j\Big)\Big]AB\mid J\mid\mathrm{d}\xi\mathrm{d}\eta \qquad (4.43)$$

整个壳体的应变能 U 为

$$U = \sum_{e=1}^M U^{(e)} \qquad (4.44)$$

壳体元素的动能 $T_1^{(e)}$ 已由式(4.19)表示，也可写成

$$T_1^{(e)} = \frac{1}{2}\sum_{i=1}^4\sum_{j=1}^4\dot{u}_i\dot{u}_j m_{ij} + \frac{1}{2}\sum_{i=5}^8\sum_{j=5}^8\dot{v}_i\dot{v}_j m_{ij} + \frac{1}{2}\sum_{i=9}^{20}\sum_{j=9}^{20}\dot{w}_i\dot{w}_j m_{ij} \quad (4.45)$$

整个壳体的动能为

$$T_1 = \sum_{e=1}^M T_1^{(e)} \qquad (4.46)$$

在式(4.44)和式(4.46)中，将各节点的位移参数或速度参数按整个壳体统一

编号排列,共有的 $5(M+2)$ 个位移参数或速度参数、相应的刚度元素和质量元素也要合并组合,这样得到

$$U = \frac{1}{2} \sum_{i=1}^{M+2} \sum_{j=1}^{M+2} u_i u_j k_{ij}^* + \frac{1}{2} \sum_{i=M+3}^{2(M+2)} \sum_{j=M+3}^{2(M+2)} v_i v_j k_{ij}^* + \frac{1}{2} \sum_{i=2M+5}^{5(M+2)} \sum_{j=2M+5}^{5(M+2)} w_i w_j k_{ij}^* +$$

$$\frac{1}{2} \sum_{i=1}^{M+2} \sum_{j=M+3}^{2(M+2)} u_i v_j k_{ij}^* + \sum_{i=1}^{M+2} \sum_{j=2M+5}^{5(M+2)} u_i w_j k_{ij}^* + \sum_{i=M+3}^{2(M+2)} \sum_{j=2M+5}^{5(M+2)} v_i w_j k_{ij}^* \qquad (4.47)$$

$$T_1 = \frac{1}{2} \sum_{i=1}^{M+2} \sum_{j=1}^{M+2} \dot{u}_i \dot{u}_j m_{ij}^* + \frac{1}{2} \sum_{i=M+3}^{2(M+2)} \sum_{j=M+3}^{2(M+2)} \dot{v}_i \dot{v}_j m_{ij}^* + \frac{1}{2} \sum_{i=2M+5}^{5(M+2)} \sum_{j=2M+5}^{5(M+2)} \dot{w}_i \dot{w}_j m_{ij}^*$$

$$(4.48)$$

流体的动能 T_2,按照现在对速度 $\dot{w}_j$ 的排列号码,式(4.35)应改为

$$T_2 = \frac{1}{2} \sum_{i=2M+5}^{5(M+2)} \sum_{j=2M+5}^{5(M+2)} \dot{w}_i \dot{w}_j \Delta m_{ij} \qquad (4.49)$$

应用哈密尔顿原理

$$\delta \int_{t_1}^{t_2} (T_1 + T_2 - U) \mathrm{d}t = 0 \qquad (4.50)$$

按式(4.1)、式(4.2),并再设

$$u_i = u_{0i} \cos \omega t, \quad v_i = v_{0i} \cos \omega t, \quad w_i = w_{0i} \cos \omega t \qquad (4.51)$$

可得

$$\delta \int_{t_1}^{t} \left\{ \left[\frac{1}{2} \sum_{i=1}^{M+2} \sum_{j=1}^{M+2} \omega^2 u_{0i} u_{0j} m_{ij}^* + \frac{1}{2} \sum_{i=M+3}^{2(M+2)} \sum_{j=M+3}^{2(M+2)} \omega^2 v_{0i} v_{0j} m_{ij}^* + \frac{1}{2} \sum_{i=2M+5}^{5(M+2)} \sum_{j=2M+5}^{5(M+2)} w_{0i} w_{0j} \omega^2 m_{ij}^* + \right.\right.$$

$$\frac{1}{2} \omega^2 \sum_{i=2M+5}^{5(M+2)} \sum_{j=2M+5}^{5(M+2)} w_{0i} w_{0j} \Delta m_{ij} \bigg] \sin^2 \omega t - \frac{1}{2} \bigg[\sum_{i=1}^{M+2} \sum_{j=1}^{M+2} u_{0i} u_{0j} k_{ij}^* + \sum_{i=M+3}^{2(M+2)} \sum_{j=M+3}^{2(M+2)} v_{0i} v_{0j} k_{ij}^* +$$

$$\sum_{i=2M+5}^{5(M+2)} \sum_{j=2M+5}^{5(M+2)} w_{0i} w_{0j} k_{ij}^* + 2 \sum_{i=1}^{M+2} \sum_{j=M+3}^{2(M+2)} u_{0i} v_{0j} k_{ij}^* + 2 \sum_{i=1}^{M+2} \sum_{j=2M+5}^{5(M+2)} u_{0i} w_{0j} k_{ij}^* +$$

$$2 \sum_{i=M+3}^{2(M+2)} \sum_{j=2M+5}^{5(M+2)} v_{0i} w_{0j} k_{ij}^* \bigg] \cdot \cos^2 \omega t \bigg\} \mathrm{d}t = 0$$

取时间的积分区间为一个周期,时间因子 $\sin^2 \omega t$, $\cos^2 \omega t$ 可消去,得

$$\delta \left\{ \frac{1}{2} \omega^2 \bigg[\sum_{i=1}^{M+2} \sum_{j=1}^{M+2} u_{0i} u_{0j} m_{ij}^* + \sum_{i=M+3}^{2(M+2)} \sum_{j=M+3}^{2(M+2)} v_{0i} v_{0j} m_{ij}^* + \sum_{i=2M+5}^{5(M+2)} \sum_{j=2M+5}^{5(M+2)} w_{0i} w_{0j} m_{ij}^* + \right.$$

$$\sum_{i=2M+5}^{5(M+2)} \sum_{j=2M+5}^{5(M+2)} w_{0i} w_{0j} \Delta m_{ij} \bigg] - \frac{1}{2} \bigg[\sum_{i=1}^{M+2} \sum_{j=1}^{M+2} u_{0i} u_{0j} k_{ij}^* + \sum_{i=M+3}^{2(M+2)} \sum_{j=M+3}^{2(M+2)} v_{0i} v_{0j} k_{ij}^* +$$

$$\sum_{i=2M+5}^{5(M+2)} \sum_{j=2M+5}^{5(M+2)} w_{0i}w_{0j}k_{ij}^* + 2\sum_{i=1}^{M+2} \sum_{j=2M+3}^{2(M+2)} u_{0i}v_{0j}k_{ij}^* + 2\sum_{i=1}^{M+2} \sum_{j=2M+5}^{5(M+2)} u_{0i}w_{0j}k_{ij}^* +$$

$$2\sum_{i=M+3}^{2(M+2)} \sum_{j=2M+5}^{5(M+2)} v_{0i}w_{0j}k_{ij}^* \Big]\Big\} = 0 \tag{4.52}$$

进行变分,得

$$\omega^2\Big[\sum_{j=1}^{M+2} u_{0j}m_{ij}^*\Big] - \Big[\sum_{j=1}^{M+2} u_{0j}k_{ij}^* + \sum_{j=M+3}^{2(M+2)} v_{0j}k_{ij}^* + \sum_{j=2M+5}^{5(M+2)} w_{0j}k_{ij}^*\Big] = 0 \ (i=1,2,\cdots,M+2)$$

$$\omega^2\Big[\sum_{j=M+3}^{2(M+2)} v_{0j}m_{ij}^*\Big] - \Big[\sum_{j=M+3}^{2(M+2)} v_{0j}k_{ij}^* + \sum_{j=1}^{M+2} u_{0j}k_{ij}^* + \sum_{j=2M+5}^{5(M+2)} w_{0j}k_{ij}^*\Big] = 0$$

$$(i=M+3,M+4,\cdots,2(M+2)) \tag{4.53}$$

$$\omega^2\Big[\sum_{j=2M+5}^{5(M+2)} (w_{0j})(m_{ij}^* + \Delta m_{ij})\Big] - \Big[\sum_{j=2M+5}^{5(M+2)} w_{0j}k_{ij}^* + \sum_{j=1}^{M+2} u_{0j}k_{ij}^* + \sum_{j=M+3}^{2(M+2)} v_{0j}k_{ij}^*\Big] = 0$$

$$(i=2M+5,2M+6,\cdots,5(M+2))$$

得一组求解 u_{0j}, v_{0j}, w_{0j} 的线性齐次方程式,为获得非零解,其系数的行列式应等于零,即可得求频率 ω 的特征方程式

$$|k_{ij}^* - \omega^2(m_{ij}^* + \Delta m_{ij})| = 0 \tag{4.54}$$

解得特征频率 ω 后,再可以从式(4.53)求得各阶振形或模态的解 u_{0j}, v_{0j}, w_{0j}。

4.6　复合壳体系统的水弹性振动[3]

4.6.1　系统的数学物理模型

对潜艇结构可以建立如图 4.3 所示的数学物理模型,该模型由三个部分组成,第一部分为刚体,模拟激励机械(如柴油机、电机、泵等)。一般说来,在船上,无论柴油机、电机,还是各类泵等,相对船舶结构而言,其刚度很大,因此在低中频范围内,可以近似作为刚体处理。第二部分为浮筏,也称为振动平台,它是由板、梁等构件组成的弹性体。为了尽可能消耗流入浮筏的振动能量,在浮筏的一部分结构上粘贴高阻尼黏弹性材料使之成为约束阻尼层。第三部分为基座以及基座以下的艇体结构,它通常是由轻外壳、耐压壳、内外肋骨组成的双层旋转壳。要计算像潜艇这样复杂结构向水中辐射声的问题,需建立的数学物理模型除了包括耐压壳外,还必须计入轻外壳的影响。虽然这在理论分析上并不存在什么困难,但在计算机实

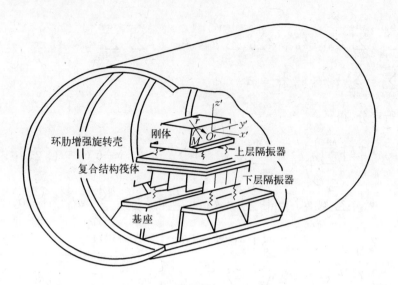

图 4.3　潜艇结构的数学物理模型

现上(指计算机内存及机时)是有困难的。作为探索浮筏隔振系统的振动声学特性及机理,现建立的数学模型仅考虑耐压壳,当然这种数学模型也有实际应用背景,例如鱼雷。

刚体通过 I 个隔振元件与浮筏连接,浮筏通过 J 个隔振元件与基座连接,整个系统静止,无约束地处于无限大可压流体中。

隔振元件及结构的阻尼可以是黏性、黏弹性或材料滞后阻尼。

舰船上的往复式或旋转式动力设备将产生周期性激励,因此,在该模型上,作用在刚体上或者为周期性集中力、力矩,或者是分布力、力矩,或者两者兼而有之。

需要指出,在这数学物理模型上,仅有一个刚体弹性安装在浮筏上。从以下几节看出,按照本方法,很容易推广到数个刚体。

4.6.2　刚体运动方程式

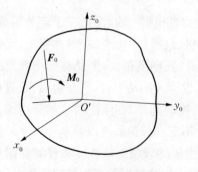

图 4.4　刚体的局部坐标系

首先,建立以刚体质心为坐标原点的局部坐标系 $(O'-x_0y_0z_0)$,如图 4.4 所示。设该刚体受到外力 $\boldsymbol{F}_0 = (F_{0x}, F_{0y}, F_{0z})$ 和矩 $\boldsymbol{M}_0 = (M_{0x}, M_{0y}, M_{0z})$ 的作用,作用点在局部坐标系中的坐标为 (x_0, y_0, z_0),这些外力,移到局部坐标系原点处的矩阵表达式为

$$
[p_0] = \begin{bmatrix} p_{0x} \\ p_{0y} \\ p_{0z} \\ p_{0xx} \\ p_{0yy} \\ p_{0zz} \end{bmatrix} = \begin{bmatrix} 1 & 0 & 0 & 0 & 0 & 0 \\ 0 & 1 & 0 & 0 & 0 & 0 \\ 0 & 0 & 1 & 0 & 0 & 0 \\ 0 & -z_0 & y_0 & 1 & 0 & 0 \\ z_0 & 0 & -x_0 & 0 & 1 & 0 \\ -y_0 & x_0 & 0 & 0 & 0 & 1 \end{bmatrix} \begin{bmatrix} F_{0x} \\ F_{0y} \\ F_{0z} \\ m_{0x} \\ m_{0y} \\ m_{0z} \end{bmatrix}
$$

记为

$$
[p_0] = [T_0][F_0] \tag{4.55}
$$

设刚体质心处的位移矢量为

$$
[G_0] = [x_{0a}, y_{0a}, z_{0a}, \theta_{0ax}, \theta_{0ay}, \theta_{0az}]^{\mathrm{T}}
$$

对第 i 个隔振元件（$1 \leqslant i \leqslant I$），设它与刚体连接处的位移矢量为

$$
[D_{0i}^{\mathrm{a}}] = [u_{0i}^{\mathrm{a}}, v_{0i}^{\mathrm{a}}, w_{0i}^{\mathrm{a}}, \theta_{0ix}^{\mathrm{a}}, \theta_{0iy}^{\mathrm{a}}, \theta_{0iz}^{\mathrm{a}}]
$$

则

$$
[D_{0i}^{\mathrm{a}}] = [T_{iu}][G_0] \tag{4.56}
$$

其中

$$
[T_{iu}] = \begin{bmatrix} 1 & 0 & 0 & 0 & 0 & 0 \\ 0 & 1 & 0 & 0 & 0 & 0 \\ 0 & 0 & 1 & 0 & 0 & 0 \\ 0 & -r_{iz} & r_{iy} & 1 & 0 & 0 \\ r_{iz} & 0 & -r_{ix} & 0 & 1 & 0 \\ -r_{iy} & r_{ix} & 0 & 0 & 0 & 1 \end{bmatrix}
$$

式中：r_{ix}，r_{iy}，r_{iz} 分别为连接点与刚体局部坐标原点之间的距离在 x_0，y_0，z_0 轴上的分量。

对第 i 个隔振元件（$1 \leqslant i \leqslant I$），设它与浮筏结构连接处的位移矢量为

$$
[D_{0i}^{\mathrm{b}}] = [u_{0i}^{\mathrm{b}}, v_{0i}^{\mathrm{b}}, w_{0i}^{\mathrm{b}}, \theta_{0ix}^{\mathrm{b}}, \theta_{0iy}^{\mathrm{b}}, \theta_{0iz}^{\mathrm{b}}]^{\mathrm{T}}
$$

则作用在该元件顶端处的广义力矢量为

$$
[Q_{0i}^{\mathrm{a}}] = \begin{bmatrix} F_{0ix} \\ F_{0iy} \\ F_{0iz} \\ M_{0ix} \\ M_{0iy} \\ M_{0iz} \end{bmatrix} = \begin{bmatrix} k_{ix} & 0 & 0 & 0 & 0 & 0 \\ 0 & k_{iy} & 0 & 0 & 0 & 0 \\ 0 & 0 & k_{iz} & 0 & 0 & 0 \\ 0 & 0 & 0 & g_{ix} & 0 & 0 \\ 0 & 0 & 0 & 0 & g_{iy} & 0 \\ 0 & 0 & 0 & 0 & 0 & g_{iz} \end{bmatrix} \begin{bmatrix} u_{0i}^{\mathrm{a}} - u_{0i}^{\mathrm{b}} \\ v_{0i}^{\mathrm{a}} - v_{0i}^{\mathrm{b}} \\ w_{0i}^{\mathrm{a}} - w_{0i}^{\mathrm{b}} \\ \theta_{0ix}^{\mathrm{a}} - \theta_{0ix}^{\mathrm{b}} \\ \theta_{0iy}^{\mathrm{a}} - \theta_{0iy}^{\mathrm{b}} \\ \theta_{0iz}^{\mathrm{a}} - \theta_{0iz}^{\mathrm{b}} \end{bmatrix}
$$

记为

$$[Q_{0i}^{a}] = [K_i][D_{0i}^{a}] - [K_i][D_{0i}^{b}] \tag{4.57}$$

式中：k_{ix}，k_{iy}，k_{iz} 分别为该元件在 x_0，y_0，z_0 方向上的复拉压刚度；g_{ix}，g_{iy}，g_{iz} 为其复弯曲、扭转刚度。易见作用在该隔振元件下端的广义力矢量 $[Q_{0i}^{b}]$ 为

$$[Q_{0i}^{b}] = -[Q_{0i}^{a}] \tag{4.58}$$

其中忽略了隔振元件本身的质量。

下面建立刚体运动微分方程式。

如图 4.5 所示，设第 i 个隔振元件 $(1 \leqslant i \leqslant I)$ 作用到刚体上的力为

$$[\widetilde{Q}_{0i}^{a}] = [\widetilde{F}_{0ix}, \widetilde{F}_{0iy}, \widetilde{F}_{0iz}, \widetilde{M}_{ix}, \widetilde{M}_{iy}, \widetilde{M}_{iz}]^{\mathrm{T}}$$

则 $[\widetilde{Q}_{0i}^{a}] = -[Q_{0i}^{a}]$，所以刚体运动微分方程为

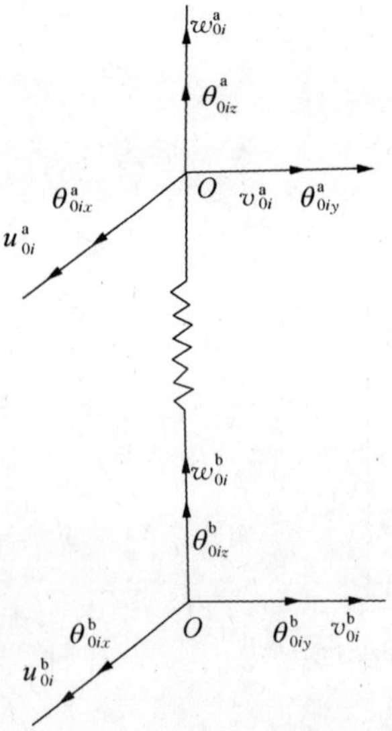

图4.5　隔振元件的受力

$$\left.\begin{aligned}
& M_c \ddot{x}_{0a} + M_c \dot{z}_{0a} \dot{\theta}_{0ay} - M_c \dot{y}_{0a} \dot{\theta}_{0az} = p_{0x} + \sum_{i=1}^{I} \widetilde{F}_{0ix} \\
& M_c \ddot{y}_{0a} + M_c \dot{x}_{0a} \dot{\theta}_{0az} - M_c \dot{z}_{0a} \dot{\theta}_{0ax} = p_{0y} + \sum_{i=1}^{I} \widetilde{F}_{0iy} \\
& M_c \ddot{z}_{0a} + M_c \dot{y}_{0a} \dot{\theta}_{0ax} - M_c \dot{x}_{0a} \dot{\theta}_{0ay} = p_{0z} + \sum_{i=1}^{I} \widetilde{F}_{0iz} \\
& \dot{k}_x + \dot{\theta}_{0ay} k_z - \dot{\theta}_{0az} k_y = p_{axx} + \sum_{i=1}^{I} (\widetilde{M}_{ix} + \widetilde{F}_{0iz} r_{iy} - \widetilde{F}_{0iy} r_{iz}) \\
& \dot{k}_y + \dot{\theta}_{0az} k_x - \dot{\theta}_{0ax} k_z = p_{ayy} + \sum_{i=1}^{I} (\widetilde{M}_{iy} + \widetilde{F}_{0ix} r_{iz} - \widetilde{F}_{0iz} r_{ix}) \\
& \dot{k}_z + \dot{\theta}_{0ax} k_y - \dot{\theta}_{0ay} k_x = p_{azz} + \sum_{i=1}^{I} (\widetilde{M}_{iz} + \widetilde{F}_{0iy} r_{ix} - \widetilde{F}_{0ix} r_{iy})
\end{aligned}\right\} \tag{4.59}$$

式中：M_c 是刚体的质量；k_x，k_y 和 k_z 分别是刚体绕 x_0，y_0，z_0 轴的动量矩；它们可以表示为

$$\left.\begin{aligned}
& \dot{k}_x = I_{xx} \ddot{\theta}_{0ax} - I_{xy} \ddot{\theta}_{0az} - I_{xz} \ddot{\theta}_{0az} \\
& \dot{k}_y = -I_{xy} \ddot{\theta}_{0ax} + I_{yy} \ddot{\theta}_{0ay} - I_{yz} \ddot{\theta}_{0az} \\
& \dot{k}_z = -I_{xz} \ddot{\theta}_{0az} - I_{yz} \ddot{\theta}_{0ay} + I_{zz} \ddot{\theta}_{0az}
\end{aligned}\right\} \tag{4.60}$$

式中：I_{xx}，I_{xy}，I_{xz}，I_{yy}，I_{yz}，I_{zz} 分别是刚体的转动惯量和惯性积。

若考虑小振幅振动，忽略二阶量，将式(4.60)代入式(4.59)得到

$$\begin{bmatrix} M_c & 0 & 0 & 0 & 0 & 0 \\ 0 & M_c & 0 & 0 & 0 & 0 \\ 0 & 0 & M_c & 0 & 0 & 0 \\ 0 & 0 & 0 & I_{xx} & -I_{xy} & -I_{zx} \\ 0 & 0 & 0 & -I_{xy} & I_{yy} & -I_{yz} \\ 0 & 0 & 0 & -I_{xz} & -I_{yz} & I_{zz} \end{bmatrix} \begin{bmatrix} \ddot{x}_{0a} \\ \ddot{y}_{0a} \\ \ddot{z}_{0a} \\ \ddot{\theta}_{0ax} \\ \ddot{\theta}_{0ay} \\ \ddot{\theta}_{0az} \end{bmatrix}$$

$$= \begin{bmatrix} p_{0x} \\ p_{0y} \\ p_{0z} \\ p_{0xx} \\ p_{0yy} \\ p_{0zz} \end{bmatrix} - \sum_{i=1}^{I} \begin{bmatrix} 1 & 0 & 0 & 0 & 0 & 0 \\ 0 & 1 & 0 & 0 & 0 & 0 \\ 0 & 0 & 1 & 0 & 0 & 0 \\ 0 & -r_{iz} & r_{iy} & 1 & 0 & 0 \\ r_{iz} & 0 & -r_{iz} & 0 & 1 & 0 \\ -r_{iy} & r_{ix} & 0 & 0 & 0 & 1 \end{bmatrix} \begin{bmatrix} F_{0ix} \\ F_{0iy} \\ F_{0iz} \\ M_{0ix} \\ M_{0iy} \\ M_{0iz} \end{bmatrix}$$

考虑到外力以频率 ω 激励,利用式(4.55)和式(4.57),则上式可写成

$$-\omega^2[Z_a][G_0] = [T_0][F_0] - \sum_{i=1}^{I}[T_{iu}][K_i][D_{0i}^a] + \sum_{i=1}^{I}[T_{iu}][K_i][D_{0i}^b]$$

$$(4.61)$$

其中

$$[Z_a] = \begin{bmatrix} M_c & 0 & 0 & 0 & 0 & 0 \\ 0 & M_c & 0 & 0 & 0 & 0 \\ 0 & 0 & M_c & 0 & 0 & 0 \\ 0 & 0 & 0 & I_{xx} & -I_{xy} & -I_{xz} \\ 0 & 0 & 0 & -I_{xy} & I_{yy} & -I_{yz} \\ 0 & 0 & 0 & -I_{xz} & -I_{yz} & I_{zz} \end{bmatrix}$$

设总体坐标系 $Oxyz$ 与局部坐标系 $O'x_0y_0z_0$ 之间有如下关系:

	Ox	Oy	Oz
$O'x_0$	α_1	β_1	γ_1
$O'y_0$	α_2	β_2	γ_2
$O'z_0$	α_3	β_3	γ_3

则刚体位移在总体坐标系下的表示为

$$[G] = [T_a][G_0]$$

其中 $[G] = [x_a, y_a, z_a, \theta_{ax}, \theta_{ay}, \theta_{az}]^T$，而

$$[T_a] = \begin{bmatrix} \cos\alpha_1 & \cos\alpha_2 & \cos\alpha_3 & 0 & 0 & 0 \\ \cos\beta_1 & \cos\beta_2 & \cos\beta_3 & 0 & 0 & 0 \\ \cos\gamma_1 & \cos\gamma_2 & \cos\gamma_3 & 0 & 0 & 0 \\ 0 & 0 & 0 & \cos\alpha_1 & \cos\alpha_2 & \cos\alpha_3 \\ 0 & 0 & 0 & \cos\beta_1 & \cos\beta_2 & \cos\beta_3 \\ 0 & 0 & 0 & \cos\gamma_1 & \cos\gamma_2 & \cos\gamma_3 \end{bmatrix}$$

同理　　$[D_i^a] = [T_a][D_{0i}^a], \quad [D_i^b] = [T_a][D_{0i}^b], \quad [F] = [T_a][F_0]$

将上述各式代入式(4.61)，即可得到在总体坐标系下的刚体运动方程

$$-\omega^2[Z_a][T_a]^T[G] = [T_0][T_a]^T[F] - \sum_{i=1}^{I}[T_{iu}][K_i][T_a]^T[D_i^a] +$$

$$\sum_{i=1}^{I}[T_{iu}][K_i][T_a]^T[D_i^b] \tag{4.62}$$

4.6.3　浮筏的运动方程式

设在初始时刻，浮筏静止，浮筏结构在总体坐标下的运动方程式为

$$[M_b][\ddot{x}_b] + [k_b^e][x_b] + [k_b^v]G_1(t) \cdot [\dot{x}_b] = [F_b] \tag{4.63}$$

式中：$[M_b]$，$[K_b^e]$，$[K_b^v]$ 分别为浮筏结构的质量矩阵、弹性刚度阵和黏弹性刚度阵；$G_1(t)$ 为黏弹性材料的松弛函数。$[F_b]$ 是 I 个上层隔振元件作用于浮筏结构的力 $[F_{b1}]$ 与 J 个下层隔振元件作用于浮筏结构的力 $[F_{b2}]$ 之和。即

$$[F_b] = [F_{b1}] + [F_{b2}] \tag{4.64}$$

其中

$$[F_{b1}] = \sum_{i=1}^{I}[T_{iu}][K_i][T_a]^T([D_i^a] - [D_i^b])$$

$$[F_{b2}] = -\sum_{j=1}^{J}([K_j][D_j^a] - [K_j][D_j^b])$$

式中：$[K_i]$ 是第 $i(1 \leqslant i \leqslant I)$ 个隔振元件的刚度阵；$[K_j]$ 是第 $j(1 \leqslant j \leqslant J)$ 个隔振元件的刚度阵，它们都是对角阵；$[D_i^a]$ 和 $[D_i^b]$ 分别是第 i 个隔振元件与刚体和浮筏的连接点处在总体坐标下的位移；$[D_j^b]$ 和 $[D_j^a]$ 分别是第 j 个隔振元件与浮筏和基座的连接点处在总体坐标系下的位移。

将式(4.64)代入式(4.63)，得

$$[M_b][\ddot{x}_b] + [k_b^a][x_b] + [k_b^v]G_1(t)[\dot{x}_b]$$

$$= \sum_{i=1}^{I}[T_{iu}][K_i][T_a]^T([D_i^a] - [D_i^b]) - \sum_{j=1}^{J}[K_j]([D_j^a] - [D_j^b]) \quad (4.65)$$

即基座及艇体结构与周围水介质耦合的运动方程式。

在简谐激励力作用下基座及艇体结构的运动方程式为

$$\{-\omega^2([M_c] + [M_f]) - i\omega\{[C_c] + \omega[C_f]) + [K_c]\}[x_c] = [F_c] \quad (4.66)$$

式中：$[M_c]$，$[C_c]$，$[K_c]$ 分别是基座及艇体结构的质量阵、阻尼阵和刚度阵；$[F_c]$ 是外力，在现在的情况下，它是由 J 个隔振器作用于基座上的力，即

$$[F_c] = \sum_{j=1}^{J}([K_j][D_j^a] - [K_j][D_j^b]) \quad (4.67)$$

式中：$[K_j]$ 是第 j 个隔振元件的刚度阵，是一个对角阵；而 $[D_j^a]$ 和 $[D_j^b]$ 分别是第 j 个隔振元件与筏体和基座连接点处在总体坐标系下的位移；$[M_f] = \rho_0[B]$，$\omega[C_f] = \omega\rho_0[A]$ 是流体对结构产生的反作用力而形成的附加质量阵和附加阻尼阵。$[M_f]$ 和 $[C_f]$ 在通常情况下是非对称满阵，且是结构振动频率的函数，因此在进行艇体结构自由振动分析时，我们遇到的是非对称阵的非线性复特征值问题。产生的附加质量阵和附加阻尼阵是由于结构处于流体中，结构的振动势必带动其周围流体介质的运动，对力学系统的影响相当于给结构系统增加了附加质量 m_f，系统克服这一部分附加质量所做的功不是向外辐射能量，而是贮藏在流固耦合系统中，附加阻尼相当于将结构的输入机械能转化为声能，以声波形式向周围介质辐射，由式（4.66）可知，随着频率的增高，这部分辐射能也随之增加。将式（4.67）代入式（4.66）后得

$$\{-\omega^2([M_c] + [M_f]) - i\omega\{[C_c] + \omega[C_f]) + [K_c]\}[x_c]$$

$$= -\sum_{i=1}^{J}([K_j][D_j^a] - [K_j][D_j^b]) \quad (4.68)$$

由式（4.62）、式（4.65）、式（4.68）组成了艇体结构、隔振器、浮筏、动力设备和周围水介质系统的动力学运动方程组。

4.6.4　浮筏结构运动方程的频域求解方法

前面我们得到了浮筏结构的运动方程式（4.63）：

$$[M_b][\ddot{x}_b] + [k_b^e][x_b] + [k_b^v]G_1(t) \cdot [\dot{x}_b] = [F_b]$$

对上式进行拉普拉斯变换，且设初始时刻系统静止，则

$$\{s^2[M_b] + [k_b^e] + G^*(s)[k_b^v]\}[\bar{x}_b] = [\bar{F}_b] \quad (4.69)$$

式中：$G^*(s) = sG_1(s)$，$[\bar{x}_b]$ 和 $[\bar{F}_b]$ 分别为 $[x_b]$ 和 $[F_b]$ 的拉普拉斯变换。

式(4.69)所对应的齐次问题为

$$\{s_j^2[M_b] + [k_b^e] + G^*(s_j)[k_b^v]\}\{\varphi_j\} = \{0\} \tag{4.70}$$

如果 λ_j 和 $\{\varphi_j\}$ 是特征问题式(4.70)的特征解，则它们满足

$$\{\lambda_j^2[M_b] + [K_b^e] + G^*(\lambda_j)[K_b^v]\}\{\varphi_j\} = \{0\}$$

易见，λ_j 应是下列方程的一个根：

$$-\lambda_j^2 = \frac{\{\varphi_j\}^{\mathrm{T}}([K_b^e] + G^*(\lambda_j)[K_b^v])\{\varphi_j\}}{\{\varphi_j\}^{\mathrm{T}}[M_b]\{\varphi_j\}}$$

我们引入广义 Rayleigh 商[4]

$$f(\varphi, \lambda) = -\lambda_j^2 = \frac{\{\varphi\}^{\mathrm{T}}([K_b^e] + G^*(\lambda)[K_b^v])\{\varphi\}}{\{\varphi\}^{\mathrm{T}}[M_b]\{\varphi\}}$$

文献[5]证明了广义 Rayleigh 商 f 的驻值问题与特征问题(4.70)是完全等价的。如设 $\{\varphi\}$ 与特征向量 $\{\varphi_j\}$ 仅有一阶小量的误差，即有

$$\{\varphi\} = \{\varphi_j\} + \delta\{\varphi_j\}$$

文献[5]证明了，由广义 Rayleigh 商解得的近似特征值仅有二阶小量的误差，这样，由广义 Rayleigh 商可得到特征值的一个较好估计。据此我们采用如下的逐次逼近法来求解非线性复特征值问题(式(4.70))。

设方程(4.70)的前 N_b 个特征值为 $\lambda_r^2 = -\omega_r^2(1 + \mathrm{i}\eta_r)$。

首先，在方程(4.70)中，令 $\eta_r = 0$，并在 $G^*(\lambda_r)$ 中令 $\omega_r = 0$，记这时的 $G^*(\lambda_r)|_{\omega_r = 0} = \bar{G}$，则方程(4.70)变成下面的实特征值问题

$$(-\omega_r^2[M_b] + [K_b^e] + \bar{G}[K_b^v])\{\psi_r\} = \{0\} \tag{4.71}$$

式(4.71)是一个广义实对称特征值问题，它可用通常的数值方法(如行列式搜索法或子空间迭代法等)获得其特征对 $(\omega_r, \psi_r)(r = 1, 2, \cdots, N_b)$

第二，取 $\eta_r^{(0)} = 0.1$，$\lambda_r^0 = \omega_r^0\left[-\left(\dfrac{\sqrt{1 + \eta_r^{(0)2}} - 1}{2}\right)^{\frac{1}{2}} + \mathrm{i}\left(\dfrac{\sqrt{1 + \eta_r^{(0)2}} + 1}{2}\right)^{\frac{1}{2}}\right]$，作为进入复特征值迭代过程的初值。

第三，对第 $r(1 \leqslant r \leqslant N_b)$ 对特征值，取 $\{y_1\} = [M_b]\{\psi_r\}$，第 $k+1$ 次迭代为

(1) $k \Leftarrow 1$

(2) 计算

$$G^*(\lambda_r^{(k)}) = G_r^{(k)} + \mathrm{i}G_I^{(k)}$$

$$\rho(\lambda_r^{(k)}) = -\omega_r^{(k)^2}(1 + i\eta_r^{(k)})$$

$$[k(\lambda_r^{(k)})] = -[k_b^e] - G^*(\lambda_r^{(k)})[k_b^v]$$

$$[K(\lambda_r^{(k)})] - \rho(\lambda_r^{(k)})[M_b] = -[K_b^e] - G_r^{(k)}[K_b^v] + \omega_r^{(k)^2}[M_b] -$$
$$i(G_1^{(k)}[K_b^v] - \omega_r^{(k)^2}\eta_r^{(k)}[M_b])$$

（3）逆迭代运算

$$(K(\lambda_r^{(k)}) - \rho(\lambda_r^{(k)})[M_b])\{\bar{x}_{k+1}\} = \{y_k\}$$
$$\{\bar{y}_{k+1}\} = [M_b]\{\bar{x}_{k+1}\}$$

（4）Rayleigh 商计算

$$\rho(\lambda_r^{(k+1)}) = \frac{\{\bar{x}_{k+1}\} \cdot \{y_k\}}{\{\bar{x}_{k+1}\}^T \cdot \{\bar{y}_{k+1}\}} + \rho(\lambda_k^{(k)})$$

（5）$\{y_{k+1}\} = \dfrac{\{\bar{y}_{k+1}\}}{(\{\bar{x}_{k+1}\}^T \cdot \{\bar{y}_{k+1}\})^{\frac{1}{2}}}$

（6）检查收敛性

$$\left|\frac{\omega_r^{(k+1)} - \omega_r^{(k)}}{\omega_r^{(k+1)}}\right| < \varepsilon$$

式中：ε 为给定的容许相对误差，若未达到收敛精度，就返回到（2），否则返回到（1）。

对一般问题，大约只需迭代两次就可以收敛到所需的精度 10^{-5}，这是因为我们选用的迭代初始值较好及采用了 Rayleigh 商进行迭代的原因。

通过以上迭代过程，我们就可以求得非线性复特征问题（4.70）的全部复特征值 λ_1，λ_2，$\cdots$，λ_{N_b}，及对应的复特征向量 $\{\psi_1\}$，$\{\psi_3\}$，$\cdots$，$\{\psi_{N_b}\}$。

将 $G^*(s) = \dfrac{Q(s)}{P(s)} = \sum_{k=0}^{N} q_k s^k \Big/ \Big(1 + \sum_{k=1}^{N} p_k s^k\Big)$ 代入式（4.69）得到

$$[A(s)] \cdot \{\bar{x}_b(s)\} = \{p(s) \cdot \bar{F}_b(s)\} \qquad (4.72)$$

式中：$[A(s)] = \sum_{i=0}^{N+2} A_i s^i$ 为 s 的矩阵多项式。

其中

$$[A_0] = [K_b^e] + q_0[K_b^v]$$
$$[A_1] = q_1[K_b^v] + p_1[K_b^e]$$
$$[A_2] = [M_b] + q_2[K_b^v] + p_2[K_b^e]$$
$$[A_r] = p_{r-2}[M_b] + q_r[K_b^v] + p_r[K_b^e] \qquad r = 3,4,\cdots,N$$

$$[A_{N+1}] = P_{N-1}[M_b]$$

$$[A_{N+2}] = P_N[M_b]$$

在状态空间中,式(4.72)可写成

$$s[D]\{V\} - [B]\{V\} = \{F\} \tag{4.73}$$

其中

$$\{F\} = \left\{ \begin{matrix} \left(1 + \sum_{k=1}^{N} p_k s^k\right) \cdot \{\overline{F}_b(s)\} \\ 0 \\ \vdots \\ 0 \end{matrix} \right\}$$

$$\{V\} = \left\{ \begin{matrix} \{\overline{x}_b\} \\ s\{\overline{x}_b\} \\ \vdots \\ s^{N+1}\{\overline{x}_b\} \end{matrix} \right\}$$

$$[D] = \begin{bmatrix} [A_1] & [A_2] & \cdots & [A_{N+1}] & [A_{N+2}] \\ [A_2] & [A_3] & \cdots & [A_{N+2}] & [0] \\ [A_3] & [A_4] & \cdots & [0] & [0] \\ \vdots & \vdots & & \vdots & \vdots \\ [A_{N+2}] & [0] & \cdots & [0] & [0] \end{bmatrix}$$

$$[B] = \begin{bmatrix} -[A_0] & [0] & [0] & \cdots & [0] \\ [0] & [A_2] & [A_3] & \cdots & [A_N] \\ [0] & [A_3] & [A_4] & \cdots & [0] \\ \vdots & \vdots & \vdots & & \vdots \\ 0 & [A_{N+2}] & [0] & \cdots & [0] \end{bmatrix}$$

式(4.69)的齐次部分表示的高次特征值问题转化为式(4.73)的齐次部分表示的一次特征值问题,式(4.73)所对应的齐次问题为

$$[B]\{V_r\} = s_r[D]\{V_r\} \tag{4.74}$$

文献[4]证明了式(4.74)的特征解系满足特征方程(4.70),所以

$$\{V_r\} = \{\{\psi_r\}^T, s_r\{\psi_r\}^T, \cdots, s_r^{N+1}\{\psi_r\}^T\}^T \qquad (r = 1, 2, \cdots, N_b)$$

易见 $[B]$ 与 $[D]$ 是对称的,所以式(4.74)的全部特征向量都满足加权正交条

件,即

$$
\begin{aligned}
k_{pq} &= \{V_p\}^{\mathrm{T}}[B]\{V_q\} \\
&= \{\psi_p\}^{\mathrm{T}}\Big(-[A_0]+\sum_{k=1}^{N-1}\sum_{l=k+1}^{N}\lambda_p^{l-k}[A_l]\Big)\{\psi_q\} \\
&= 0 \quad (p \neq q)
\end{aligned}
$$

$$
\begin{aligned}
m_{pq} &= \{V_p\}^{\mathrm{T}}[D]\{V_q\} \\
&= \{\psi_p\}^{\mathrm{T}}\Bigg(\sum_{k=1}^{N}\sum_{l=k}^{N}\lambda_p^{k-1}\lambda_q^{l-k}[A_l]\Bigg)\{\psi_q\} \\
&= 0 \quad (p \neq q)
\end{aligned}
$$

令

$$
[K_{pq}] = -[A_0]+\sum_{k=1}^{N-1}\sum_{l=k+1}^{N}\lambda_q^{k}\lambda_p^{l-k}[A_l]
$$

$$
[M_{pq}] = \sum_{k=1}^{N}\sum_{l=k}^{N}\lambda_p^{k-1}\lambda_q^{l-k}[A_l]
$$

将特征向量规一化,正交条件可改写为

$$
k_{pq} = \{\psi_p\}^{\mathrm{T}}[K_{pq}]\{\psi_q\} = \begin{cases} \lambda_p & p = q \\ 0 & p \neq q \end{cases}
$$

$$
m_{pq} = \{\psi_p\}^{\mathrm{T}}[M_{pq}]\{\psi_q\} = \begin{cases} 1 & p = q \\ 0 & p \neq q \end{cases}
$$

通过以上方法,我们可以得到归一化的特征向量 $\{V_r\}$,由此可用 $\{V_r\}$ 来表示式(4.73)的解,即

$$
\{V\} = [\overline{V}]\{Q_{\mathrm{b}}(s)\}
$$

式中:$[\overline{V}] = [\{V_1\}, \{V_2\}, \cdots, \{V_{Nb}\}]$,$\{Q_{\mathrm{b}}(s)\}$ 为广义坐标。

将上式代入式(4.73),左乘以 $[\overline{V}]^{\mathrm{T}}$,利用正交条件得到

$$
(s[I]-[\Lambda_{\mathrm{b}}])\{Q_{\mathrm{b}}(s)\} = [\overline{V}]^{\mathrm{T}}\cdot\{F\} = [\overline{\Psi}]^{\mathrm{T}}\Big\{\Big(1+\sum_{k=1}^{N}p_k s^k\Big)\{\overline{F}_{\mathrm{b}}(s)\}\Big\}
$$

$$
(4.75)
$$

式中:$[\Psi] = [\{\psi_1\}, \{\psi_2\}, \cdots, \{\psi_{Nb}\}]$,$\quad [\Lambda_{\mathrm{b}}] = \mathrm{diag}(\lambda_1, \lambda_2, \cdots, \lambda_{Nb})$

由式(4.75)可解得

$$
\{Q_{\mathrm{b}}(s)\} = (s[I]-[\Lambda])^{-1}[\Psi]^{\mathrm{T}}\Big[1+\sum_{k=1}^{N}p_k s^k\Big]\{\overline{F}_{\mathrm{b}}(s)\}
$$

所以

$$\{\bar{x}_b(s)\} = [\Psi](s[I] - [\Lambda_b])^{-1}[\Psi]^T\left[1 + \sum_{k=1}^{N}p_k s^k\right]\{\bar{F}_b(s)\} \qquad (4.76)$$

4.6.5 艇体声辐射的水弹性求解方法

前面我们得到了艇体声辐射的水弹性动力学运动方程(4.66)：

$$(-\omega^2([M_c] + [m_f]) - i\omega([C_c] + \omega[c_f]) + [K_c])[x_c] = [F_c]$$

采用常规数值方法求解艇体结构的"干"模态

$$(-\omega^2[M_c] - i\omega[C_c] + [K_c])\{\varphi\} = \{0\} \qquad (4.77)$$

设式(4.77)的特征值为 $\tilde{\omega}_r$，所对应的特征向量为 $\{\bar{\psi}_r\}$，$(r = 1, 2, \cdots, N_c)$。

记 $[\bar{\psi}] = (\{\bar{\psi}_1\}, \{\bar{\psi}_2\}, \cdots, \{\bar{\psi}_{N_c}\})$

作变换 $\{x_c\} = [\bar{\psi}]\{Q_c\}$，则由式(4.66)可知

$$(-\omega^2[I] - \omega^2[\bar{\psi}]^T[m_f][\bar{\psi}] - i\omega[\Lambda'] + [\Lambda_c] - i\omega[\bar{\psi}]^T[c_f][\bar{\psi}])\{Q_c\} = [\bar{\psi}]^T[F_c]$$

$$(4.78)$$

式中：$[\Lambda_c] = \text{diag}(\omega_1^2, \omega_2^2, \cdots, \omega_{N_c}^2)$；$[\Lambda'] = \text{diag}(\alpha + \beta\omega_1^2, \alpha + \beta_2^2, \cdots, \alpha + \beta\omega_{N_c}^2)$；$\alpha, \beta$ 为艇体结构的比例阻尼系数；$\{Q_c\}$ 为广义坐标。

由式(4.78)可解得

$$\{Q_c\} = (-\omega^2[I] - \omega^2[\bar{\psi}]^T[m_f][\bar{\psi}] - i\omega[\Lambda'] + [\Lambda_c] - $$
$$i\omega[\bar{\psi}]^T[c_f][\bar{\psi}])^{-1}[\bar{\psi}]^T[F_c]$$

所以

$$\{X_c\} = [\bar{\psi}](-\omega^2[I] - \omega^2[\bar{\psi}]^T[m_f][\bar{\psi}] - i\omega[\Lambda'] + [\Lambda_c] - $$
$$i\omega[\bar{\psi}]^T[c_f][\bar{\psi}])^{-1}[\bar{\psi}]^T[F_c]$$

4.6.6 系统方程组的耦合求解方法

我们对系统方程组进行联立求解，首先，对刚体运动方程，重写式(4.62)为

$$-\omega^2[Z_a][T_a]^T[G] = [T_o][T_a]^T[F] - \sum_{i=1}^{I}[T_{iu}][K_i][T_{iu}]^T[T_a]^T[D_i^a] + $$
$$\sum_{i=1}^{I}[T_{iu}][K_i][T_a]^T[D_i^b] \qquad (4.79)$$

由于 $[D_i^a] = [T_a][D_{0i}^a] = [T_a][T_{iu}][G_0] = [T_a][T_{iu}] \cdot [T_a]^T[G]$，而 $[D_i^b] = [\bar{\Psi}_i][Q_b]$，所以式(4.79)写成

$$-\omega^2[Z_a][T_a]^T[G] + \left(\sum_{i=1}^I [T_{iu}][K_i][T_{iu}]^T[T_a]^T\right)[G] -$$

$$\left(\sum_{i=1}^I [T_{iu}][K_i][T_a]^T[\Psi_i]\right)[Q_b] = [T_0][T_a]^T[F] \tag{4.80}$$

式中：$[\Psi_i]$ 为 $[\Psi]$ 中仅保留第 i 个节点所对应的 6 个自由度的六列；其余元素均为零。

其次，对浮筏结构运动方程，由式(4.75)可知

$$(s[I] - [\Lambda_b])[Q_b] = [\Psi]^T\left(\left(1 + \sum_{k=1}^N p_k s^k\right)[\bar{F}_b]\right) \tag{4.81}$$

由式(4.64)可知

$$[\bar{F}_b] = \sum_{i=1}^I [T_{iu}][K_i][T_a]^T[D_i^a] - \sum_{i=1}^I [T_{iu}][K_i][T_a]^T[D_i^b] +$$

$$\sum_{j=1}^J [K_j][D_j^c] - \sum_{j=1}^J [K_j][D_j^b]$$

而 $[D_j^c] = [\bar{\psi}_j][Q_c]$，$s = j\omega$，所以式(4.81)可写成

$$(j\omega[I] - [\Lambda_b])[Q_b] = [\Psi]^T\left(\left(1 + \sum_{k=1}^N p_k (j\omega)^k\right) \cdot \left(\sum_{i=1}^I [T_{iu}][K_i][T_{iu}]^T\right.\right.$$

$$[T_a]^T\bigg)[G] - \left(\sum_{i=1}^I [T_{iu}][K_i][T_a]^T \cdot [\Psi_i]\right)[Q_b] +$$

$$\left(\sum_{j=1}^J [K_j][\bar{\psi}_j]\right)[Q_c] - \left(\sum_{j=1}^J [K_j][\Psi_j]\right)[Q_b]\bigg)$$

$$\tag{4.82}$$

式中：$[\bar{\psi}_j]$ 为 $[\bar{\psi}]$ 中仅保留第 j 个节点所对应的 6 个自由度的六列，其余元素均为零；$[\psi_j]$ 为 $[\psi]$ 中仅保留第 j 个节点所对应的 6 个自由度的六列，其余元素均为零。

其次，对艇体与流体耦合的运动方程，将式(4.67)代入式(4.78)，得

$$(-\omega^2[I] - \omega^2[\bar{\psi}]^T[m_f][\bar{\psi}] - i\omega[\Lambda'] + [\Lambda_c] - i\omega[\bar{\psi}]^T[c_f][\bar{\psi}])[Q_c]$$

$$= \left([\bar{\psi}]^T\sum_{j=1}^J [k_j][\Psi_j]\right)[Q_b] - \left([\bar{\psi}]^T\sum_{j=1}^J [k_j][\bar{\psi}_j]\right)[Q_c] \tag{4.83}$$

由式(4.80)、式(4.82)、式(4.83)可知，耦合的系统方程组为

$$
\begin{bmatrix}
\begin{array}{l} -\omega^2 [z_a][T_a]^T + \\ \sum_{i=1}^{I} [T_{iu}][K_i][T_{iu}]^T[T_a]^T \end{array} & & -\sum_{i=1}^{I} [T_{iu}][K_i][T_a]^T[\Psi_i] \\[4mm]
\begin{array}{l} -[\Psi]^T\Big(1+\sum_{k=1}^{N} P_k\,(j\omega)^k\Big) \\ \cdot\Big(\sum_{i=1}^{I}[T_{iu}][K_i][T_{iu}]^T[T_a]^T\Big) \end{array} & & \begin{array}{l} j\omega[I]-[\Lambda_b]+[\Psi]^T\Big(1+\sum_{k=1}^{N} p_k\,(j\omega)^k\Big)+ \\ \Big[\sum_{j=1}^{J}[K_j][\Psi_j]\Big]+[\Psi]^T\Big(1+\sum_{k=1}^{N} p_k\,(j\omega)^k \\ \cdot\Big[\sum_{i=1}^{I}[T_{iu}][K_i][T_a]^T[\Psi_i]\Big] \end{array} \\[4mm]
0 & & -[\bar{\psi}]^T\sum_{j=1}^{J}[K_j][\Psi_j]
\end{bmatrix}
$$

$$
\begin{bmatrix}
0 \\[2mm]
\begin{array}{l} -[\Psi]^T\Big(1+\sum_{k=1}^{N} p_k\,(j\omega)^k\Big)\Big(\sum_{j=1}^{J}[k_j][\bar{\psi}_j]\Big) \end{array} \\[2mm]
\begin{array}{l} -i\omega^2([I]-[\bar{\psi}]^T[m_f][\bar{\psi}]-i\omega[\Lambda']+[\Lambda_c]) \\ -i\omega[\bar{\psi}]^T[C_f][\bar{\psi}]+[\bar{\psi}]^T\sum_{j=1}^{J}[K_j][\bar{\psi}_j] \end{array}
\end{bmatrix}
\begin{bmatrix} [G] \\ [Q_b] \\ [Q_c] \end{bmatrix}
=
\begin{bmatrix} [T_0][T_a]^T[F] \\ [0] \\ [0] \end{bmatrix}
\tag{4.84}
$$

方程(4.84)左边的系数矩阵是由 3×3 个子矩阵组成,所有对角子矩阵代表了三个子结构的自身运动,非对角子矩阵代表了子结构之间的相互耦合。它们之间的耦合是通过连接处的位移连续和力平衡来实现的。在未知位移矢量中,$[G]$ 代表刚体的六个自由度,$[Q_b]$ 和 $[Q_c]$ 分别代表浮筏及艇体结构的广义坐标。易见,方程式(4.84)是一个维数不高的复系数线性方程组,可以方便求解。同时,也可以看到,若增加一个弹性安装在浮筏上的刚体,系数矩阵变成 4×4 个子矩阵,而未知位移只增加六个自由度。因此,利用此方法,很容易推广到多个刚体弹性安装在浮筏上的情况[6]。

4.6.7 几个有关的计算公式

1) 艇体结构表面的辐射声功率计算公式

由式(4.74)可知,艇体结构表面的广义坐标为 $[Q_c]$,从而可获得艇体单元节点的线位移为

$$
\bar{x}=[\bar{\varphi}][Q_c]
\tag{4.85}
$$

式中:$[\bar{\varphi}]$ 为艇体结构的"干"模态。

由式(4.85)可知,艇体结构单元形心的法向速度为

$$\boldsymbol{u} = -\,\mathrm{i}\omega\boldsymbol{x} \cdot \boldsymbol{n}[N] \tag{4.86}$$

式中：$\boldsymbol{n}$ 为结构表面的单位外法向量；$[N]$ 为单元节点到形心的插值矩阵。

由文献[8]可知，艇体结构表面的压力为

$$[P] = \rho\omega^2[A][B]^{-1}[u][S] \tag{4.87}$$

式中：$[A] = [A_{ij}]$；$[B] = [B_{ij}]$；$[S]$ 为表面单元的面积阵，是一个对角阵。

由式(4.87)可知，艇体结构表面的辐射声功率为

$$[RSP] = [P] \cdot [u] \tag{4.88}$$

2) 刚体到基座的振级落差计算公式

由式(4.85)可获得基座上与 I 个隔振器连接处节点的线位移 $\boldsymbol{x}_i(i = 1, 2, 3, \cdots, I)$，从而可获得其加速度 $-\omega^2\boldsymbol{x}_i(i = 1, 2, 3, \cdots, I)$。

由式(4.78)，刚体质心的线位移为 $[G]$，从而知刚体质心的加速度为 $-\omega^2[G]$，从而获得刚体到基座的振级落差计算公式为

$$BLR = 20\log_{10}\left(\omega^2\widetilde{G}\Big/\frac{\left(\sum\limits_{i=1}^{I}\omega^2\,|\,\boldsymbol{x}_i\,|\right)}{I}\right) \tag{4.89}$$

式中：$\widetilde{G}$ 为 $[G]$ 的模。

3) 远场辐射声压级的计算公式

由文献[6]可知，当物面 S 上的速度势 φ 和法向速度 u 已知时，可获得远场任一点的速度势

$$\varphi(x_k) = \frac{1}{4\pi}\sum_{j=1}^{m}(a_j\varphi_j - b_ju_j) \tag{4.90}$$

其中

$$a_j = \iint\limits_{S_j}\frac{\partial G(x_k,\,\xi)}{\partial n(\xi)}\mathrm{d}s(\xi), \quad b_j = \iint\limits_{S_j}G(x_k,\,\xi)\mathrm{d}s(\xi)$$

式中：$G(x_k,\,\xi)$ 为源点 ξ 与场点 x_k 的 Green 函数。

由 $p(x,\,t) = -\rho_0\dfrac{\partial\Phi}{\partial t}$ 可知，远场任一点的声压为

$$p(x_k) = \mathrm{i}\omega\rho_0\varphi(x_k) \tag{4.91}$$

由式(4.91)可获得远场声压级

$$PL(x_k) = 20[\log_{10}(\,|\,p(x_k)\,|) + 6] \tag{4.92}$$

4.6.8　数值计算结果

我们选取整个浮筏隔振系统的结构尺寸如图 4.6 所示，图 4.6 为整个浮筏隔

振系统的结构图,图 4.7 为筏架结构图。

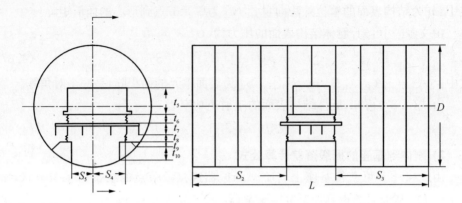

图 4.6　浮筏隔振系统结构图

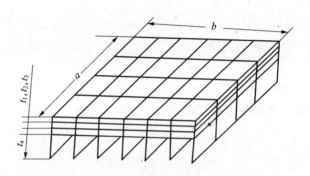

图 4.7　筏架结构图

　　刚体尺寸:长×宽×高 $= 628 \text{ mm} \times 400 \text{ mm} \times 100 \text{ mm}$。

　　壳体尺寸:长 $L = 2\,400 \text{ mm}$,直径 $D = 1\,250 \text{ mm}$,厚度 $h_1 = 5 \text{ mm}$,两端封头厚度 $H = 35 \text{ mm}$。

　　肋骨尺寸:高度 $h_2 = 50 \text{ mm}$,厚度 $t = 10 \text{ mm}$,间距 $s_1 = 240 \text{ mm}$。

　　基座尺寸:面板长×宽×高 $= 480 \text{ mm} \times 100 \text{ mm} \times 5 \text{ mm}$。

　　　　　　　腹板长×宽×高 $= 480 \text{ mm} \times 240 \text{ mm} \times 4 \text{ mm}$。

　　　　　　　肋板厚度 $h_3 = 4 \text{ mm}$。

　　图 4.7 中的参数: $t_1 = 6 \text{ mm}$, $t_2 = 3 \text{ mm}$, $t_3 = 4 \text{ mm}$, $t_4 = 80 \text{ mm}$, $a = 600 \text{ mm}$, $b = 908.2 \text{ mm}$,增强板厚度为 5 mm,高为 80 mm。

　　夹层的黏弹性材料物理参数为

$$\rho = 1.2 \text{ g/cm}^3, G_1(t) = 3.44 + 7.089 \text{e}^{-193.39t} + 231.21 \text{e}^{-1\,634.5t} + 1\,744.4 \text{e}^{-485\,916.4t}$$

　　图 4.6 中的参数: $s_2 = s_3 = 960 \text{ mm}$, $s_4 = 314 \text{ mm}$, $s_5 = 264 \text{ mm}$, $t_5 =$

$100\ \mathrm{mm}$，$t_6 = 52\ \mathrm{mm}$，$t_7 = 93\ \mathrm{mm}$，$t_8 = 70\ \mathrm{mm}$，$t_9 = 120\ \mathrm{mm}$，$t_{10} = 117\ \mathrm{mm}$。

整个模型中，除了筏架中的夹心层以外，其他材料参数均为

$$E = 2.06 \times 10^5\ \mathrm{MPa},\ v = 0.3,\ \rho = 7.8\ \mathrm{g/cm^3}$$

我们计算了结构阻尼对浮筏系统声场特性的影响；隔振器安装位置对浮筏隔振系统性能的影响；隔振器刚度对浮筏隔振系统性能影响以及基座面板厚度对浮筏隔振系统声学性能的影响。

我们选取部分计算结果，即基座面板厚度对系统声学性能影响表示如下。

文献[7]指出，基座面板与下层隔振器连接处的机械阻抗越大，从激励源输入基座的振动功率就越小，为减小这个功率，从而也减小船体结构的声辐射，必须加大该处的机械阻抗，同时这个阻抗的增大，还会提高装在基座上的隔振器的效率。现取以下三种基座面板厚度进行分析计算。

a. $t_1 = 7.0\ \mathrm{mm}$；

b. $t_1 = 5.0\ \mathrm{mm}$；

c. $t_1 = 3.0\ \mathrm{mm}$。

图 4.8 和图 4.9 分别给出了壳体表面法向速度幅值沿壳体周向的分布及远场声压指向图。图 4.10 给出了振级落差及辐射声功率的曲线。

从图 4.10 可知，当基座面板取不同厚度时，在计算频段内依然存在三个共振峰。

当基座面板厚度取 3 mm 时，壳体表面法向速度为最大，当取 5 mm 时，这个量值在频率小于 230 Hz 时略比取 7 mm 时大一些（图 4.7）。远场声压幅值见表 4.1。

表 4.1　远场声压幅值　　　　　　　　　　单位：dB

频率/Hz	角度 工况	90°	60°	30°	0°	330°	300°	270°
210	a	73.0	71.5	67.0	35.0	67.3	71.0	73.0
210	b	74.0	72.4	67.6	35.0	68.0	72.8	74.0
210	c	79.2	77.8	73.0	35.0	73.5	78.0	79.0
230	a	54.2	53.6	50.0	40.0	47.0	52.6	53.7
230	b	54.2	53.6	50.0	40.0	46.8	52.6	53.7
230	c	60.0	59.3	55.4	45.0	53.2	58.6	60.0
325	a	56.1	54.3	48.4	30.0	50.0	53.6	54.4
325	b	60.0	58.7	53.1	30.0	54.9	58.2	59.3
325	c	64.3	62.6	57.1	30.0	58.6	62.1	63.1

从表中可知,当基座厚度从 3 mm 增加到 5 mm 时,远场声压有较大幅度减小,大约每增加 1 mm 可使声压减小 2.5 dB。但从 5 mm 增加到 7 mm 时,在频率小于 230 Hz 时远场声压几乎没什么变化,但在 325 Hz 时,效果明显,大约每增加 1 mm 使声压减小 2 dB 左右。振级落差及辐射声功率见表 4.2。

表 4.2 振级落差及辐射声功率

	210 Hz			230 Hz			325 Hz		
	a	b	c	a	b	c	a	b	c
振级落差/dB	80.5	81	75	71.5	76	69	89	82.5	80
辐射声功率/($\times 10^{-11}$ W)	1.0	1.0	3.0	2.5	1.5	6.0	1.25	0.8	1.5

同样从表 4.2 看出,当基座厚度从 3 mm 增加到 5 mm 时,振级落差有较大幅度下降,大约每增加 1 mm 下降 1~3 dB,而辐射声功率减小 25%~35%。但当基座厚度从 5 mm 增加到 7 mm 时,在小于 300 Hz 内,振级落差及辐射声功率没太大变化(230 Hz 除外),在 300 Hz 以后,面板厚度每增加 1 mm,振级落差下降 3 dB,而辐射声功率下降 30%。

因此,当通过改变基座面板厚度来增加其机械阻抗时,首先需要计算基座面板的固有频率,以避免与激励频率耦合而发生共振。其次,对某些频段,增加面板厚度对改善浮筏系统声学性能不产生明显影响,所以要具体情况作具体分析。

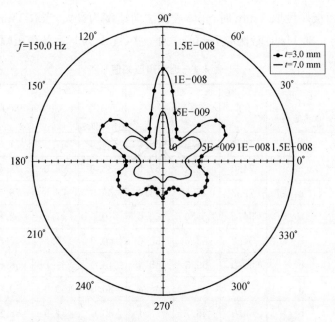

图 4.8(a) 表面法向速度 环=8 f=150.0 Hz

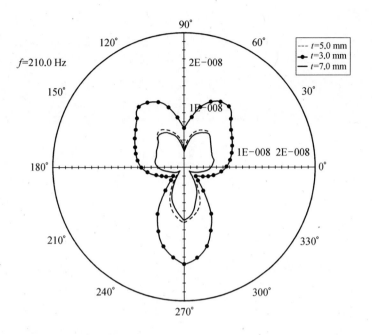

图 4.8(b)　表面法向速度　环＝8　*f*＝210.0 Hz

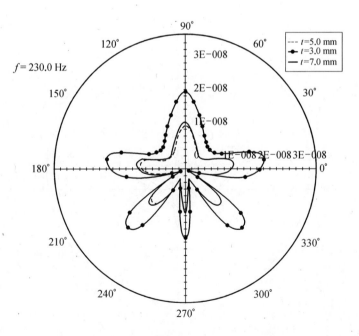

图 4.8(c)　表面法向速度　环＝8　*f*＝230.0 Hz

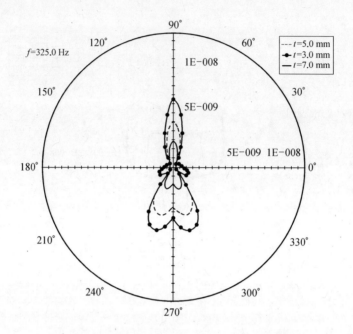

图 4.8(d)　表面法向速度　环＝8　f＝325.0 Hz

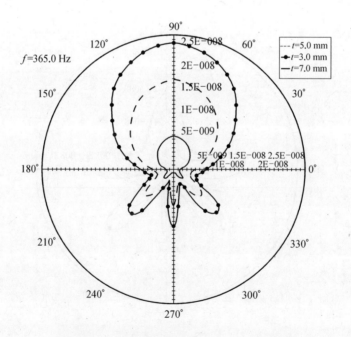

图 4.8(e)　表面法向速度　环＝8　f＝150.0 Hz

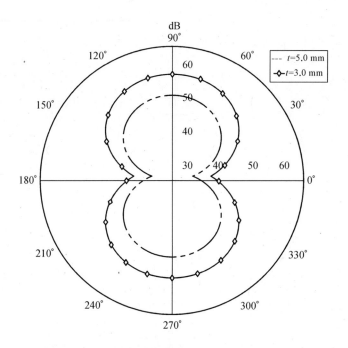

图 4.9(a)　远场声压指向图　$k_r = 2.600$, $k_a = 0.406$

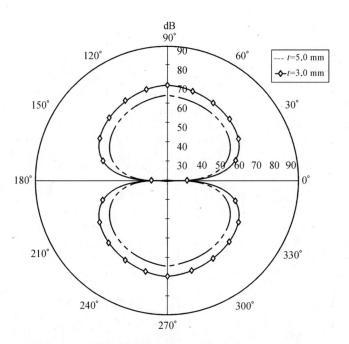

图 4.9(b)　远场声压指向图　$k_r = 3.639\ 9$, $k_a = 0.569$

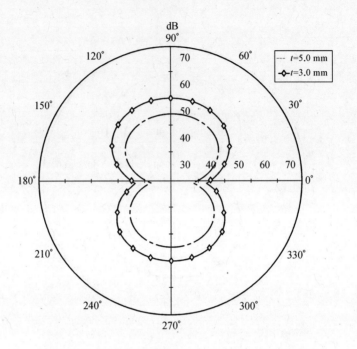

图 4.9(c)　远场声压指向图　$k_r=3.986\ 6$, $k_a=0.623$

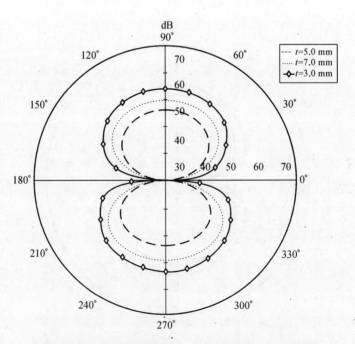

图 4.9(d)　远场声压指向图　$k_r=5.633\ 2$, $k_a=0.880$

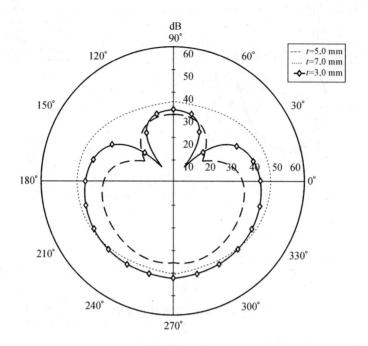

图 4.9(e)　远场声压指向图　$k_r = 6.32$, $k_a = 0.986$

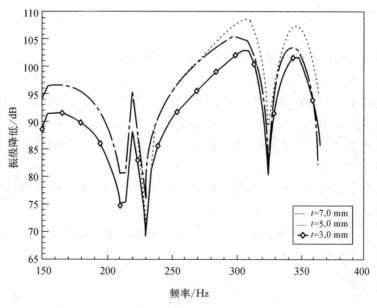

图 4.10(a)　振级降低图

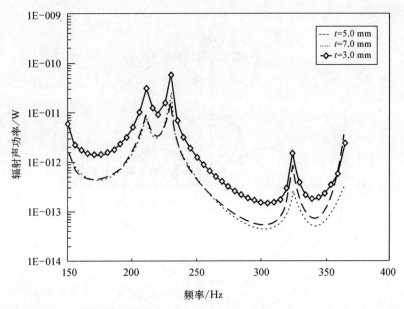

图 4.10(b)　辐射声功率图

参考文献

［1］　徐芝纶. 弹性力学(第二版)下册[M]. 北京：人民教育出版社,1988.

［2］　钱伟长. 变分法及有限元讲义(第三册)[M]. 北京：科学出版社,1980.

［3］　冷文浩. 带有复合结构的多层隔振系统振动传递及声辐射研究[D]. 中国船舶科学研究中心博士学位论文,1996.

［4］　陈前. 弹性-黏弹性复合结构动力学分析研究[D]. 南京航空航天大学博士论文,1987.

［5］　陈国平,朱德懋. 黏弹性阻尼结构系统振动特性的迭代方法[J]. 计算结构力学及其应用,1992,9(4)：361－367.

［6］　沈顺根,冷文浩,程贯一. 艇体振动及声辐射[R]. 中国船舶科学研究中心科技报告,1994.

［7］　沈顺根,李琪华,王大云,等. 加肋旋转壳结构噪声声辐射水弹性研究[J]. 中国造船,1992,117(2)：53－62.

［8］　王大云. 水下任意壳体的水弹性振动响应及声辐射预报[D]. 中国船舶科学研究中心硕士论文,1988.

第5章 考虑空化效应的流体-结构系统的非线性动力响应

格莱郭莱芬付斯等人在这方面做了很好的工作[1],其中考虑了难度较大的空化区域对水弹性振动的影响。

考虑水坝在地震波作用下的响应是流体-结构相互作用中的一个重要问题,其中有几个方面较显著的非线性因素,例如:① 坝体中混凝土的裂纹;② 水中由于空化产生的气状区域及其溃灭等。由于水坝破坏的灾变性后果,需要进行坝体安全的可靠性分析,本章讨论流体结构系统非线性动力响应过程的计算,具体对象为坝体结构,但可通用于一般的流体-结构系统。

如图 5.1 所示,考虑系统的结构域为 Ω_S,流体域为 Ω_F,交界面为 F_{SF},设沿流体与地基的边界 Γ_{FU} 和结构与地基的边界 Γ_{SU} 上,有一由地震引起的给定的位移 u_g 为时间的函数,水面边界为 Γ_{FD},对于无界水域,可割取一个有界域,其边界为 $\Gamma_{FD'}$,在其上满足辐射条件。

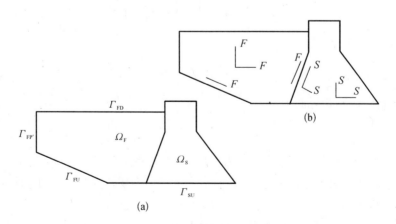

图 5.1 所考虑的流体-结构系统

(a) 区域和边界;(b) 自由度

5.1　流体的运动方程

无黏流作小振幅无旋运动的动量方程为

$$\rho_0 \dot{V}^t + \nabla p = 0 \tag{5.1}$$

连续方程为

$$\frac{\dot{\rho}}{\rho_0} + \nabla^T V^t = 0 \tag{5.2}$$

对于均熵流,状态方程为

$$p = f(\rho) \tag{5.3}$$

式中:$V = V(x, t)$ 为相对于固定坐标系的流体质点速度;$p = p(x, t)$ 和 $\rho = \rho(x, t)$ 为从 p_0 和 ρ_0 算起的压力和密度,设 g 为重力加速度,则参考静压力 p_0 和参考密度间的关系为

$$\nabla p_0 = \rho_0 g \tag{5.4}$$

自由面上的边界条件为

$$\dot{p} = -\rho_0 (\boldsymbol{n}^T g) \boldsymbol{n}^T V^t \qquad 在 \Gamma_{FD} 上 \tag{5.5(a)}$$

在其上可发生线性表面波,在与地基的交界面上有

$$\boldsymbol{n}^T V^t = \boldsymbol{n}^T \dot{u}_g \qquad 在 \Gamma_{FU} 上 \tag{5.5(b)}$$

在切割边界上,有

$$p = \rho_0 c_0 \boldsymbol{n}^T V^t \qquad 在 \Gamma_{FP'} 上 \tag{5.5(c)}$$

在流体-结构交界面上,有

$$p = p_b \qquad 在 \Gamma_{SF} 上 \tag{5.5(d)}$$

式中:c_0 为流体压力波的速度;p_b 为流体-结构交界面上的压力,是未知的,边界条件(式(5.5(c)))表示黏性阻尼器,近似地表示在很大切割面 Γ_{FP} 上压力波的辐射,初始条件静止的,即在 $t = 0$ 时,$V = 0$,$p = 0$,$\rho = 0$。

设流体作小振幅运动时的总位移为 u^t,有 $v = \dot{u}^t$,对于刚性边界 Γ_{FU},总的流体位移可表示成

$$u^t = u + u_g \tag{5.6}$$

式中：u 为流体相对于边界 Γ_{FU}（给定运动为 u_g）的位移。将式(5.6)代入式(5.1)，得流体相对位移的动量方程为

$$\rho_0 \ddot{u} + \nabla p + \rho_0 \ddot{u}_g = 0 \tag{5.7}$$

将式(5.2)对时间积分得流体质量为

$$\rho = -\rho_0 \nabla^T u \tag{5.8}$$

其中用了 $\nabla u_g = 0$，将边界条件式(5.5)表示成流体位移，有

$$p = -\rho_0 (\boldsymbol{n}^T g) \boldsymbol{n}^T (u + u_g) \qquad 在 \Gamma_{FD} 上 \tag{5.9(a)}$$

$$\boldsymbol{n}^T u = 0 \qquad 在 \Gamma_{FU} 上 \tag{5.9(b)}$$

$$p = \rho_0 c_0 \boldsymbol{n}^T (\dot{u} + \dot{u}_g) \qquad 在 \Gamma_{FP'} 上 \tag{5.9(c)}$$

$$p = p_b \qquad 在 \Gamma_{SF} 上 \tag{5.9(d)}$$

还要加上流体的状态方程。

5.2 包含空化的状态方程

理想正压流体的状态方程由式(5.3)表示，可写成

$$p = c_0^2 \rho \tag{5.10}$$

当压力 $p + p_0$ 等于气化压力 p_v 时，出现空化区域，空化域随着压力的降低而增长，当压力再回升到高于 p_v 时，空化域再溃灭，为了考虑空化的影响。勃莱克和桑斯路[2]提出一个流体的连续模型：当压力大于气化压力时，流体是线性可压缩的，当压力低于 p_v 时，汽化区域的波速接近于 0，其数学表示式为

$$p = c_0^2 \rho \qquad 对 \rho \geqslant \frac{p_v - p_0}{c_0^2} \tag{5.11(a)}$$

$$p = (\beta_0 c_0)^2 \rho + (1 - \beta_0^2)(p_v - p_0) \qquad 对 \rho \leqslant \frac{p_v - p_0}{c_0^2} \tag{5.11(b)}$$

常数 β_0 表示空化域对膨胀的抵抗，该常数通常设为 0，但勃莱克和桑斯路又假设在与结构相接触的空化区域内不为 0，双线性方程示于图 5.2 中。

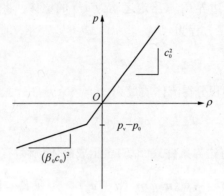

图 5.2 流体状态的双线性方程

5.3 有 限 元 方 法

为了用有限元方法进行计算,将控制方程写成弱形式,动量方程(5.7)的弱形式为

$$\int_{\Omega_F} \delta \boldsymbol{u}^T (\rho_0 \ddot{\boldsymbol{u}} + \nabla p + \rho_0 \ddot{\boldsymbol{u}}_g) \mathrm{d}\Omega = 0 \tag{5.12}$$

式中:$\delta \boldsymbol{u}$ 为满足在 Γ_{FU} 上 $\boldsymbol{n}^T \delta \boldsymbol{u} = 0$ 的任意位移场。对式(5.12)积分中第二项用散度定理,并利用边界条件(式(5.9)),得

$$\int_{\Omega_F} \delta \boldsymbol{u}^T \rho_0 \ddot{\boldsymbol{u}} \mathrm{d}\Omega + \int_{\Gamma_{FP'}} \delta \boldsymbol{u}^T \boldsymbol{n} \rho_0 c_0 \boldsymbol{n}^T (\dot{\boldsymbol{u}} + \dot{\boldsymbol{u}}_g) \mathrm{d}\Gamma - \int_{\Gamma_{FP}} \delta \boldsymbol{u}^T \boldsymbol{n} \rho_0 (\boldsymbol{n}^T g) \boldsymbol{n}^T$$

$$(\boldsymbol{u} + \boldsymbol{u}_g) \mathrm{d}\Gamma - \int_{\Omega_F} \nabla^T \delta \boldsymbol{u} p \mathrm{d}\Omega + \int_{\Gamma_{SF}} \delta \boldsymbol{u}^T \boldsymbol{n} p_b \mathrm{d}\Gamma + \int_{\Omega_F} \delta \boldsymbol{u}^T \rho_0 \ddot{\boldsymbol{u}}_g \mathrm{d}\Omega = 0 \tag{5.13}$$

其中由于边界条件的限制,在 Γ_{FU} 上的积分为 0。

在用位移的叙述中,将式(5.11)一点一点地代入式(5.13)以使状态方程得到满足,现在的混合叙述以"弱"的形式满足状态方程,由式(5.11),将密度表示成压力,乘以任意的压力场 δp,对流体域 Ω_F 积分,得状态方程的弱形式为

$$\int_{\Omega_F} \delta p \left(\frac{p}{c^2 \rho_0} - \frac{\rho^u}{\rho_0} - \frac{\rho}{\rho_0} \right) \mathrm{d}\Omega = 0 \tag{5.14(a)}$$

式中

$$c = c_0, \quad \rho^u = 0 \qquad 对 \rho \geqslant \frac{p_v - p_0}{c_0^2} \tag{5.14(b)}$$

$$c = \beta_0 c_0, \quad \rho^u = \frac{(1 - \beta_0^2)(p_v - p_0)}{(\beta_0 c_0)^2} \qquad \text{对 } \rho \leqslant \frac{p_v - p_0}{c_0^2} \qquad (5.14(c))$$

将式(5.8)的密度代入式(5.14(a)),得状态方程的弱形式

$$\int_{\Omega_F} \delta p \left(\frac{p}{c^2 \rho_0} - \frac{\rho^u}{\rho_0} + \nabla \boldsymbol{u} \right) \mathrm{d}\Omega \qquad (5.15)$$

基于式(5.13)和式(5.15)控制方程的弱形式进行流体域的有限元离散,为计算式(5.13)、式(5.15)中的积分,要求函数 $\boldsymbol{u}$ 和 $\delta\boldsymbol{u}$ 为分段连续的(piecewise continuous),对于 p 和 δp,因在积分中不出现它们的导数,可以是不连续函数。

下面叙述有限元的离散化:

对位移和压力采用混合的有限元近似,在每个元素中,位移为

$$u = N_I^F u_I, \quad \delta u = N_I^F \delta u_I \qquad (5.16(a),(b))$$

式中:N_I^F 为给定的节点 I 的形状函数(分段连续);u_I 和 δu_I 为节点 I 的位移矢量;重复下标表示求和,元素的压力场与位移无关,近似为

$$P = R_I P_I, \quad \delta p = R_I \delta p_I \qquad (5.17(a),(b))$$

式中:R_I 为相应于压力参数 P_I 的给定函数,它在每个元素上连续,但在通过元素边界时可能是不连续的,由于压力函数在弱形式中放松了连续性要求,压力参数 P_I 不是必要地与节点联系。

先看状态方程,对于一元素子域 Ω_{F_e} 将式(5.16)、式(5.17)代入式(5.15),得

$$\int_{\Omega_{Fe}} \delta p_L \left(R_L \frac{1}{c^2 \rho_0} R_K P_K - R_L \frac{\rho^u}{\rho_0} + R_L B_J^F u_J \right) \mathrm{d}\Omega = 0 \qquad (5.18)$$

式中:$B_I^F = \nabla^T N_I^F$。对于任意的 δ_{PL},式(5.18)的压力参数的解为

$$P_K = -(h_{LK})^{-1} g_{LJ} u_J + (h_{LK})^{-1} \rho_L^u \qquad (5.19)$$

$$\text{式中} \qquad \left. \begin{array}{l} h_{LK} = \displaystyle\int_{\Omega_{Fe}} R_L \frac{1}{c^2 \rho_0} R_K \mathrm{d}\Omega \\[3mm] g_{LJ} = \displaystyle\int_{\Omega_{Fe}} R_L B_I^F \mathrm{d}\Omega \\[3mm] \rho_L^u = \displaystyle\int_{\Omega_{Fe}} R_L \frac{\rho^u}{\rho_0} \mathrm{d}\Omega \end{array} \right\} \qquad (5.20(a)、(b)、(c))$$

再看动量方程的弱形式,将式(5.16)、式(5.17)代入式(5.13),对元素子域进行积分,对任意的 δu_I,有

$$\sum_e \{m_{IJ}^F \ddot{u}_J + C_{IJ}^F \dot{u}_J + (K_f)_{IJ}^F u_J - g_{KI}P_K + P_I^F + m_{IJ}^F r_J \ddot{u}_g +$$
$$C_{IJ}^F r_J \dot{u}_g + (K_f)_{IJ}^F r_J u_g\} = 0 \qquad (5.21)$$

其中对流体区域内的元素求和,以及

$$\left. \begin{aligned} m_{IJ}^F &= \int_{\Omega_{Fe}} (\boldsymbol{N}_I^F)^T \rho_0 \boldsymbol{N}_J^F d\Omega \\ C_{IJ}^F &= \int_{\Gamma_{FP'e}} (\boldsymbol{N}_I^F)^T n\rho_0 c_o \boldsymbol{n}^T N_J^F d\Gamma \end{aligned} \right\} \qquad 5.22(a)、(b)$$

$$\left. \begin{aligned} (K_f)_{IJ}^F &= -\int_{\Gamma_{FPe}} (\boldsymbol{N}_I^F)^T n\rho_0 (\boldsymbol{n}^T g) \boldsymbol{n}^T \boldsymbol{N}_J^F d\Gamma \\ P_I^F &= \int_{\Gamma_{SFe}} (\boldsymbol{N}_I^F)^T nP_b d\Gamma \end{aligned} \right\} \qquad 5.22(c)、(d)$$

式(5.21)中正比于地震运动的项来自 $u_g = N_J \boldsymbol{r}_J u_g$,矩阵 $\boldsymbol{r}_J$ 表示元素的刚体运动。

将式(5.19)代入式(5.21)中的每个元素,求和后给出流体的运动方程为

$$M^F \ddot{U}^F + C^F \dot{U}^F + K_f^F U^F + F^F = -M^F R \ddot{u}_g - C^F R \dot{u}_g - K_f^F R^F u_g - P^F$$
$$(5.23)$$

式中:M^F,C^F,K_f^F,P^F 由式(5.22)定义的元素矩阵集合而成,非线性恢复力 F^F 由式(5.19)导得的下述矢量集合而成

$$f_I^F = (\boldsymbol{K}_T)_{IJ}^F u_J - \boldsymbol{g}_{KI}^T (h_{KI})^{-1} P_L^u \qquad (5.24)$$

式中:$(\boldsymbol{K}_T)_{IJ}^F = g_{KI}^T (h_{LK})^{-1} g_{LJ}$ 为流体元素的切线刚度矩阵,式(5.23)中与速度有关的阻尼力和正比于地震速度的力是由切割边界处的辐射条件引起的,对于一个有界区域便无阻尼,还注意到与自由面相切的地震位移分量和与割切边界相切的地震速度分量并不在式(5.23)的右端中产生力;这些项保留着为更一般的地震运动应用。

无旋条件:

若初始条件是无旋的,则流体运动为无旋,明显地由式(5.1)$\nabla \times \dot{v} = 0$ 对时间积分两次,且由 $\nabla \times u_g = 0$,可得流体位移的无旋条件 $\nabla \times u = 0$,但由于离散化和对时间积分所引起的数值误差,旋涡量在数值计算过程中可以发展,不等于 0,无旋条件可以用一个加权约束来使之满足[3][4]。对动量方程式(5.12)附加权约束为

$$\int_{\Omega_F} \delta \boldsymbol{u}^T (\rho_0 \ddot{u} + \nabla P + \rho_0 \ddot{u}_g) d\Omega + \alpha \int_{\Omega_F} \delta \boldsymbol{\omega}^T \omega d\Omega = 0 \qquad (5.25)$$

式中:$\boldsymbol{\omega} = \nabla \times \boldsymbol{u}$; α 为加权参数。在有限元的离散化中

$$\omega = W_I^{\mathrm{F}} u_I, \quad \delta\omega = W_I^{\mathrm{F}} \delta u_I \qquad (5.26(a),(b))$$

式中：$W_I^{\mathrm{F}} = \nabla \times N_I^{\mathrm{F}}$。将式(5.26)代入式(5.25)，即对流体的运动方程(5.23)加上一刚度项，为

$$M^{\mathrm{F}}\ddot{U}^{\mathrm{F}} + C^{\mathrm{F}}\dot{U}^{\mathrm{F}} + K^{\mathrm{F}}U^{\mathrm{F}} + F^{\mathrm{F}} = -M^{\mathrm{F}}R^{\mathrm{F}}\ddot{u}_g - C^{\mathrm{F}}R^{\mathrm{F}}\dot{u}_g - K_f^{\mathrm{F}}R^{\mathrm{F}}u_g - P^{\mathrm{F}}$$

$$(5.27)$$

式中：$K^{\mathrm{F}} = K_f^{\mathrm{F}} + K_W^{\mathrm{F}}$，而 K_W^{F} 由下述元素组成：

$$(K_W^{\mathrm{F}})_{IJ} = \alpha \int_{\Omega_{\mathrm{Fe}}} (W_I^{\mathrm{F}})^{\mathrm{T}} W_J^{\mathrm{F}} \mathrm{d}\Omega \qquad (5.28)$$

权参数 α 必须选得足够地大以实现无旋约束，式(5.28)又必须进行数值估算以避免元素式(5.19)的锁住。

结构的运动方程式：

用通常的有限元方法对结构域 Ω_{S} 进行离散化处理，得地震时的结构运动方程为

$$M^{\mathrm{S}}\ddot{U}^{\mathrm{S}} + C^{\mathrm{S}}\dot{U}^{\mathrm{S}} + F^{\mathrm{S}} = -M^{\mathrm{S}}R^{\mathrm{S}}\ddot{u}_g + P^{\mathrm{S}} \qquad (5.29)$$

式中：U^{S} 为相对于地基边界 Γ_{SU} 运动 u_g 的节点位移；M^{S} 和 C^{S} 为结构的质量和阻尼矩阵；F^{S} 为恢复力矢量，对于线性弹性结构 $F^{\mathrm{S}} = K^{\mathrm{S}}U^{\mathrm{S}}$，$K^{\mathrm{S}}$ 为结构的刚度矩阵，矢量 P^{S} 由流体-结构交界面上压力 P_b 产生的元素 P_I^{S} 组合而得：

$$P_I^{\mathrm{S}} = \int_{\Gamma_{\mathrm{SFe}}} (N_I^{\mathrm{S}})^{\mathrm{T}} n P_b \mathrm{d}\Omega \qquad (5.30)$$

式中：N_I^{S} 为结构点 I 的形状函数。

5.4　流体与结构的耦合

要求在流体、结构的交界面上法向位移相等，为此，在流体运动方程式(5.27)中，将位移分割成与交界面 Γ_{SF} 垂直的法向分量(以下标 B 表示)和其余的分量(以下标 F 表示)，将结构运动方程式(5.29)中的位移也分解成交界面 Γ_{SF} 的法向分量(也以下标 B 表示)和其余分量(以下标 S 表示)，即交界面上的法向位移划分入 B，切向位移划分入 F 或 S，对于交界面的节点共有 $2n-1$ 个自由度，n 为空间维数，对边界 Γ_{FU} 进行相似的位移分量转换以满足边界条件式(5.96)，图 5.1(b)表示各区域位移分量的划分。

为使交界面上的法向位移连续，结构元素的形状函数 N_I^{S} 和流体元素的形状函

数 N_J^F 在交界面上的共同节点处要取得相同,由此,由式(5.22(d))和式(5.30),由交界面上水动压力引起的力自动平衡,即 $P_B^F = P_B^S$。

将分割的式(5.27)和式(5.29)组合起来,得流体-结构系统的耦合方程

$$\begin{bmatrix} M_{FF}^F & M_{FB}^F & 0 \\ M_{BF}^F & M_{BB}^F+M_{BB}^S & M_{BS}^S \\ 0 & M_{SB}^S & M_{SS}^S \end{bmatrix}\begin{Bmatrix} \ddot{U}_F \\ \ddot{U}_B \\ \ddot{U}_S \end{Bmatrix} + \begin{bmatrix} C_{FF}^F & 0 & 0 \\ 0 & C_{BB}^S & C_{BS}^S \\ 0 & C_{SB}^S & C_{SS}^S \end{bmatrix}\begin{Bmatrix} \ddot{U}_F \\ \dot{U}_B \\ \dot{U}_S \end{Bmatrix} +$$

$$\begin{bmatrix} K_{FF}^F & K_{FB}^F & 0 \\ K_{BF}^F & K_{BB}^F & 0 \\ 0 & 0 & 0 \end{bmatrix}\begin{Bmatrix} U_F \\ U_B \\ U_S \end{Bmatrix} + \begin{Bmatrix} F_F^F \\ F_B^F+F_B^S \\ F_S^S \end{Bmatrix}$$

$$=-\begin{bmatrix} M_{FF}^F & M_{FB}^F & 0 \\ M_{BF}^F & M_{BB}^S & M_{BS}^S \\ 0 & M_{SB}^S & M_{SS}^S \end{bmatrix}\begin{Bmatrix} R_F \\ R_B \\ R_S \end{Bmatrix}\ddot{u}_g - \begin{bmatrix} C_{FF}^F & 0 & 0 \\ 0 & 0 & 0 \\ 0 & 0 & 0 \end{bmatrix}\begin{Bmatrix} R_F \\ R_B \\ R_S \end{Bmatrix}\dot{u}_g -$$

$$\begin{bmatrix} (K_f^F)_{FF} & (K_f^F)_{FB} & 0 \\ (K_f^F)_{BF} & 0 & 0 \\ 0 & 0 & 0 \end{bmatrix}\begin{Bmatrix} R_F \\ R_B \\ R_S \end{Bmatrix}u_g \tag{5.31}$$

流体元素的压力用 $P = R_k P_k$ 计算,P_k 由式(5.19)给出,其中 h_{LK} 和 P_K^u 与密度有关,由式(5.8),$\rho = -\rho_0 B_I^F u_I$。

流体和结构的耦合响应很直接地由式(5.31)对称运动方程表示,流体和结构的质量、刚度贡献沿交界面的共同法向自由度简单地相加即可。矩阵的带宽是典型标准位移元素所有的,交界面的法向自由度是例外,要对其矩阵进行有效的储存。

为描述的方便,式(5.31)可表示成

$$M\ddot{X} + C\dot{X} + KX + F = -MR\ddot{u}_g - C_F R\dot{u}_g - K_F R u_g \tag{5.32}$$

式中:$X = [U_F^T U_B^T U_B^T]$;M,C,C_F,K,K_F,F 和 R 由式(5.31)中相应项求得。由于恢复力 F 是 X 的非线性函数,式(5.32)必须在时域中求解,下面用隐式时间积分法解式(5.32),也可用隐-显格式的时间积分,特别是用显式估算结构的非线性恢复力。由于流体的接近不可压缩性,在流体中用显式估算非线性恢复力是无好处的。

利用文献[5]中的时间积分步骤,若时间步 t_n 的解已知,$X_n = X(t_n)$,$\dot{X}_n = \dot{X}(t_n)$,$\ddot{X}_n = \ddot{X}(t_n)$,求时间步 t_{n+1} 的解:

$$M\ddot{X}_{n+1} + C\dot{X}_{n+1} + KX_{n+1} + F_{n+1} = -MR\ddot{u}_{g(n+1)} - C_F R\dot{u}_{g(n+1)} - K_F R u_{g(n+1)}$$

$$\tag{5.33}$$

其中
$$X_{n+1} = \widetilde{X}_{n+1} + (\Delta t)^2 \beta \ddot{X}_{n+1} \tag{5.34(a)}$$

$$\dot{X}_{n+1} = \widetilde{\dot{X}}_{n+1} + (\Delta t)\gamma \ddot{X}_{n+1} \tag{5.34(b)}$$

$$\widetilde{X}_{n+1} = X_n + \Delta t \dot{X}_n + \frac{(\Delta t)^2}{2}(1 - 2\beta)\ddot{X}_n \tag{5.34(c)}$$

$$\widetilde{\dot{X}}_{n+1} = \dot{X}_n + \Delta t(1 - \gamma)\ddot{X}_{n+1} \tag{5.34(d)}$$

在式(5.34)中，Δt 为指定的时间步；β，γ 为时间积分过程的参数，在过程中，将式(5.34)代入后，式(5.33)成为 X_{n+1} 的静力问题。由于恢复力 F_{n+1} 为 X_{n+1} 的非线性函数，可以用牛顿—赖夫森方法求解静力问题，能迭代到收敛。用于式(5.33)的算法过程如下[5]：

(1) 已知 X_n，$\dot{X}_n$ 和 $\ddot{X}_n$，令迭代数 $i = 0$；

(2) 预报 t_{n+1} 时的响应：

$$X_{n+1}^i = \widetilde{X}_{n+1}, \quad \dot{X}_{n+1}^i = \widetilde{\dot{X}}_{n+1}, \quad \ddot{X}_{n+1}^i = 0 \quad (5.35(a),(b),(c))$$

(3) 形成不平衡力的矢量：

$$\Delta F = -MR\ddot{u}_{g(n+1)} - C_F R \dot{u}_{g(n+1)} - K_F R u_{g(n+1)} \tag{5.36}$$

式中 F_{n+1}^i 由元素集合如下：

① 流体元素，对每个流体元素用式(5.24)计算，其中 h_{LK} 和 P_L^u 则用式(5.20(a))和式(5.20(c))，基于由式(5.14(b))和式(5.14(c))确定元素的现在状态。

② 结构元素，结构元素的抵抗力用标准程序计算[5]。

(4) 求有效的动力刚度矩阵：

$$\boldsymbol{K}^* = \frac{1}{(\Delta t)^2 \beta}M + \frac{\gamma}{(\Delta t)\beta}C + \boldsymbol{K} + \boldsymbol{K}_{\mathrm{T}}^{\mathrm{F}} + \boldsymbol{K}_{\mathrm{T}}^{\mathrm{S}} \tag{5.37}$$

式中：$\boldsymbol{K}_{\mathrm{T}}^{\mathrm{F}}$ 和 $\boldsymbol{K}_{\mathrm{T}}^{\mathrm{S}}$ 为流体和结构的切线刚度矩阵，由第三步计算的元素贡献集合而成。

(5) 求解增量位移：

$$\boldsymbol{K}^* \Delta X = \Delta \boldsymbol{F} \tag{5.38}$$

(6) 推进响应：

$$X_{n+1}^{i+1} = X_{n+1}^i + \Delta X \tag{5.39(a)}$$

$$\ddot{X}_{n+1}^{i+1} = \frac{1}{(\Delta t)^2 \beta}(X_{n+1}^{i+1} - \widetilde{X}_{n+1}) \tag{5.39(b)}$$

$$\dot X_{n+1}^{i+1} = \widetilde{X}_{n+1} + \Delta t \gamma \ddot{\boldsymbol{X}}_{n+1}^{i+1} \tag{5.39(c)}$$

(7) 检验是否不平衡力和增量位移处于容许误差以内，若是，则最后迭代给出解 X_{n+1}，$\dot X_{n+1}$ 和 $\ddot X_{n+1}$，若否，再进行迭代，$i = i+1$，回到第(3)步。

开始时间积分时，假设初始条件为静止，$X_0 = 0$，$\dot X_0 = 0$，$\ddot X_0$ 在时间零时可由式(5.32)求解而得。

5.5 应　用

为检验上述方法，计算了理想的流体-结构系统和混凝土重力坝的两例。

例1　一维系统，结构由一个自由度的振动器表示，流体为一维情形，无表面波，无旋运动，流体用二节点元素离散化，元素上压力为常数，位移线性变化，这种情形下，位移描述和混合描述给出同样的元素刚度矩阵。

对压力脉冲的响应

系统如图 5.3(a)，5 ft(1.5 m)长的流体域离散成 40 个元素，一等压脉冲作用在另一端，结构的质量 10 lb·s²/ft (146 kg)，刚度为 10^4 kN/ft(15×10^4 kN/m)。流体的 $\rho_0 = 1$ lb·s²/ft⁴(515 kg/m³)，$c_0 = 5\,000$ ft/s($1\,520$ m/s)，本问题见文献[1]，引用在此以便比较。

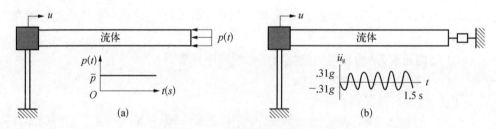

图 5.3　一维的流体-结构系统

(a) 受到压力脉冲的作用；(b) 受到大地运动的作用

分两种情形计算系统的响应，一为线性流体（$\beta_0 = 1$），另一为空化流体（$\beta_0 = 0$）（当动压小于 0 时，取 $p_0 = p_v = 0$），用完全的隐时间积分方法求解运动方程，$\beta = 0.25$，$\gamma = 0.5$，基于精确度考虑，用时间步长 $\Delta t = 2 \times 10^{-5}$ s，系统响应见图5.4，表示了交界面上的流体压力 $P/\widetilde{P}_0$ 和结构位移 $u_k/\widetilde{P}_0$ 与时间 $t c_0/L$ 的关系，对于线性可压缩流体，响应结果较好地表示了压力极值及其到达的时间，与[2]的结果紧密符合。由图 5.4 明显可见，空化限制了流体的最小压力，另外，空化限制了后续的最大压力幅值大小，但对于这种系统及载荷，空化对结构位移的影响可忽略，即使采用流体的双线性模型，解收敛得很快，在一个时间步长中迭代两次即可。

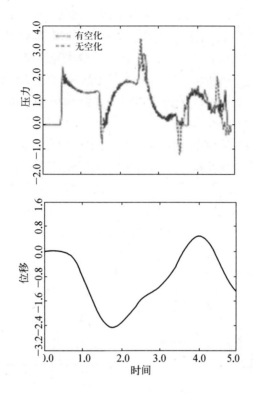

图 5.4　一维流体-结构系统受到压力脉冲作用的响应

对地震的响应

如图 5.3(b)所示的一维流体-结构系统,在 900 ft(270 m)长的流体端点处有一辐射边界,把流体离散成 20 块元素,结构的质量为 58.7 lb·s^2/ft(856 727 kg)自然振动频率为 30 rad/s,产生的强度为 1 320 klb·s(5 877 kN),位移为 0.30 in (7.6 mm),对于流体 $\rho_0 = 1.94$ lb·s^2/ft^4(1 000 kg/m^3) 和 $C_0 = 4$ 720 ft/s (1 440 m/s) 地震运动由正弦型加速度表示,极值为 0.31g,频率为结构自振频率的 0.70,流体中引入人工黏性以消除由于数值解引起的高频噪声,响应对小量的人工黏性是不敏感的。

考虑了几种情形,首先考虑了线性流体和空化流体[$P_0 = 40$ psi(280 kPa) 和 $p_v = 0$],也考虑了线性结构和弹塑性弹簧的非线性结构。弹簧的屈服强度选定为线性结构受到地震时最大力的 2/3(无流体耦合),对于线性系统或一个非线性分量,取时间步长 $\Delta t = 0.01$ s便足够了,对于一弹塑性结构和双线性流体,为得到准确解,需取时间步长 0.005 s,过程的收敛性仍然很快,决不超过三次迭代。

结构线性模型的响应示于图 5.5 中,其中交界面上的流体压力和结构相对于地基的位移画成对时间的关系,当结构沿下游方向的运动企图使交界面处流体产生负压时,空化发生了,当结构反方向运动时,空化域溃灭,比在线性流体的假设下,在更高频率时产生更高的压力极值,负压的截去导致沿下游方向更大的位移,由于结构近区空化域溃灭所增加的压力,沿上游方向的最大位移通常是减少了(除非在第二个循环时),考虑了空化的影响后,使结构中的最大位移(以及力)增加了18%。

结构弹塑性模型的响应示于图5.6中,对于一线性流体和弹塑性结构的压力随时间的变化与一完全线性系统很相似,由于弹簧的屈服效应,结构沿上游方向有一个剩余位移,考虑空化后,对压力的影响与前述线性结构的情形很相似,但空化改变了产生第一个屈服(沿下游方向)的循环,将延展性要求从1.34增加到1.53,由于压力的截断(cutoff),空化将结构的剩余漂移减少将近1/3。

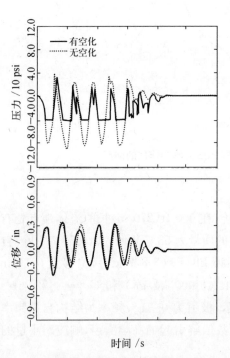

图5.5　一维流体-结构系统在大地运动下的响应
(1 in=0.025 m;10 psi=70 kPa)

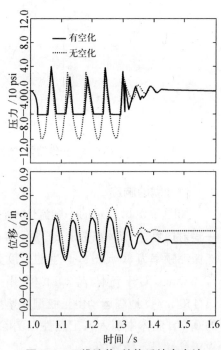

图5.6　一维流体-结构系统在大地运动下的响应;弹塑性结构
(1 in=0.025 m;10 psi=70 kPa)

例2　混凝土重力坝的地震响应

为检验本方法对二维问题的适用能力,考虑了重力混凝土坝在地震下的响应,Pine Flat水坝的最高的非溢流独块的模型示于图5.7中,它受到1952 Yaft Lincoln大学水道地震运动的S69E分量的作用,缩尺加速度为1.0g,流体域离散成72个4节点元素,用线性位移和等压内插函数。截断边界位于坝上游1 200 ft

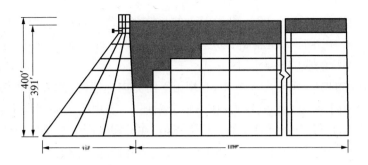

图 5.7　Pine Flat 水坝最高非溢流状态(1 ft＝0.305 m)

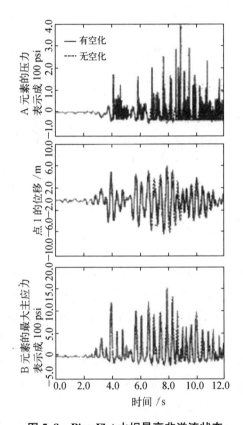

图 5.8　Pine Flat 水坝最高非溢流状态

受到 1952 年林肯大学水道地震运动 S69E 分量作用下的响应;标成 1.0g 的加速度峰值
(1 in＝0.025 m;100 psi＝700 kPa)

(366 m)处,50 倍于流体体积弹性模量(bulk modulus)的加权参数能足够地阻止流体响应中发生涡量,混凝土的性能为:杨氏弹性模量 3 250 ksi(23 GPa);泊松比 0.2;比重 155 lb/ft³(25 kN/m³);单独坝基本振动模态的阻尼比 5%,水的性质与例 1 相同,空化压力为 15 psi(105 kPa),其中包含了大气压力,对于线性流体和空化流体,时间步长 Δt 为 0.02 s 和 0.01 s 便足够获得准确响应,为使空化的非线性响应稳定下来,在水库的基本自振频率时在流体中增加 0.10% 阻尼,这样大小的人工阻尼对系统响应的影响很小。

坝对地震的响应示于图 5.8 中,当坝沿下游方向加速时,截去由空化产生的负压对元素 A 的水动压力影响较大,在下半个循环中,当坝的运动回向上游区域,流体中的空化域溃灭,产生短时间的大压力极值,在地震时产生空化的流体元素示于图 5.7 中。由空化域第一次溃灭所引起的大压力脉冲随后产生的附加的大量空化是不能由线性流体模型所获得的,虽然在水中有大量的空化,但它对坝体的最大位移和应力的影响很小,如图 5.8 中所示,负压的截去减小了上游对坝体的水动力,减小在极值响应以后的位移和应力的大小。可有趣地观察到,能产生显著流体空化的极值地震加速度 1.0g 在坝体元素 B 中产生主应力约 1 500 lb/in^2(11 MPa)张力,是混凝土所不能承受的,明显地,在混凝土坝的地震响应中,由于张应力裂纹的非线性性质比水空化的非线性性质更受影响。

结论

本章描述流体-结构系统非线性动力响应的数值方法,在流体中考虑了空化,对混凝土重力坝的计算表明空化对坝的最大位移和应力的影响较小。

参考文献

[1] Gregory Fenves, Luis M, Vargas-Lolf. Nonlinear Dynamic Analysis of Fluid-structure Systems [J]. J. Engeering Mech 1988,114,2:219 - 240.

[2] Bleich H H and Sandler I S. Interaction between Structures and Bilinear Fluids [J]. Int. J. Solids Structures, 1970,6(5):517 - 639.

[3] Hamdi M A, Ousset Y, and Verchery G. A Displacement Method for Analysis of Vibrations of Coupled Fluid-structure Systems [J]. Int. J. Numer. Methods Eng, 1978,13(1): 139 - 150.

[4] Wilson E L and Khalvati M. Finite Elements for the Dynamic Analysis of Fluid-solid Systems [J]. Int. J. Numer. Methods Eng, 1983,19(11): 1657 - 1668.

[5] Hughes T J R, Pister K S and Taylor R I. Implicit-explicit finite elements in nonlinear transient analysis [J]. Comp. Methods Appl. Mech. Eng, 1979,17/18(1): 159 - 182.

第 6 章　声弹性振动

本章讨论水中结构在振动时辐射出来的噪声,这时要把流体作为声学介质处理,不可压缩的无界流体对结构的影响表现为附加质量的影响,而声学介质对结构的影响则表现为附加质量和阻尼的影响。莱特希尔在这方面有很好的叙述[1]。

6.1　线性声波方程

在理想流体中的运动方程为

$$\rho\left(\frac{\partial \boldsymbol{u}}{\partial t} + \boldsymbol{u} \cdot \nabla \cdot \boldsymbol{u}\right) = -\nabla p \tag{6.1}$$

连续方程为

$$\frac{\partial \rho}{\partial t} + \nabla \cdot (\rho \boldsymbol{u}) = 0$$

或写成

$$\frac{\partial \rho}{\partial t} + \boldsymbol{u} \cdot \nabla \rho + \rho \nabla \cdot \boldsymbol{u} = 0 \tag{6.2}$$

前两项为密度 ρ 的总变化率,由体积膨胀 $\nabla \cdot \boldsymbol{u}$ 加以平衡。

作线性化处理,设流体的密度 ρ 与静止的均匀质量状态 ρ_0 的差异为一小量,略去高阶小量,有

$$\rho_0 \frac{\partial \boldsymbol{u}}{\partial t} = -\nabla p \tag{6.3}$$

$$\frac{\partial \rho}{\partial t} = -\rho_0 \nabla \cdot \boldsymbol{u} \tag{6.4}$$

即速度 u 的局部变化率 $\dfrac{\partial u}{\partial t}$ 正比于 $-\nabla p$，密度 ρ 的局部变化率 $\dfrac{\partial \rho}{\partial t}$ 正比于 $-\nabla \cdot u$。

在线性化的声波理论中，涡量表现得特别简单，由涡量定义

$$\boldsymbol{\Omega} = \nabla \times \boldsymbol{u} \tag{6.5}$$

马上得出

$$\frac{\partial \boldsymbol{\Omega}}{\partial t} = 0 \tag{6.6}$$

即涡量场与时间无关，在空间成为一个定常的场。在线性的声波理论中，涡"留下来"，别的量在传播，这与流体力学中涡随流体质点一起运动的现象不同，这是由于略去对流项所致，这在声学中也是合理的，因压强的传播速度高，对流项速度与之相比，可以略去。

速度场中，除了与时间无关的涡旋部分外，剩余部分的速度场是无旋的，可写成 $\nabla \phi$，仅是这一部分表现为以声速传播的脉动现象，把它写成

$$\boldsymbol{u} = \nabla \phi \tag{6.7}$$

故 u 为速度场的无旋部分，在线性理论中，这无旋的传播速度场与定常的有旋场之间无相互作用，实际上，由于流体速度远小于声速，这种相互作用是可以忽略的。

由式(6.3)、式(6.7)可得

$$p - p_0 = -\rho_0 \frac{\partial \phi}{\partial t} \tag{6.8}$$

与伯努利方程相比，略去了 $-\dfrac{1}{2}\rho_0 \, (\nabla \phi)^2$ 项。由式(6.4)、式(6.7)，可得

$$\frac{\partial \rho}{\partial t} = -\rho_0 \, \nabla^2 \phi \tag{6.9}$$

由 $p = p(\rho)$ 展开得

$$p = p(\rho_0) + (\rho - \rho_0) p'(\rho_0) + \cdots \tag{6.10}$$

略去高阶小量，可得

$$\frac{\partial p}{\partial t} = p'(\rho_0) \, \frac{\partial \rho}{\partial t} \tag{6.11}$$

由式(6.8)、式(6.9)、式(6.11)得

$$\frac{\partial^2 \phi}{\partial t^2} = c^2 \, \nabla^2 \phi \tag{6.12}$$

其中
$$c^2 = p'(\rho_0) \tag{6.13}$$

同样，压强 p 也满足波动方程，c 为传播的速度，沿正 x 方向传播的平面波为

$$\phi = f(x - ct) \tag{6.14}$$

这是一种纵波

$$u = f'(x - ct), \quad v = w = 0 \tag{6.15}$$

其速度场平行于传播方向，由式(6.8)得

$$p - p_0 = \rho_0 cu \tag{6.16}$$

超压与传播方向的速度成正比，这压力比定常流中的 $\frac{1}{2}\rho_0 u^2$ 大得多，另一种解为

$$\phi = g(x + ct) \tag{6.17}$$

一般的解为两者之和，函数 f 和 g 是任意的

$$u = g'(x + ct), \quad v = w = 0 \tag{6.18}$$

超压为

$$p - p_0 = -\rho_0 cu \tag{6.19}$$

沿任意向量 (ξ, η, ζ) 方向传播的一般平面波为

$$\phi = h(\xi x + \eta y + \zeta z - ct) \tag{6.20}$$

其中：$\xi^2 + \eta^2 + \zeta^2 = 1$，满足波动方程(6.12)。

由式(6.7)、式(6.8)得

$$\boldsymbol{u} = (\xi, \eta, \zeta)(\rho_0 c)^{-1}(p - p_0) \tag{6.21}$$

传播速度 c 与方向余弦 (ξ, η, ζ) 和波形 h 无关。

下面计算流体压缩时做的功，单位质量流体的体积为

$$V = \rho^{-1} \tag{6.22}$$

当流体被压缩时，dV 为负，压缩流体做的功为 $p(-dV)$，由于对流体压缩做功，流体单位质量的能量增加为

$$dE = p(-d\rho^{-1}) = p\rho^{-2}d\rho \tag{6.23}$$

现在来计算流体在波动中能量的传播，与声波有关的能量叫声能，声能的传播率叫声强，在任意的线性波动中，将扰动作为小量，在运动方程中，保留一级小量，

略去二级小量,在计算能量及其传播时,要保留二级小量,略去三级小量项,设流体的速度为

$$\boldsymbol{u} = (u,\ v,\ w) \tag{6.24}$$

则流体单位体积的动能为

$$\frac{1}{2}\rho(u^2 + v^2 + w^2) \tag{6.25}$$

在线性理论中可表示为

$$\frac{1}{2}\rho_0(u^2 + v^2 + w^2) \tag{6.26}$$

它与式(6.25)的差别为一个三级小量 $\frac{1}{2}(\rho - \rho_0)(u^2 + v^2 + w^2)$,可以略去。

在振动理论中,惯性的动能项(6.26)应与恢复力项匹配起来,后者相应于声波中的流体压缩性项,叫作势能密度,动能与势能的平均值相等。

沿正 x 轴方向传播的平面波,由式(6.14)、式(6.15)、式(6.16)表示,取 x 为常数的平面,平面左边的流体对右边做功,功率为 pu,由式(6.16)知 $p - p_0$ 与 u 同号,功率为正。

定义声强为

$$I = (p - p_0)u \tag{6.27}$$

流体单位体积被压缩做的功为

$$\rho(p - p_0)(-\mathrm{d}\rho^{-1}) = (p - p_0)\rho^{-1}\mathrm{d}\rho \tag{6.28}$$

与式(6.23)不同的是由单位质量变化到单位体积的变化,式(6.28)也是二级小量,以 ρ_0^{-1} 代 ρ^{-1} 时,误差为三级小量,由式(6.13),可将 $p - p_0$ 代以 $(\rho - \rho_0)c^2$,流体被压缩到 ρ 时的总势能为

$$\int_{\rho_0}^{\rho} (\rho - \rho_0)c^2\rho_0^{-1}\mathrm{d}\rho = \frac{1}{2}(\rho - \rho_0)^2 c^2\rho_0^{-1} = \frac{1}{2}(p - p_0)^2 c^{-2}\rho_0^{-1} \tag{6.29}$$

一般振动理论中的动能、位能平均值相等的假设,对平面波的情形是完全适用的,密度处处相等,$v = w = 0$,利用式(6.16)后,总的声能密度,由动能与势能之和而得,它等于

$$W = \rho_0 u^2 \tag{6.30}$$

式(6.27)则成为

$$I = \rho_0 c u^2$$

声波以速度 c 传播时,能量　$I = cW$。

对于三维声波的情形,式(6.29)不变,但不再得式(6.30),因式(6.16)不是普遍适用的,利用式(6.7)、式(6.8)代入式(6.29),得动能加势能的总的声能密度为

$$W = \frac{1}{2}\rho_0 \left[(\nabla\phi)^2 + c^{-2} \left(\frac{\partial\phi}{\partial t} \right)^2 \right] \tag{6.31}$$

在三维声波的情况下,定义声强为一矢量 $\boldsymbol{I}$,把式(6.27)推广为

$$\boldsymbol{I} = (p - p_0)\boldsymbol{u} \tag{6.32}$$

它通过任意方向 $\boldsymbol{n}$ 单位面积上的能量传播率为 $\boldsymbol{I} \cdot \boldsymbol{n}$,表成速度势

$$\boldsymbol{I} = -\rho_0 \left(\frac{\partial\phi}{\partial t} \right) \nabla\phi \tag{6.33}$$

从声能守恒方程

$$\frac{\partial W}{\partial t} = -\nabla \cdot \boldsymbol{I} \tag{6.34}$$

可以检验式(6.31)和式(6.33)的互相一致性,式(6.34)表示某一小区域中声能的变化率等于输入该区域的声能率,其中在左端忽略了 $\boldsymbol{u} \cdot \nabla W$,它是声能的对流项,因它是三级小量,式(6.34)确切地被线性速度势所满足,由式(6.31),其左端项为

$$\rho_0 \left[(\nabla\phi) \cdot \nabla \left(\frac{\partial\phi}{\partial t} \right) + C^{-2} \left(\frac{\partial\phi}{\partial t} \right) \left(\frac{\partial^2\phi}{\partial t^2} \right) \right] \tag{6.35}$$

由式(6.33),其右端项为

$$\rho_0 \left[(\nabla\phi) \cdot \nabla \left(\frac{\partial\phi}{\partial t} \right) + \left(\frac{\partial\phi}{\partial t} \right) \nabla^2\phi \right] \tag{6.36}$$

由波动方程(6.12)可知,这两者是相等的。

声强可以用 $W \cdot m^{-2}$(瓦特/平方米),但考虑到声的效应时,用对数尺度表示更为合适,因对于一定的频率(Hz),人耳对于声强相同的对数差别(不是声强本身的差别),会感受到声响的相同差别,声强的分贝(dB)定义为

$$120 + 10 \lg(I/W \cdot m^{-2}) \tag{6.37}$$

括弧中值为强度矢量 I 的大小,以 $W \cdot m^{-2}$ 表示,在典型高频(500~8 000 Hz)时的典型最小声强水平为 0 dB,相当于 $I = 10^{-12} \ W \cdot m^{-2}$。

相似地对于听力有一威胁限度。在低频时或高频时,即在 200 Hz 或 15 000 Hz

时,为 20 dB(即 $I=10^{-10}$ W·m^{-2});在 100 Hz 或 18 000 Hz 时,威胁限度为 40 dB。当频率低于 20 Hz 或高于 20 000 Hz 时听力消失,大部分频率的声音超过 120 dB 时(即 $I=1$ W·m^{-2})时,引起实际的祸害。

人们在通常说话中的功率输出为 10^{-5} W,在大声歌唱时会升到 0.03 W,机器发出的声功率可以很大,如发射宇宙飞船的大火箭发动机发出的声音可达 10^5 W。

6.2　任意形状壳体在声介质 中的耦合振动

舰艇的噪声特性对其作战性能是极为重要的,对于潜艇,噪声特性对其隐蔽性尤其重要,国外致力于发展噪声很小的安静型舰艇,如英国为了降低核潜艇的噪声,对核反应堆中冷却循环水管引起的噪声进行了研究,研制成一种干扰装置,可以抵消掉这部分噪声。西德研制成低噪声的中、小型潜艇(约 1 500 t),采用蓄电机-电机带动大盘面单螺旋桨。充电一次,可活动一昼夜,在隐蔽的时间地点上浮,用柴油机充电,浮出的通气管口装置由特殊材料制成,对雷达波不反射、充电一次为 2 h,该潜艇能在别国的舰队下航行而不被发现,是专门出口卖给别国的。

潜艇噪声源有动力装置引起艇体结构振动,有螺旋桨空化噪声、激振力引起结构振动,再辐射噪声,有流体的附面层噪声等。本节专门讨论壳体振动引起的噪声。

6.2.1　亥姆霍兹积分方程

对于时间为简谐的振动,速度势 $\phi(\boldsymbol{x},\ t)$ 可表示成

$$\phi(\boldsymbol{x},\ t) = \varphi(\boldsymbol{x})\mathrm{e}^{-\mathrm{i}\omega t}$$

式中:ω 为振动圆频率。波动方程可变成亥姆霍兹方程

$$\frac{\partial^2 \phi}{\partial x_j \partial x_j} + k^2 \phi = 0 \tag{6.38}$$

式中:$k = \omega/c$ 为波数;压强为

$$p = -\rho_0 \frac{\partial \phi}{\partial t} \tag{6.39}$$

成为

$$p = \mathrm{i}\omega\rho_0 \phi \tag{6.40}$$

对于亥姆霍兹方程(6.38),相应于单位源的典型解为

$$G = \frac{\mathrm{e}^{\mathrm{i}kr}}{r} \tag{6.41}$$

式中：$r = \sqrt{(x_i - \xi_i)(x_i - \xi_i)}$。对于某一有界区域 τ，应用格林定理，有

$$\int_S \left(\phi \frac{\partial G}{\partial n} - G \frac{\partial \phi}{\partial n} \right) \mathrm{d}S = \int_\tau (G \nabla^2 \phi - \phi \nabla^2 G) \mathrm{d}V \tag{6.42}$$

由于 ϕ，G 均满足式(6.38)，故上式右端项消失，得

$$\int_S \phi \frac{\partial G}{\partial n} \mathrm{d}S = \int_S G \frac{\partial \phi}{\partial n} \mathrm{d}S \tag{6.43}$$

式中：S 为区域 τ 的边界面，若讨论的场点 $\boldsymbol{x}$ 在区域 τ 之内，则通过对奇性的处理，在 $\boldsymbol{x}$ 点周围取封闭小球面，可得

$$\phi(\boldsymbol{x}) = \frac{1}{4\pi} \int_S \frac{\mathrm{e}^{\mathrm{i}kr}}{r} \frac{\partial \phi(\boldsymbol{\xi})}{\partial n} \mathrm{d}s - \frac{1}{4\pi} \int_S \phi(\boldsymbol{\xi}) \frac{\partial}{\partial n} \left(\frac{\mathrm{e}^{\mathrm{i}kr}}{r} \right) \mathrm{d}s \tag{6.44}$$

法向 n 指向区域之外，速度势可看成是由分布在边界面 S 上的源汇和偶极子所组成，若场点 $\boldsymbol{x}'$ 位于区域 τ 之外，则有

$$0 = \frac{1}{4\pi} \int_S \frac{\mathrm{e}^{\mathrm{i}kr'}}{r'} \frac{\partial \phi(\boldsymbol{\xi})}{\partial n} \mathrm{d}s - \frac{1}{4\pi} \int_S \phi(\boldsymbol{\xi}) \frac{\partial}{\partial n} \left(\frac{\mathrm{e}^{\mathrm{i}kr'}}{r'} \right) \mathrm{d}s \tag{6.45}$$

其中 $r' = |\boldsymbol{x}' - \boldsymbol{\xi}|$，由式(6.44)中给出的源汇、偶极子分布形式可以无穷多个。

考虑区域 τ 外面的无界区域，其中的速度势为 ϕ'，且要求在无穷处满足有界条件和辐射条件

$$|r\phi'| < R \qquad r \to \infty \tag{6.46}$$

$$r \left[\frac{\partial \phi'}{\partial r} - \mathrm{i}k\phi' \right] \to 0 \qquad r \to \infty \tag{6.47}$$

在无界区域中应用格林定理，取无穷处的封闭面 S_∞，当场点 $\boldsymbol{x}$ 位于外域中时，有

$$\phi'(\boldsymbol{x}) = \frac{1}{4\pi} \int_{S+S_\infty} \frac{\mathrm{e}^{\mathrm{i}kr}}{r} \frac{\partial \phi'}{\partial n'} \mathrm{d}s - \frac{1}{4\pi} \int_{S+S_\infty} \phi' \frac{\partial}{\partial n'} \left(\frac{\mathrm{e}^{\mathrm{i}kr}}{r} \right) \mathrm{d}s$$

由于在 S_∞ 上，ϕ 和 $\frac{\mathrm{e}^{\mathrm{i}kr}}{r}$ 都满足有界条件式(6.46)和辐射条件式(6.47)，故上式右端中对 S_∞ 的积分消失，得

$$\phi'(\boldsymbol{x}) = \frac{1}{4\pi} \int_S \frac{\mathrm{e}^{\mathrm{i}kr}}{r} \frac{\partial \phi'}{\partial n'} \mathrm{d}s - \frac{1}{4\pi} \int_S \phi' \frac{\partial}{\partial n'} \left(\frac{\mathrm{e}^{\mathrm{i}kr}}{r} \right) \mathrm{d}s \tag{6.48}$$

当场点 x 位于内区域中时,则有

$$0 = \frac{1}{4\pi}\int_s \frac{e^{ikr}}{r}\frac{\partial \phi'}{\partial n'}ds - \frac{1}{4\pi}\int_s \phi' \frac{\partial}{\partial n'}\left(\frac{e^{ikr}}{r}\right)ds \tag{6.49}$$

设内域中的速度势为 ϕ,外域中的速度势为 ϕ',当场点 x 位于内域中时,它必处于外域之外,因此,有

$$\phi(x) = \frac{1}{4\pi}\int_s \frac{e^{ikr}}{r}\frac{\partial \phi}{\partial n}ds - \frac{1}{4\pi}\int_s \phi \frac{\partial}{\partial n}\left(\frac{e^{ikr}}{r}\right)ds$$

$$0 = \frac{1}{4\pi}\int_s \frac{e^{ikr}}{r}\frac{\partial \phi'}{\partial n'}ds - \frac{1}{4\pi}\int_s \phi' \frac{\partial}{\partial n'}\left(\frac{e^{ikr}}{r}\right)ds$$

其中法向 n、n' 都是朝向所考虑的区域之外,故在 S 面上 $\dfrac{\partial}{\partial n} = -\dfrac{\partial}{\partial n'}$,将上两式相加得

$$\phi(x) = \frac{1}{4\pi}\int_s \frac{e^{ikr}}{r}\left(\frac{\partial \phi}{\partial n} + \frac{\partial \phi'}{\partial n}\right)ds - \frac{1}{4\pi}\int_s (\phi - \phi')\frac{\partial}{\partial n}\left(\frac{e^{ikr}}{r}\right)ds \tag{6.50}$$

设在 S 面上,$\phi' = \phi$,即 S 面两边的切向速度连续,法向速度不连续,式(6.50)变为

$$\phi(x) = \frac{1}{4\pi}\int_s \frac{e^{ikr}}{r}\left(\frac{\partial \phi}{\partial n} + \frac{\partial \phi'}{\partial n'}\right)ds \tag{6.51}$$

即为由面源强度分布 $\left(\dfrac{\partial \phi}{\partial n} + \dfrac{\partial \phi'}{\partial n'}\right)$ 所引起的速度势。

再设在 S 面上 $\dfrac{\partial \phi'}{\partial n} = \dfrac{\partial \phi}{\partial n}$,即 S 面两边的法向速度连续,切向速度不连续,式(6.50)变为

$$\phi(x) = \frac{1}{4\pi}\int_s (\phi - \phi')\frac{\partial}{\partial n}\left(\frac{e^{ikr}}{r}\right)ds \tag{6.52}$$

即为由面偶极子分布 $\phi - \phi'$ 所引起的速度势。

当场点 x 处于外域中时,它必处于内域之外,也可用与上面相同的方法得到相应于式(6.50)、式(6.51)、式(6.52)的表达式。

在方程(6.38)中,当场点 x 落在 s 上时,它变为

$$\phi(x) = \frac{1}{2\pi}\int_s \frac{e^{ikr}}{r}\frac{\partial \phi}{\partial n} - \frac{1}{2\pi}\int_s \phi\frac{\partial}{\partial n}\left(\frac{e^{ikr}}{r}\right)ds \qquad (x \in s) \tag{6.53}$$

它成为求解内域问题的积分方程。

在方程(6.48)中,当场点 x 落在 s 上时,它变为

$$\phi'(\boldsymbol{x}) = \frac{1}{2\pi}\int_s \frac{\mathrm{e}^{\mathrm{i}kr}}{r}\frac{\partial \phi'}{\partial n'}\mathrm{d}s - \frac{1}{2\pi}\int_s \phi'\frac{\partial}{\partial n'}\left(\frac{\mathrm{e}^{\mathrm{i}kr}}{r}\right)\mathrm{d}s \qquad \boldsymbol{x}\in s \qquad (6.54)$$

它成为求解外域问题的积分方程,均称为亥姆霍兹积分方程。

求解满足亥姆霍兹方程的速度势与求解满足拉普拉斯方程的速度势不一样,后者解的存在性问题已解决,前者则还有一些问题,在讨论外域的求解问题时,以 ϕ 表示外域中的速度势。

$$\int_s\left[\frac{\mathrm{e}^{\mathrm{i}kr}}{r}\frac{\partial \phi}{\partial n} - \phi\frac{\partial}{\partial n}\left(\frac{\mathrm{e}^{\mathrm{i}kr}}{r}\right)\right]\mathrm{d}s = \begin{cases} 4\pi\phi(\boldsymbol{x}) & \boldsymbol{x}\in\tau_\infty & (6.55)\\ 0 & \boldsymbol{x}\in\tau & (6.56)\\ 2\pi\phi(\boldsymbol{x}) & \boldsymbol{x}\in s & (6.57) \end{cases}$$

其中:$r=|\boldsymbol{x}-\boldsymbol{\xi}|$ 为场点 $\boldsymbol{x}$ 与 S 面上点 $\boldsymbol{\xi}$ 之间的距离。当物面上的法向速度 $\dfrac{\partial \phi}{\partial n}$ 已知时,式(6.57)成为求解 $\phi(\boldsymbol{x})$ 的积分方程。在某些情况下,求解会出现问题,即波数 k 等于某些特征值 k' 的情况下,有

(1) 存在 $\phi(\boldsymbol{\xi})\equiv\phi'(\boldsymbol{\xi})\neq 0$,使在 S 面上,$\dfrac{\partial \phi}{\partial n}=0$

$$\int_s -\phi'(\boldsymbol{\xi})\frac{\partial}{\partial n}\left(\frac{\mathrm{e}^{\mathrm{i}k'r}}{r}\right)\mathrm{d}s = 2\pi\phi'(x) \qquad \boldsymbol{x}\in s \qquad (6.58)$$

$$\int_s -\phi'(\boldsymbol{\xi})\frac{\partial}{\partial n}\left(\frac{\mathrm{e}^{\mathrm{i}k'r}}{r}\right)\mathrm{d}s = 0 \qquad \boldsymbol{x}\in\tau \qquad (6.59)$$

(2) 存在 $\dfrac{\partial \phi(\boldsymbol{\xi})}{\partial n}\equiv\dfrac{\partial \phi'(\boldsymbol{\xi})}{\partial n}\neq 0$,使在 S 面上 $\phi(\boldsymbol{x})=0$

$$\int_s \frac{\mathrm{e}^{\mathrm{i}k'r}}{r}\frac{\partial \phi'}{\partial n}\mathrm{d}s = 0 \qquad \boldsymbol{x}\in s \qquad (6.60)$$

$$\int_s \frac{\mathrm{e}^{\mathrm{i}k'r}}{r}\frac{\partial \phi'}{\partial n}\mathrm{d}s = 0 \qquad \boldsymbol{x}\in\tau \qquad (6.61)$$

可以看出,当波数等于特征值 k' 时,S 面上的速度势值与法向速度之间,不再存在着唯一的对应关系。这对应于内域中存在特征解的情形,对于任意形状的封闭体,可由式(6.59)或式(6.61)求得其内域特征值。离散化以后,积分方程变成一组 m 个线性齐次代数方程组,包含 m 个未知量,即离散化后的 $\phi'(\boldsymbol{\xi})$ 或 $\dfrac{\partial \phi'(\boldsymbol{\xi})}{\partial n}$ 值。令其系数的行列式等于 0,即可求得特征波数 k',以及相应的特征模态解。

6.2.2 源汇分布积分方程

前面讨论了单独用源汇表示速度势的问题,设 S 面上的源汇强度为 $\sigma(\boldsymbol{\xi})$,则有外域的解为

$$\phi(\boldsymbol{x}) = \frac{-1}{4\pi} \int_S \sigma(\boldsymbol{\xi}) \frac{\mathrm{e}^{\mathrm{i}kr}}{r} \mathrm{d}s \tag{6.62}$$

$$\frac{\partial \phi(\boldsymbol{x})}{\partial n} = -\frac{1}{4\pi} \int_S \sigma(\boldsymbol{\xi}) \frac{\partial}{\partial n} \left(\frac{\mathrm{e}^{\mathrm{i}kr}}{r} \right) \mathrm{d}s + \frac{1}{2} \sigma(\boldsymbol{x}) \qquad \boldsymbol{x} \in s \tag{6.63}$$

$$p = -\rho \frac{\partial \phi}{\partial t} = \mathrm{i}\omega\rho\phi = -\mathrm{i}\omega\rho \frac{1}{4\pi} \int_S \sigma(\boldsymbol{\xi}) \frac{\mathrm{e}^{\mathrm{i}kr}}{r} \mathrm{d}s \tag{6.64}$$

为了克服求解过程中的不唯一性问题,许多学者进行了工作,Scheck(1968)采用了过量的代数方程式,除了积分方程(6.63)中离散化所得之外,还用内域配点得到一些附加的代数方程式,这一过量的代数方程组具有非方形的矩阵系数,然后用最小二乘法求解。Ursell(1973)建议采用不同于 $G(\boldsymbol{x}, \boldsymbol{\xi}) = \dfrac{\mathrm{e}^{\mathrm{i}kr}}{r}$ 的基本解 $G^*(\boldsymbol{x}, \boldsymbol{\xi})$,定义为

$$G^*(\boldsymbol{x}, \boldsymbol{\xi}) = G(\boldsymbol{x}, \boldsymbol{\xi}) + \Gamma(\boldsymbol{x}, \boldsymbol{\xi}) \tag{6.65}$$

式中:$\Gamma(\boldsymbol{x}, \boldsymbol{\xi})$ 为一解析的波函数。这一新的基本解能在内域中满足某种耗散条件,结果使积分方程总是非奇异的,且具有唯一解。但问题在于函数 $\Gamma(\boldsymbol{x}, \boldsymbol{\xi})$ 本身需计算一个无穷级数,在数值上难于构造。

浦顿(Burton)和密路(Miller)(1977)采用组合积分方程的方法求得对所有波数的唯一解,即将原积分方程(6.57)与其微分形式相组合,有

$$\int_S \left\{ G(\boldsymbol{x}, \boldsymbol{\xi}) \frac{\partial \phi(\boldsymbol{\xi})}{\partial n} - \phi(\boldsymbol{\xi}) \frac{\partial G}{\partial n} \right\} \mathrm{d}s + \mu \int_S \left\{ \frac{\partial G(\boldsymbol{x}, \boldsymbol{\xi})}{\partial n(\boldsymbol{x})} \frac{\partial \phi(\boldsymbol{\xi})}{\partial n(\boldsymbol{\xi})} - \phi(\boldsymbol{\xi}) \frac{\partial^2 G(\boldsymbol{x}, \boldsymbol{\xi})}{\partial n(\boldsymbol{x}) \partial n(\boldsymbol{\xi})} \right\} \mathrm{d}s$$
$$= 2\pi \left\{ \phi(\boldsymbol{x}) + \mu \frac{\partial \phi(\boldsymbol{x})}{\partial n(\boldsymbol{x})} \right\} \tag{6.66}$$

式中:μ 为耦合系数,其虚部不为零。式(6.66)的缺点是它包含了奇性更强的项

$$\int_S -\phi(\boldsymbol{\xi}) \frac{\partial^2 G(\boldsymbol{x}, \boldsymbol{\xi})}{\partial n(\boldsymbol{x}) \partial n(\boldsymbol{\xi})} \mathrm{d}s \tag{6.67}$$

对它不能直接地进行数值积分,而需另行处理。

6.2.3 声阻抗(Acoustic Impedance)

定义总阻抗为 $\qquad\qquad p_i = Z_i u_i \tag{6.68}$

式中：p_i 为边界面上 i 位置处的总声压；u_i 为 i 处声介质的法向速度。式(6.68)可写成

$$Z_i = Z_{ii} + \sum_j Z_{ij} \frac{u_j}{u_i} \tag{6.69}$$

式中：Z_{ii} 和 Z_{ij} 称为自比阻抗和互比阻抗；Z_{ij} 简称为声阻抗，它表示在 j 处的单位法向速度对 i 处诱导产生的压强，它与频率(波数)和边界面的几何形状有关。对于总阻抗 Z_i 还需知道边界面上各处的速度，这由式(6.69)是明显可见的。声阻抗矩阵的逆阵

$$Y = Z^{-1} \tag{6.70}$$

称为容抗矩阵，元素 Y_{ij} 的意义是：在 j 处作用单位压强时，在 i 处产生的法向速度，它与 Z 的关系通过矩阵求逆过程进行计算。

对于 Z 有相当多的理论和试验的文献，有些形状的表面是可以用经典的分离变量法计算而得的，例如 Swenson 和 Johnson (1952)计算了方形活塞(处于无界平面中)的辐射阻抗；Pritchard(1960)计算了无界平面中圆盘的阻抗；Robey(1955)计算了排列的有界柱体的阻抗；Sherman(1958)计算了在球和柱面上圆形和方形活塞的阻抗；Van Bugon(1971)计算了长球上杯和环的阻抗，边界单元法为任意形状物体的阻抗 Z 或容抗 Y 计算提供了有力的工具。

下面讨论结构振动的计算。

6.2.4 用容抗、柔度表示的耦合作用

用有限元方法将壳体结构离散化、设节点的位移为 $\boldsymbol{\delta}$，对具有线性阻尼，作简谐振动的弹性结构，可求得其运动方程为

$$(K - i\omega C - \omega^2 M)\boldsymbol{\delta} = F \tag{6.71}$$

式中：K，C，M，F 为系统的刚度矩阵、阻尼矩阵、质量矩阵和力矩阵，是由各个元素的相应矩阵集装而成的，例如，元素的阻尼矩阵为

$$C_{ij}^e = \int_{V_e} N_i^T \beta N_j \mathrm{d}v \tag{6.72}$$

式中：β 为阻尼密度。元素的质量矩阵为

$$m_{ij}^e = \int_{V_e} N_i^T \rho N_j \mathrm{d}v \tag{6.73}$$

系统的阻抗矩阵为

$$Z = \frac{1}{i\omega}K + i\omega M - C \tag{6.74}$$

系统的柔度(mobility)矩阵 Q 为阻抗矩阵的逆矩阵

$$Q = Z^{-1} \tag{6.75}$$

系统的响应速度可表示成

$$\dot{\delta} = QF \tag{6.76}$$

将节点分成与流体接触的表面节点 δ_S 和不与流体接触的内部节点 δ_I 两部分。表面节点上的作用力有已知外力 F_S 和流体作用力 F_S^*，内部节点上的作用力为已知外力 F_I，则式(6.76)可分块表示成

$$\begin{bmatrix} \dot{\delta}_S \\ \dot{\delta}_I \end{bmatrix} = \begin{bmatrix} Q_{SS} & Q_{SI} \\ Q_{IS} & Q_{II} \end{bmatrix} \left\{ \begin{pmatrix} F_S^* \\ 0 \end{pmatrix} + \begin{pmatrix} F_S \\ F_I \end{pmatrix} \right\} \tag{6.77}$$

由声场的求解,可得

$$\dot{\delta}_S = YF_S^* \tag{6.78}$$

式中: Y 为容抗,为阻抗的逆矩阵,将式(6.78)代入式(6.77)得

$$\left. \begin{aligned} \begin{pmatrix} YF_S^* \\ \dot{\delta}_I \end{pmatrix} &= \begin{bmatrix} Q_{SS} & Q_{SI} \\ Q_{IS} & Q_{II} \end{bmatrix} \left\{ \begin{pmatrix} F_S^* \\ 0 \end{pmatrix} + \begin{pmatrix} F_S \\ F_I \end{pmatrix} \right\} \\ YF_S^* &= Q_{SS}F_S^* + Q_{SS}F_S + Q_{SI}F_I \\ (Y - Q_{SS})F_S^* &= Q_{SS}F_S + Q_{SI}F_I \\ F_S^* &= [Y - Q_{SS}]^{-1}[Q_{SS}F_S + Q_{SI}F_I] \end{aligned} \right\} \tag{6.79}$$

这样,流体作用力可表示成结构柔度、声容抗和已知外力的函数。

6.3　声场积分方程的离散化

本节考虑两种形式的面元,即简单的活塞元素和与结构一致的元素。前者将壳体表面分割成一定的几何形状,如图 6.1 所示的平面三角形等,其上的速度是均匀分布的,选元素的形心作为控制点,令该点的壳体值等于流体值。这种近似,使流体的速度和压强在元素边界处不连续,若用源汇分布代表声场,则压强为

$$p(x) = -i\omega\rho \int_S \sigma(\xi) \frac{e^{ikr}}{r} ds(\xi) \tag{6.80}$$

面元上的法向速度为

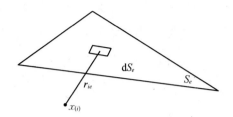

图 6.1　活塞元素的三角形面元

$$u(\boldsymbol{x}) = 2\pi\sigma(\boldsymbol{x}) - \int_S \sigma(\boldsymbol{\xi})\frac{\partial}{\partial n_\xi}\Big(\frac{\mathrm{e}^{\mathrm{i}kr}}{r}\Big)\mathrm{d}s(\boldsymbol{\xi}) \qquad (6.81)$$

将壳体表面分成 m 块三角形元素，在其上分布均匀的源强 σ_e，则式(6.80)、式(6.81)的离散化形式为

$$p_j = \sum_{e=1}^{m}\lambda_{je}\sigma_e \qquad (6.82)$$

$$u_i = \sum_{e=1}^{m}\chi_{ie}\sigma_e \qquad (6.83)$$

式中

$$\lambda_{je} \equiv -\mathrm{i}\omega\rho\int_{S_e}\frac{\mathrm{e}^{\mathrm{i}kr_{je}}}{r_{je}}\mathrm{d}S_e \qquad (6.84)$$

$$\chi_{ie} \equiv \begin{cases} 2\pi & i = e \\ -\int_{S_e}\dfrac{\partial}{\partial n_e}\Big(\dfrac{\mathrm{e}^{\mathrm{i}kr_{ie}}}{r_{ie}}\Big)\mathrm{d}S_e & i \neq e \end{cases} \qquad (6.85)$$

以矩阵形式组合式(6.82)、式(6.83)得

$$\boldsymbol{u} = \boldsymbol{\chi}\boldsymbol{\lambda}^{-1}\boldsymbol{p} \qquad (6.86)$$

声容抗(Admittance)为

$$\boldsymbol{Y} = \boldsymbol{\chi}\boldsymbol{\lambda}^{-1} \qquad (6.87)$$

由式(6.84)、式(6.85)表示的计算 λ_{je}，χ_{ie} 的积分称为亥姆霍兹积分，积分区域为一般三角形，得不到封闭的解析表达式。可用数值积分方法，注意积分核的 $\mathrm{e}^{\mathrm{i}kr}/r$ 的振动性和奇异性，可将三角形再分割得小些。

对于与结构一致的元素可以采用自然坐标，设三角形元素三个角点在总体坐标中的坐标为 (x_1, y_1)，(x_2, y_2)，(x_3, y_3)，则三角形中任意一点 (x, y) 可表示为

$$x = L_1 x_1 + L_2 x_2 + L_3 x_3 \atop y = L_1 y_1 + L_2 y_2 + L_3 y_3 \Bigg\} \tag{6.88}$$

式中：L_1，L_2，L_3 为三个自然坐标，满足条件

$$L_1 + L_2 + L_3 = 1 \tag{6.89}$$

求解方程(6.88)、方程(6.89)，得

$$\left. \begin{aligned} L_1(x,\ y) &= \frac{A_1}{A} \\ L_2(x,\ y) &= \frac{A_2}{A} \\ L_3(x,\ y) &= \frac{A_3}{A} \end{aligned} \right\} \tag{6.90}$$

式中：A，A_1，A_2，A_3 分别为三角形 123，P23，P31，P12 的面积(图 6.2)。

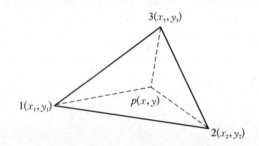

图 6.2　与结构一致元素的三角形面元

$$\left. \begin{aligned} A &= \frac{1}{2} \begin{vmatrix} 1 & x_1 & y_1 \\ 2 & x_2 & y_2 \\ 3 & x_3 & y_3 \end{vmatrix}, \quad A_1 = \frac{1}{2} \begin{vmatrix} 1 & x & y \\ 1 & x_2 & y_2 \\ 1 & x_3 & y_3 \end{vmatrix} \\ A_2 &= \frac{1}{2} \begin{vmatrix} 1 & x_1 & y_1 \\ 1 & x & y \\ 1 & x_3 & y_3 \end{vmatrix}, \quad A_3 = \frac{1}{2} \begin{vmatrix} 1 & x_1 & y_1 \\ 1 & x_2 & y_2 \\ 1 & x & y \end{vmatrix} \end{aligned} \right\} \tag{6.91}$$

L_1，L_2，L_3 也可称为面积坐标，如图 6.3 所示，若函数场在角点上的值分别为 ϕ_1，ϕ_2，ϕ_3，则三角形内任意一点函数值 ϕ 为

$$\phi = \phi_1 L_1 + \phi_2 L_2 + \phi_3 L_3 \tag{6.92}$$

其导数为

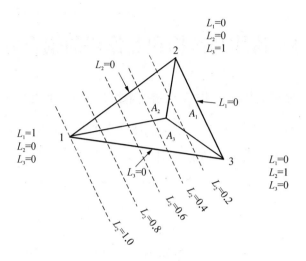

图 6.3　面积坐标

$$
\left.
\begin{aligned}
\frac{\partial \phi}{\partial x} &= \phi_1 \frac{\partial L_1}{\partial x} + \phi_2 \frac{\partial L_2}{\partial x} + \phi_3 \frac{\partial L_3}{\partial x} \\
\frac{\partial \phi}{\partial y} &= \phi_1 \frac{\partial L_1}{\partial y} + \phi_2 \frac{\partial L_2}{\partial y} + \phi_3 \frac{\partial L_3}{\partial y}
\end{aligned}
\right\}
\tag{6.93}
$$

式中：$\dfrac{\partial L_i}{\partial x}$，$\dfrac{\partial L_i}{\partial y}$ 为常数。对于三角形 123 上由 L_i 不同幂次值组成的积分，有表达式

$$
\int_{\triangle 123} L_1^{\alpha} L_2^{\beta} L_3^{\gamma} \mathrm{d}s = \frac{\alpha!\beta!\gamma!}{(\alpha+\beta+\gamma+2)!} 2A
\tag{6.94}
$$

对于积分方程中的积分

$$
I \equiv \int_S G(\boldsymbol{x},\,\boldsymbol{\xi}) u(\boldsymbol{\xi}) \mathrm{d}s(\boldsymbol{\xi})
\tag{6.95}
$$

在第 e 个元素三角形上的离散化形式为

$$
\left.
\begin{aligned}
I_e &= \int_{S_e} \Big(\sum_{i=1}^{3} L_i G_i \sum_{j=1}^{3} L_j u_j \Big) \mathrm{d}s_e \\
&= \sum_{i=1}^{3} G_i \sum_{j=1}^{3} u_j \cdot \int_{S_e} L_i L_j \mathrm{d}s_e = \sum_{i=1}^{3} \sum_{j=1}^{3} G_i u_j N_{ij}
\end{aligned}
\right\}
\tag{6.96}
$$

式中：$N_{ij} = \displaystyle\int_{S_e} L_i L_j \mathrm{d}s_e$ 可马上由式(6.94)中令 α，β，γ 某两个值为 1，另 1 个值为 0 而求得。这样，边界上的函数值是连续分布的，且流体的值与结构的值也是处处连续的，故称为与结构一致的元素。

6.4　流体与结构相互作用的耦合方程

设壳体在已知外力 $F_k \mathrm{e}^{-i\omega t}$ 作用下的法向速度为 $\dot{w}_i$，可由式(6.76)算得，对流场采用活塞元素，用源汇分布，则元素上流体质点的法向速度为 $\sum\limits_{i=1}^{m} Y_{ij} p_j$，可由式(6.86)算得，$Y_{ij}$ 为容抗，壳体在流体动力 $p_j A_j$ 作用下产生的法向速度为 $-\sum\limits_{j=1}^{m} q_{ij} p_j A_j$，可由式(6.76)算得，$q_{ij}$ 为结构的柔度，令结构与流体的法向速度相等，得

$$\dot{w}_i - \sum_{j=1}^{m} q_{ij} p_j A_j = \sum_{j=1}^{m} Y_{ij} p_j \qquad (i = 1, 2, \cdots, m) \qquad (6.97)$$

写成矩阵形式，有

$$\dot{w} - qA p = Y p \qquad (6.98)$$

将容抗表达式(6.87)代入，有

$$p = [qA + \chi \lambda^{-1}]^{-1} \dot{w} \qquad (6.99)$$

由此求解未知的压强 p，该方程中包含有两个求逆矩阵的过程，若以源汇分布 σ_e 作为未知量，则计算过程更为有效，相应的方程为

$$\sigma_e = [qA\lambda + \chi]^{-1} \dot{w} \qquad (6.100)$$

求得 σ_e 后，再求其他各量。

6.5　瞬态过程问题

上面讨论了结构作简谐振动时的声辐射问题，更一般的过程为瞬态过程，例如对冲击载荷的响应过程。对于瞬态过程的声弹性问题，尚无一般的数值求解过程，其主管方程如下：

$$\left.\begin{array}{ll} D_S[w] = p^{(i)} + p^{(s)}(\dot{w}) & \text{在结构域中} \\[2mm] \nabla^2 \varphi = \dfrac{1}{c^2} \dfrac{\partial^2 \varphi}{\partial t^2} & \text{在流体域中} \\[2mm] \dot{w} = u_n = u_n^{(i)} + u_n^{(s)} & \text{在交界面上} \\[2mm] p^{(s)} = -\rho \dfrac{\partial \varphi}{\partial t}, \ u^{(s)} = \dfrac{\partial \varphi}{\partial n} & \text{在交界面上} \end{array}\right\} \qquad (6.101)$$

式中：$D_S[\ ]$ 为结构算子；$w,\dot{w},u_n$ 为在结构流体交界面上的结构法向位移、速度、流体法向速度；上标(i)表示入射场；(s)表示散射场；$p^{(s)}(\dot{w})$ 为散射场压强。

Farn 和 Huang(1968)将边界元方法应用于瞬态问题，研究了任意形状物体由静止起动时引起的声场，采用源汇分布，有

$$\varphi(\boldsymbol{x},\ t)=\int_s \frac{\sigma\left[\boldsymbol{\xi},\ t-\dfrac{r}{c}\right]}{r}\mathrm{d}s \tag{6.102}$$

$$2\pi\sigma(\boldsymbol{x},\ t)+\int_s\left\{\frac{1}{r^2}\sigma\left[\boldsymbol{\xi},\ t-\frac{r}{c}\right]+\frac{1}{rc}\frac{\partial\sigma\left[\boldsymbol{\xi},\ t-\dfrac{r}{c}\right]}{\partial\left[t-\dfrac{r}{c}\right]}\right\}\frac{\partial r}{\partial n_\xi}\mathrm{d}s=u(\boldsymbol{x},\ t),\quad \boldsymbol{x}\in s$$
$$\tag{6.103}$$

式中：$\sigma(\boldsymbol{x},\ t)=0$，当 $t<0$。

式(6.102)、式(6.103)连同 $p=-\rho\dfrac{\partial\varphi}{\partial t}$ 式组成了瞬态过程的源汇方法。Farn 和 Huang(1968)将式(6.103)用三角形元素离散化，对时间则用步长 Δt 推进，计算了 3 个数值例子，仅适用于小的 Δt 值。

自 20 世纪 60 年代初以来，已利用了边界积分方程来预报水下结构的噪声辐射。为了克服封闭曲面内部特征频率处的困难，发展了几种修正亥姆霍兹方程的方法。简单源汇分布法曾使用了约 20 年，这部分原因是由于当时计算的频率较低，尚达不到内部特征频率的范围。当考虑到封闭曲面的弹性和阻尼后，最后矩阵的条件有所改变，内部特征频率的发散影响会有所改善。

6.6　无界流中等航速物体的声弹性振动

前节讨论的是零航速物体的声弹性振动。当物体有航速时，情况将变得更为复杂。本节讨论无界流中等航速物体情况，由相对性原理，可以认为物体静止，无穷远处均匀流方向与 x 轴正向一致。

1) 方程式的推导

以 ρ',v',p' 和 c 分别记密度、速度、压力和声速，则基本方程组为

$$\frac{\partial\rho'}{\partial t}+\mathrm{div}\,\rho'\boldsymbol{v}'=0 \qquad (连续性方程) \tag{6.104}$$

$$\frac{\partial\boldsymbol{v}'}{\partial t}+\nabla\frac{1}{2}\mid\boldsymbol{v}'\mid^2=-\frac{\nabla p'}{\rho'} \qquad (运动方程) \tag{6.105}$$

$$dp' = c^2 d\rho' \quad (\text{状态方程}) \atop v' = \nabla\phi' \Bigg\} \tag{6.106}$$

由式(6.105),式(6.106)可得

$$\frac{\partial\phi'}{\partial t} + \frac{1}{2} \mid \nabla\phi' \mid^2 = -\int^{\rho'} \frac{c^2(\xi)}{\xi} d\xi \tag{6.107}$$

由式(6.104)可得

$$\left(\frac{\partial}{\partial t} + \nabla\phi' \cdot \nabla\right)\ln\rho' + \Delta\phi' = 0 \tag{6.108}$$

记 $\rho' = \rho_0 + \rho$, $\phi' = \varphi_0 + \varphi$,声扰动将由 ρ, φ 描述。φ_0 是无穷远处均流速度势, φ 是声速势。且

$$\frac{1}{2} \mid \nabla\varphi_0 \mid^2 = -\int^{\rho_0} \frac{c^2(\xi)}{\xi} d\xi \tag{6.109}$$

$$\nabla\varphi_0 \cdot \frac{\nabla\rho_0}{\rho_0} + \Delta\varphi_0 = 0 \tag{6.110}$$

代入式(6.107),式(6.108),并略去乘积项(高阶小量),得

$$\left(\frac{\partial}{\partial t} + \nabla\varphi_0 \cdot \nabla\right)\varphi = -\frac{c^2(\rho_0)\rho}{\rho_0} \tag{6.111}$$

$$\left(\frac{\partial}{\partial t} + \nabla\varphi_0 \cdot \nabla\right)\frac{\rho}{\rho_0} + \frac{\nabla\rho_0}{\rho_0}\nabla\varphi + \Delta\varphi = 0 \tag{6.112}$$

对式(6.109)取梯度

$$\frac{1}{2}\nabla\mid\nabla\varphi_0\mid^2 = -c^2\frac{\nabla\rho_0}{\rho_0} \tag{6.113}$$

由式(6.112)消去 $\dfrac{\nabla\rho_0}{\rho_0}$,并与式(6.111)合并,得到

$$\left(\frac{\partial}{\partial t} + \nabla\varphi_0 \cdot \nabla\right)\frac{1}{c^2}\left(\frac{\partial}{\partial t} + \nabla\varphi_0 \cdot \nabla\right)\varphi + \frac{1}{2c^2}\nabla\mid\nabla\varphi_0\mid^2 \cdot \nabla\varphi - \Delta\varphi = 0 \tag{6.114}$$

由式(6.110)、式(6.113)得

$$\Delta\varphi_0 = \left(\nabla\varphi_0 \cdot \nabla\frac{1}{2}\mid\nabla\varphi_0\mid^2\right)\Big/c^2 \tag{6.115}$$

当无穷远处 $Ma \ll 1$ 时,能简化式(6.114)和式(6.115)。

记无穷远处声速 c_0,来流速度 v_0,则式(6.114),式(6.115)可改写成

$$\left(\frac{\partial}{c_0 \partial t} + Ma\, \nabla \widetilde{\varphi}_0 \cdot \nabla\right) \frac{c_0^2}{c^2}\left(\frac{\partial}{c_0 \partial t} + Ma\, \nabla \widetilde{\varphi}_0 \cdot \nabla\right)\varphi +$$

$$(Ma)^2 \frac{c_0^2}{2c^2} \nabla |\nabla \widetilde{\varphi}_0|^2 \cdot \nabla \varphi - \Delta \varphi = 0 \qquad (6.116)$$

$$\Delta \widetilde{\varphi}_0 = (Ma)^2 \frac{c_0^2}{2c^2} \nabla \widetilde{\varphi}_0 \cdot \nabla |\nabla \widetilde{\varphi}_0|^2 \qquad (6.117)$$

式中:$Ma \equiv \dfrac{v_0}{c_0}$,$\widetilde{\varphi}_0 \equiv \dfrac{\varphi_0}{v_0}$。

利用式(6.113),得到声速与 Ma 的关系方程式

$$\frac{\nabla c^2}{c_0^2} = \frac{\rho_0}{c_0^2} \frac{\mathrm{d}c^2}{\mathrm{d}\rho_0} \frac{\nabla \rho_0}{\rho_0} = -(Ma)^2 \frac{\rho_0}{2c^2} \frac{\mathrm{d}c^2}{\mathrm{d}\rho_0} \nabla |\nabla \widetilde{\varphi}_0|^2 \qquad (6.118)$$

为了得到 $Ma \ll 1$ 时,式(6.116),式(6.117)的近似式中略去 $o((Ma)^2)$ 项,得

$$\left(\frac{\partial^2}{c_0^2 \partial t^2} + 2Ma\, \nabla \widetilde{\varphi}_0 \cdot \nabla \frac{\partial}{c_0 \partial t} - \Delta\right)\varphi = 0 \qquad (6.119)$$

$$\Delta \widetilde{\varphi}_0 = 0 \qquad (6.120)$$

式(6.119)即为所要求的小 Ma 数定常均熵势流中的声学方程。

并由式(6.101),得

$$p = -\rho_0 c_0 \left(\frac{\partial}{c_0 \partial t} + Ma\, \nabla \widetilde{\varphi}_0 \cdot \nabla\right)\varphi \qquad (6.121)$$

2) 物面边界条件的变换

由于是声扰动,物面振动时偏离平衡位置很小,这就有可能将物面振动时的物面条件简化为物面静态位置时的物面条件,从而给解题带来方便。

记物面形状

$$S(\boldsymbol{r}, t) \equiv \Gamma(\boldsymbol{r}) + \sigma(\boldsymbol{r}, t) = 0$$

$$\boldsymbol{r} \equiv (x, y, z)$$ 为物面上的点。

由于质量守恒,物面上流体与固体的法向速度相等,即

$$\nabla(c_0 Ma\, \widetilde{\varphi}_0 + \varphi) \cdot \frac{\nabla S}{|\nabla S|} = \frac{\mathrm{d}\boldsymbol{r}}{\mathrm{d}t} \frac{\nabla S}{|\nabla S|} \qquad 在 S = 0 上 \qquad (6.122)$$

因为对 $S = 0$ 上的点,有

$$\frac{\partial S}{\partial t} + \left(\frac{\mathrm{d}\boldsymbol{r}}{\mathrm{d}t}\right) \cdot \nabla S = 0 \tag{6.123}$$

所以式(6.122)可改写成

$$\nabla(c_0 Ma \, \widetilde{\varphi}_0 + \varphi) \cdot \nabla S = -\frac{\partial \sigma}{\partial t}, \, S = 0 \, \text{上} \tag{6.124}$$

取两个相邻点 $\boldsymbol{r}$ 和 $\boldsymbol{r} + \delta\,\boldsymbol{r}$，它们分别位于 $\Gamma = 0$ 和 $S = 0$ 上。当 $\delta\boldsymbol{r}$ 足够小时，S 能用泰勒(Taylor)级数的前两项来近似。

$$S(\boldsymbol{r} + \delta\,\boldsymbol{r}, \, t) = S(\boldsymbol{r}, \, t) + \delta\,\boldsymbol{r} \cdot \nabla S(\boldsymbol{r}, \, t) + o(\delta\,\boldsymbol{r}^2)$$

由于 $S(\boldsymbol{r} + \delta\,\boldsymbol{r}, \, t) = 0$, $S(\boldsymbol{r}, \, t) = \Gamma(\boldsymbol{r}) + \sigma(\boldsymbol{r}, \, t) = \sigma(\boldsymbol{r}, \, t)$
所以，对一阶 $\delta\,\boldsymbol{r}$ 有

$$\delta\,\boldsymbol{r} \cdot \{\nabla\Gamma(\boldsymbol{r}) + \nabla\sigma(\boldsymbol{r}, \, t)\} = -\sigma(\boldsymbol{r}, \, t)$$

如果 $\delta\,\boldsymbol{r}$ 方向一致于 $\nabla\Gamma(\boldsymbol{r})$ 方向,且设 $\left|\dfrac{\nabla\sigma}{\nabla\Gamma}\right| \ll 1$, 则

$$\delta\,\boldsymbol{r} = -\frac{\sigma\,\nabla\Gamma}{|\,\nabla\Gamma\,|^2}$$

回到边界条件式(6.124)上,首先有

$$\nabla\widetilde{\varphi}_0(\boldsymbol{r} + \delta\,\boldsymbol{r}) \cdot \nabla S(\boldsymbol{r} + \delta\,\boldsymbol{r}, \, t)$$
$$= \nabla\widetilde{\varphi}_0(\boldsymbol{r})\{\nabla\Gamma(\boldsymbol{r}) + \nabla\sigma(\boldsymbol{r}, \, t)\} + \delta\,\boldsymbol{r} \cdot \nabla\{\nabla\widetilde{\varphi}_0(\boldsymbol{r}) \cdot [\nabla\Gamma(\boldsymbol{r}) + \nabla\sigma(\boldsymbol{r}, \, t)]\}$$
$$= \nabla\widetilde{\varphi}_0(\boldsymbol{r}) \cdot \nabla\sigma(\boldsymbol{r}, \, t) - \left\{\sigma(\boldsymbol{r}, \, t) \frac{\nabla\Gamma(\boldsymbol{r})}{|\,\nabla\Gamma(\boldsymbol{r})\,|^2}\right\} \cdot \nabla\{\nabla\widetilde{\varphi}_0(\boldsymbol{r}) \cdot \nabla\Gamma(\boldsymbol{r})\} + o(\sigma^2)$$

代入式(6.124),得

$$\nabla\varphi(\boldsymbol{r} + \delta\,\boldsymbol{r}, \, t) \cdot \nabla S(\boldsymbol{r} + \delta\,\boldsymbol{r}, \, t) = -\frac{\partial\sigma(\boldsymbol{r}, \, t)}{\partial t} - c_0 Ma\,\nabla\widetilde{\varphi}_0(\boldsymbol{r}) \cdot \nabla\sigma(\boldsymbol{r}, \, t) + $$
$$c_0 Ma\,\frac{\sigma(\boldsymbol{r}, \, t)\,\nabla\Gamma(\boldsymbol{r})}{|\,\nabla\Gamma(\boldsymbol{r})\,|^2} \cdot \nabla\{\nabla\widetilde{\varphi}_0(\boldsymbol{r}) \cdot \nabla\Gamma(\boldsymbol{r})\} + o(\sigma^2)$$

于是就把物面振动时的边界条件变成了物面静态的边界条件:

$$\nabla\varphi\,\frac{\nabla\Gamma}{|\,\nabla\Gamma\,|} = -\frac{1}{|\,\nabla\Gamma\,|}\left(\frac{\partial}{\partial t} + c_0 Ma\,\nabla\widetilde{\varphi}_0 \cdot \nabla\right)\sigma + c_0 Ma\,\frac{\sigma\,\nabla\Gamma}{|\,\nabla\Gamma\,|^3} \cdot \nabla\{\nabla\widetilde{\varphi}_0 \cdot \nabla\Gamma\}$$

$$\text{在 } \Gamma = 0 \text{ 上} \tag{6.125}$$

也就是说，物面的振动相当于用穿过 $\Gamma = 0$ 每单位面积的体积流量 $v =$ $-\dfrac{1}{|\nabla\Gamma|}\left(\dfrac{\partial}{\partial t} + c_0 Ma\,\nabla\widetilde{\varphi}_0 \cdot \nabla\right)\sigma + c_0 Ma\,\dfrac{\sigma\,\nabla\Gamma}{|\nabla\Gamma|^3}\cdot\nabla\{\nabla\widetilde{\varphi}_0\cdot\nabla\Gamma\}$ 来表示。此时，外界均流仍是定常流，可以采用变换将声传播方程(6.119)改为波动方程。

3) 方程的变换

作变换 $\begin{cases} (x,\,y,\,z,\,T) = \left(x,\,y,\,z,\,t + \dfrac{Ma\,\widetilde{\varphi}_0}{c_0}\right) \\[2mm] \Phi(x,\,y,\,z,\,T) = \varphi(x,\,y,\,z,\,t) \quad \text{或} \quad \Phi(\boldsymbol{R},\,T) = \varphi(\boldsymbol{r},\,t) \end{cases}$

$$\text{(6.126)}$$

则

$$\frac{\partial}{\partial t} = \frac{\partial}{\partial T},\quad \nabla = \nabla_{\mathrm{R}} + Ma\,\nabla\widetilde{\varphi}_0\,\frac{\partial}{c_0\partial T}$$

及

$$\Delta = \Delta_{\mathrm{R}} + 2Ma\,\nabla\widetilde{\varphi}_0\cdot\nabla_{\mathrm{R}}\frac{\partial}{c_0\partial T} + (Ma)^2\,|\nabla\widetilde{\varphi}_0|^2\,\frac{\partial^2}{c_0^2\partial T^2}$$

式中

$$\nabla_{\mathrm{R}} = \left(\frac{\partial}{\partial x},\,\frac{\partial}{\partial y},\,\frac{\partial}{\partial z}\right),\quad \Delta_{\mathrm{R}} = \frac{\partial^2}{\partial x^2} + \frac{\partial^2}{\partial y^2} + \frac{\partial^2}{\partial z^2}\,。$$

声传播方程(6.119)简化成波动方程

$$\left(\frac{\partial^2}{c_0^2\partial T^2} - \Delta_{\mathrm{R}}\right)\Phi = 0 \qquad (\text{精确到 } o(Ma)) \tag{6.127}$$

物面边界条件改写为

$$\nabla_{\mathrm{R}}\Phi\cdot\frac{\nabla_{\mathrm{R}}\Gamma}{|\nabla_{\mathrm{R}}\Gamma|} = v\left(x,\,y,\,z,\,T - \frac{Ma}{c_0}\widetilde{\varphi}_0(x,\,y,\,z)\right) \quad \text{在 } \Gamma(x,\,y,\,z) = 0 \text{ 上}$$

$$\text{(6.128)}$$

为了使解唯一，还要加上初始条件(causality condition)

$$\varphi = \frac{\partial\varphi}{\partial t} = v = 0 \qquad t < t_0 - \frac{Ma\,\widetilde{\varphi}_0}{c_0} \tag{6.129}$$

变量变换后成

$$\Phi = \frac{\partial\Phi}{\partial T} = v = 0 \qquad T < t_0 \tag{6.130}$$

4) 球面振动形状已知时的声振动

采用球面坐标 $(r,\,\theta,\,\beta)$

$$x = r\cos\theta, \; y = r\sin\theta\cos\beta, \; z = r\sin\theta\sin\beta$$

假设球平衡位置在原点,球半径为 a,则有

$$\Gamma = r - a$$

$$\widetilde{\varphi}_0 = \left(r + \frac{a^3}{2r^2}\right)\cos\theta$$

于是

$$\nabla\widetilde{\varphi}_0 \cdot \nabla = -\frac{3\sin\theta}{2a}\frac{\partial}{\partial\theta} \quad \text{在 } r = a \text{ 上} \tag{6.131}$$

$$\frac{\nabla\Gamma}{|\nabla\Gamma|^3} \cdot \nabla\{\nabla\widetilde{\varphi}_0 \cdot \nabla\Gamma\} = \frac{\partial^2\widetilde{\varphi}_0}{\partial r^2} = \frac{3\cos\theta}{a} \quad \text{在 } r = a \text{ 上} \tag{6.132}$$

球面振动在 β 方向是周期且连续的,在 $0 \leqslant \theta \leqslant \pi$ 上是有限的,而且可表示成

$$\sigma = -a\sum_{n=0}^{\infty}\sum_{m=-n}^{n}\varepsilon_n^m(t)\mathrm{P}_n^m(\cos\theta)\mathrm{e}^{im\beta} \tag{6.133}$$

式中: P_n^m 是第一类 m 阶 n 次勒让德(Legende)函数。

将式(6.131)~式(6.133)代入式(6.125),得到

$$\frac{\partial\varphi}{\partial r} = a\sum_{n=0}^{\infty}\sum_{m=-n}^{n}\left\{\varepsilon_n^{m\prime}(t)\mathrm{P}_n^m(\cos\theta) + \frac{3c_0Ma}{2a}\varepsilon_n^m(t)[\mathrm{P}_n^m{}'(\cos\theta)\sin^2\theta - \right.$$

$$\left. 2\mathrm{P}_n^m(\cos\theta)\cos\theta]\right\} \cdot \mathrm{e}^{im\beta} \quad \text{在 } r = a \text{ 上}$$

利用勒让德函数的性质,可改写为

$$\frac{\partial\varphi}{\partial r} = a\sum_{n=0}^{\infty}\sum_{m=-n}^{n}\left\{\varepsilon_n^{m\prime}(t)\mathrm{P}_n^m(\cos\theta) + \frac{3c_0Ma}{2a(2n+1)}\varepsilon_n^m(t)\big[(n-1)(n+m)\mathrm{P}_{n-1}^m(\cos\theta) - \right.$$

$$\left. (n+2)(n-m+1)\mathrm{P}_{n+1}^m(\cos\theta)\big]\right\} \cdot \mathrm{e}^{im\beta} \quad \text{在 } r = a \text{ 上} \tag{6.134}$$

变换式(6.126)用于本问题是

$$\begin{cases} (r_\mathrm{R}, \theta_\mathrm{R}, \beta_\mathrm{R}, T) = \left(r, \theta, \beta, t + \dfrac{Ma\widetilde{\varphi}_0}{c_0}\right) \\[2mm] \Phi(r_\mathrm{R}, \theta_\mathrm{R}, \beta_\mathrm{R}, T) = \varphi(r, \theta, \beta, t) \end{cases}$$

因而

$$\frac{\partial\Phi}{\partial r_\mathrm{R}} = a\sum_{n=0}^{\infty}\sum_{m=-n}^{n}\left\{\varepsilon_n^{m\prime}\left(T - \frac{Ma\widetilde{\varphi}_0}{c_0}\right)\mathrm{P}_n^m(\cos\theta_\mathrm{R}) + \frac{3c_0Ma}{2a(2n+1)}\varepsilon_n^m\left(T - \frac{Ma\widetilde{\varphi}_0}{c_0}\right) \cdot \right.$$

$$\left. \big[(n-1)(n+m)\mathrm{P}^m_{n-1}(\cos\theta_{\mathrm R}) - (n+2)(n-m+1)\mathrm{P}^m_{n+1}(\cos\theta_{\mathrm R})\big]\right\} \mathrm{e}^{\mathrm{i}m\beta}$$

$$\text{在 } r_{\mathrm R}=a \text{ 上} \tag{6.135}$$

精确到 $o(Ma)$，并代入 $r_{\mathrm R}=a$ 上 $\tilde\varphi_0$ 值，利用勒让德函数的递归关系

$$\frac{\partial\Phi}{\partial r_{\mathrm R}} = a\sum_{n=0}^{\infty}\sum_{m=-n}^{n}\bigg\{\frac{3c_0 Ma}{2a(2n+1)}\varepsilon_n^m(T)\big[(n-1)(n+m)\mathrm{P}^m_{n-1}(\cos\theta_{\mathrm R})-$$

$$(n+2)(n-m+1)\mathrm{P}^m_{n+1}(\cos\theta_{\mathrm R})\big]+\varepsilon_n^{m\prime}(T)\mathrm{P}^m_n(\cos\theta_{\mathrm R})-$$

$$\frac{3Ma}{2c_0(2n+1)}\varepsilon_n^{m\prime\prime}(T)\big[(n-m+1)\mathrm{P}^m_{n+1}(\cos\theta_{\mathrm R})+$$

$$(n+m)\mathrm{P}^m_{n-1}(\cos\theta_{\mathrm R})\big]\bigg\}\mathrm{e}^{\mathrm{i}m\beta_{\mathrm R}}+o((Ma)^2)，\text{在 } r_{\mathrm R}=a \text{ 上} \tag{6.136}$$

现在问题变成求解方程(6.127)、方程(6.130)和方程(6.136)。

对 T 取傅里叶变换(Fourier)

$$(\Delta_{\mathrm R}+k^2)\Phi^* = 0，\quad k\equiv\frac{\omega}{c_0} \tag{6.137}$$

要求满足条件

$$\frac{\partial\Phi^*}{\partial r_{\mathrm R}} = c_0\sum_{n=0}^{\infty}\sum_{m=-n}^{n}\varepsilon_n^{m*}(\omega)\bigg[\frac{3Ma(n+m)}{2(2n+1)}(n-1+k^2a^2)\mathrm{P}^m_{n-1}(\cos\theta_{\mathrm R})-$$

$$\mathrm{i}ka\mathrm{P}^n_m(\cos\theta_{\mathrm R})-\frac{3Ma(n-m+1)}{2(2n+1)}(n+2-k^2a^2)\mathrm{P}^m_{n+1}(\cos\theta_{\mathrm R})\bigg]\mathrm{e}^{\mathrm{i}m\beta_{\mathrm R}}$$

$$\text{在 } r_{\mathrm R}=a \text{ 上} \tag{6.138}$$

且当 $r_{\mathrm R}\to\infty$，$\Phi^*\,\mathrm{e}^{-\mathrm{i}\omega T}$ 类似外行波。 (6.139)

方程(6.137)～方程(16.139)的解是

$$\Phi^* = \frac{c_0}{R}\sum_{n=0}^{\infty}\sum_{m=-n}^{n}\varepsilon_n^{m*}(\omega)\bigg\{\frac{3Ma(n+m)}{2(2n+1)}(n-1+k^2a^2)\frac{\mathrm{h}^{(1)}_{n-1}(kr_{\mathrm R})}{\mathrm{h}^{(1)\prime}_{n-1}(ka)}\mathrm{P}^m_{n-1}(\cos\theta_{\mathrm R})-$$

$$\mathrm{i}ka\frac{\mathrm{h}^{(1)}_n(kr_{\mathrm R})}{\mathrm{h}^{(1)\prime}_n(ka)}\mathrm{P}^m_n(\cos\theta_{\mathrm R})-\frac{3Ma(n-m+1)}{2(2n+1)}(n+2-k^2a^2)\frac{\mathrm{h}^{(1)}_{n+1}(kr_{\mathrm R})}{\mathrm{h}^{(1)\prime}_{n+1}(ka)}\cdot$$

$$\mathrm{P}^m_{n+1}(\cos\theta_{\mathrm R})\bigg\}\mathrm{e}^{\mathrm{i}m\beta_{\mathrm R}}\quad\text{在 } r_{\mathrm R}=a \text{ 上}$$

式中：$\mathrm{h}^{(1)}_n$ 是第一类 n 阶球汉开尔(Hankel)函数。

为了求出 Φ 必须取 Φ^* 的傅里叶逆变换，这一般是很复杂的。但在某些场合是相对简单的。

考虑球面作简谐振动

$$\varepsilon_n^m(t) = E_n^m e^{-i\Omega t}$$

式中：E_n^m 和 Ω 是常值，则

$$\Phi = \Phi^* e^{-i\Omega T}$$

$$\Phi = \frac{c_0}{R} e^{-i\left\{\Omega t + kMa\left(r + \frac{a^3}{2r^2}\right)\cos\theta\right\}} \sum_{n=0}^{\infty} \sum_{m=-n}^{n} E_n^m \left\{\frac{3Ma(n+m)}{2(2n+1)}(n-1+k^2 a^2)\frac{h_{n-1}^{(1)}(kr)}{h_{n-1}^{(1)}(ka)}\right. \cdot$$

$$P_{n-1}^m(\cos\theta) - ika\frac{h_n^{(1)}(kr)}{h_n^{(1)'}(ka)}P_n^m(\cos\theta) - \frac{3Ma(n-m+1)}{2(2n+1)}(n+2-k^2 a^2) \cdot$$

$$\left. \frac{h_{n+1}^{(1)}(kr)}{h_{n+1}^{(1)'}(ka)}P_{n+1}^m(\cos\theta)\right\} e^{im\beta} \qquad k \equiv \frac{\Omega}{c_0}$$

一个特例是球心不动、半径绕平衡值 a 脉动，即球面

$$r = a\{1 + \varepsilon_p(t)\}$$

相当于 $\quad \varepsilon_0^0 = \varepsilon_p, \ \varepsilon_n^m = 0$

在简谐振动情况，$\varepsilon_p = E_p e^{-i\Omega t}$

$$\Phi = -\frac{c_0}{R}E_p e^{-i\left\{\Omega t + kMa\left(r + \frac{a^3}{2r^2}\right)\cos\theta\right\}} \left\{ika\frac{h_0^{(1)}(kr)}{h_0^{(1)'}(ka)} + \frac{3Ma}{2}(2-k^2 a^2)\frac{h_1^{(1)}(kr)}{h_1^{(1)}(ka)}\cos\theta\right\}$$

5) 无界流等航速声振动的一般解法

已有的这种方法，物面的变化必须是已知的，即 $\sigma(r, t)$ 必须是事先给定的。换句话说是物面主动地引起声场，因此不存在因水耦合问题。为了用于水弹性问题，将有两个困难。第一个困难是 φ_0 的求法，第二个困难是 $\sigma(r, t)$ 的表示。

关于第一个困难，可用源汇分布法数值求出 $\widetilde{\varphi}_0$。尽管这未必轻松，但是有法可循。

至于第二个困难，仍然用关系式

$$\delta r = -\frac{\sigma \nabla \Gamma}{|\nabla \Gamma|^2}$$

δr 方向与 $\nabla\Gamma(r)$ 一致，δr 实质上是物面的法向变形位矢 w，所以

$$w = -\frac{\sigma}{|\nabla\Gamma|}, \quad \sigma = -w|\nabla\Gamma|$$

于是，在物面上

$$\frac{\partial\varphi}{\partial n} = -\frac{1}{|\nabla\Gamma|}\left(\frac{\partial}{\partial t} + c_0 Ma\,\nabla\widetilde{\varphi}_0 \cdot \nabla\right)(-w|\nabla\Gamma|) + c_0 Ma\frac{-w\nabla\Gamma}{|\nabla\Gamma|^2}\nabla(\nabla\widetilde{\varphi}\cdot\nabla\Gamma)$$

$$(6.140)$$

在求流场时，当作物面形状不变，仅物面速度变化，则

$$\frac{1}{|\nabla\Gamma|}\frac{\partial}{\partial T}(-w\mid\nabla\Gamma\mid)=-\frac{\partial}{\partial T}w \quad (\boldsymbol{n}\text{ 指向物体内部}) \tag{6.141}$$

取边界元形心处的值 $\quad \dfrac{\partial w}{\partial T}=-\mathrm{i}\Omega w_{\mathrm{mid}}$ $\tag{6.142}$

且由相邻点处 w_{mid} 的差分关系及静态物面形状,易于求得

$$(\nabla\widetilde{\varphi}_0\boldsymbol{\cdot}\nabla)(-w\mid\nabla\Gamma\mid)\text{ 及 }\nabla\{\nabla\widetilde{\varphi}_0\boldsymbol{\cdot}\nabla\Gamma\}$$

因此物面边界条件仍可表示成 $\quad \dfrac{\partial\Phi}{\partial n}=f(\delta)$ $\tag{6.143}$

至于结构部分,以变形位矢和物面上 $\{\Phi\}$ 为未知数的振动方程仍然是

$$[-\Omega^2\boldsymbol{M}+\boldsymbol{K}]\{\delta\}-\boldsymbol{P}\Phi=\boldsymbol{f}_q \tag{6.144}$$

式中:$\boldsymbol{M}$ 是质量阵;$\boldsymbol{K}$ 是刚度阵;$\boldsymbol{f}_q$ 是节点激振力矢量和 $\boldsymbol{P}$ 是流体压力阵。

水域中仍用边界元法处理,由格林(Green)定理得

$$\Phi(Q)=\int_{\Gamma}\Big(\frac{\partial\Phi(P)}{\partial n_{\mathrm{p}}}S(P,Q)-\Phi(P)\frac{\partial S(P,Q)}{\partial n_{\mathrm{p}}}\Big)\mathrm{d}\Gamma \tag{6.145}$$

式中:P 是 Γ 上的点;Q 是水域中的点。

当 $Q\to\Gamma$ 时,式(6.145)左边再添一个因子 $\dfrac{1}{2}$。

离散化用 N 个平面段近似,即用平面代替物面。这 N 个平面段算边界元,元上 $\Phi(P)$,$\dfrac{\partial\Phi(P)}{\partial n_{\mathrm{p}}}$ 不变。S 是源汇基本解,即 $\dfrac{1}{4\pi r}$。

用矩阵表示,为

$$[H_1,H_2]\left\{\begin{matrix}\dfrac{\partial\Phi}{\partial n}\\[2mm]\Phi\end{matrix}\right\}=\boldsymbol{0} \tag{6.146}$$

式中

$$H_{1ij}=\int_{\Gamma_j}S(P_jQ_i)\mathrm{d}S_{\mathrm{p}}$$

$$H_{2ij}=\delta_{ij}-\int_{\Gamma_j}\frac{\partial S(P_j,Q_i)}{\partial n_{\mathrm{p}}}\mathrm{d}S_{\mathrm{p}}$$

$$\frac{\partial\Phi}{\partial n}=\frac{\partial\Phi(P_i)}{\partial n_{\mathrm{p}}}$$

$$\Phi=\Phi(P_j)$$

δ_{ij} 是克朗内格(Kronecker) δ 函数。

6.7　浮体的声弹性振动

本节考虑半无界流中零航速或等航速的两维声弹性振动。

1) 圆筒的声弹性振动

见图 6.4,设圆筒半径 a,壳厚 t,激振力 q 的圆频率 ω,速度势 $\bar{\varphi}$,法向变形 $\bar{w}$ 和切向变形 $\bar{v}$,则

$$\bar{\varphi} = \mathrm{Re}[\varphi(x,\ y)\mathrm{e}^{i\omega t}]$$
$$\bar{w} = \mathrm{Re}[w(x,\ y)\mathrm{e}^{i\omega t}]$$
$$\bar{v} = \mathrm{Re}[v(x,\ y)\mathrm{e}^{i\omega t}]$$

此无旋流的水域 D_w,水面 C_f 和圆筒沾水面 C_w,速度势的幅值部分满足赫姆霍兹(Helmholtz)方程:

$$\Delta\varphi + k^2\varphi = 0 \qquad (6.147)$$

式中:波数 $k = \dfrac{\omega}{c}$,c 是声速。

边界条件是

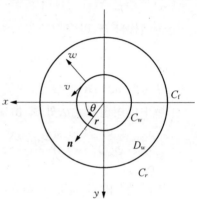

图 6.4　圆筒的声弹性分析

$$\varphi = 0 \quad \text{在 } C_f \text{ 上} \tag{6.148}$$

$$\frac{\partial\varphi}{\partial r} = i\omega w \quad \text{在 } C_w \text{ 上} \tag{6.149}$$

无穷远处辐射条件 $\quad \lim\limits_{r\to\infty}\sqrt{r}\left(\dfrac{\partial\varphi}{\partial r} + ik\varphi\right) = 0 \quad$ 在 C_r 上 $(r \gg a)$ $\qquad$ (6.150)

圆筒上的法切向加速度

$$\alpha_w = -\omega^2 w, \quad \alpha_v = -\omega^2 v \tag{6.151}$$

有

$$\left.\begin{aligned} \rho_S ta\,d\theta\alpha_w &= F_w + F_q + F_p \\ \rho_S ta\,d\theta\alpha_v &= F_v \end{aligned}\right\} \tag{6.152}$$

式中:ρ_S 是圆筒密度;t 为壳厚;a 为半径;$d\theta$ 为角度增量;F_w,F_v,F_q 和 F_p 分别为弹性力、激振力和流体压力。由板壳理论

弹性力为

$$
\left.
\begin{aligned}
F_w &= \frac{E}{1-\nu^2}\left[-\frac{t}{a}\left(\frac{\partial v}{\partial \theta}+w\right)+\frac{t^3}{12a^3}\left(\frac{\partial^3 v}{\partial \theta^3}-\frac{\partial^4 w}{\partial \theta^4}\right)\right]\mathrm{d}\theta \\
F_v &= \frac{E}{1-\nu^2}\left[\frac{t}{a}\left(\frac{\partial^2 v}{\partial \theta^2}+\frac{\partial w}{\partial \theta}\right)+\frac{t^3}{12a^3}\left(\frac{\partial^2 v}{\partial \theta^2}-\frac{\partial^3 v}{\partial \theta^3}\right)\right]\mathrm{d}\theta
\end{aligned}
\right\}
\tag{6.153}
$$

式中：E 是杨氏模量；ν 是泊松比[6]。

单位长度的激振力和流体压力分别为 q 和 p，所以

$$
\begin{cases}
F_q = qa\,\mathrm{d}\theta \\
F_p = -\,pa\,\mathrm{d}\theta
\end{cases}
\tag{6.154}
$$

流体压力由壳外指向壳内为正向

$$
p = -\,\mathrm{i}\rho\omega\varphi
\tag{6.155}
$$

式中：ρ 是水密度。于是

$$
\left.
\begin{aligned}
\rho_{\mathrm{s}}ta\alpha_w &= \frac{E}{1-\nu^2}\left[-\frac{t}{a}\left(\frac{\partial v}{\partial \theta}+w\right)+\frac{t^3}{12a^3}\left(\frac{\partial^3 v}{\partial \theta^3}-\frac{\partial^4 w}{\partial \theta^4}\right)\right]+\mathrm{i}\rho\omega\varphi a+qa \\
\rho_{\mathrm{s}}ta\alpha_v &= \frac{E}{1-\nu^2}\left[\frac{t}{a}\left(\frac{\partial^2 v}{\partial \theta^2}+\frac{\partial w}{\partial \theta}\right)+\frac{t^3}{12a^3}\left(\frac{\partial^2 v}{\partial \theta^2}-\frac{\partial^3 w}{\partial \theta^3}\right)\right]
\end{aligned}
\right\}
\tag{6.156}
$$

由于沾水部分作用水压力 F_p，而未沾水部分没有流体压力的作用，所以变形是不对称的。将变形 w，v 展开成关于水面为对称和反对称的振型级数之和

$$
\left.
\begin{aligned}
w &= \sum_{m=0}^{\infty} w_{m1}\cos m\theta + \sum_{m=0}^{\infty} w_{m2}\sin m\theta \\
v &= \sum_{m=0}^{\infty} v_{m1}\sin \theta + \sum_{m=0}^{\infty} v_{m2}\cos m\theta
\end{aligned}
\right\}
\tag{6.157}
$$

式中：w_{m1}，w_{m2}，v_{m1} 和 v_{m2} 是 r 的待求函数。

对于水域：$r \geqslant a$，$0 < \theta < \pi$，水面 $\theta = 0$，$\theta = \pi$，有

$$
\varphi = \sum_{m=0}^{\infty} \frac{1}{2}\varphi_m \mathrm{H}_m^{(2)}(kr)\left[\sum_{n=0}^{\infty} b_{nm}\cos n\theta + \sin m\theta\right]
\tag{6.158}
$$

式中：$\mathrm{H}_m^{(2)}(kr)$ 是第二类 m 阶汉克尔函数。

$$
b_{nm} = -\frac{1}{\pi\varepsilon_n}\left[\frac{\cos(m+n)\pi}{m+n}+\frac{\cos(m-n)\pi}{m-n}-\frac{2m}{m^2-n^2}\right]
\tag{6.159}
$$

但 $m = n$ 时，$b_{nm} = 0$，且

$$\varepsilon_n = \begin{cases} 2 & n = 0 \\ 1 & n \neq 0 \end{cases} \tag{6.160}$$

激振力 q 也展开成

$$q = \sum_{m=0}^{\infty} q_{m1} \cos m\theta + \sum_{m=0}^{\infty} q_{m2} \sin m\theta \tag{6.161}$$

于是，由壳体振动的第一个方程式

$$\sum_{m=0}^{\infty} K_m w_{m1} \cos m\theta + \sum_{m=0}^{\infty} K_m w_{m2} \sin m\theta - i\rho\omega \sum_{m=0}^{\infty} \frac{1}{2} \varphi_m H_m^{(2)}(ka) \cdot$$

$$\left[\sum_{n=0}^{\infty} b_{nm} \cos n\theta + \sin m\theta \right] - \sum_{m=0}^{\infty} q_{m1} \cos m\theta - \sum_{m=0}^{\infty} q_{m2} \sin m\theta = 0 \quad (6.162)$$

且

$$K_m = -\rho_S t \omega^2 + \frac{E}{1-\nu^2} \frac{t}{a^2} \left\{ \left[1 + \frac{1}{12}\left(\frac{t}{a}\right)^2 m^4 \right] + m^2 \left[1 + \frac{1}{12}\left(\frac{t}{a}\right)^2 m^2 \right]^2 \Big/ \left\{ \frac{a^2\omega^2\rho_S(1-\nu^2)}{E} - m^2 \left[1 + \frac{1}{12}\left(\frac{t}{a}\right)^2 \right] \right\} \right\}$$
$$\tag{6.163}$$

对 $\cos m\theta$，$\sin m\theta$ 从 0 到 2π 积分，并整理后得到

$$\left. \begin{aligned} K_m w_{m1} &= q_{m1} + i\rho\omega \left[\sum_{n=0}^{\infty} \frac{\varphi_n}{2} H_n^{(2)}(ka) b_{nm} \right] \\ K_m w_{m2} &= q_{m2} + i\rho\omega \cdot \frac{1}{2} \varphi_m H_m^{(2)}(ka) \end{aligned} \right\} \quad m = 0,1,2,\cdots \quad (6.164)$$

利用式(6.149)，得

$$\sum_{m=0}^{\infty} \frac{1}{2} \varphi_m k H_m^{(2)'}(ka) \left[\sum_{n=0}^{\infty} b_{nm} \cos n\theta + \sin m\theta \right]$$

$$= i\omega \left[\sum_{m=0}^{\infty} w_{m1} \cos m\theta + \sum_{m=0}^{\infty} w_{m2} \sin m\theta \right] \tag{6.165}$$

对 $\cos n\theta$ 从 0 到 π 积分，整理后得到

$$\sum_{m=0}^{\infty} \left[k H_m^{(2)'}(ka) b_{nm} \varphi_m - i\omega b_{nm} w_{m2} \right] - i\omega w_{m1} = 0 \qquad n = 0,1,2,\cdots$$

$$\tag{6.166}$$

未知系数 φ_m，w_{m1} 和 w_{m2} 由方程(6.164)和方程(6.166)联立解出。未知系数 v_{m1} 和 v_{m2} 可类似推出。

为了能用计算机计算，对 w，v 和 φ 的级数展开仅取前 N 项，则方程(6.164)和方程(6.166)能用矩阵形式表示为

$$\boldsymbol{K}_w \boldsymbol{w} = \boldsymbol{q} + \boldsymbol{L}_1 \boldsymbol{\varphi} \tag{6.167}$$

$$\boldsymbol{L}_2 \boldsymbol{\varphi} = \boldsymbol{L}_3 \boldsymbol{w} \tag{6.168}$$

式中

$$\boldsymbol{K}_w = \begin{bmatrix} \boldsymbol{K}_{w1} & \vdots & \boldsymbol{0} \\ \cdots & & \cdots \\ \boldsymbol{0} & \vdots & \boldsymbol{K}_{w2} \end{bmatrix}$$

$$K_{w1} = K_{w2} = \begin{bmatrix} K_0 & \cdots & & 0 \\ \vdots & K_1 & \ddots & \vdots \\ 0 & \cdots & & K_m \end{bmatrix}$$

$$\boldsymbol{L}_1 = \begin{bmatrix} \boldsymbol{L}_{11} \\ \cdots \\ \boldsymbol{L}_{12} \end{bmatrix}$$

$$\boldsymbol{L}_{11} = \begin{bmatrix} {}^1 l_{mn} \end{bmatrix} \qquad {}^1 l_{mn} = \frac{\mathrm{i}}{2} \rho \omega H_n^{(2)}(ka) b_{mn}$$

$$\boldsymbol{L}_{12} = \begin{bmatrix} \nwarrow & & 0 \\ & {}^1 l_m & \\ 0 & & \searrow \end{bmatrix} \qquad {}^1 l_m = \frac{\mathrm{i}}{2} \rho \omega H_m^{(2)}(ka)$$

$$\boldsymbol{L}_2 = \begin{bmatrix} {}^2 l_{mn} \end{bmatrix} \qquad {}^2 l_{mn} = \frac{1}{2} k H_n^{(2)'}(ka) b_{mn}$$

$$\boldsymbol{L}_3 = \begin{bmatrix} \boldsymbol{L}_{31} & \vdots & \boldsymbol{L}_{32} \end{bmatrix}$$

$$\boldsymbol{L}_{31} = \begin{bmatrix} {}^3 l_{mn} \end{bmatrix} \qquad {}^3 l_{mn} = -\mathrm{i} \omega b_{mn}$$

$$\boldsymbol{L}_{32} = \begin{bmatrix} \nwarrow & & 0 \\ & {}^3 l & \\ 0 & & \searrow \end{bmatrix} \qquad {}^3 l = -\mathrm{i} \omega$$

$$\boldsymbol{w}^{\mathrm{T}} = \begin{bmatrix} w_{01} & w_{11} & w_{21} & \cdots & w_{m1} & \vdots & w_{02} & w_{12} & w_{22} & \cdots & w_{m2} \end{bmatrix}$$

$$\boldsymbol{\varphi}^{\mathrm{T}} = \begin{bmatrix} \varphi_0 & \varphi_1 & \varphi_2 & \cdots & \varphi_m \end{bmatrix}$$

$$\boldsymbol{q}^{\mathrm{T}} = \begin{bmatrix} q_{01} & q_{11} & q_{21} & \cdots & q_{m1} & \vdots & q_{02} & q_{12} & q_{22} & \cdots & q_{m2} \end{bmatrix}$$

2) 船舶的声弹性振动

这是一个两维问题(图 6.5),对这个线弹性问题,同以往一样,结构部分采用有限元法,水域部分采用边界元法。

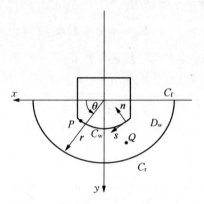

图 6.5　二维船舶声弹性振动分析

方程及边界条件除壳壁上取

$$\frac{\partial \phi}{\partial n} = -\,\mathrm{i}\omega w \qquad 在 C_\mathrm{w} 上$$

外,其余均同于 1)节。

由格林定理

$$\varphi(Q) = \int_{C_\mathrm{w}} \left[\varphi(p) \frac{\partial S(P,\,Q)}{\partial n_P} - \frac{\partial \varphi(P)}{\partial n_P} S(P,\,Q) \right] \mathrm{d}S_P \qquad (6.169)$$

式中

$$S(P,\,Q) = \frac{\mathrm{i}}{4} \left[\mathrm{H}_0^{(2)}(kR) - \mathrm{H}_0^{(2)}(kR') \right]$$

$\mathrm{H}_0^{(2)}$ 是第二类零阶球汉克尔函数。

$P = (x_P,\,y_P)$ 是 C_w 上点,$Q = (x_Q,\,y_Q)$ 是 D_w 中点。

$$R = \overline{PQ} = \sqrt{(x_Q - x_P)^2 + (y_Q - y_P)^2} \qquad R' = \overline{PQ} = \sqrt{(x_Q - x_P)^2 + (y_Q + y_P)^2}$$

离散化式(6.169),沿水面 C_w 用 N 个直线段近似,即用折线替代物面,元上 $\varphi(P)$,$\dfrac{\partial \varphi(P)}{\partial n_p}$ 不变,Q 点系直元中点。

$$\varphi(Q_i) = \sum_{j=1}^{N} \left[\varphi(P_j) \int_{C_{\mathrm{w}_j}} \frac{\partial S(P_j,\,Q_i)}{\partial n_P} \mathrm{d}S_P - \frac{\partial \varphi(P_j)}{\partial n_P} \int_{C_{\mathrm{w}_j}} S(P_j,\,Q_i) \mathrm{d}S_P \right]$$

$$i = 1,\,2,\,\cdots,\,N \qquad (6.170)$$

当 Q_i 点从 $D_w \to C_w$ 时,式左再添一个因子 $\dfrac{1}{2}$。

可用矩阵表示成

$$[H_1 ,\ H_2] \left\{ \begin{matrix} \dfrac{\partial \varphi}{\partial n} \\ \varphi \end{matrix} \right\} = \mathbf{0} \tag{6.171}$$

式中

$$H_{1ij} = \int_{C_{w_j}} S(P_j ,\ Q_i) \mathrm{d}S_P$$

$$H_{2ij} = \delta_{ij} - \int_{C_{w_j}} \frac{\partial S(P_j ,\ Q_i)}{\partial n_P} \mathrm{d}S_P$$

$$\frac{\partial \varphi}{\partial n} = \frac{\partial \varphi(P_j)}{\partial n_P}$$

$$\varphi = \varphi(P_j)$$

沾水部分的船体同样分成 N 个直元,在局部系中有

$$\mathbf{M}\ddot{\boldsymbol{\delta}} + \mathbf{K}\boldsymbol{\delta} = \boldsymbol{f}_p + \boldsymbol{f}_q \tag{6.172}$$

式中: $\mathbf{M}$ 是质量阵; $\boldsymbol{\delta}$ 是节点变形位矢; $\boldsymbol{\delta}^{\mathrm{T}} = [w,\ v,\ \psi]$; $\boldsymbol{f}_p$ 是流体压力矢量; $\boldsymbol{f}_q$ 是节点激振力矢量。

当船体作圆频率 ω 的简谐振动时,有

$$(-\omega^2 \mathbf{M} + \mathbf{K})\boldsymbol{\delta} = \boldsymbol{f}_p + \boldsymbol{f}_q \tag{6.173}$$

沾水面上压力　　　　$p = -\mathrm{i}\rho\omega\varphi \tag{6.174}$

直元上 $\varphi(p)$ 不变(见图 6.6)。因为流体计算中坐标系以指问流体外为正,压力也以同向为正,所以在船体上考虑,则 p 取反向,即水压力 p 引起的节点力。

$$\boldsymbol{f}_p = \mathrm{i}\rho\omega\varphi = \boldsymbol{p}\boldsymbol{\varphi} \tag{6.175}$$

式中: $\boldsymbol{p}$ 是流体压力矩阵。

则在总体系中以 $\boldsymbol{\delta},\ \boldsymbol{\varphi}$ 为未知数的振动方程为

$$(-\omega^2 \mathbf{M} + \mathbf{K})\boldsymbol{\delta} - \boldsymbol{p}\boldsymbol{\varphi} = \boldsymbol{f}_q \tag{6.176}$$

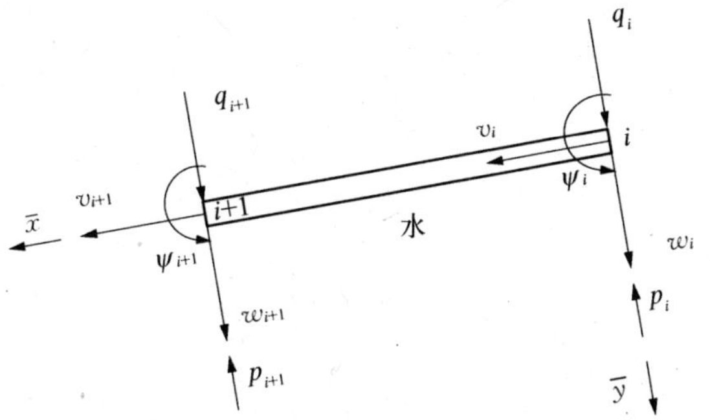

图 6.6　直　元

式中

$$
\boldsymbol{M} = \rho_S Al \begin{bmatrix}
m_{11} & & & & & \\
m_{21} & m_{22} & & \text{对} & & \\
m_{31} & m_{32} & m_{33} & & \text{称} & \\
m_{41} & m_{42} & m_{43} & m_{44} & & \\
m_{51} & m_{52} & m_{53} & m_{54} & m_{55} & \\
m_{61} & m_{62} & m_{63} & m_{64} & m_{65} & m_{66}
\end{bmatrix}
$$

式中：A 是直元的断面积；l 是直元长度；且有

$$
m_{11} = m_{44} = 2m_{41} = \frac{1}{3}
$$

$$
m_{22} = m_{55} = 26\,\frac{m_{52}}{9} = \frac{13}{35}
$$

$$
m_{32} = -\,m_{65} = -22\,\frac{m_{62}}{13} = \frac{11l}{210}
$$

$$
m_{33} = m_{66} = 4\,\frac{m_{52}}{10} = -4\,\frac{m_{63}}{3} = \frac{l^2}{105}
$$

$$
m_{21} = m_{31} = m_{42} = m_{43} = m_{51} = m_{54} = m_{61} = m_{64} = 0
$$

$$
m_{53} = \frac{13l}{420}
$$

$$
\boldsymbol{K} = \begin{bmatrix}
k_{11} & & & & & \\
k_{21} & k_{22} & & \text{对} & & \\
k_{31} & k_{32} & k_{33} & & \text{称} & \\
k_{41} & k_{42} & k_{43} & k_{44} & & \\
k_{51} & k_{52} & k_{53} & k_{54} & k_{55} & \\
k_{61} & k_{62} & k_{63} & k_{64} & k_{65} & k_{66}
\end{bmatrix}
$$

式中

$$
k_{11} = k_{44} = -\,k_{41} = \frac{EA}{l}
$$

$$
k_{33} = k_{66} = 2k_{63} = \frac{4EI}{l}
$$

$$
k_{32} = k_{62} = -\,k_{65} = -\,k_{53} = \frac{6EI}{l^2}
$$

$$
k_{22} = k_{55} = -\,k_{52} = \frac{12EI}{l^3}
$$

$$
k_{21} = k_{31} = k_{42} = k_{43} = k_{51} = k_{54} = k_{61} = k_{64} = 0
$$

I 是直元断面二次矩；

$$\boldsymbol{P} = [P_1, P_2, P_3, P_4, P_5, P_6]^{\mathrm{T}}$$

$$P_1 = P_4 = -\mathrm{i}\rho\omega l\,\frac{\mu}{2}$$

$$P_2 = P_5 = \mathrm{i}\rho\omega l\,\frac{\lambda}{2}$$

$$P_3 = P_6 = 0$$

$$\lambda = \cos\theta,\ \mu = \sin\theta$$

对于物面边界条件，直元上法向速度用直元中点处值取代：

$$\frac{\partial\varphi}{\partial n} - \mathrm{i}\omega w_{\mathrm{mid}} = -\mathrm{i}\omega\boldsymbol{B}\boldsymbol{\delta} \tag{6.177}$$

式中：$w_{\mathrm{mid}} = \boldsymbol{B}\boldsymbol{\delta}$，是用节点变形位矢表示的直元中点法向变形。

变换阵

$$\boldsymbol{B} = [b_1, b_2, b_3, b_4, b_5, b_6]$$

$$b_1 = b_4 = -\frac{\mu}{2},\ b_2 = b_5 = -\frac{\lambda}{2},\ b_3 = b_6 = \frac{l}{8}$$

由式(6.171)、式(6.176)和式(6.177)得

$$\begin{bmatrix} -\omega^2\boldsymbol{M} + \boldsymbol{K} & \vdots & -P \\ \cdots & \cdots & \cdots \\ \boldsymbol{H}_1' & \vdots & \boldsymbol{H}_2 \end{bmatrix} \begin{Bmatrix} \boldsymbol{\delta} \\ \cdots \\ \varphi \end{Bmatrix} = \begin{Bmatrix} f_q \\ \cdots \\ 0 \end{Bmatrix} \tag{6.178}$$

式中：$\boldsymbol{H}_1' = -\mathrm{i}\omega\boldsymbol{H}_1\boldsymbol{B}$。

3) 半元界流中等航速物体的声弹性振动

对于半无界均流两维问题，声传播方程仍然取式(6.119)形式：

$$\left(\frac{\partial^2}{c_0^2\partial t^2} + 2(Ma)\,\nabla\widetilde{\varphi}_0 \cdot \nabla\frac{\partial}{c_0\partial t} - \Delta\right)\varphi = 0$$

通过同样的变换能变成波动方程 $\left(\dfrac{\partial^2}{c_0^2\partial T^2} - \Delta_{\mathrm{R}}\right)\varPhi = 0$，并把物面变形时的条件变换成物面静态位置时的物面条件

$$\nabla\varphi \cdot \frac{\nabla\varGamma}{|\nabla\varGamma|} = -\frac{1}{|\nabla\varGamma|}\left(\frac{\partial}{\partial t} + c_0(Ma)\,\nabla\widetilde{\varphi}_0\,\nabla\right)\sigma + c_0(Ma)\,\frac{\sigma\,\nabla\varGamma}{|\nabla\varGamma|^3} - \nabla\{\nabla\widetilde{\varphi}_0\,\nabla\varGamma\}$$

此外,变换 $\begin{cases} \Phi(x,\ y,\ z,\ T) = \varphi(x,\ y,\ z,\ t) \\ (x,\ y,\ z,\ T) = \left(x,\ y,\ z,\ t + \dfrac{(Ma)\ \widetilde{\varphi}_0}{c_0} \right) \end{cases}$

并不改变水面条件,原为 $\varphi = 0$ 现是 $\Phi = 0$。

首先要求出绕流静止位置物面 $\Gamma = 0$ 的速度势 φ_0。这是易于用源汇分布法解出的,只需注意到水面上 $\varphi = 0$,从而作速势的奇拓,下面认为 $\widetilde{\varphi}_0$ 已经求出。

另一个问题是 $\sigma(r,\ t)$。当物面变形时 $\delta(r,\ t) \equiv \Gamma(r) + \sigma(r,\ t) = 0$。已知若 δr 方向与 $\nabla \Gamma(r)$ 一致(即与物面法向一致),且 $\left| \dfrac{\nabla \sigma}{\nabla \Gamma} \right| \ll 1$,则 $\delta r = -\dfrac{\sigma \nabla \Gamma}{|\nabla \Gamma|^2}$。$\delta r$ 实质上是物面的法向变形位矢 w,所以

$$ w = -\frac{\sigma}{|\nabla \Gamma|},\ \sigma = -w\,|\nabla \Gamma| $$

物面上

$$ \frac{\partial \Phi}{\partial n} = -\frac{1}{|\nabla \Gamma|} \left(\frac{\partial}{\partial T} + c_0(Ma)\,\nabla \widetilde{\varphi}_0 \cdot \nabla \right)(-w\,|\nabla \Gamma|) + $$

$$ c_0(Ma)\,\frac{-w\,\nabla \Gamma}{|\nabla \Gamma|^2}\,\nabla \{\nabla \widetilde{\varphi}_0 \cdot \nabla \Gamma\} $$

在求流场时,当作物面形状不变,仅物面速度变化,则

$$ \frac{1}{|\nabla \Gamma|}\,\frac{\partial}{\partial T}(-w\,|\nabla \Gamma|) = -\frac{\partial}{\partial T} w\ (\boldsymbol{n}\ 指向物体内部) $$

且由相邻点处 w_{mid} 的差分关系及静态物面形状,易于求得

$$ (\nabla \widetilde{\varphi}_0\,\nabla)(-w\,|\nabla \Gamma|)\ 及\ \nabla \{\nabla \widetilde{\varphi}_0 \cdot \nabla \Gamma\} $$

因此物面边界条件仍可表示成 $\quad \dfrac{\partial \Phi}{\partial n} = f(\delta)$

这样,求解的方程为

$$ \left. \begin{array}{r} [H_1,\ H_2] \left\{ \begin{array}{c} \dfrac{\partial \Phi}{\partial n} \\ \Phi \end{array} \right\} = \boldsymbol{0} \\[4mm] (-\omega^2 \boldsymbol{M} + \boldsymbol{K})\boldsymbol{\delta} - \boldsymbol{P}\boldsymbol{\Phi} = \boldsymbol{f}_{\text{q}} \\[4mm] \dfrac{\partial \Phi}{\partial n} = f\boldsymbol{\delta} \end{array} \right\} \qquad (6.179) $$

6.8 无界流中变航速运动 物体的声弹性振动

非等航速运动物体造成的声弹性振动是非常复杂的，目前尚无好的处理方法。一般需对具体问题作具体分析。1987 年勒平托（F. G. Leppington）和莱文（H. Levine）采用渐近匹配法分析了变速直线运动的脉动球体的声弹性振动[8]。

设半径 $a(t')$ 的球体沿 x 轴作速度 $v'(t')$ 的直线运动，运动的 $Ma \ll 1$。由无旋流得

$$v'_i = \frac{\partial \phi'}{\partial x'_i} \tag{6.180}$$

当流体作绝热变化时，$\dfrac{p}{\rho^v} = \dfrac{p_0}{\rho_0^v}$，式中：$p$ 和 ρ 分别表示压力和密度，而 p_0 和 ρ_0 系平衡值。

由欧拉方程及方程（6.180），得到流体中的波速

$$c^2 = c_0^2 - (\nu - 1) \frac{\partial \phi'}{\partial t'} - \frac{1}{2}(\nu - 1) \left(\frac{\partial \phi'}{\partial x'_j} \right)^2 \tag{6.181}$$

式中：c_0 表示 c 的平衡值。

1972 年莱特希尔（Lighthill）给出式子

$$\left\{ c_0^2 - (\nu - 1) \left(\frac{\partial \phi'}{\partial t'} + \frac{1}{2} \frac{\partial \phi'}{\partial x'_j} \frac{\partial \phi'}{\partial x'_j} \right) \right\} \frac{\partial^2 \phi'}{\partial x'^2_i} = \frac{\partial^2 \phi'}{\partial t'^2} + 2 \frac{\partial \phi'}{\partial t'_i} \frac{\partial^2 \phi'}{\partial x'_i \partial t'} + \frac{\partial \phi'}{\partial x'_i} \frac{\partial \phi'}{\partial x'_j} \frac{\partial^2 \phi'}{\partial x'_i \partial x'_j} \tag{6.182}$$

$$\frac{p}{p_0} = \left\{ 1 - (\nu - 1) c_0^{-2} \left(\frac{\partial \phi'}{\partial t'} + \frac{1}{2} \frac{\partial \phi'}{\partial x'_j} \frac{\partial \phi'}{\partial x'_j} \right) \right\}^{\frac{\nu}{\nu - 1}} \tag{6.183}$$

设球心位于 $x'_1 = h'(t')$ 处，有 $\dfrac{\mathrm{d}h'}{\mathrm{d}t'} = v'$ \tag{6.184}

球面边界条件是

$$\frac{\partial \phi'}{\partial r'} = \frac{\mathrm{d}a}{\mathrm{d}t'} + v' \cos \theta \qquad r' = a \tag{6.185}$$

式中：(r', θ) 是极心在球心的极坐标，且 $\theta = 0$ 平行于正 x'_1 轴。

此外，还必须考虑无穷远处的辐射条件。首先来分析内解。

为了用无量纲形式写出方程,记 a_0 是 $a(t')$ 的特征值, v_0 是特征速度,特征时间 $t_0 = \dfrac{a_0}{v_0}$,则有

$$a' = a_0 A,\ h' = a_0 h,\ v' = v_0 v,\ \varphi' = a_0 v_0 \Phi,\ t' = \frac{a_0}{v_0} t,\ x_i' = a_0 x_i,\ r' = a_0 R$$

式(6.182)改写成

$$\Delta \Phi = (Ma)^2 \left\{ \frac{\partial^2 \Phi}{\partial t^2} + \frac{\partial \Phi}{\partial x_i} \frac{\partial \Phi}{\partial x_j} \frac{\partial^2 \Phi}{\partial x_i \partial x_j} + 2 \frac{\partial \Phi}{\partial x_i} \frac{\partial^2 \Phi}{\partial x_j \partial t} + (\nu - 1)\Delta \Phi \left(\frac{\partial \Phi}{\partial t} + \frac{1}{2} \frac{\partial \Phi}{\partial x_j} \frac{\partial \Phi}{\partial x_j} \right) \right\} \tag{6.186}$$

边界条件式(6.185)改写成

$$\frac{\partial \Phi}{\partial R} = \dot{A}(t) + v(t)\cos\theta \qquad \text{在 } R = A(t) \text{ 上} \tag{6.187}$$

式中: $\dot{A} = \dfrac{\mathrm{d}A}{\mathrm{d}t}$; (R, θ) 是极心在运动球心处的极坐标,且 $\theta = 0$ 指向正 x_1 轴。

对小 Ma 数

$$\Phi \sim \Phi^{(3)} = \Phi_0 + (Ma)\Phi_1 + (Ma)^2 \Phi_2 + (Ma)^3 \Phi_3 \tag{6.188}$$

为了说明这种展开的必要性,取一项 $\Phi \sim \Phi_0$ 作为内解近似,并用于匹配一阶外解。

将 $\Phi \sim \Phi_0$ 代入式(6.186)和式(6.187),并比较 Ma 的同次幂。

$$\Delta \Phi_0 = 0 \qquad R \geqslant A$$

$$\frac{\partial \Phi_0}{\partial R} = \dot{A} + v\cos\theta \qquad R = A$$

匹配条件是 $R \to \infty$, $\Phi_0 \to 0$

取

$$\Phi_0 = q_0 R^{-1} - \mu_1 R^{-2}\cos\theta \tag{6.189}$$

式中: $q_0 = -A^2 \dot{A}$; $\mu_1 = \dfrac{1}{2} A^3 v$。

同样能说明 Φ_1 也是调和函数,在 $R = A$ 处有零法向导数。在无穷远处 $\Phi_0 = O\left(\dfrac{1}{R}\right)$,而 $\Phi_1 = O(1)$。

$$\Phi_1 = A_1(t) \tag{6.190}$$

式中: $A_1(t)$ 由匹配确定。

为确定 Φ_2，由式(6.186)和式(6.188)，有

$$\Delta\Phi_2 = \frac{\partial^2\Phi_0}{\partial t^2} + \frac{\partial\Phi_0}{\partial x_i}\frac{\partial\Phi_0}{\partial x_j}\frac{\partial^2\Phi_0}{\partial x_i\partial x_j} + 2\frac{\partial\Phi_0}{\partial x_i}\frac{\partial^2\Phi_0}{\partial x_i\partial t}$$

$$\frac{\partial\Phi_2}{\partial R} = 0 \qquad R = A \text{ 上}$$

$$\Phi_2 = O(R) \qquad R \to \infty$$

记

$$\xi_1 = x_1 - h(t),\ \xi_2 = x_2,\ \xi_3 = x_3$$

则

$$\Delta\Phi_2 = \frac{\partial^2\Phi_0}{\partial t^2} - 2V\frac{\partial^2\Phi_0}{\partial t\partial\xi_1} - \dot{V}\frac{\partial^2\Phi_0}{\partial\xi_1^2} + V^2\frac{\partial^2\Phi_0}{\partial\xi_1^2} + \frac{\partial\Phi_0}{\partial\xi_i}\frac{\partial\Phi_0}{\partial\xi_j}\frac{\partial^2\Phi_0}{\partial\xi_i\partial\xi_j} +$$

$$2\frac{\partial\Phi_0}{\partial\xi_i}\frac{\partial^2\Phi_0}{\partial\xi_i\partial t} - 2\frac{\partial\Phi_0}{\partial\xi_i}V\frac{\partial^2\Phi_0}{\partial\xi_i\partial\xi_1} \tag{6.191}$$

$$\Phi_0 = q_0 R^{-1} - \mu_1\xi_1 R^{-3} \tag{6.192}$$

将式(6.192)代入式(6.191)，写成 $R^{-m}P_n(\cos\theta)$ 和的形式，式中 P_n 是勒让德多项式。

已知方程 $\Delta\psi = R^{-m}P_n(\cos\theta)$ $(m \neq n+3,\ m \neq -n+2)$ 的特解是

$$\psi = \{(m-3)(m-2) - n(n+1)\}^{-1}R^{-m+2}P_n(\cos\theta)$$

所以

$$\Phi_2 = \frac{1}{2}\ddot{q}_0 R + B_2\frac{A^2}{R} + q_0\dot{q}_0 R^{-2} + \frac{1}{12}(5V^2 A^5\dot{A} + V\dot{V}A^6)R^{-4} + \frac{1}{10}q_0^3 R^{-5} -$$

$$\frac{1}{12}V^2 A^8\dot{A}R^{-7} + P_1(\cos\theta)\Big\{\frac{1}{4}(\ddot{V}A^3 + 8\dot{V}A^2\dot{A} + 14VA\dot{A}^2 + 7VA^2\ddot{A}) +$$

$$C_2 A^3 R^{-2} + \frac{1}{2}(\dot{V}A^5\dot{A} + 7VA^4\dot{A}^2 + VA^5\ddot{A})R^{-3} + \frac{1}{5}V^3 A^6 R^{-5} - \frac{1}{4}VA^7\dot{A}^2 R^{-6} -$$

$$\frac{1}{24}V^3 A^9 R^{-8}\Big\} + P_2(\cos\theta)\Big\{D_2 A^4 R^{-3} + \frac{1}{6}(3V\dot{V}A^3 + 8V^2 A^2\dot{A})R^{-1} + \frac{1}{6}(V\dot{V}A^6 +$$

$$11V^2 A^5\dot{A})R^{-4} - \frac{1}{8}V^2 A^8\dot{A}R^{-7}\Big\} + P_3(\cos\theta)\Big\{E_2 A^5 R^{-4} + \frac{3}{10}V^3 A^3 R^{-2} +$$

$$\frac{3}{10}V^3 A^6 R^{-5} - \frac{3}{176}V^3 A^9 R^{-8}\Big\} + A_2 + F_2 P_1(\cos\theta)\Big(R + \frac{1}{2}A^3 R^{-2}\Big) \tag{6.193}$$

系数 B_2，C_2，D_2 和 E_2 取决于 t，并由条件

$$\frac{\partial \Phi_2}{\partial R} = 0 \qquad 当 R = A 时$$

确定，于是

$$B_2 = \frac{1}{2}\ddot{q}_0 - 2A\dot{A}\ddot{A} - \frac{7}{2}\dot{A}^3 - \frac{13}{12}V^2\dot{A} - \frac{1}{3}V\dot{V}A$$

$$C_2 = \frac{3}{4}\dot{V}A\dot{A} - \frac{9}{2}V\dot{A}^2 - \frac{3}{4}VA\dot{A} - \frac{1}{3}V^3$$

$$D_2 = -\frac{7}{18}V\dot{V}A - \frac{187}{72}V^2\dot{A}$$

$$E_2 = -\frac{27}{55}V^3$$

系数 A_2 和 F_2 由匹配确定。

类似地，由式(6.186)和式(6.188)得出

$$\Delta\Phi_3 = \frac{\partial^2 \Phi_1}{\partial t^2} = \ddot{A}_1$$

$$\Phi_3 = \frac{1}{6}\ddot{A}_1 R^2 + \frac{1}{3}\ddot{A}_1 A^3 R^{-1} + A_3 + B_5 P_1(\cos\theta)\left\{R + \frac{1}{2}\frac{A^3}{R^2}\right\} +$$

$$C_3 P_2(\cos\theta)\left\{R^2 + \frac{2}{3}\frac{A^5}{R^3}\right\}$$

系数 A_3，B_3 和 C_3 由匹配确定。

其次，来分析外解，离球心距 $r' \gg a$，特征长度取波长 $c_0 t_0 = \dfrac{c_0 a_0}{V_0}$，外变量

(x_1, x_2, x_3)，由 $x_i' = \dfrac{c_0 a_0}{V_0} x_i$ 关系给出。

$$x_i = (Ma)x_i, \quad r = (Ma)R \qquad (6.194)$$

由式(6.189)，表明 $R \rightarrow \infty$ 时 $\Phi_0 \sim \dfrac{(Ma)q_0}{r}$。当用外坐标表示时，这启示 Φ' 量

级为 Ma。因此，

$$\frac{\phi'}{a_0 V_0} = (Ma)\phi(x_i, Ma) = \psi \qquad (6.195)$$

将式(6.194)和式(6.195)代入式(6.186)，有

$$\Delta\phi - \frac{\partial^2\phi}{\partial t^2} = 2(Ma)^3 \frac{\partial\phi}{\partial x_i} \frac{\partial^2\phi}{\partial x_i \partial t} + (Ma)^3(\nu-1) \frac{\partial\phi}{\partial t} \frac{\partial^2\phi}{\partial x_j^2} +$$

$$\frac{1}{2}(Ma)^6(\nu-1) \frac{\partial\phi}{\partial x_j} \frac{\partial\phi}{\partial x_j} \frac{\partial^2\phi}{\partial x_i^2} + (Ma)^6 \frac{\partial\phi}{\partial x_i} \frac{\partial\phi}{\partial x_j} \frac{\partial^2\phi}{\partial x_i \partial x_j} \quad (6.196)$$

外近似在 $r' \gg a$，即 $r \gg Ma$ 处是正确的，特别地，球上 $(r = Ma)$ 处边界条件不能用，必须用 ψ 和 Φ 匹配条件取代，就外势而言，球成为一个运动奇点。由式(6.196)右端量级 $(Ma)^3$ 可预期关于 ϕ 的渐近展开头几项将对应于以 $\dfrac{dx_1}{dt} = (Ma)h = (Ma)V'$ 速度沿 x_1 轴运动的源奇点。

由式(6.188)和式(6.189)，头项内近似 $\Phi^{(0)} = \Phi_0$。若 Φ_0 用外变量 $r = (Ma)R$ 写出，并固定 r 展开到 Ma 阶

$$\Phi^{(0,1)} = (Ma)q_0 r^{-1}$$

这启示了头项外近似形式 $\phi \sim \phi_0$，即 $\psi \sim (Ma)\phi_0$，式中 $\phi_0 \sim q_0 r^{-1}$，当 Ma 和 $r \to 0$ 时，即 ϕ_0 在 $r = 0$ 处有源奇性。文献[8]指出可用运动源势 $\phi_s (r = 0$ 附近，$\phi_0 = O\left(\dfrac{1}{r}\right)$ 线性波动方程的解) 表示

$$\phi_0 = \phi_s\{x_i,\, t\,|\,\dot{q}_0(t)\,|\,\} \quad (6.197)$$

直到 $(Ma)^2$ 内解是

$$\Phi^{(2)} = \Phi_0 + Ma\Phi_1 + (Ma)^2\Phi_2 \quad (6.198)$$

Φ_0, Φ_1, Φ_2 由式(6.189)、式(6.190)和式(6.193)给出。若式(6.198)用外变量 $r = (Ma)R$ 写出，并展开到 $(Ma)^2$，则

$$\Phi^{(2,2)} = (Ma)\left\{q_0 r^{-1} + A_1 + \frac{1}{2}\ddot{q}_0 r + F_2 r\cos\theta\right\} + (Ma)^2\left\{-\mu_1 r^{-2}\cos\theta +\right.$$

$$\left.\frac{1}{4}(\dddot{V}A^3 + 8\dot{V}A^2\dot{A} + 14VA\dot{A}^2 + 7VA^2\ddot{A})\cos\theta + A_2\right\} \quad (6.199)$$

这启示外展开应当是　$\phi \sim \phi_0 + (Ma)\phi_1$，即

$$\psi \sim (Ma)\phi_0 + (Ma)^2\phi_1 \quad (6.200)$$

式中：ϕ_0 是源势式(6.197)，且式(6.199)表明 ϕ_1 有偶极子奇性。文献[8]指出还可能有一个附加源(因为它的奇性低于偶极子)于是

$$\phi_1 = \phi_2\{x_i, t\,|\,\mu_1\} + \phi_s\{x_i, t\,|\,q_1\}$$

…… ……

可以看到,即使对一个变速运动的球体,求解也是相当复杂的,与一般渐近求解问题不同处在于外解中的 ϕ_0, ϕ_1 不仅是 r 而且也是 Ma 的函数,比如 ϕ_0 本身代表以 $(Ma)V$ 速度在外对称中的 x_1 轴运动的奇点,因此 ϕ_0 与 Ma 数有关。至于匹配的基本思想仍然是对内解 $\Phi \sim \Phi_0(\mathbf{R}) + (Ma)\Phi_1(\mathbf{R}) + \cdots$ 用外变量 $r = (Ma)R$ 写出 $\Phi^{(m)}$。令 $Ma \to 0$ (r 固定)保留直到 $(Ma)^n$ 阶的项,并用 $\Phi^{(m, n)}$ 写出 m 次内近似的 n 次外极限。对外解 $\psi \sim (Ma)\phi_0(r, Ma) + (Ma)^2\phi_1(r, Ma)t\cdots$ 用内变量 R 及固定 R 展开到 $(Ma)^m$ 阶的项,并用 $\psi^{(n, m)}$ 写出 n 次外近似的 m 次内极限。匹配要求对任意的 m 和 n,有 $\Phi^{(m, n)} = \psi^{(n, m)}$。

以上讨论的是对流体部分的分析,再要加上结构振动的处理与流体的作用耦合起来,才能形成整体的声弹性问题。

参考文献

[1] Lighthill J. Waves in Fluids [M]. Cambridge Univ. Press, 1978.

[2] Chen L H. Developments in Boundary Element Method [M]. London: Elsevier Applied Science Pub. , 1991.

[3] Taylor K. A Transformation of the acoustic equation with implications for wind-tunnel and low-speed flight tests [J]. Proceedings of the Royal Society of London, 1978, A363: 271 - 281.

[4] Taylor K. Acoustic generation by vibrating bodies in homentropic potential flow at low mach number [J]. J. of Sound and Vibration, 1979, 65(1): 125 - 136.

[5] 真能创等. 船体振动にょゐ水中放射音の基础的研究(第一报,半没圆筒壳) [C]. 日本造船学会论文集, 1986, V159: 184 - 192.

[6] Timoshenko. Theory of Plates and shells [M]. McGraw-Hill, 1959.

[7] 真能创,等. 船体振动にょ水中放射音の基础的研究(第二报,断面形状の影响)[C]. 日本造船学会论文集, 1986, V160: 226 - 236.

[8] Leppington F G, Levine H. The sound field of a pulsating sphere in unsteady rectilinear motion [J]. Proceedings of the Royal Society of London, 1987, A412: 199 - 221.

第7章　涡激振动

圆柱或其他钝形物体在流体中运动时会在尾流中发放出旋涡,这是一个很古老的问题,1878 年斯屈洛哈尔在研究发生声音的一种方法时,发现了圆管尾流中旋涡发放频率的规律,其参数称为斯特劳哈尔数 $S = \dfrac{f_s D}{U}$,其中 f_s 为尾涡发放的频率;D 为圆柱直径;U 为流体相对于圆柱的速度。在一定的雷诺数范围内,S 为一常数,圆柱两侧发放下去的旋涡形成二列涡街,1911 年冯·卡门研究了尾流中涡街的稳定性问题,即著名的卡门涡街问题。

各个工程领域中有关这类问题的出现,推动了尾流中发放旋涡及由此引起的涡激振动的研究,如在水航工程中有潜望镜、通气管和雷达天线等的振动;在土木工程中,有烟囱在风中的振动;在电力工程中,有高压输电导线的振动;在机械工程中,有热交换器中管道的振动。近年来,海洋工程中采油平台的发展,提出了各种管系在波浪海流中的振动问题,特别是结构的疲劳问题,一定要考虑到涡激振动这个因素,这方面的研究工作相当活跃。

本章从尾流中旋涡发放的理想模型讲起,并介绍一些涡激振动的实用计算方法。

7.1　卡门涡街的水动力计算[1]

绕流物体尾流中会形成涡街,我们取理想的涡街模型(图 7.1),涡的纵向间距为 l,涡的横向间距为 h。我们先看一列无穷长的涡,其中一个涡的坐标为 z_0,在左边的涡坐标依次为 z_{-1},z_{-2},$\cdots$,在右边有涡坐标依次为 z_1,z_2,$\cdots$,其复速度势为

$$w = \frac{\Gamma}{2\pi i}\left\{\ln\left[\frac{(z-z_0)\pi}{l}\right] + \sum_{k=1}^{\infty}\left[\ln\left(\frac{z-z_k}{-lk}\right) + \ln\left(\frac{z-z_{-k}}{lk}\right)\right]\right\} + 常数$$

$$(7.1)$$

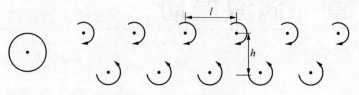

图 7.1　卡门涡街模型

式中：$z-z_0$ 乘以 $\dfrac{\pi}{l}$；$z-z_k$ 除以 $-lk$；$z-z_{-k}$ 除以 lk，仅在总式中差别一个常数，

把式(7.1)写成

$$w = \frac{\Gamma}{2\pi i} \ln\left\{ \frac{(z-z_0)\pi}{l} \prod_{k=1}^{\infty} \left(\frac{z_k-z}{lk} \right)\left(\frac{z-z_{-k}}{lk} \right) \right\}$$

将 $z_k = z_0 + lk$，$z_{-k} = z_0 - lk$ 代入上式，得

$$w = \frac{\Gamma}{2\pi i} \ln\left\{ \frac{\pi(z-z_0)}{l} \prod_{k=1}^{\infty} \left[1 - \left(\frac{z-z_0}{lk} \right)^2 \right] \right\}$$

利用将 $\sin \pi x$ 分解成无穷乘积的公式

$$\sin \pi x = \pi x \prod_{k=1}^{\infty} \left(1 - \frac{x^2}{k^2} \right)$$

得

$$w = \frac{\Gamma}{2\pi i} \ln\sin\frac{\pi}{l}(z-z_0) \tag{7.2}$$

微分一次，得复速度为

$$v_x - i v_y = \frac{dw}{dz} = \frac{\Gamma}{2li} \cot\frac{\pi}{l}(z-z_0) \tag{7.3}$$

为求涡列的速度，只要求 z_0 点涡的速度便可，所有涡的速度是一样的，z_0 点涡的速度，就是除 z_0 点涡以外，所有别的涡对 z_0 点的诱导速度

$$v_x - i v_y = \frac{\Gamma}{2\pi i} \left\{ \frac{1}{z-z_0} + \sum_{k=1}^{\infty} \left(\frac{1}{z-z_0-kl} + \frac{1}{z-z_0+kl} \right) \right\} \tag{7.4}$$

由上式，令 $z = z_0$，将 z_0 点的涡除外，得

$$v_x - i v_y = 0$$

即单列涡的运动速度为零。

现在我们来讨论二列涡的情形，其复速度势为

$$w = \frac{\Gamma_1}{2\pi i} \text{lnsin} \frac{\pi}{l}(z - z_1) + \frac{\Gamma_2}{2\pi i} \text{lnsin} \frac{\pi}{l}(z - z_2) \tag{7.5}$$

其复速度为

$$v_x - i v_y = \frac{dw}{dz} = \frac{\Gamma_1}{2li} \cot \frac{\pi}{l}(z - z_1) + \frac{\Gamma_2}{2li} \cot \frac{\pi}{l}(z - z_2) \tag{7.6}$$

看涡列的运动,第一列的所有涡以相同速度运动,第二列的所有涡也以相同的速度运动,每一列涡都是整体地运动,一列涡在另一列涡的影响下运动,令 $z = z_1$,得第一列涡的运动速度为

$$v_{1x} - i v_{1y} = \frac{\Gamma_2}{2li} \cot \frac{\pi}{l}(z_1 - z_2) \tag{7.7}$$

令 $z = z_2$,得第二列涡的运动速度为

$$v_{2x} - i v_{2y} = \frac{\Gamma_1}{2li} \cot \frac{\pi}{l}(z_1 - z_2) \tag{7.8}$$

我们感兴趣的是两列涡以同样速度运动的情形,即

$$v_{ix} - i v_{1y} = v_{2x} - i v_{2y} \tag{7.9}$$

要求 $\Gamma_2 = -\Gamma_1$,即两列涡的环量大小相等、方向相反,以 Γ 表示之,取 Ox 轴平行于涡列的方向,则有 $v_{1y} = v_{2y} = 0$,令 $z_1 - z_2 = b + hi$ 则有

$$
\begin{aligned}
\cot \frac{\pi}{l}(b + hi) &= \frac{\cos \frac{\pi}{l}(b + hi)}{\sin \frac{\pi}{l}(b + hi)} = \frac{\cos \frac{\pi b}{l} \cos \frac{\pi hi}{l} - \sin \frac{\pi b}{l} \sin \frac{\pi hi}{l}}{\sin \frac{\pi b}{l} \cos \frac{\pi hi}{l} + \cos \frac{\pi b}{l} \sin \frac{\pi hi}{l}} \\[2mm]
&= \frac{\cos \frac{\pi b}{l} \text{ch} \frac{\pi h}{l} - \sin \frac{\pi b}{l} \cdot i \text{sh} \frac{\pi h}{l}}{\sin \frac{\pi b}{l} \text{ch} \frac{\pi h}{l} + \cos \frac{\pi b}{l} \cdot i \text{sh} \frac{\pi h}{l}} \\[2mm]
&= \frac{\cos \frac{\pi b}{l} \sin \frac{\pi b}{l} - i \text{ch} \frac{\pi h}{l} \text{sh} \frac{\pi h}{l}}{\sin^2 \frac{\pi b}{l} \text{ch}^2 \frac{\pi h}{l} + \cos^2 \frac{\pi b}{l} \text{sh}^2 \frac{\pi h}{l}} \\[2mm]
&= \frac{\sin \frac{2\pi b}{l} - i \cdot \text{sh} \frac{2\pi h}{l}}{2 \left[\sin^2 \frac{\pi b}{l} \left(1 + \text{sh}^2 \frac{\pi h}{l} \right) + \text{sh}^2 \frac{\pi b}{l} \left(1 - \sin^2 \frac{2\pi b}{l} \right) \right]}
\end{aligned}
$$

$$= \frac{\sin\dfrac{2\pi b}{l} - i \cdot \text{sh}\dfrac{2\pi h}{l}}{2\left(\sin^2\dfrac{\pi b}{l} + \text{sh}^2\dfrac{\pi h}{l}\right)} = \frac{\sin\dfrac{2\pi b}{l} - i \cdot \text{sh}\dfrac{2\pi h}{l}}{1 - \cos\dfrac{2\pi b}{l} + \text{ch}\dfrac{2\pi h}{l} - 1}$$

$$= \frac{\sin\dfrac{2\pi b}{l} - i \cdot \text{sh}\dfrac{2\pi h}{l}}{\text{ch}\dfrac{2\pi h}{l} - \cos\dfrac{2\pi b}{l}}$$

代回式(7.9),得

$$v_{1x} = v_{2x} = \frac{\Gamma}{2l}\, \frac{\text{sh}\dfrac{2\pi h}{l}}{\text{ch}\dfrac{2\pi h}{l} - \cos\dfrac{2\pi b}{l}} \tag{7.10}$$

$$v_{1y} = v_{2y} = -\frac{\Gamma}{2l}\, \frac{\sin\dfrac{2\pi b}{l}}{\text{ch}\dfrac{2\pi h}{l} - \cos\dfrac{2\pi b}{l}} \tag{7.11}$$

由于 $v_{1y} - v_{2y} = 0$,则必须有

$$\sin\frac{2\pi b}{l} = 0 \tag{7.12}$$

也即有 $b = 0$ 或 $b = \dfrac{l}{2}$,前者为对称涡街,后者为交替涡街。

对于对称涡街,有

$$v_{1x} = \frac{\Gamma}{2l}\text{cth}\frac{\pi h}{l} \tag{7.13}$$

对于交替涡街,有

$$v_{1x} = \frac{\Gamma}{2l}\text{th}\frac{\pi h}{l} \tag{7.14}$$

卡门对涡街的稳定性进行了分析,对称涡街是不稳定的,对于交替涡街,从稳定性条件得出

$$\text{ch}\frac{\pi h}{l} = \sqrt{2} \tag{7.15}$$

也即 $\dfrac{h}{l} = 0.280\,6$ 与实验现象很接近(图 7.2)。

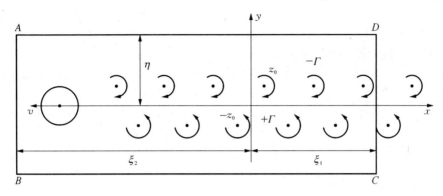

图 7.2　物体和卡门涡街的控制体

　　现在我们来讨论卡门涡街对物体作用的水动力,在物体和涡街的周围取控制体 $ABCD$,控制体各边离物体的距离都是很大的,在物体后很远的 CD 处,其流动情况可视为与无穷涡街相同,在物前很远的 AB 处,流体可看成是静止的,设涡强为 Γ,涡列的速度 v_{1x} 由式(7.14)求定,沿 $-x$ 轴方向运动,取活动坐标系 Oxy 与涡一起运动,圆柱体相对于此坐标系以 $v-v_{1x}$ 的速度沿负 x 轴方向运动。

　　对控制体应用动量定量,设流体沿 x 方向的动量为 M_x,流体沿 x 方向作用于圆柱体上的力为 F_x,则有

$$\frac{\partial M_x}{\partial t}+\int_C^D\rho v_x^2\,\mathrm{d}y-\int_B^A\rho v_x^2\,\mathrm{d}y+Qv_{1x}=\int_B^A p\,\mathrm{d}y-\int_C^D p\,\mathrm{d}y-F_x \quad(7.16)$$

式中: Q 为在单位时间内由 AD 和 BC 边流出去的流量; v_{1x} 为该处流体相对于坐标系的速度。

　　压强 p 的表达式为

$$p=-\rho\frac{\partial\phi}{\partial t}-\frac{1}{2}\rho(v_x^2+v_y^2) \quad(7.17)$$

在 AB 上,流场可看成是定常的, $\dfrac{\partial\phi}{\partial t}=0$。

$$\int_B^A\rho\frac{\partial\phi}{\partial t}\mathrm{d}y=0 \quad(7.18)$$

在 CD 上,由于控制面与坐标轴一起以涡速移动,故该处流场也可看成是定常的, $\dfrac{\partial\phi}{\partial t}=0$。

$$\int_C^D \rho \frac{\partial \phi}{\partial t} \mathrm{d}y = 0 \tag{7.19}$$

在 CD 处的复速势可写成

$$w = v_{1x}z + \frac{\Gamma}{2\pi \mathrm{i}} \ln \frac{\sin \dfrac{\pi}{l}(z + z_0)}{\sin \dfrac{\pi}{l}(z - z_0)} = v_{1x}z + w' \tag{7.20}$$

式(7.16)可写成

$$\frac{\partial M_x}{\partial t} + \int_C^D \frac{1}{2}\rho(v_x^2 - v_y^2)\mathrm{d}y - \int_B^A \frac{1}{2}\rho(v_x^2 - v_y^2)\mathrm{d}y + Qv_{1x} = -F_x \tag{7.21}$$

令

$$A = \frac{1}{2}\rho\left[\int_B^A \frac{1}{2}(v_x^2 - v_y^2)\mathrm{d}y - \int_C^D (v_x^2 - v_y^2)\mathrm{d}y\right] \tag{7.22}$$

对它进行具体计算,在 AB 上,由 $v_x = v_{1x}$, $v_y = 0$ 代入得

$$A = -\lim_{\eta \to \infty} \frac{1}{2}\rho \int_C^D (v_x^2 - v_{1x}^2 - v_y^2)\mathrm{d}y$$

利用公式 $v_x = v_{1x} + v'_x$、$v_y = v'_y$ 代入上式,得

$$A = -\lim_{\eta \to \infty} \frac{1}{2}\rho \int_C^D (v'^2_x + 2v_{1x}v'_x - v'^2_y)\mathrm{d}y \tag{7.23}$$

由式(7.20)得 $\left(\dfrac{\mathrm{d}w'}{\mathrm{d}z}\right)^2 = (v'_x - \mathrm{i}v'_y)^2 = v'^2_x - v'^2_y - 2\mathrm{i}v'_x v'_y$。在 CD 上, $\mathrm{d}z = \mathrm{i}\mathrm{d}y$, 由于

$$\frac{1}{2}\rho(v'^2_x + 2v_{1x}v'_x - v'^2_y) = \frac{1}{2}\rho\mathrm{Re}\left[\left(\frac{\mathrm{d}w'}{\mathrm{d}z}\right)^2 + 2v_{1x}\frac{\mathrm{d}w'}{\mathrm{d}z}\right]$$

代入式(7.23)得

$$A = \frac{1}{2}\rho\mathrm{Re}\int_{\xi_1 - \mathrm{i}\infty}^{\xi_1 + \mathrm{i}\infty} \frac{1}{i}\left[\left(\frac{\mathrm{d}w'}{\mathrm{d}z}\right)^2 + 2v_{1x}\frac{\mathrm{d}w'}{\mathrm{d}z}\right]\mathrm{d}z \tag{7.24}$$

由式(7.20),有

$$\frac{\mathrm{d}w'}{\mathrm{d}z} = \frac{\Gamma}{2\pi\mathrm{i}} \cdot \frac{\pi}{l}\left[\cot\frac{\pi}{l}(z+z_0) - \cot\frac{\pi}{l}(z-z_0)\right]$$

$$= \frac{\Gamma}{2\mathrm{i}l}\left[\frac{\cos\dfrac{\pi}{l}(z+z_0)}{\sin\dfrac{\pi}{l}(z+z_0)} - \frac{\cos\dfrac{\pi}{l}(z-z_0)}{\sin\dfrac{\pi}{l}(z-z_0)}\right]$$

$$= \frac{\Gamma}{\mathrm{i}l}\frac{\sin\dfrac{2\pi z_0}{l}}{\cos\dfrac{2\pi z}{l} - \cos\dfrac{2\pi z_0}{l}} = \frac{\Gamma}{\mathrm{i}l}\frac{\cos\dfrac{\pi h\mathrm{i}}{l}}{\cos\dfrac{2\pi z}{l} + \sin\dfrac{\pi h\mathrm{i}}{l}}$$

$$= -\frac{\Gamma\mathrm{i}}{l}\frac{\mathrm{ch}\dfrac{\pi h}{l}}{\cos\dfrac{2\pi z}{l} + \mathrm{ish}\dfrac{\pi h}{l}}$$

$$\left(\frac{\mathrm{d}w'}{\mathrm{d}z}\right)^2 + 2v_{1x}\frac{\mathrm{d}w'}{\mathrm{d}z} = -\frac{\Gamma^2}{l^2}\frac{\mathrm{ch}^2\dfrac{\pi h}{l}}{\left(\cos\dfrac{2\pi z}{l} + \mathrm{ish}\dfrac{\pi h}{l}\right)^2} - \frac{\Gamma^2\mathrm{i}}{l^2}\frac{\mathrm{sh}\dfrac{\pi h}{l}}{\left(\cos\dfrac{2\pi z}{l} + \mathrm{ish}\dfrac{\pi h}{l}\right)}$$

$$= -\frac{\Gamma^2}{l^2}\frac{\mathrm{ish}\dfrac{\pi h}{l}\cos\dfrac{2\pi z}{l} + 1}{\left(\cos\dfrac{2\pi z}{l} + \mathrm{ish}\dfrac{\pi h}{l}\right)^2}$$

$$= -\frac{\Gamma^2}{2\pi l}\frac{\mathrm{d}}{\mathrm{d}z}\left[\frac{\sin\dfrac{2\pi z}{l}}{\cos\dfrac{2\pi z}{l} + \mathrm{ish}\dfrac{\pi h}{l}}\right]$$

代入式(7.24),得

$$A = \frac{\Gamma^2\rho}{4\pi l}\mathrm{Re}\,\frac{\sin\dfrac{2\pi z}{l}}{\mathrm{i}\left[\cos\dfrac{2\pi z}{l} + \mathrm{ish}\dfrac{\pi h}{l}\right]}\Bigg|_{z=\xi_1-\mathrm{i}\infty}^{z=\xi_1+\mathrm{i}\infty}$$

最简单的是取 $\xi_1 = kl$,k 为大整数,则在 CD 上有

$$\sin\frac{2\pi z}{l} = \sin\frac{2\pi}{l}(kl + \mathrm{i}y) = \sin\frac{2\pi\mathrm{i}y}{l} = \mathrm{ish}\frac{2\pi y}{l}$$

$$\cos\frac{2\pi z}{l} = \cos\frac{2\pi\mathrm{i}y}{l} = \mathrm{ch}\frac{2\pi y}{l}$$

$$A = \frac{\rho \Gamma^2}{4\pi l} \mathrm{Re} \left. \frac{\mathrm{sh}\dfrac{2\pi y}{l}}{\mathrm{ch}\dfrac{2\pi y}{l} + \mathrm{ish}\dfrac{\pi h}{l}} \right|_{y=-\infty}^{y=+\infty}$$

$$= \frac{\rho \Gamma^2}{4\pi l} \left[\mathrm{th}\frac{2\pi y}{l} \right]_{y=-\infty}^{y=+\infty}$$

$$\lim_{y \to +\infty} \mathrm{th}\, y = 1 \qquad \lim_{y \to -\infty} \mathrm{th}\, y = -1$$

$$A = \frac{\rho \Gamma^2}{2\pi l} \tag{7.25}$$

现在计算 Q:

$$Q = -\int_C^D \rho v'_x(x,\ y)\mathrm{d}y = -\rho \int_C^D \frac{\partial \psi'}{\partial y}\mathrm{d}y$$

$$= -\rho \left[\lim_{y \to +\infty} \psi'(x,\ y) - \lim_{y \to -\infty} \psi'(x,\ y) \right] \tag{7.26}$$

由式(7.20),得

$$\psi'(x,\ y) = -\frac{\Gamma}{2\pi} \ln \left| \frac{\sin\dfrac{\pi}{l}(z+z_0)}{\sin\dfrac{\pi}{l}(z-z_0)} \right| = -\frac{\Gamma}{4\pi} \ln \frac{\sin\dfrac{\pi}{l}(z+z_0)\sin\dfrac{\pi}{l}(\bar{z}+\bar{z}_0)}{\sin\dfrac{\pi}{l}(z-z_0)\sin\dfrac{\pi}{l}(\bar{z}-\bar{z}_0)}$$

$$= -\frac{\Gamma}{4\pi} \ln \frac{\cos\dfrac{\pi}{l}(z+\bar{z}+z_0+\bar{z}_0) - \cos\dfrac{\pi}{l}(z+z_0-\bar{z}-\bar{z}_0)}{\cos\dfrac{\pi}{l}(z-\bar{z}_0+\bar{z}-z_0) - \cos\dfrac{\pi}{l}(z-z_0-\bar{z}+\bar{z}_0)}$$

$$= -\frac{\Gamma}{4\pi} \ln \frac{\cos\dfrac{2\pi}{l}\left(x+\dfrac{l}{4}\right) - \cos\dfrac{2\pi\mathrm{i}}{l}\left(y+\dfrac{h}{2}\right)}{\cos\dfrac{2\pi}{l}\left(x-\dfrac{l}{4}\right) - \cos\dfrac{2\pi\mathrm{i}}{l}\left(y-\dfrac{h}{2}\right)}$$

$$= -\frac{\Gamma}{4\pi} \ln \frac{\mathrm{ch}\dfrac{2\pi}{l}\left(y+\dfrac{h}{2}\right) + \sin\dfrac{2\pi x}{l}}{\mathrm{ch}\dfrac{2\pi}{l}\left(y-\dfrac{h}{2}\right) - \sin\dfrac{2\pi x}{l}}$$

当 $y \to +\infty$ 时,有

$$\mathrm{ch}\frac{2\pi}{l}\left(y+\frac{h}{2}\right) \approx \frac{1}{2}\mathrm{e}^{\frac{2\pi y}{l}+\frac{\pi h}{l}}$$

$$\mathrm{ch}\frac{2\pi}{l}\left(y-\frac{h}{2}\right) \approx \frac{1}{2}\mathrm{e}^{\frac{2\pi y}{l}-\frac{\pi h}{l}}$$

$$\lim_{y \to +\infty} \psi_1(x, y) = -\frac{\Gamma}{4\pi} \ln \mathrm{e}^{\frac{2\pi h}{l}} = -\frac{\Gamma}{4\pi} \frac{2\pi h}{l} = -\frac{\Gamma h}{2l}$$

同样

$$\lim_{y \to -\infty} \psi_1(x, y) = \frac{\Gamma h}{2l}$$

代入式(7.26),得

$$Q = -\rho\left(-\frac{\Gamma h}{2l} - \frac{\Gamma h}{2l}\right) = \frac{\rho \Gamma h}{l} \tag{7.27}$$

将式(7.25)、式(7.26)、式(7.14)代入式(7.21),得

$$\frac{\partial M_x}{\partial t} - \frac{\rho \Gamma^2}{2\pi l} + \frac{\rho \Gamma h}{l} \frac{\Gamma}{2l} \mathrm{th} \frac{\pi h}{l} = -F_x$$

$$\frac{\partial M_x}{\partial t} = \frac{\rho \Gamma^2}{2\pi l} - \frac{\rho \Gamma^2 h}{2l^2} \mathrm{th} \frac{\pi h}{l} - F_x \tag{7.28}$$

在 y 方向,设流体对圆柱体的作用力为 F_y,则可得

$$\frac{\partial M_y}{\partial t} = -F_y \tag{7.29}$$

要计算控制体以内,圆柱以外流体的动量变化率是很难的,我们这样来近似计算,圆柱体在一个周期内发放一对尾涡,圆柱体向前移动的距离为 l,设周期为 T,则有

$$T = \frac{l}{v - v_{1x}} \tag{7.30}$$

式中: $v - v_{1x}$ 为圆柱体相对于坐标系 Oxy 的速度。这时流体中增加了一对涡,如图 7.3所示,其动量为 $\rho \Gamma \left[h^2 + \frac{l^2}{4} \right]^{1/2}$,它在 x 方向的分量为 $\rho \Gamma h$,在 y 方向的分量为 $\frac{\rho \Gamma l}{2}$,我们设

$$\left. \begin{aligned} \frac{\partial M_y}{\partial t} &= \frac{\rho \Gamma l}{2} \cos \omega t \\ \frac{\partial M_x}{\partial t} &= \frac{\rho \Gamma h}{2} \cos 2\omega t \end{aligned} \right\} \tag{7.31}$$

$$\omega = \frac{2\pi}{T} = \frac{2\pi(v - v_{1x})}{l} = \frac{2\pi}{l}\left[v - \frac{\Gamma}{2l} \mathrm{th} \frac{\pi h}{l} \right] \tag{7.32}$$

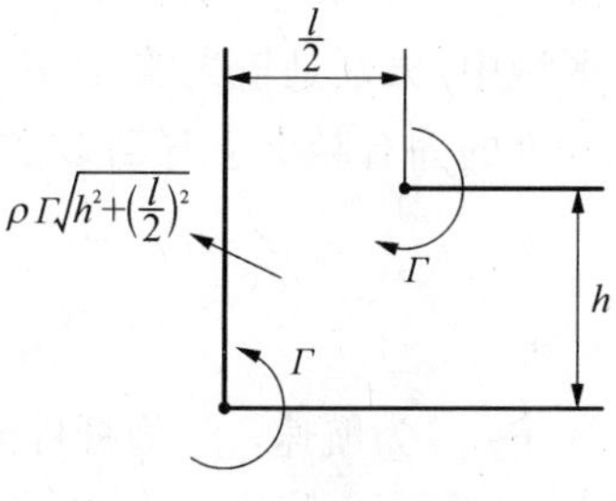

图 7.3 一对涡的动量

其中考虑到 y 方向动量的变化由 $+\dfrac{\rho \Gamma l}{2}$ 到 $-\dfrac{\rho \Gamma l}{2}$，$x$ 方向的动量变化由 0 到 $-\rho \Gamma h$，且后者的变化频率为前者的 2 倍，取卡门涡街的稳定值 $\dfrac{h}{l} = 0.2806$，则阻力脉动的幅值 $\dfrac{\rho \Gamma h}{2} = \dfrac{\rho \Gamma l}{2} \times 0.2806$，为升力脉动幅值的 0.2806，实验结果比这个值更小，而且脉动的幅值与圆柱体本身振动的幅值有关。

7.2 涡激振动的基本现象[2]

1878 年斯特洛哈尔发现了圆柱尾流中旋涡频率发放的规律，其参数称为斯特洛哈尔数，$St = \dfrac{f_S D}{v}$，其后许多人的研究表明 St 数的大小与雷诺数有关，其情况见下表。

状态	Re 数范围	附面层性质	分离点位置	St 数	尾流性质	分离点近处剪切流性质
亚临界	$<2\times10^5$	层流	约 82°	$St = 0.212 - \dfrac{2.7}{Re}$	$Re > 5\,000$ 湍流	层流
临 界	$2\times10^5 \sim 5\times10^5$	过渡	过渡	过渡	非周期性	
超临界	$5\times10^5 \sim 3\times10^6$	湍流	120°～130°	0.35～0.45		层流分离泡湍流重新接触
高超临界	$>3\times10^6$	湍流	约 120°	约 $S = 0.29$	周期性	湍流

由于实际的圆柱杆件是弹性结构，有自己的固有频率，当圆柱杆相对于流体有航速时，尾流中发出旋涡，当旋涡的发放频率接近杆自振的固有频率时，旋涡便不按照斯特洛哈尔数的规律发放，而是按杆的固有频率发放旋涡，这种现象叫作锁入现象，如图 7.4 所示。要等航速增加到一定值时，才会跳出锁入现象，在这个锁入区域中，振幅是较大的，当跳出锁入区域时，振幅突然降下来，振动频率则突然地从杆件的固有频率上升到 S 数的频率，定义约化速度为

$$U_r = \dfrac{U}{f_n D}$$

式中：U 为航速；f_n 为杆件的固有频率；D 为圆杆直径。在水中锁入区域的范围为

$$4.5 < U_r < 10$$

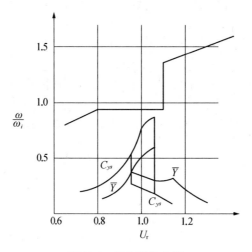

图 7.4　锁入现象曲线

　　旋涡发放的相位角沿圆柱体的长度方向是不相同的,为此,我们引入相关长度的概念,在后面的计算中来定义。

7.3　涡激振动的计算

　　我们讨论一根圆柱杆在涡激力作用下的振动问题,取坐标系 $Oxyz$,Oz 与圆柱的轴线重合,Ox 为流体相对于圆柱流动的方向,则杆的振动方程式为

$$m(z)\ddot{Y}(z,t) + [EI(z)Y''(z,t)]'' = F_y(z,t) \tag{7.33}$$

式中:$Y(z,t)$ 为杆的挠度;$m(z)$ 为杆的质量分布;$EI(z)$ 为抗弯刚度;$F_y(z,t)$ 为流体作用于杆上的 y 方向的外力。

　　利用模态分析的方法,令

$$Y(z,t) = \sum_{i=1}^{N} y_i(t)\psi_i(z) \tag{7.34}$$

式中:$\psi_i(z)$ 为模态函数,取头 N 个模态;$y_i(t)$ 为时间的函数,可称为广义坐标。模态函数 $\psi_i(z)$ 应满足下列方程:

$$[EI(z)\psi_i''(z)]'' - m(z)\omega_i^2\psi_i(z) = 0 \quad (i = 1, 2, \cdots, N) \tag{7.35}$$

式中:ω_i 为圆柱杆相应于第 i 模态的自振频率。模态函数还应满足正交条件

$$\int_0^l m(z)\psi_i(z)\psi_j(z)\mathrm{d}z = 0 \quad (i \neq j) \tag{7.36}$$

其中 l 为杆的长度。把式(7.34)代入式(7.33),得

$$m(z)\sum_{i=1}^{N}\psi_i(z)\ddot{y}_i(t) + \sum_{i=1}^{N}m(z)\omega_i^2\psi_i(z)y_i(t) = F_y(z, t) \qquad (7.37)$$

两边乘上 $\psi_j(z)$ 并在 $[0, l]$ 区间上求积,利用正交条件(式(7.36))得

$$\int_0^l m(z)\psi_i^2(z)\mathrm{d}z \cdot \ddot{y}_i(t) + \int_0^l m(z)\omega_i^2\psi_i^2(z)\mathrm{d}z \cdot y_i(t)$$

$$= \int_0^l F_y(z, t)\psi_i(z)\mathrm{d}z \quad (i = 1, 2, \cdots) \qquad (7.38)$$

令

$$\left. \begin{array}{l} \displaystyle\int_0^l m(z)\psi_i^2(z)\mathrm{d}z = M_i, \ \omega_i^2 M_i = K_i \\[3mm] \displaystyle\int_0^l F_y(z, t)\psi_i(z)\mathrm{d}z = F_i(y) \quad (i = 1, 2, \cdots, N) \end{array} \right\} \qquad (7.39)$$

分别称为第 i 阶模态的广义质量、广义刚度和广义力,则式(7.38)成为

$$M_i\ddot{y}_i + K_iy_i = F_i(t) \quad (i = 1, 2, \cdots, N) \qquad (7.40)$$

若把阻尼力加进去,则振动方程为

$$M_i\ddot{y}_i + c_i\dot{y}_i + K_iy_i = F_i(t) \qquad (7.41)$$

式中:c_i 为第 i 阶模态的广义阻尼系数。

令 $$\zeta_i = c_i/2M_i\omega_i$$

则式(7.41)变为

$$\ddot{y}_i(t) + 2\omega_i\zeta_i\dot{y}_i(t) + \omega_i^2 y_i(t) = \frac{F_i(t)}{M_i} \quad (i = 1, 2, \cdots, N) \qquad (7.42)$$

考虑涡激力作用下的振动,设

$$F_y(z, t) = \mathrm{Re}\left\{\frac{1}{2}\rho U^2 D C_L(z)\mathrm{e}^{-\mathrm{i}\omega t}\mathrm{e}^{\mathrm{i}\varepsilon}\right\} \qquad (7.43)$$

式中:D 为圆柱截面的直径;$C_L(z)$ 为脉动升力系数的幅值;ρ 为流体的密度;ε 为 $(0, 2\pi)$ 上的均匀分布的随机相位角,这是考虑到旋涡沿杆长随机发放而引入的量。

从平衡过程的定义不难看出 $F_y(z, t)$ 为一单频谱的平稳随机过程,由随机方程理论不难写出随机方程(7.42)的解为

$$y_i(t) = \text{Re}\left\{ \frac{\rho U^2 D}{2Z(\omega)} \frac{\int_0^l C_L(z) e^{i\epsilon} \psi_i(z) dz}{\int_0^l m(z) \psi_i^2(z) dz} e^{-i\omega t} \right\} \quad (i = 1, 2, \cdots, N) \quad (7.44)$$

式中：$Z(\omega) = \left[(-\omega^2 + \omega_i^2) + 2i\omega_i\omega\zeta_i\right]$。

同样，$y_i(t)$ 也为一单频谱的平稳随机过程。取 $y_i(t)$ 的自相关函数

$$\| y_i \|^2 = E[y_i(t) \overline{y_i(t)}] = \lim_{T \to \infty} \frac{1}{2T} \int_{-T}^{T} y_i(t) \overline{y_i(t)} dt$$

$$= \frac{\rho^2 U^4 D^2}{4 |Z(\omega)|^2} \frac{\int_0^l \int_0^l C_L(z_1) \psi_i(z_1) C_L(z_2) \psi_i(z_2) e^{i[\epsilon(z_1) - \epsilon(z_2)]} dz_1 dz_2}{\left[\int_0^l m(z) \psi_i^2(z) dz\right]^2}$$

$$(i = 1, 2, \cdots, N)$$

$$(7.45)$$

式中

$$|z(\omega)|^2 = \left[(-\omega^2 + \omega_i^2)^2 + 4\omega_i^2 \omega^2 \zeta_i^2\right] \quad (7.46)$$

在式(7.45)中 $e^{i[\epsilon(z_1) - \epsilon(z_2)]}$ 为一样本的相位差，它反映了展向涡发放的相关性，我们把它记为 $r(z_1, z_2)$，许多学者实验证实[2]

$$r(z_1, z_2) = r(z_1 - z_2) = e^{-2|z_1 - z_2|/l_c} \quad (7.47)$$

式中：l_c 称为相关长度，它反映展向的相关程度。l_c 越大，展向相关性越大，l_c 的值根据实验确定。Levins R D B 在文献[2]中提出了一种表达式，即当 $2 \times 10^3 <$ Re $< 2 \times 10^5$ 时有

$$l_c = \begin{cases} 5D + 100\left(\dfrac{A_y}{0.5D - A_y}\right) & A_y < 0.5D \\ \infty & A_y \geqslant 0.5D \end{cases} \quad (7.48)$$

在式(7.46)中，断面升力系数幅值 $C_L(z)$ 与断面上的振幅有关，一般需用二维模型进行系列试验以测得其关系式，赵文钦教授综合了苏联、法国规范后提出了一个工程上实用的关系式[3]

$$C_L(z) = C_{L0}\left(1 + 1.54 \frac{A_y(z)}{D}\right)^3 \quad (7.49)$$

式中：C_{L0} 为 A_y 很小时的 C_L 值，我们从风洞试验，测得 $C_{L0} = 0.2$，与国外常用的 C_{L0} 值很接近。

当振幅 A_y 渐增并达到一定值时,尾流中旋涡发放的规律发生变化,在一个振动周期内会发放出三个旋涡,破坏了周期性脉动升力的产生,升力反而下降了,Blevins R D 归纳出如下的公式:

$$C_L(z) = a + b\frac{A_y}{D} + c\left(\frac{A_y}{D}\right)^2 \tag{7.50}$$

式中:$a = 0.35$;$b = 0.60$;$c = -0.93$。

由式(7.50)可知,升力系数 $C_L(z)$ 随着振幅的增加由 a 增加到最大值,再减小到零,因此涡激振动有个限度,不会无限地增加上去,即涡激振动具有自限的性质,与式(7.50)相比,式(7.49)表示的仅是振幅不太大时的升力表达式。

推广到随机振动的情况要用 A_{yrms} 代替 A_y,式(7.49)中 A_y/D 前系数应有相应变化,我们取

$$C_L(z) = C_{L0}\left(1 + C_f\frac{A_{yrms}}{D}\right)^3 \tag{7.51}$$

式中:A_{yrms} 为 A_y 的均方根振幅值;$C_f = 1.54\sqrt{2} = 2.37$。

由振幅 A_y 的定义,有 A_{yrms} 与 $\|y_i\|$ 之间的关系为

$$A_{yrms} = \left| \sum_{i=1}^{N} \psi_i(z)\|y_i\| \right| \tag{7.52}$$

把式(7.46)、式(7.47)、式(7.51)代入式(7.45),得响应的广义位移 y_i 的均方根应满足下列方程:

$$y_{irms}^2 = \frac{\rho^2 U^4 D^2 C_{L0}^2}{4[(-\omega^2 + \omega_i^2)^2 + 4\omega^2\omega_i^2\zeta_i^2]} \frac{1}{\left[\int_0^l m(z)\psi_i^2(z)\mathrm{d}z\right]^2}$$

$$\int_0^l \int_0^l (1 + C_f A_{yrms}(z_1)/D)^3 (1 + C_f A_{yrms}(z_2)/D)^3 \psi_i(z_i)$$

$$\psi_i(z_2)\mathrm{e}^{-2|z_1 - z_2|/l_c}\mathrm{d}z_1\mathrm{d}z_2 \qquad (i = 1, 2, \cdots, N) \tag{7.53}$$

式中:A_{yrms},l_c 分别由式(7.52)、式(7.48)给出;$C_f = 2.37$;ω 为由斯特洛哈尔数确定的涡发放圆频率;ω_i 为圆柱杆的自振圆频率。

方程(7.53)是由 A_{yrms} 耦合起来的 N 个未知量 A_{yrms} 的非线性方程组,它可用拟牛顿法或最速降落法数值求解。

7.4　一般随机涡激振动问题的计算

一般的涡激振动为随机振动,特别在临界区域内随机性的程度更大,因此要用

随机振动的方法来进行计算。

设广义力 $F_i(t)$ 为一具有遍历性的平稳随机过程,它的谱密度函数为 $f_{F_i}(\omega)$,由平稳过程的谱分析理论可知,它的相关函数 $B_{F_i}(\tau)$ 与谱密度 $f_{F_i}(\omega)$ 互为傅里叶变换。

$$B_{F_i}(\tau) = \int_{-\infty}^{\infty} f_{F_i}(\omega) e^{i\omega\tau} d\omega \tag{7.54}$$

$$f_{F_i}(\omega) = \frac{1}{2\pi} \int_{-\infty}^{\infty} B_{F_i}(\tau) e^{-i\omega\tau} d\tau$$

而

$$F_i(t) = \int_0^{\infty} \sqrt{f_{F_i}(\omega) d\omega}\, e^{i[\omega t + \varepsilon(\omega)]} \tag{7.55}$$

式中:$\varepsilon(\omega)$ 为 $[0, 2\pi]$ 上均匀分布的随机相位。

这时线性随机微分方程(7.42)的解为

$$y_i = \frac{1}{M_i} \int_0^{\infty} \frac{\sqrt{f_{F_i}(\omega) d\omega}}{[(-\omega^2 + \omega_i^2) + 2i\omega\omega_i\zeta_i]} e^{i[\omega t + \varepsilon(\omega)]} \tag{7.56}$$

则

$$y_{i\,\mathrm{rms}}^2 = \frac{1}{M_i^2} \int_0^{\infty} \frac{f_{F_i}(\omega) d\omega}{[(-\omega^2 + \omega_i^2)^2 + 4\omega^2\omega_i^2\zeta_i^2]} \tag{7.57}$$

由于

$$
\begin{aligned}
f_{F_i}(\omega) &= \frac{1}{2\pi} \int_{-\infty}^{\infty} e^{-i\omega\tau} B_{F_i}(\tau) d\tau \\
&= \frac{1}{2\pi} \int_{-\infty}^{\infty} e^{-i\omega\tau} \cdot \lim_{T\to\infty} \frac{1}{2\pi} \int_{-T}^{T} \overline{F_i(t)} F_i(t+\tau) dt\, d\tau \\
&= \frac{1}{2\pi} \int_{-\infty}^{\infty} e^{-i\omega\tau} \cdot \lim_{T\to\infty} \frac{1}{2T} \int_{-T}^{T} \int_0^l F_y(z_1, t) \psi_i(z_1) dz_1 \int_0^l F_y(z_2, t+\tau) \psi_i(z_2) dz_2 dt\, d\tau \\
&= \int_0^l \int_0^l f_{F_y}(\omega, z_1, z_2) \psi_i(z_1) \psi_i(z_2) dz_1 dz_2 \qquad (i = 1, 2, \cdots, N)
\end{aligned}
\tag{7.58}
$$

式中:$f_{F_y}(\omega, z_1, z_2)$ 为侧向力的交叉谱密度,它反映管道在不同位置侧向涡激力的相互关系,假设它可以表示为

$$f_{F_y}(\omega, z_1, z_2) = \sqrt{f_{F_y}(\omega, z_1)} \sqrt{f_{F_y}(\omega, z_2)}\, e^{-2|z_1-z_2|/l_c} \tag{7.59}$$

式中:$f_{F_y}(\omega, z)$ 为自均方谱密度;$e^{-2|z_1-z_2|/l_c}$ 为相关系数;l_c 为相关长度。

因此

$$f_{F_i}(\omega) = \int_0^l \int_0^l \sqrt{f_{F_y}(\omega, z_1)} \sqrt{f_{F_y}(\omega, z_2)} \psi_i(z_1) \psi_i(z_2) e^{-2|z_1-z_2|/l_c} dz_1 dz_2$$

$$(7.60)$$

将式(7.60)代入式(7.57),得

$$y_{i\,rms}^2 = \int_0^\infty \int_0^l \int_0^l \frac{H_i^2(\omega)}{K_{Si}^2} \psi_i(z_1)\psi_i(z_2)\sqrt{f_{F_y}(\omega, z_1)}\sqrt{f_{F_y}(\omega, z_2)} e^{-2|z_1-z_2|/l_c} dz_1 dz_2 d\omega$$

$$(7.61)$$

式中

$$H_i^2(\omega) = \frac{1}{\left\{ \left[1 - \left(\dfrac{\omega}{\omega_i} \right)^2 \right]^2 + 4\zeta_i^2 \left(\dfrac{\omega}{\omega_i} \right)^2 \right\}}$$

$$(7.62)$$

$$K_{Si} = M_i \omega_i^2 = \omega_i^2 \int_0^l m(z) \psi_i^2(z) dz$$

$$(7.63)$$

例如在亚临界区域,可认为涡激力的谱密度为高斯型的,即

$$f_{F_y}(\omega) = F_{yrms}^2 \frac{1}{\sqrt{\pi} B \omega_S} e^{-\left[\frac{\left(1 - \frac{\omega}{\omega_S}\right)^2}{B^2} \right]}$$

$$(7.64)$$

式中:B 为谱宽系数;ω_S 为由斯特劳哈尔数确定的涡发放频率,$F_{yrms} = \dfrac{1}{2}\rho U^2 D C_{L_0}$。

代入式(7.61),得

$$y_{i\,rms}^2 = \frac{\rho^2 U^4 D^2 C_{L0}^2}{4\sqrt{\pi} B \omega_S M_i^2} \int_0^\infty \frac{e^{-\left[\frac{\left(1 - \frac{\omega}{\omega_S}\right)^2}{B^2} \right]}}{\left[(-\omega^2 + \omega_i^2)^2 + 4\omega^2\omega_i^2\zeta_i^2 \right]} d\omega$$

$$\int_0^l \int_0^l \left(1 + C_f \frac{A_{yrms}(z_1)}{D} \right)^3 \left(1 + C_f \frac{A_{yrms}(Z_2)}{D} \right)^3 e^{-2|z_1-z_2|/l_c} \psi_i(z_1)\psi_i(z_2) dz_1 dz_2$$

$$(7.65)$$

其中 $A_{yrms}(z)$, l_c 分别由式(7.52)与式(7.48)给出。方程(7.65)也是 N 个未知量 $y_{i\,rms}$ ($i = 1, 2, \cdots, N$) 的 N 个非线性代数方程组,它也由 A_{yrms} 的关系式(7.52) 把 N 个方程联系起来,也需用数值求解。

上面建立的计算方法在 1982 年为四川石油勘探设计院设计的大跨越输气管道有风力作用下所产生的涡激振动进行了计算,徐中年还进行了管道模型的风洞试验[4],顾国良去四川现场进行了实际输气管道的振动测量[5]。我们 702 所的一系列工作解决了他们在该类型管道设计中存在的问题[6]。

7.5　有内部液体流动的大柔性立管涡激振动的计算

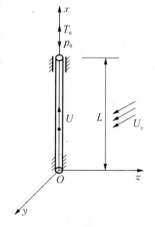

图 7.5　有液体流动的立管

上面所述内容仅限于管道垂直于水流方向的横向振动,并没有考虑顺水流方向的振动。近年来,海洋油气田逐渐向深海区域开发,深水立管的长度越来越增加,相应的涡激振动研究越加深入[7~9],越加关注到顺流向涡激振动及更加广泛的问题[10~12]。

本节讨论的内容将考虑到立管中有液体流动的情况,如图 7.5 所示的立管,长度为 L,截面积为 A,两端固定,上端可以轴向滑移,作用有张力 T_0 和压强 p_0,沿 y 方向在均匀来流 U_y 作用下产生涡激振动,与来流方向相垂直的横向涡激振动为 $w(x, t)$,与来流方向平行的顺向涡激振动为 $V(x, t)$。

我们首先用哈密顿原理来推导管中有液体流动的运动方程式,有了这个方程式,再考虑在涡激力作用下所产生的振动。

在我们所考虑的情况下,哈密顿原理为

$$\delta \int_{t_1}^{t_2} \Big\{ T_1 + T_2 - U_1 - U_2 + [MU^2 - T_0 + P_0 A]\Delta L$$

$$- \int_0^l [F_y(x, t)V(x, t) + F_z(x, t)w(x, t)]\mathrm{d}x \Big\}\mathrm{d}t = 0 \tag{7.66}$$

式中:T_1 和 U_1 为立管的动能和势能;T_2 和 U_2 为立管内液体的动能和势能;$V(x, t)$ 和 $w(x, t)$ 为立管沿 y 和 z 方向所产生的挠度;$F_y(x, t)$ 和 $F_z(x, t)$ 为立管外部流体沿 y 轴和 z 轴方向对立管的单位管长的作用力,由旋涡发放所引起的便是涡激力;T_0 和 P_0 是立管顶部的张力和流体压强;MU^2 为立管内单位长度的液体动能的两倍;ΔL 是立管变形所引起的管上端的轴向位移,各项的表达式分别为

$$T_1 = \frac{1}{2} m \int_0^L (\dot{V}^2 + \dot{w}) \mathrm{d}x$$

$$T_2 = \frac{1}{2} MU^2 L + M \int_0^L \left[\frac{1}{2} (\dot{V}^2 + \dot{w}^2) + U(\dot{V} V' + \dot{w} w') - U \Delta \dot{L}_x \right] \mathrm{d}x$$

$$U_1 = \frac{1}{2} EI \int_0^L [(V'')^2 + (w'')^2] \mathrm{d}x + \frac{1}{2} mg \int_0^L \int_0^x [(V')^2 + (w')^2] \mathrm{d}\xi \mathrm{d}x$$

$$U_2 = \frac{1}{2} Mg \int_0^L \int_0^x [(V')^2 + (w')^2] \mathrm{d}\xi \mathrm{d}x$$

$$\Delta L = \frac{1}{2} \int_0^L [(V')^2 + (w')^2] \mathrm{d}x$$

$$\Delta L_x = \frac{1}{2} \int_0^x [(V')^2 + (w')^2] \mathrm{d}x$$

$$(7.67)$$

ΔL_x 为立管上 x 处一点围绕平衡位置的轴向收缩,立管中液体动能 T_2 的表达式是根据液体沿 x, y, z 方向的总分速度为

$$U_x = U \left[1 - \frac{1}{2} (V')^2 - \frac{1}{2} (w')^2 \right] - \Delta \dot{L}_x$$

$$V_y = \dot{V} + UV'$$

$$w_z = \dot{w} + Uw'$$

$$(7.68)$$

而推导得到的。

利用通常的变分方法加以演算:

$$\int_{t_1}^{t_2} \int_0^L \{ m\dot{V} \delta \dot{V} + m\dot{w} \delta \dot{w} + M\dot{V} \delta \dot{V} + M\dot{w} \delta \dot{w} + MU(\dot{V} \delta V' + V' \delta \dot{V} + \dot{w} \delta w' +$$
$$w' \delta \dot{w}) - MU \int_0^x (V' \delta \dot{V}' + \dot{V}' \delta V' + w' \delta \dot{w} + \dot{w}' \delta w') \mathrm{d}\xi - EI(V'' \delta V'' + w'' \delta w'') -$$
$$mg \int_0^x (V' \delta V' + w' \delta w') \mathrm{d}\xi - Mg \int_0^x (V' \delta V' + w' \delta w') \mathrm{d}\xi + (MU^2 - T_0 + p_0 A) \cdot$$
$$(V' \delta V' + w' \delta w') - F_y \delta V - F_2 \delta w \} \mathrm{d}x \mathrm{d}t = 0 \qquad (7.69)$$

再进一步演算

$$\int_{t_1}^{t_2} \int_0^L [(m+M)\dot{V} \delta \dot{V} + (m+M)\dot{w} \delta \dot{w}] \mathrm{d}x \mathrm{d}t$$

$$= \int_0^L [(m+M)(\dot{V} \delta V + \dot{w} \delta w)] \mathrm{d}x \Big|_{t_1}^{t_2} - \int_{t_1}^{t_2} \int_0^L (m+M)(\ddot{V} \delta V + \ddot{w} \delta w) \mathrm{d}x \mathrm{d}t$$

$$= -\int_{t_1}^{t_2} \int_0^L (m+M)(\ddot{V} \delta V + \ddot{w} \delta w) \mathrm{d}x \mathrm{d}t$$

其中利用了在 t_1, t_2 瞬时, $\delta V = 0, \delta w = 0$ 的要求。

$$\int_{t_1}^{t_2} \int_0^L MU(\dot{V}\delta V' + \dot{w}\delta w')\mathrm{d}x\,\mathrm{d}t$$

$$= \int_{t_1}^{t_2} MU(\dot{V}\delta V + \dot{w}\delta w)\mathrm{d}t \Big|_0^L - \int_{t_1}^{t_2} \int_0^L MU(\dot{V}'\delta V + \dot{w}'\delta w)\mathrm{d}x\,\mathrm{d}t$$

$$= -\int_{t_1}^{t_2} \int_0^L MU(\dot{V}'\delta V + \dot{w}'\delta w)\mathrm{d}x\,\mathrm{d}t$$

其中利用了在两个固定端处 $\delta V = 0$，$\delta w = 0$ 的条件。

$$\int_{t_1}^{t_2} \int_0^L MU(V'\delta\dot{V} + w'\delta\dot{w})\mathrm{d}x\,\mathrm{d}t$$

$$= \int_0^L MU(V'\delta V + w'\delta w)\mathrm{d}x \Big|_{t_1}^{t_2} - \int_{t_1}^{t_2} \int_0^L MU(\dot{V}'\delta V + \dot{w}'\delta w)\mathrm{d}x\,\mathrm{d}t$$

$$= -\int_{t_1}^{t_2} \int_0^L MU(\dot{V}'\delta V + \dot{w}'\delta w)\mathrm{d}x\,\mathrm{d}t$$

$$\int_{t_1}^{t_2} \int_0^L -MU\int_0^x (V'\delta\dot{V}' + w'\delta\dot{w}')\mathrm{d}\xi\,\mathrm{d}x\,\mathrm{d}t$$

$$= \int_{t_1}^{t_2} -MU\int_0^x (V'\delta\dot{V}' + w'\delta\dot{w}')\mathrm{d}\xi\,x\,\mathrm{d}t \Big|_0^L + \int_{t_1}^{t_2} \int_0^L MU(V'\delta\dot{V}' + w'\delta\dot{w}')x\,\mathrm{d}x\,\mathrm{d}t$$

$$= \int_{t_1}^{t_2} \int_0^L -MU(V'\delta\dot{V}' + w'\delta\dot{w}')(L-x)\mathrm{d}x\,\mathrm{d}t$$

$$= -\int_{t_1}^{t_2} -MU(V'\delta\dot{V} + w'\delta\dot{w})(L-x)\mathrm{d}t \Big|_0^L + \int_{t_1}^{t_2} \int_0^L MU[(L-x)V']'\delta\dot{V}\mathrm{d}x\,\mathrm{d}t +$$

$$\int_{t_1}^{t_2} \int_0^L MU[(L-x)w']'\delta\dot{w}\mathrm{d}x\,\mathrm{d}t$$

$$= \int_{t_1}^{t_2} \int_0^L MU\{[(L-x)V']'\delta\dot{V} + [(L-x)w']'\delta\dot{w}\}\mathrm{d}x\,\mathrm{d}t$$

$$= \int_0^L MU\{[(L-x)V']'\delta V + [(L-x)w']'\delta w\}\mathrm{d}x \Big|_{t_1}^{t_2} - \int_{t_1}^{t_2} \int_0^L MU\{[(L-x)\dot{V}']'\delta V + [(L-x)\dot{w}']'\delta w\}\mathrm{d}x\,\mathrm{d}t$$

$$= -\int_{t_1}^{t_2} \int_0^L MU\{[(L-x)\dot{V}']'\delta V + [(L-x)\dot{w}']'\delta w\}\mathrm{d}x\,\mathrm{d}t$$

$$\int_{t_1}^{t_2} \int_0^L -MU\int_0^x (\dot{V}'\delta V' + \dot{w}'\delta w')\mathrm{d}\xi\,\mathrm{d}x\,\mathrm{d}t$$

$$= \int_{t_1}^{t_2} -MU\int_0^x (\dot{V}'\delta V' + \dot{w}'\delta w')\mathrm{d}\xi\,x\,\mathrm{d}t \Big|_0^L + \int_{t_1}^{t_2} \int_0^L MU(\dot{V}'\delta V' + \dot{w}'\delta w')x\,\mathrm{d}x\,\mathrm{d}t$$

$$= \int_{t_1}^{t_2} \int_0^L -MU(\dot{V}'\delta V' + \dot{w}'\delta w')(L-x)\mathrm{d}x\,\mathrm{d}t$$

$$= \int_{t_1}^{t_2} -MU(\dot{V}'\delta V' + \dot{w}'\delta w')(L-x)\mathrm{d}t\Big|_0^L +$$

$$\int_{t_1}^{t_2}\int_0^L MU\{[\dot{V}'(L-x)]'\delta V + [\dot{w}'(L-x)]'\delta w\}\mathrm{d}x\mathrm{d}t$$

$$= \int_{t_1}^{t_2}\int_0^L MU\{[\dot{V}'(L-x)]'\delta V + [\dot{w}'(L-x)]'\delta w\}\mathrm{d}x\mathrm{d}t$$

$$\int_{t_1}^{t_2}\int_0^L -EI(V''\delta V'' + w''\delta w'')\mathrm{d}x\mathrm{d}t$$

$$= \int_{t_1}^{t_2} -EI(V''\delta V' + w''\delta w')\mathrm{d}t\Big|_0^L + \int_{t_1}^{t_2}\int_0^L EI(V'''\delta V' + w'''\delta w')\mathrm{d}x\mathrm{d}t$$

$$= \int_{t_1}^{t_2}\int_0^L EI(V'''\delta V' + w'''\delta w')\mathrm{d}x\mathrm{d}t$$

$$= \int_{t_1}^{t_2} EI(V'''\delta V + w'''\delta w)\mathrm{d}t\Big|_0^L - \int_{t_1}^{t_2}\int_0^L EI(V^{IV}\delta V + w^{IV}\delta w)\mathrm{d}x\mathrm{d}t$$

$$= -\int_{t_1}^{t_2}\int_0^L (V^{IV}\delta V + w^{IV}\delta w)\mathrm{d}x\mathrm{d}t$$

其中利用了在两个固定端处 $\delta v = 0$，$\delta w = 0$ 的条件。

$$\int_{t_1}^{t_2}\int_0^L -(m+M)g\int_0^x (V'\delta V' + w'\delta w')\mathrm{d}\xi\mathrm{d}x\mathrm{d}t$$

$$= \int_{t_1}^{t_2} -(m+M)g\int_0^x (V'\delta V' + w'\delta w')\mathrm{d}\xi x\mathrm{d}t\Big|_0^L +$$

$$\int_{t_1}^{t_2}\int_0^L (m+M)g(V'\delta V' + w'\delta w')x\mathrm{d}x\mathrm{d}t$$

$$= \int_{t_1}^{t_2}\int_0^L -(m+M)g(V'\delta V' + w'\delta w')(L-x)\mathrm{d}x\mathrm{d}t$$

$$= \int_{t_1}^{t_2} -(m+M)g(V'\delta V + w'\delta w)(L-x)\mathrm{d}t\Big|_0^L +$$

$$\int_{t_1}^{t_2}\int_0^L (m+M)g\{[V'(L-x)]'\delta V + [w'(L-x)]'\delta w\}\mathrm{d}x\mathrm{d}t$$

$$= \int_{t_1}^{t_2}\int_0^L (m+M)g\{[V'(L-x)]'\delta V + [w'(L-x)]'\delta w\}\mathrm{d}x\mathrm{d}t$$

$$\int_{t_1}^{t_2}\int_0^L MU^2(V'\delta V' + w'\delta w')\mathrm{d}x\mathrm{d}t$$

$$= \int_{t_1}^{t_2} MU^2(V'\delta V + w'\delta w)\mathrm{d}t\Big|_0^L - \int_{t_1}^{t_2}\int_0^L MU^2(V''\delta V + w''\delta w)\mathrm{d}x\mathrm{d}t$$

$$= -\int_{t_1}^{t_2}\int_0^L MU^2(V''\delta V + w''\delta w)\mathrm{d}x\mathrm{d}t$$

将以上各式代入式(7.69)，得

$$\int_{t_1}^{t_2}\int_0^L -\{(m+M)\ddot{V}-2MU\dot{V}'-EIV^{\mathrm{N}}+(m+M)g[V'(L-x)]'-$$

$$(MU^2-T_0+P_0A)V''-F_y\}\delta V\mathrm{d}x\mathrm{d}t+\int_{t_1}^{t_2}\int_0^L\{-(m+M)\ddot{w}-2MU\dot{w}'-$$

$$EIw^{\mathrm{N}}+(m+M)g[w'(L-x)]'-(MU^2-T_0+P_0A)w''-F_z\}\delta w\mathrm{d}x\mathrm{d}t$$

$$=0 \tag{7.70}$$

由于在上式中，δv 和 δw 变分值可以任意选取，故可得

$$EIV^{\mathrm{N}}+(MU^2-T_0+P_0A)V''-(m+M)g[V'(L-x)]'+$$
$$2MU\dot{V}'+(m+M)\ddot{V}-F_y=0 \tag{7.71}$$

$$EIw^{\mathrm{N}}+(MU^2-T_0+P_0A)w''-(m+M)g[w'(L-x)]'+$$
$$2MU\dot{w}'+(m+M)\ddot{w}-F_z=0 \tag{7.72}$$

式中：MU^2V''，MU^2w'' 为液流走弯道所生的沿 y 轴，z 轴方向的离心力；$2MU\dot{V}'$，$2MU\dot{w}'$ 为沿 y 轴、z 轴方向的哥氏力；F_y，F_z 是立管周围流体对立管的作用力，在计算涡激振动的情形下，F_y，F_z 就是顺流向和横流向的涡激力。

对于立管，采用符合两个端点条件的正交模态函数，将偏微方程式(7.71)、式(7.72)演化成对时间的常微分方程组，涡激力可参考[9]中所提出的建议，也可采用本章前面所述一套宽频或窄频谱的方法进行计算。

参考文献

[1] Лоицянскии лг Механик Жидкости и Газа Москва. 1959.

[2] Bleiven R D. Vortex Induced Vibration[C]. New York NY(USA) Vow Nostranel Reinhold Co. Inc. ，1990：103.

[3] 赵文钦.圆形截面高耸构筑物的横向风振[J].西安冶金建筑学院学报.总第33期,第1期,1983,3：1-27.

[4] 徐中年.斜拉索管道模型涡激振动试验报告[R].第七〇二所研究报告,1982年11月.

[5] 顾国良.大跨越斜拉索管道振动特性的实测报告[R].第七〇二所研究报告,1982年3月.

[6] 程贯一,肖元根.圆柱涡激振动的理论计算方法[R].第七〇二所研究报告,1981年12月.

[7] 蔡杰,尤云祥,李巍,等.均匀来流中大长径比深海立管涡激振动特性[J].水动力学研究与进展,2010,25(1)：50-58.

[8] 张建桥.细长柔性立管涡激振动的实验研究[D].大连：大连理工大学,2009.

［9］ 黄维平,曹静,张恩勇,等.大柔性圆柱体两自由度涡激振动试验研究[J].力学学报,2011,43(2)：436-439.

［10］ Modarres Y, Chasparis F, et al. Chaotic Response is a Generic Feature of Vortex-induced Vibrations of Flexible Risers［J］. J. of Sound and vibration, 2011, 330：2565-2579.

［11］ Bourguet R, et al. Lock-in of the Vortex-induced Vibrations of a Long Tensioned Beam in Shear Blow[J]. J. of Fluid and structures, 2011, 27：834-847.

［12］ Bearman P M. Circular Cylinder Wakes and Vortex-induced Vibrations ［J］. J. of Fluids and Structures，2011, 27：648-658.

第8章 水翼、舵等平板类物体的颤振

8.1 引　言

　　本章中讨论的板构件不限于通常的均匀板材。海上有些大型结构浮体当其吃水深度比其水平方向的长度和宽度小得很多时，可以作为薄浮体的近似结构来处理。作为它对流体形成的扰动来讲，可以近似为厚度为零的水面平板来处理，即忽略了它对均匀流的扰动。这样就比重叠体的模型大为简化。

　　还有水翼的水弹性响应问题，水翼和舵本身的结构是不等厚度的平板，但当研究其小振动振动时，用线性化理论处理，可以看成是一块平板对流体所形成的扰动，不计由弯度和攻角所形成的定常流的影响。

　　关于阻尼对平板振动的影响，通常是使振动发生衰减，起到减小振动的作用。对于有航速的水翼，在一定条件下会发生颤振现象，即在水翼弹性体与流体的相互作用中，若弹性体向流体释放出能量，即消耗能量而发生正的阻尼，这时振动是衰减的。若弹性体从流体中吸收能量而发生负的阻尼或零阻尼，这时振动便会增长或维持，这便是颤振，发生颤振的航速称为临界航速。

　　飞机的颤振问题，已有许多年的研究历史。在飞机的初步设计阶段，就要对其设计方案进行颤振计算，以防止颤振的发生，其计算方法也已比较完全，水翼由于其航速较低，结构较强而通常不易发生颤振，但在潜艇操纵舵的有些情形中也曾发生过颤振。Bispling Hoff R L, Ashley H 和 Robert L Halfman 的著作 Aeroelasticity[1] 一书堪称为飞机颤振方面的经典性著作，我们在讨论舵的颤振问题，将引用其中的一些资料。

8.2　水翼的水弹性振动

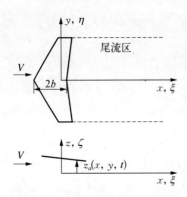

图 8.1　三维水翼的顶视、侧视图

我们讨论一般平面形状的水翼(图 8.1)。设 $O-xy$ 坐标面位于水面上,z 轴垂直向上为正,水翼位于坐标面 xy 下 h 深度处,均匀来流 V 沿 $-x$ 轴方向。

设水翼的厚度与其展长、弦长比较起来是一个小量,且其垂向振动也是一个小量,在水面引起的扰动可以用微幅波的理论。设水翼表面的位移方程为

$$f(x,\ y,\ t) = \bar{f}(x,\ y)e^{i\omega t} \tag{8.1}$$

我们不考虑由等航速 V 所引起的定常绕流的影响,仅研究不定常部分的扰动。设流体是理想的不可压缩的,运动是无旋的,则速度势满足拉普拉斯方程:

$$\Delta \phi = 0 \tag{8.2}$$

自由水面的条件为

$$g\frac{\partial \phi}{\partial z} + \left(\frac{\partial}{\partial t} - V\frac{\partial}{\partial x}\right)^2 \phi = 0 \qquad z = 0 \tag{8.3}$$

还要求速度势在无穷远处满足辐射条件,在无穷深处满足无扰动的条件。在水翼表面上要求满足

$$w(x,\ y,\ t) = \frac{\partial \phi}{\partial z}\bigg|_{z=-h} = \left(\frac{\partial}{\partial t} - V\frac{\partial}{\partial x}\right)f(x,\ y,\ t) \tag{8.4}$$

用一组分布在水翼表面 S 上的不定常附着涡系 $\Gamma(\xi,\ \eta)e^{i\omega t}$ 来代替水翼的作用。在该涡系的下游,有纵向的自由涡系,也有横向的自由涡系。

在无界流中,涡系是可以用偶极子来代替的,见文献[2],微元附着涡系的速度势可以用附着微元偶极子系的速度势表示,它等于

$$\frac{-1}{4\pi}e^{i\omega t}\Gamma(\xi,\ \eta)\frac{\partial}{\partial z}\left(\frac{1}{R}\right)$$

式中:$R = \sqrt{(x-\xi)^2 + (y-\eta)^2 + (z+h)^2}$。

在附着涡的下游有自由涡,沿 x 的负轴方向伸展到 $-\infty$。同样,自由涡系也可

以用自由偶极子系来代替。由 $(\xi, \eta, -h)$ 处的附着偶极子引起的自由偶极子系，分布自 ξ 开始，沿负 x 轴方向伸展到 $-\infty$，它在 $(v, \eta, -h)$ 处的强度为

$$\frac{-1}{4\pi} \Gamma(\xi, \eta) \frac{\partial}{\partial z} \left(\frac{1}{R}\right) e^{i\omega t'}$$

式中：$R = \sqrt{(x-v)^2 + (y-\eta)^2 + (z+h)^2}$；$t' = t - \dfrac{\xi - v}{V}$。

故整个不定常涡系的速度势

$$\phi_1 = \frac{-1}{4\pi} \int_S \Gamma(\xi, \eta) d\xi d\eta \int_{-\infty}^{\xi} \frac{\partial}{\partial z} \left(\frac{1}{R}\right) e^{i\omega t'} dv$$

$$= \frac{-1}{4\pi} e^{i\omega t} \int_S \Gamma(\xi, \eta) d\xi d\eta \int_{-\infty}^{\xi} \frac{\partial}{\partial z} \left(\frac{1}{R}\right) e^{\frac{i\omega(v-\xi)}{V}} dv \qquad (8.5)$$

式中：$R = \sqrt{(x-v)^2 + (y-\eta)^2 + (z+h)^2}$。

引进变换 $\lambda - \xi = x - v$，$d\lambda = -dv$，则得

$$\phi_1 = \frac{-1}{4\pi} e^{i\omega t} \int_S \Gamma(\xi, \eta) d\xi d\eta \cdot e^{i\bar{\omega}x} \frac{\partial}{\partial z} \int_{-\infty}^{\xi} \frac{1}{R} e^{-i\bar{\omega}\lambda} d\lambda \qquad (8.6)$$

式中：$R = \sqrt{(\lambda - \xi)^2 + (y-\eta)^2 + (z+h)^2}$；$\bar{\omega} = \dfrac{\omega}{V}$。

这一结果，与文献[3]中马赫数 $Ma = 0$ 的情形的结果相同。

再回到式(8.5)，取

$$\frac{1}{R} = \frac{1}{2\pi} \int_{-\pi}^{\pi} \int_0^{\infty} e^{\lambda[-(z+h)+i(x-v)\cos u + i(y-\eta)\sin u]} d\lambda du, \quad z+h > 0,$$

则式(8.6)变为

$$\phi_1 = \frac{-e^{i\omega t}}{8\pi^2} \int_S \Gamma(\xi, \eta) d\xi d\eta \int_{-\infty}^{\xi} e^{i\bar{\omega}(v-\xi)} dv \frac{\partial}{\partial z} \int_{-\pi}^{\pi} \int_0^{\infty} e^{\lambda[-(z+h)+i(x-v)\cos u + i(y-\eta)\sin u]} d\lambda du,$$

变换积分次序，先对 v 进行积分，并利用文献[4]中的公式(5)，有

$$\lim_{v \to \infty} \int_0^{\infty} \frac{F(\lambda) e^{ivf(\lambda)}}{f(\lambda)} d\lambda = \sum_{j=1}^{n} \frac{\pi i \cdot F(\lambda_j)}{f'(\lambda_j)}, \quad f(\lambda_j) = 0 \qquad (8.7)$$

得

$$\phi_1 = \frac{-e^{i\omega t}}{8\pi^2} \int_S \Gamma(\xi, \eta) d\xi d\eta \int_{-\pi}^{\pi} \int_0^{\infty} \frac{-i\lambda e^{\lambda[-(z+h)+i(x-v)\cos u + i(y-\eta)\sin u]}}{\lambda \cos u - \bar{\omega}} d\lambda du +$$

$$\frac{e^{i\omega t}}{8\pi} \int_S \Gamma(\xi, \eta) d\xi d\eta \int_{-\pi/2}^{\pi/2} \frac{\bar{\omega}}{\cos^2 u} e^{\frac{\bar{\omega}}{\cos u}[-(z+h)+i(x-\xi)\cos u + i(y-\eta)\sin u]} du \qquad (8.8)$$

为了同时满足自由面条件式(8.3)和无穷远处的辐射条件,可以引进虚黏性系数 μ',并在最后的结果中令 $\mu' \to 0$,所得的解便满足了辐射条件,于是式(8.3)成为

$$g\frac{\partial \phi}{\partial z} + \left(\frac{\partial}{\partial t} - V\frac{\partial}{\partial x}\right)^2 \phi + \mu'\left(\frac{\partial}{\partial t} - V\frac{\partial}{\partial x}\right)\phi = 0, \quad z = 0 \tag{8.9}$$

令

$$\phi = \phi_1 + \phi_2 + \phi_3 \tag{8.10}$$

其中 ϕ_2 是 ϕ_1 的映象速度势。

$$\phi_2 = \frac{-\mathrm{e}^{\mathrm{i}\omega t}}{8\pi^2}\int_S \Gamma(\xi, \eta)\mathrm{d}\xi\mathrm{d}\eta \int_{-\pi}^{\pi}\int_0^{\infty} \frac{\mathrm{i}\lambda \mathrm{e}^{\lambda[(z-h)+\mathrm{i}(x-\xi)\cos u + \mathrm{i}(y-\eta)\sin u]}}{\lambda\cos u - \bar{\omega}}\mathrm{d}\lambda\mathrm{d}u -$$

$$\frac{\mathrm{e}^{\mathrm{i}\omega t}}{8\pi}\int_S \Gamma(\xi, \eta)\mathrm{d}\xi\mathrm{d}\eta \int_{-\pi/2}^{\pi/2} \frac{\bar{\omega}}{\cos^2 u} \cdot \mathrm{e}^{\frac{\bar{\omega}}{\cos u}[(z-h)+\mathrm{i}(x-\xi)\cos u + \mathrm{i}(y-\eta)\sin u]}\mathrm{d}u \tag{8.11}$$

令 $\phi = \bar{\phi}\,\mathrm{e}^{\mathrm{i}\omega t}$ 代入式(8.9),去掉因子 $\mathrm{e}^{\mathrm{i}\omega t}$,可得

$$\nu\frac{\partial \bar{\phi}}{\partial z} - 2\mathrm{i}\tau\nu(1-\mathrm{i}\beta)\frac{\partial \bar{\phi}}{\partial x} - \nu^2(1-2\mathrm{i}\beta)\bar{\phi} + \tau^2\frac{\partial^2 \bar{\phi}}{\partial x^2} = 0, \quad z = 0 \tag{8.12}$$

式中：$\nu = \dfrac{\omega^2}{g}$,$\tau = \dfrac{\omega V}{g}$,$\beta = \dfrac{\mu'}{2\omega}$。

令

$$\phi_3 = \frac{\mathrm{e}^{\mathrm{i}\omega t}}{8\pi^2}\int_S \Gamma(\xi, \eta)\mathrm{d}\xi\mathrm{d}\eta \int_{-\pi}^{\pi}\int_0^{\infty} \frac{\mathrm{i}\lambda F(\lambda, u)\mathrm{e}^{\lambda[(z-h)+\mathrm{i}(x-\xi)\cos u + \mathrm{i}(y-\eta)\sin u]}}{\lambda\cos u - \bar{\omega}}\mathrm{d}\lambda\mathrm{d}u +$$

$$\frac{\mathrm{e}^{\mathrm{i}\omega t}}{8\pi}\int_S \Gamma(\xi, \eta)\mathrm{d}\xi\mathrm{d}\eta \int_{-\pi/2}^{\pi/2} \frac{\bar{\omega}}{\cos^2 u} \cdot G(u)\mathrm{e}^{\frac{\bar{\omega}}{\cos u}[(z-h)+\mathrm{i}(x-\xi)\cos u + \mathrm{i}(y-\eta)\sin u]}\mathrm{d}u$$

$$\tag{8.13}$$

将式(8.8)、式(8.11)、式(8.13)代入式(8.10),然后再代入式(8.12),求得

$$\left.\begin{aligned} F(\lambda, u) &= \frac{-2\nu\lambda}{\tau^2\lambda^2\cos^2 u - 2\tau\nu(1-\mathrm{i}\beta)\lambda\cos u - \nu\lambda + \nu^2(1-2\mathrm{i}\beta)} \\ G(u) &= 2 \end{aligned}\right\} \tag{8.14}$$

将上式代入式(8.13),并进一步进行 $\beta \to 0$ 的极限计算,可得[5]

$$\phi_3 = \frac{\mathrm{e}^{\mathrm{i}\omega t}}{4\pi}\int_S \Gamma(\xi, \eta)\mathrm{d}\xi\mathrm{d}\eta \left\{\frac{i}{\pi}\int_{-\pi}^{\pi}\int_0^{\infty}\left[\frac{\bar{\omega}}{\cos u}\frac{1}{(\lambda\cos u - \bar{\omega})} - \right.\right.$$

$$\frac{\lambda_1^2}{(\lambda - \lambda_1)(\lambda_1\cos u - \bar{\omega})\sqrt{1+4\tau\cos u}} +$$

$$\left.\frac{\lambda_2^2}{(\lambda-\lambda_2)(\lambda_2\cos u-\overline{\omega})\sqrt{1+4\tau\cos u}}\right]e^{\lambda[z_0+ix_0\cos u+iy_0\sin u]}\,d\lambda\,du+$$

$$\left[\int_{-\pi/2}^{\pi/2}-\int_{\pi/2}^{3\pi/2},\right]\frac{\lambda_1^2 e^{\lambda_1[z_0+ix_0\cos u+iy_0\sin u]}}{(\overline{\omega}-\lambda_1\cos u)\sqrt{1+4\tau\cos u}}\,du-$$

$$\int_{-\pi}^{\pi},\frac{\lambda_2^2 e^{\lambda_2[z_0+ix_0\cos u+iy_0\sin u]}}{(\overline{\omega}-\lambda_2\cos u)\sqrt{1+4\tau\cos u}}\,du+\int_{-\pi/2}^{\pi/2}\frac{\overline{\omega}}{\cos^2 u}e^{\frac{\overline{\omega}}{\cos u}[z_0+ix_0\cos u+iy_0\sin u]}\,du\right\}$$

$$(8.15)$$

式中：$\lambda_{1,2}=\dfrac{\nu}{2\tau^2}\dfrac{1+2\tau\cos u\pm\sqrt{1+4\tau\cos u}}{\cos^2 u}$。

定义　当 $\tau>\dfrac{1}{4}$ 时，$u_0=\cos^{-1}\dfrac{1}{4\tau}$；

当 $\tau<\dfrac{1}{4}$ 时，$u_0=0$；

$x_0=x-\xi$，$y_0=y-\eta$，$z_0=z-h$。

积分号中的"，"号表示在该积分区间中要去掉 $\pi-u_0\leqslant u\leqslant\pi+u_0$ 的区间，这便是不定常水翼涡系的速度势，其中涡系的强度 $\Gamma(\xi,\eta)$ 要根据水翼表面的边界条件来求定：

$$\left.\frac{\partial\phi}{\partial z}\right|_{z=-h}=\frac{e^{i\omega t}}{4\pi}\int_S\Gamma(\xi,\eta)K(x-\xi,y-\eta)\,d\xi\,d\eta \qquad (8.16)$$

式中：

$$K(x-\xi,y-\eta)$$

$$=-\lim_{z\to-h}\frac{1}{2\pi}\int_{-\pi}^{\pi}\int_0^{\infty}\frac{i\lambda^2\cdot e^{\lambda[-(2+h)+ix_0\cos u+iy_0\sin u]}}{\lambda\cos u-\overline{\omega}}\,d\lambda\,du-$$

$$\lim_{z\to-h}\frac{1}{2}\int_{-\pi/2}^{\pi/2}\frac{\overline{\omega}^2}{\cos^3 u}e^{\frac{\overline{\omega}}{\cos u}[-(z+h)+ix_0\cos u+iy_0\sin u]}\,du-$$

$$\frac{1}{2\pi}\int_{-\pi}^{\pi}\int_0^{\infty}\frac{i\lambda^2\cdot e^{\lambda[-2h+ix_0\cos u+iy_0\sin u]}}{\lambda\cos u-\overline{\omega}}\,d\lambda\,du+$$

$$\frac{1}{2}\int_{-\pi/2}^{\pi/2}\frac{\overline{\omega}^2}{\cos^3 u}e^{\frac{\overline{\omega}}{\cos u}[-2h+ix_0\cos u+iy_0\sin u]}\,du+$$

$$\frac{i}{\pi}\int_{-\pi}^{\pi}\int_0^{\infty}\left[\frac{\overline{\omega}}{\cos u}\frac{\lambda}{(\lambda\cos u-\overline{\omega})}-\frac{\lambda_1^2\lambda}{(\lambda-\lambda_1)(\lambda_1\cos u-\overline{\omega})\sqrt{1+4\tau\cos u}}+\right.$$

$$\left.\frac{\lambda_2^2\lambda}{(\lambda-\lambda_2)(\lambda_2\cos u-\overline{\omega})\sqrt{1+4\tau\cos u}}\right]e^{\lambda[-2h+ix_0\cos u+iy_0\sin u]}\,d\lambda\,du+$$

$$\left[\int_{-\pi/2}^{\pi/2} - \int_{\pi/2}^{3\pi/2}, \right] \frac{\lambda_1^3 e^{\lambda_1[-2h+ix_0\cos u+iy_0\sin u]}}{(\bar{\omega} - \lambda_1\cos u)\sqrt{1+4\tau\cos u}} \mathrm{d}u +$$

$$\int_{-\pi}^{\pi}, \frac{\lambda_2^3 e^{\lambda_2[-2h+ix_0\cos u+iy_0\sin u]}}{(\bar{\omega} - \lambda_2\cos u)\sqrt{1+4\tau\cos u}} \mathrm{d}u \tag{8.17}$$

若给定水翼的运动速度 $w(x, y, t) = \dfrac{\partial \phi}{\partial z}\Big|_{z=-h}$，则式(8.16)便成为求解 $\Gamma(\xi, \eta)$ 的积分方程，是一个第一类弗内德霍尔姆(Fredholm)积分方程。

上式所表示的核函数中间，第一和第二项为由 ϕ_1 速度势所引起的部分，第三和第四项为由 ϕ_2 速度势所引起，其余部分为由 ϕ_3 速度势所引起。当 $x_0 \to 0$，$y_0 \to 0$，$z \to -h$ 时，只有 ϕ_1 部分的项具有奇性，其他各项均无奇性。而 ϕ_1 部分项的奇性在进行积分时也是可积的。我们采用 Wathins 等人的处理方法[3]，由表示 ϕ_1 的式(8.5)可知，相应 ϕ_1 的核函数 K_1 为(式(8.17)中的头两项)

$$K_1 = -\lim_{z \to -h} \frac{\partial^2}{\partial z^2} \int_{-\infty}^{\xi} \frac{1}{R} e^{i\bar{\omega}(v-\xi)} \mathrm{d}v$$

式中：$R = \sqrt{(x-v)^2 + (y-\eta)^2 + (z+h)^2}$。

令 $x - v = \lambda$，$x - \xi = x_0$，$y - \eta = y_0$，$\dfrac{\omega}{V} = \bar{\omega}$，则

$$K_1 = -\lim_{z \to -h} \frac{\partial^2}{\partial z^2} \int_{x_0}^{\infty} \frac{e^{i\bar{\omega}(x_0-\lambda)}}{\sqrt{\lambda^2 + y_0^2 + (z+h)^2}} \mathrm{d}\lambda$$

$$= -\lim_{z \to -h} \frac{\partial^2}{\partial z^2} e^{i\bar{\omega}x_0} \left\{ \int_0^{\infty} \frac{e^{-i\bar{\omega}\lambda}\mathrm{d}\lambda}{\sqrt{\lambda^2 + y_0^2 + (z+h)^2}} + \int_0^{x_0} \frac{-e^{-i\bar{\omega}\lambda}\mathrm{d}\lambda}{\sqrt{\lambda^2 + y_0^2 + (z+h)^2}} \right\}$$

经过一系列转换后可得

$$K_1 = e^{i\bar{\omega}x_0} \left\{ K_1(\bar{\omega} \mid y_0 \mid) + \frac{\pi i}{2} [I_1(\bar{\omega} \mid y_0 \mid) - L_1(\bar{\omega} \mid y_0 \mid)] \right\} \frac{\bar{\omega}}{\mid y_0 \mid} -$$

$$e^{i\bar{\omega}x_0} \left\{ -\frac{\bar{\omega}^2}{y_0^2} \int_0^{x_0} e^{i\bar{\omega}\lambda}\sqrt{\lambda^2 + y_0^2}\mathrm{d}\lambda + i\bar{\omega}e^{i\omega x_0} \frac{\sqrt{x_0^2 + y_0^2}}{y_0^2} + e^{i\bar{\omega}x_0} \frac{x_0}{y_0^2\sqrt{x_0^2 + y_0^2}} \right\} \tag{8.18}$$

式中：$K_1(\bar{\omega} \mid y_0 \mid)$ 为第二类一级修正贝塞尔函数；$I_1(\bar{\omega} \mid y_0 \mid)$ 为第一类一级修正贝塞尔函数；$L_1(\bar{\omega} \mid y_0 \mid)$ 为一级修正斯特拉夫函数。利用这些特殊函数的级数展开，便可以进行计算了。

在式(8.17)中，第一项和第二项是由 ϕ_1 引起的核函数部分，用 K_1 表示，是 $k =$

$\dfrac{\omega b}{V}$ 的函数,第三和第四项是由 ϕ_2 引起的核函数部分,是 $k = \dfrac{\omega b}{V}$ 和 $\bar{h} = \dfrac{h}{b}$ 的函数,用 K_2 表示,$K_2 = K_2(k, \bar{h})$,其余各项是由 ϕ_3 所引起的核函数部分,用 K_3 表示,是 $k = \dfrac{\omega b}{V}$,$\bar{h} = \dfrac{h}{b}$,$Fr = \dfrac{V}{\sqrt{gh}}$ 的函数,$K_3 = K_3(k, \bar{h}, Fr)$。

式(8.16)可写成无量纲化的形式为

$$\frac{1}{V}\left.\frac{\partial \phi}{\partial z}\right|_{z=-h} = \frac{e^{i\omega t}}{4\pi V}\int_S \Gamma(\xi, \eta)\left[K_1(k) + K_2(k, \bar{h}) + K_3(k, \bar{h}, Fr)\right]d\xi d\eta$$

$$(8.19)$$

设水翼表面的位移由 n 个模态 $\bar{f}_j(x, y)$ $(j = 1, 2, \cdots, n)$ 组成,则相应第 j 个模态的水翼表面速度为

$$\left. \begin{aligned} w_j(x, y, t) &= \left(\frac{\partial}{\partial t} - V\frac{\partial}{\partial x}\right)f_j(x, y, t) \\ \overline{w}_j(x, y)e^{i\omega t} &= [i\omega \bar{f}_j(x, y) - V\bar{f}_{jx}(x, y)]e^{i\omega t} \\ \overline{w}_j(x, y) &= i\omega \bar{f}_j(x, y) - V\bar{f}_{jx}(x, y) \end{aligned} \right\} \qquad (8.20)$$

利用积分方程(8.19),求相应涡量分布 $\Gamma_j(\xi, \eta)$ 的积分方程为

$$\frac{1}{V}\overline{w}_j(x, y) = \frac{1}{4\pi}\int_S \frac{\Gamma_j(\xi, \eta)}{V}\left[K_1(k) + K_2(k, \bar{h}) + K_3(k, \bar{h}, Fr)\right]d\xi d\eta$$

$$(8.21)$$

对 $j = 1, 2, \cdots, n$ 分别求解上面的积分方程,便可求得相应的附着涡量分布 $\Gamma_j(\xi, \eta)$。水翼表面上所受到的升力分布为

$$P_j = \rho V\Gamma_j(\xi, \eta) \qquad (8.22)$$

将水翼表面的位移用振动模态表示,最好用无界流中无航速的振动模态,因为这种模态也是正交的,且求起来比较容易,比用真空中的振动模态更易获得好的结果。

$$f(x, y, t) = \sum_{r=1}^{n} \bar{f}_r(x, y)q_r(t)$$

式中:$q_r(t)$ 为广义坐标,对于 ω 频率的简谐振动,相应第 r 个模态的水翼表面为

$$\overline{w}_r(x, y)e^{i\omega t} = [i\omega \bar{f}_r(x, y) - V\bar{f}_{rx}(x, y)]e^{i\omega t}$$

根据积分方程式(8.21),可以解得相应的涡量分布 $\Gamma_r(\xi, \eta)$,由式(8.22),可求得相应的升力分布 $P_r(x, y)$。

相应于第 r 个广义坐标的广义力为

$$Q_r(t) = \int_S \sum_{j=1}^n P_j(\xi,\ \eta) \bar{f}_r(\xi,\ \eta) e^{i\omega t} d\xi d\eta$$

$$= \sum_{j=1}^n [\omega^2 A_{rj} - i\omega B_{rj} - C_{rj}] e^{i\omega t} \tag{8.23}$$

代入水翼的运动方程,将各项力移到方程左边,便得

$$\sum_{j=1}^n q_j [K_{rj} + C_{rj} + i\omega B_{rj} - \omega^2(M_{rj} + A_{rj})] e^{i\omega t} = 0 \quad (r=1,\ 2,\ \cdots,\ n)$$

$$\tag{8.24}$$

若水翼受到外部激励力的作用,如波浪激励,机械振动激励力等,则这些力保留在方程式的右边,式(8.24)便成为水翼的水弹性振动方程式,其中的 K_{rj} 和 M_{rj} 为水翼结构本身的广义刚度和广义质量矩阵;A_{rj} 为流体的附加质量矩阵;B_{rj} 为流体的阻尼矩阵,是由水翼尾流中旋涡耗散能量和水面波动耗散能量所引起的;C_{rj} 为流体附加刚度矩阵,这一点是不同于船体水弹性力学响应的。在船体水弹性力学中,仅出现流体的阻尼和附加质量[10],不出现附加刚度,而在水翼的水弹性振动响应中,会出现附加刚度。例如,振动水翼的攻角 α 会产生一个有弹簧效应的恢复力矩。

若水翼没有受到外部激励力的作用,则方程右端为零,如式(8.24)所表示的那样,要求得 q_i 的非零解,则要求其系数行列式等于零

$$\begin{vmatrix} K_{11} + C_{11} + i\omega B_{11} - \omega^2(M_{11} + A_{11}) & \cdots & K_{1n} + C_{1n} + i\omega B_{1n} - \omega^2(M_{1n} + A_{1n}) \\ \vdots & \ddots & \vdots \\ K_{n1} + C_{n1} + i\omega B_{n1} - \omega^2(M_{n1} + A_{n1}) & \cdots & K_{nn} + C_{nn} + i\omega B_{nn} - \omega^2(M_{nn} + A_{nn}) \end{vmatrix}$$
$$= 0 \tag{8.25}$$

这就是求 ω 的特征频率方程,是 ω 的 $2n$ 阶代数方程式,也就是水翼的颤振方程式,若求得 ω 的实数解,也就是求得发生该 ω 频率值的颤振运动了,并同时可求得发生颤振的临界航速 V。上式中的矩阵 C_{rj},B_{rj},A_{rj} 本身是 K,$\bar{h}$,Fr 无量纲数的函数,先固定 $\bar{h}$,Fr,对方程进行求解,若改变 $\bar{h}$ 和 Fr 数,则可以获得水翼沉深 $\bar{h} = \dfrac{h}{b}$ 和 $Fr = \dfrac{V}{\sqrt{gh}}$ 数对水翼颤振的影响,这种计算量是很大的。

8.3　水翼的线性颤振

我们考虑带有襟翼的水翼,如图 8.2 所示,水翼作垂直移动 $h(t)$,绕位于 $x = ba$ 的轴作转动 $\alpha(t)$,襟翼相对于翼弦的转动角为 $\beta(t)$,运动是微量的,可以用线性

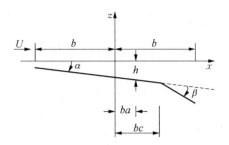

图 8.2　带有襟翼的水翼平均弦线,转动轴
($x=ba$)向下位移为 $h(t)$

化理论处理,不计水翼弯度和初始定常攻角对不定常运动的影响,水翼弦线的瞬时
位移为

$$Z_a(x,\ t) = \begin{cases} -h - \alpha(x-ba) & -b \leqslant x \leqslant bc \\ -h - \alpha(x-ba) - \beta(x-bc) & bc \leqslant x \leqslant b \end{cases} \tag{8.26}$$

利用关系 $w_a = \dfrac{\partial Z_a}{\partial t} + U\dfrac{\partial Z_a}{\partial x}$,可得

$$w_a(x,\ t) = \begin{cases} -\dot{h} - U\alpha - \dot{\alpha}(x-ba) & -b \leqslant x \leqslant bc \\ -\dot{h} - U\alpha - \dot{\alpha}(x-ba) - U\beta - \dot{\beta}(x-bc) & bc \leqslant x \leqslant b \end{cases}$$
$$\tag{8.27}$$

我们考虑的是二维不定常运动,并设定为小振幅的简谐振动,包含的时间因子为
$\mathrm{e}^{i\omega t}$,处于水中,不计及自由水面的影响,这样的二维不定常水翼理论已被广泛地研究
过,我们只要将这方面的研究结果引用过来便可[1,6~9]。流体作用于水翼上的升力
L,绕 $x = ba$ 轴的力矩 M,作用于襟翼上绕其转动轴的力矩 N 可分别表示为

$$L = \pi\rho b^2[\ddot{h} + U\dot{\alpha} - ba\ddot{\alpha}] + 2\pi\rho UbC(K)\Big[\dot{h} + U\alpha + b\Big(\frac{1}{2}-a\Big)\dot{\alpha}\Big] -$$

$$\pi\rho b^3\Big[\frac{T_1}{\pi} + (c-a)\frac{\varphi_3}{\pi}\Big]\ddot{\beta} - \pi\rho b^2 U\Big[-\frac{T_4}{\pi} + C(K)\frac{T_{11}}{\pi} +$$

$$2C(K)\frac{\varphi_1}{\pi}(c-a)\Big]\dot{\beta} - \pi\rho b U^2 \cdot 2C(K)\frac{T_{10}}{\pi}\beta \tag{8.28}$$

$$M = -\pi\rho b^4\Big(\frac{1}{8} + a^2\Big)\ddot{\alpha} + \pi\rho b^4\Big\{T_7 + (c-a)T_1 - (c-e)\Big[-\frac{\varphi_6}{4} + \Big(\frac{1}{2} +$$

$$a\Big)\varphi_3\Big]\Big\}\frac{1}{\pi}\ddot{\beta} - \pi\rho b^3 U\Big[\frac{1}{2} - a - 2C(K)\Big(\frac{1}{2}-a\Big)\Big(\frac{1}{2}+a\Big)\Big]\dot{\alpha} - \pi\rho b^3 U\Big[-2b -$$

$$\Big(\frac{1}{2} - a\Big)\frac{T_4}{\pi} - \Big[\frac{T_{11}}{\pi}C(K)\Big] + c(-e)\frac{\varphi_5}{\pi} - (c-e)\Big(\frac{1}{2}+a\Big)$$

$$\cdot 2C(K)\frac{\varphi_{31}}{\pi}\Big]\dot{\beta}+\pi\rho b^2 U^2\cdot 2C(K)\Big(a+\frac{1}{2}\Big)\alpha-\pi\rho b^2 U^2\Big[\frac{T_4+T_{10}}{\pi}-$$

$$2C(K)\Big(a+\frac{1}{2}\Big)\frac{T_{10}}{\pi}\Big]\beta-\pi\rho b^3 a\ddot{h}+2\pi\rho b^2\Big(a+\frac{1}{2}\Big)C(K)\dot{h} \qquad (8.29)$$

$$N=\pi\rho b^4\Big[\frac{T_3}{\pi^2}+(c-a)\frac{\varphi_{37}}{\pi^2}+(c-a)^2\frac{\varphi_{17}}{\pi^2}\Big]\ddot{\beta}+\pi\rho b^3\Big[\frac{T_1}{\pi}+(c-a)\frac{\varphi_3}{\pi}\Big]\ddot{h}-$$

$$\pi\rho b^2 U C(K)\frac{T_{12}+2\varphi_{31}(c-a)}{\pi}\dot{h}-\pi\rho b^3 U\Big\{-\frac{T_4 T_{11}}{2\pi^2}+\frac{T_{11}T_{12}}{2\pi^2}C(K)+(c-$$

$$a)\Big[\frac{\varphi_2\varphi_{31}+\varphi_1\varphi_8}{\pi^2}C(K)+\frac{\varphi_{36}+\varphi_{10}}{\pi^2}\Big]+(c-a)^2\Big[2C(K)\frac{\varphi_1\varphi_{31}}{\pi^2}+\frac{\varphi_{35}}{\pi^2}\Big]\Big\}\dot{\beta}-$$

$$\pi\rho b^2 U^2\Big[\frac{T_5-T_4 T_{11}}{\pi^2}+\frac{T_{10}T_{12}}{\pi^2}C(K)(c-a)\frac{2\varphi_1\varphi_{31}}{\pi^2}C(K)\Big]\beta+\pi\rho b^4\frac{1}{\pi}\Big\{T_7+$$

$$(c-a)T_1-(c-e)\Big[\frac{-\varphi_6}{4}+\Big(\frac{1}{2}+a\Big)\varphi_3\Big]\Big\}\ddot{\alpha}-\pi\rho b^3 U\Big\{\frac{2b-2T_1-T_4}{2\pi}+$$

$$C(K)\Big(\frac{1}{2}-a\Big)\frac{T_{12}}{\pi}+(c-e)\Big(\frac{\varphi_{31}}{\pi}2C(K)+\frac{\varphi_{32}}{\pi}\Big)-\Big(\frac{1}{2}-a\Big)(c-e)$$

$$2C(K)\frac{\varphi_{31}}{\pi}\Big\}\dot{\alpha}-\pi\rho b^2 U^2 C(K)\frac{T_{12}}{\pi}\alpha \qquad (8.30)$$

式中：$C(K)$ 为 Theodorsen 函数，定义为

$$C(K)=\frac{J_1(K)-iY_1(K)}{J_1(K)+Y_0(K)-i[Y_1(K)-J_0(K)]},\ K=\frac{\omega b}{U} \qquad (8.31)$$

式中：$J_i(K),Y_i(K)$ 为第 i 阶第一类和第二类贝赛尔函数；b 为半高长；a 为水翼转动中心，到水翼弦长中点距离与 b 之比，c 为襟翼长度与 b 之比。

$\varphi=\arccos(-c)$

$\varphi_1(\varphi)=\pi-\varphi+\sin\varphi$

$\varphi_2(\varphi)=(\pi-\varphi)(1+2\cos\varphi)+\sin\varphi(2+\cos\varphi)$

$\varphi_3(\varphi)=\pi-\varphi+\sin\varphi\cos\varphi$

$\varphi_5(\varphi)=\sin\varphi(1-\cos\varphi)$

$\varphi_6(\varphi)=2(\pi-\varphi)+\frac{2}{3}\sin\varphi(2-\cos\varphi)(1+2\cos\varphi)$

$\varphi_8(\varphi)=(\pi-\varphi)(-1+2\cos\varphi)+\sin\varphi(2-\cos\varphi)$

$\varphi_{10}(\varphi)=\varphi_{31}(\varphi)\cdot\varphi_5(\varphi)$

$\varphi_{13}(\varphi)=\tan\frac{\varphi}{2}$

$\varphi_{14}(\varphi)=2\sin\varphi$

$$\varphi_{15}(\varphi) = \varphi_{13} - \varphi_{14}(\varphi)$$

$$\varphi_{16}(\varphi) = 2\varphi_1(\varphi)\sin\varphi$$

$$\varphi_{17}(\varphi) = [\varphi_3(\varphi)]^2 + \sin^4\varphi$$

$$\varphi_{18}(\varphi) = -\varphi_{13}(\varphi)[(\pi - \varphi)(1 + 2\cos\varphi) - \sin\varphi\cos\varphi]$$

$$\varphi_{19}(\varphi) = \varphi_3(\varphi)\sin\varphi$$

$$\varphi_{21}(\varphi) = \sin\varphi(1 + \cos\varphi)$$

$$\varphi_{31}(\varphi) = \pi - \varphi - \sin\varphi$$

$$\varphi_{32}(\varphi) = \pi - \varphi + \sin\varphi(1 + 2\cos\varphi)$$

$$\varphi_{35}(\varphi) = 2\sin^2\varphi$$

$$\varphi_{36}(\varphi) = \varphi_{32}\varphi_3 + 2\sin^4\varphi$$

$$\varphi_{37}(\varphi) = \varphi_3(\varphi)[\varphi_2(\varphi) - \varphi_3(\varphi)]$$

函数 T_i：

$$T_1 = -\frac{1}{3}(2 + c^2)\sqrt{1 - c^2} + c\arccos c$$

$$T_2 = c(1 - c^2) - (1 + c^2)\sqrt{(1 - c^2)}\arccos c + c\arccos^2 c$$

$$T_3 = -\frac{1}{8}(1 - c^2)(5c^2 + 4) + \frac{1}{4}c(7 + 2c^2)\sqrt{1 - c^2}\arccos c - \left(\frac{1}{8} + c^2\right)\arccos^2 c$$

$$T_4 = c\sqrt{1 - c^2} - \arccos c$$

$$T_5 = -(1 - c^2) + 2c\sqrt{1 - c^2} - \arccos c - \arccos^2 c$$

$$T_6 = T_2$$

$$T_7 = \frac{1}{8}c(7 + 2c^2)\sqrt{1 - c^2} - \left(\frac{1}{8} + c^2\right)\arccos c$$

$$T_8 = -\frac{1}{3}(1 + 2c^2)\sqrt{1 - c^2} + c\arccos c$$

$$T_9 = \frac{1}{2}\left[\frac{1}{3}\sqrt{(1 - c^2)}^3 + a_R T_4\right] = \frac{1}{2}(-p + a_R T_4)$$

其中　$p = -\frac{1}{3}\sqrt{(1 - c^2)}^3$

$$T_{10} = \sqrt{1 - c^2} + \arccos c$$

$$T_{11} = (2 - c)\sqrt{1 - c^2} + (1 - 2c)\arccos c$$

$$T_{12} = (2 + c)\sqrt{1 - c^2} - (1 + 2c)\arccos c$$

$$T_{15} = T_4 + T_{10}$$

有了以上水动力的表达式，我们便可以写出水翼作水弹性振动的方程式。对于舵类型的水翼,舵杆的弯曲振动形成舵的横向振动 $h(t)$,舵杆的扭转振动形成舵的转动振动 $\alpha(t)$,对于不带襟翼的舵,其振动方程式可写成

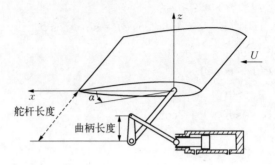

图 8.3 舵的弯曲振动 $h(t)$ 沿 z 轴方向,舵的扭转振动 $\alpha(t)$ 绕舵杆轴

$$
\left.
\begin{array}{l}
(m+\Delta m)\ddot{h}+(S_{h\alpha}+\Delta S_{h\alpha})\ddot{\alpha}+L_{\dot{h}}\dot{h}+L_{\dot{\alpha}}\dot{\alpha}+C_{h}h=0 \\
(J_{\alpha}+\Delta J_{\alpha})\ddot{\alpha}+(S_{h\alpha}+\Delta S_{h\alpha})\ddot{h}+M_{\dot{h}}\dot{h}+M_{\dot{\alpha}}\dot{\alpha}+C_{\alpha}^{h}\alpha+C_{\alpha}\alpha=0
\end{array}
\right\}
\quad (8.32)
$$

其中,水动力中的各项都已移到方程式的左边去了,m 为舵的质量;J_{α} 为舵绕其转动轴的惯性矩。各项的表示式为(对照方程式(8.30)):

$$
\left.
\begin{array}{l}
\Delta m=\pi\rho b^{2} \\[2mm]
\Delta J_{\alpha}=\pi\rho b^{4}\left(\dfrac{1}{8}+a^{2}\right)=\Delta mb^{2}\left(\dfrac{1}{8}+a^{2}\right) \\[2mm]
\Delta S_{h\alpha}=-\pi\rho b^{2}ba=-\Delta mba \\[2mm]
L_{\dot{\alpha}}=\Delta mU\left[1+2C(K)\left(\dfrac{1}{2}-a\right)\right] \\[2mm]
L_{\dot{h}}=\dfrac{\Delta m}{b}U\cdot 2C(K) \\[2mm]
M_{\dot{\alpha}}=\Delta mUb\left[\dfrac{1}{2}-a-2C(K)\left(\dfrac{1}{2}-a\right)\left(\dfrac{1}{2}+a\right)\right] \\[2mm]
M_{\dot{h}}=\Delta m(-2U)\left(a+\dfrac{1}{2}\right)C(K) \\[2mm]
C_{\alpha}^{h}=\Delta mU^{2}\cdot 2C(K)\left(\dfrac{1}{2}+a\right) \\[2mm]
C_{\alpha}=\omega_{\alpha}^{2}J_{\alpha} \\[2mm]
C_{h}=\omega_{h}^{2}m \\[2mm]
S_{h\alpha}=mx_{\alpha}b
\end{array}
\right\}
\quad (8.33)
$$

式中:x_{α} 是水翼质心到转动轴的距离。正是由于质心与转动轴的不重合,引起 $h(t)$ 与 $\alpha(t)$ 的耦合作用。

令 $h = h_0 e^{i\omega t}$，$\alpha = \alpha_0 e^{i\omega t}$ 代入式(8.32)，可得

$$-(m+\Delta m)h_0\omega^2 - (S_{h\alpha}+\Delta S_{h\alpha})\omega^2\alpha_0 + i\omega L_{\dot{h}}h_0 + i\omega L_{\dot{\alpha}}\alpha_0 + \omega_h^2 m h_0 = 0$$

$$-(J_\alpha+\Delta J_\alpha)\omega^2\alpha_0 - (S_{h\alpha}+\Delta S_{h\alpha})\omega^2 h_0 + i\omega M_{\dot{h}}h_0 + i\omega M_{\dot{\alpha}} + C_\alpha^h\alpha_0 + \omega_\alpha^2 J_\alpha\alpha_0 = 0$$

为了使上式有非零解，必须使其系数行列式等于零

$$\begin{vmatrix} -(m+\Delta m)\omega^2 + i\omega L_{\dot{h}} + \omega_h^2 m & -(S_{h\alpha}+S_{h\alpha})\omega^2 + i\omega L_{\dot{\alpha}} \\ -(S_{h\alpha}+\Delta S_{h\alpha})\omega^2 + i\omega M_{\dot{h}} & -(J_\alpha+\Delta J_\alpha)\omega^2 + i\omega M_{\dot{\alpha}} + C_\alpha^h + \omega_\alpha^2 J_\alpha \end{vmatrix} = 0$$

$$(8.34)$$

上式为舵弯曲和扭转耦合振动特征频率 $\omega_{h\alpha}$ 的方程式，它是 ω 的四次方程式，其系数通过 $C(K)$ 也与 ω 有关，只能通过数值求解方法，逐步迭代求得耦合振动的频率 $\omega_{z\alpha}$，若 $\omega_{z\alpha}$ 的解出现复数，则相应的模态振幅呈现指数增长，即出现经典的颤振现象，相应的航速便是临界航速。

一个单自由度的系统是不会出现颤振的，因为不会出现负阻尼的现象，对于两个自由度的系统，有可能出现负阻尼现象，从而出现颤振，上述舵作耦合振时，与 $\dot{h}$ 方向相反的阻尼力和与 $\dot{\alpha}$ 方向相反的阻尼力矩在一定的条件下可以组合成与 $\dot{h}$ 方向相同的阻尼力，从而出现负阻尼的现象。

通常船舶的航速 U 是较低的，船舶舵的刚度是较大的，即有较高的 ω 值，因此，无量纲数 $K = \dfrac{\omega b}{U} \gg 1$，Theodorsen 函数 $C(K)$ 可以取 $K \to \infty$ 时的近似值 $C(K) = 0.5$。这样，特征频率方程(8.34)中的系数变为常数，使计算大为简化。

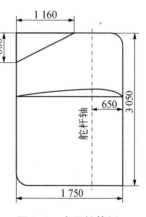

图 8.4　水平舵算例

我们取一个水平舵(图 8.4)作为算例，舵的平均弦长 $2b = 1.75$ m，展长为 3.65 m，舵轴离前缘 0.65 m，舵的质量为 1 512 kg，单位长度的附加质量为 $\Delta m = \pi\rho b^2 = 4\,808$ kg/m。

考虑到附加质量在内的质心位置为

$$X_\alpha^w = 0.317 \text{ m}$$

考虑到附加质量在内的水翼的惯性半径为

$$r_\alpha^w = 0.578b \text{ m}$$

式中：b 为舵的半弦长(m)。

单钝作弯曲振动时的自由频率为(包含附加质量)

$$\omega_\alpha^w = 20.75\,\text{Hz}$$

单纯作扭转振动时的频率为(包含附加质量)

$$\omega_\alpha^w = 12.33\,\text{Hz}$$

取航速 $U = 5.3\,\text{m/s}$,计算结果表明,在耦合振动频率 $\omega_{h\alpha}$ 接近于 28.91 Hz 时,耦合阻尼系数接近于零,即发生颤振的现象。这样的舵装置是不安全的,要进行适当的修正。

8.4　水翼的非线性颤振

在非线性力作用下发生的颤振现象叫作非线性颤振。我们接着对上述的舵系统进行分析,当舵面操作时,舵杆轴和轴承之间有横向力的作用,会产生与转动方向相反的干摩擦力矩,克服这个干摩擦力矩后,舵才能转动,还有操作舵机到舵面之间的连接件中,往往是有间隙的,在间隙角位移中是没有弹性恢复力矩的,因此,典型的弹性恢复力矩与角位移的关系可用图 8.5 来表示,其中开始的是线性增加的一段表示当干摩擦力矩未被克服时,舵的恢复力矩是由舵杆轴的扭转变形提供的。当干摩擦力矩被克服后,舵杆轴在轴承中转动,由于连接件中有间隙存在,在曲线上形成一个平台,平台的宽度相应于间隙的大小,当间隙消失后,其他舵装置中的构件参与力传递的作用,又形成另一段弹性恢复力矩的曲线。当舵振幅到达最大值,要反向振动时,又要经历同一过程。

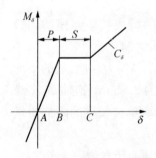

图 8.5　舵传动机构中形成的
典型非线性力矩曲线

在 AB 段中为舵杆轴的抗扭力矩,BC 段水平
部分为间隙,C 点以后为曲柄等参加受力后的抗扭
矩,B 点的抗扭力矩 M_δ 由轴承中干摩擦力矩确定

在方程式(8.32)中的第二式中,将线性恢复力矩项代以由图 8.5 表示的非线性恢复力矩项,在时域中对式(8.32)进行积分求解,还是采用上面的算例,在线性理论的计算中,上述算例是处于颤振的边缘,采用非线性恢复力矩项后,则是具有

明显的颤振现象,计算结果如图 8.6 所示。

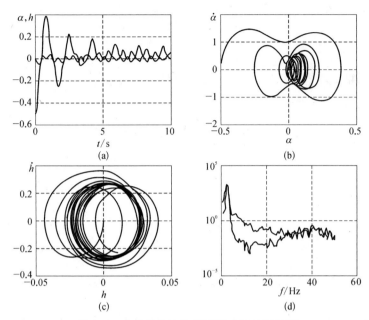

图 8.6　由非线性力作用所形成的舵的颤振

8.5　水中平板的颤振

惠伏和优内在这方面做了很好的工作[11]。

我们考虑一块二维的平板,其两端为简支如图 8.7 所示,平板长度为 l,板面以外的平面是刚性的,水流的速度为 U,由于流体与板的耦合作用,有可能使平板结构从流体中吸取能量而产生颤振。

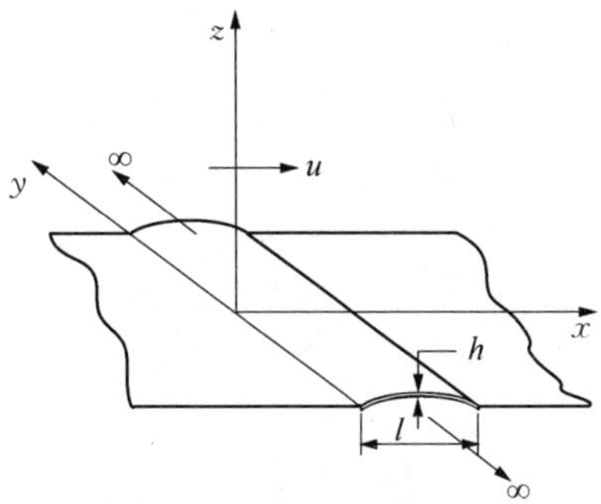

平板在没有薄膜力时的运动方程为

$$D\nabla^4 W + \rho_m h\, \frac{\partial^2 W}{\partial t^2} + \rho_m hr\, \frac{\partial W}{\partial t} + p = 0$$

$$(8.35)$$

图 8.7　在刚性平面中的简支平板

两端简支的边界条件为

$$W(0) = W(l) = 0, \quad \frac{\partial^2 W(0)}{\partial x^2} = \frac{\partial^2 W(l)}{\partial x^2} = 0 \qquad (8.36)$$

式中：p 为流体压力。若平板两面的静压差为零，则 p 可由不定常伯努利方程的动压表示

$$p = p_d\big|_{z=0} = -\rho_0 \left(\frac{\partial \phi}{\partial t} + U \frac{\partial \phi}{\partial x} \right)\bigg|_{z=0} \tag{8.37}$$

设流体是无黏不可压缩的，流动是无旋的，扰动速度势满足

$$\nabla^2 \phi(x, z, t) = 0 \qquad z \geqslant 0 \tag{8.38}$$

在无穷远处要求满足

$$\lim_{(x^2+z^2)^{1/2} \to \infty} \phi(x, z, t) = 0 \tag{8.39}$$

在板平面内要求满足

$$\left.\begin{aligned}
\frac{\partial \phi}{\partial z}\bigg|_{z=0} &= \frac{\partial w}{\partial t} + U \frac{\partial w}{\partial x} = 0, \ 0 \leqslant x \leqslant l \\
\frac{\partial \phi}{\partial z}\bigg|_{z=0} &= 0 \qquad x < 0, \ x > l
\end{aligned}\right\} \tag{8.40}$$

先由式(8.38)～式(8.40)求解扰动速度势的混合边值问题，而后代入式(8.37)求动压 p，最后求解微分方程(8.35)，求得临界流速和相应复频率。

设平板有驻波形式的解为

$$w(x, t) = \hat{w}(x) e^{i\omega t}$$

式中满足平板边界条件(式(8.36))的坐标函数为

$$\hat{w}(x) = \sum_{n=1}^{\infty} A_n \sin \frac{n\pi x}{l} \tag{8.41}$$

与此相适应的速度势为

$$\phi(x, z, t) = \hat{\phi}(x, z) e^{i\omega t} \tag{8.42}$$

式(8.38)能满足有界条件(式(8.39))的广泛解形式为

$$\hat{\phi}(x, z) = \int_0^\infty e^{-uz} [K_1 \cos ux + K_2 \sin ux] \mathrm{d}u \tag{8.43}$$

其中采用 u 作为分离变量的常数，K_1 和 K_2 为 u 的任意函数。

利用傅里叶积分理论[12]，可求得满足边界条件(式(8.40))的特解为

$$\left.\begin{aligned}
-uK_1(u) &= \frac{1}{\pi} \int_0^l [i\omega \hat{w}(\xi) + U\hat{w}'(\xi)] \cos u\xi \, \mathrm{d}\xi \\
-uK_2(u) &= \frac{1}{\pi} \int_0^l [i\omega \hat{w}(\xi) + U\hat{w}'(\xi)] \sin u\xi \, \mathrm{d}\xi
\end{aligned}\right\} \tag{8.44}$$

将式(8.40)代入式(8.44),经计算简化得

$$
\hat{\phi}(x, z) = \sum \int_0^\infty \frac{nA_n}{l} \frac{e^{-uz}}{\left[\left(\frac{n\pi}{l}\right)^2 - u^2\right]} \left\{\frac{i\omega}{u}\left[(-1)^n \cos(l-x)u - \cos ux\right] + \right.
$$

$$
\left. U\left[(-1)^n \sin(l-x)u - \sin ux\right]\right\} du \tag{8.45}
$$

由式(8.45)和式(8.37)可求得动压,利用解的时间谐调,暂时忽去阻尼项,则运动方程变为

$$
D\frac{\partial^4 \hat{w}}{\partial x^4} - \rho_m \omega^2 h\hat{w} = \rho_0 \left[i\omega\hat{\phi} + U\frac{\partial\hat{\phi}}{\partial x}\right]\Big|_{z=0} \tag{8.46}
$$

利用迦略金方法,对式(8.46)乘以 $\sin\dfrac{m\pi x}{l}$,沿板长积分,代入 $\hat{w}$ 和 $\hat{\phi}$ 的相应表达式后,式(8.46)变为

$$
\left[D\left(\frac{m\pi}{l}\right)^4 - \rho_m h\omega^2\right]\frac{l}{2}A_m
$$

$$
= \rho_0 \int_0^l \left[i\omega\hat{\phi} + U\frac{\partial\hat{\phi}}{\partial x}\right]\sin\frac{m\pi x}{l}dx, \quad m = 1, 2, \cdots, \infty
$$

$$
= 2\rho_0\pi \sum_{n=1,3,5} \int_0^\infty \frac{mnA_n(1+\cos t)}{\left[(n\pi)^2 - t^2\right]\left[(m\pi)^2 - t^2\right]}\left[\frac{l^2\omega^2}{t} + tU^2\right]dt +
$$

$$
i4\rho_0\pi l\omega U \sum_{n=2,4,6} \int_0^\infty \frac{mnA_n\sin t}{\left[(n\pi)^2 - t^2\right]\left[(m\pi)^2 - t^2\right]}dt, \quad m = 1, 3, 5, \cdots
$$

$$
\tag{8.47(a)}
$$

$$
= -i4\rho_0\pi l\omega U \sum_{n=1,3,5} \int_0^\infty \frac{mnA_n\sin t}{\left[(n\pi)^2 - t^2\right]\left[(m\pi)^2 - t^2\right]}dt +
$$

$$
2\rho_0\pi \sum_{n=2,4,6} \int_0^\infty \frac{mnA_n(1-\cos t)}{\left[(n\pi)^2 - t^2\right]\left[(m\pi)^2 - t^2\right]}\left[\frac{l^2\omega^2}{t} + tU^2\right]dt, \quad m = 2, 4, 6, \cdots
$$

$$
\tag{8.47(b)}
$$

式中的无因次积分变量 $t = ul$。

利用下面的无量纲量将上式简化,令

$$
\omega_0 \equiv \frac{\pi^2}{l^2}\left(\frac{D}{\rho_m h}\right)^{1/2} (\text{rad/s})
$$

$$
C \equiv \frac{\omega}{\omega_0}, \quad \mu \equiv \frac{\rho_0 l}{\rho_m h}, \quad V \equiv \frac{U}{l\omega_0}
$$

可得

$$[m^4 - C^2]A_m$$

$$= 4\pi\mu \sum_{n=1,3,5} mnA_n(C^2F_2 + V^2F_3) + i8\pi\mu CV \sum_{n=2,4,6} mnA_nF_1, \quad m = 1, 3, 5, \cdots$$

$$= -i8\pi\mu CV \sum_{n=1,3,5} mnA_nF_1 + 4\pi\mu \sum_{n=2,4,6} mnA_n(C^2F_4 + V^2F_5), \quad m = 2, 4, 6, \cdots$$

$$(8.48)$$

式中 F_i 为广义积分,将在后面定义。

可以看出式(8.48)右端中的动压系数满足"逆置条件"

$$b_{ij} = (-1)^{i+j}b_{ji}$$

这一结果与 Miles[13] 对超声速颤振的准平稳近似处理相一致,说明这种流体动力是非保守的。

式(8.48)中的广义积分为

$$\left.
\begin{aligned}
F_1 &= \int_0^\infty \frac{\sin t}{[(n\pi)^2 - t^2][(m\pi)^2 - t^2]} \mathrm{d}t \\
F_2 &= \int_0^\infty \frac{1 + \cos t}{t[(n\pi)^2 - t^2][(m\pi)^2 - t^2]} \mathrm{d}t \\
F_3 &= \int_0^\infty \frac{t + (1 + \cos t)}{[(n\pi)^2 - t^2][(m\pi)^2 - t^2]} \mathrm{d}t \\
F_4 &= \int_0^\infty \frac{1 - \cos t}{t[(n\pi)^2 - t^2][(m\pi)^2 - t^2]} \mathrm{d}t \\
F_5 &= \int_0^\infty \frac{t(1 - \cos t)}{[(n\pi)^2 - t^2][(m\pi)^2 - t^2]} \mathrm{d}t
\end{aligned}
\right\}
\quad (8.49)$$

除了 F_2 以外,都可以用数值计算求得上述积分,积分 F_2 在 $t = 0$ 下限处有奇性,需要进一步处理。

惠伏等分析了 F_2 积分相应于 m 和 n 均为奇数的情形,这时平板的挠度形状并不满足不可压缩流体所要求满足的纽曼边界条件

$$\oint \frac{\partial \phi}{\partial \boldsymbol{n}} \mathrm{d}S = 0 \tag{8.50}$$

式中:S 为 ϕ 的封闭面;$\boldsymbol{n}$ 为 S 面上的单位法矢。式(8.50)的意义为流体通过封闭面 S 上的通量和为零,这是不可压缩流体的约束条件。为了处理这个数学上的难点,惠伏等考虑流体是微量可压缩的,可压缩流体速度势的线性化方程为

$$\nabla^2 \phi - \frac{1}{a^2} \left[\frac{\partial^2 \phi}{\partial t^2} + 2U \frac{\partial^2 \phi}{\partial t \partial x} + U^2 \frac{\partial^2 \phi}{\partial x^2} \right] = 0 \tag{8.51}$$

与式(8.43)不同,亚声速流的解为

$$\phi(x, z) = \int_0^\infty e^{-\left[u^2 - \left(\frac{\omega}{a}\right)^2\right]^{1/2} z} \{K_1 \cos\lambda x + K_2 \sin\lambda x\} \mathrm{d}u, \ u \geqslant 0 \quad (8.52)$$

当声速 $a \to \infty$ 时，便与式(8.43)相同。考虑压缩性后，奇性便从 $u = 0$ 处的简单极点变为 $u = \pm\dfrac{\omega}{a}$ 处的支点。另外还要求在 ∞ 处满足辐射条件，速度势在远处的量级为 $\phi = O(z^{-1/2})$，若 $u < \omega/a$，则速度势随 e^{-ikz} 而变，即有等幅值波传播到无穷远处，这与辐射条件相违。

对于水，ω/a 为一小量，约为 0.1 或更小，由于频率 ω 为特征值之一，在问题求解以前没有 ω/a 的确切值。由于稳定性边界不是很敏感于 ω/a 的小量变化，采用近似值不影响板的振动特性，基于这些考虑，取 ω/a 作为求积分 F_2 的下限来处理。这里不是对压缩性的严格处理，仅是取小 ω/a 值作为一种近似处理。

在数值计算求得以上积分后，令式(8.48)中系数 A_i 的行列式等于零，并对流速 V 和相应复频率 C 求解此特征方程，便可求得板的运动特性，可以求得无穷多个解，但我们对产生不稳定运动的最低流速 $V = V_{cr}$ 特别感兴趣。

在物理现象上 V 必须是实和正的，但通常 C 是复数，$C = C_R + iC_I$。若 $C_I > 0$，则板的运动是收敛的，也即稳定；反之，$C_I < 0$ 为不收敛不稳定；$C_I = 0$ 为中性稳定，相应于此稳定边界的流速称为临界流速 V_{cr}。对于 $V > C_{cr}$，C_I 为负。

取头两项模态，式(8.48)成为

$$\begin{bmatrix} 4\pi\mu(C^2 F_2 + V^2 F_3) + C^2 - 1 & i16\pi\mu CV F_1 \\ -i16\pi\mu CV F_1 & 16\pi\mu(C^2 F_4 + V^2 F_5) + C^2 - 16 \end{bmatrix} \begin{bmatrix} A_1 \\ A_2 \end{bmatrix} = 0$$

$$(8.53)$$

令系数行列式等于零，得特征方程

$$B_4 C^4 + B_2 C^2 + B_0 = 0 \qquad (8.54)$$

式中：

$$B_4 = (4\pi\mu F_2 + 1)(16\pi\mu F_4 + 1), \ B_0 = 16(4\pi\mu V^2 F_3 - 1)(\pi\mu V^2 F_5 - 1)$$
$$B_2 = (4\pi\mu V^2 F_3 - 1)(16\pi\mu F_4 + 1) + 16(4\pi\mu F_2 + 1)(\pi\mu V^2 F_5 - 1)(16\pi\mu V F_1)^2$$

对于一固定的质量比 μ，可在广泛的流速 V 范围内求解，可如上所述求得临界流速。

计算结果如图 8.8 所示，不稳定性首先由第一阶模态的发散产生，紧接着便是一个颤振区域，对于较薄或较长的板临界流速要低些。

固定一个质量比值，变化流速，求解特征方程(8.54)的频率根，可以更好地理解平板的性能如图 8.9 所示。在中性稳定区域后的是第一模态的静发散，发生时的流速为

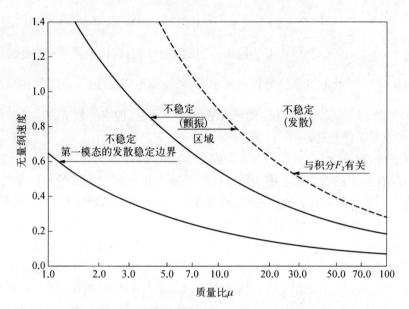

图 8.8   无量纲流速随质量比 μ 的变化关系

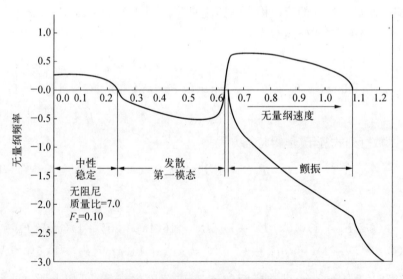

图 8.9   固定质量比 7.0,无量纲频率随无量纲流速的变化关系

$$V = \frac{1}{2}\left(\frac{1}{\pi\mu F_3}\right)^{1/2} \tag{8.55}$$

这一边界值与积分 F_2 无关。

在第一模态发散和颤振之间,有一个很狭的中性稳定带,放大后示于图 8.10 中,颤振的突然发生从数学上解释为特征方程出现一对复共轭根,是由第一和第二

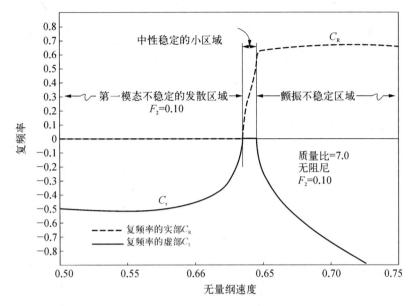

图 8.10　将无量纲流速从 0.50～0.75 一段放大所得的复频率图

模态的频率聚合而成的,颤振的下界对 F_2 的变化不敏感,但上界不是这样,对于小的 F_2 值,颤振上界发生在很大的流速处,随着 F_2 的增加而向上靠拢。更确切地说,按照上述近似,颤振上界与积分 F_2 的假设下限值 ϵ 有关。当该下限趋近于 $0(a \to \infty)$, F_2 变为无界,颤振不稳定性和第一模态发散的现象消失,产生第二模态的静发散,这时速度为

$$V = \left(\frac{1}{\pi \mu F_5} \right)^{1/2} \tag{8.56}$$

可以这样来解释这种现象,对于不可压缩流体,奇数模态(第一模态)是不允许发生的,而颤振是由第一和第二模态一起与流体耦合作用产生的,没有奇数模态时便没有颤振。

图 8.8 中的虚线定性地给出颤振的上限,它依据的 F_2 的下限值为 $\epsilon = 0.025$,这与后来由典型的 l 和 a 值 $\left(\epsilon = \dfrac{\omega l}{a} \right)$ 算得的颤振频率相符合。若用迭代方法使 ϵ 和 $\dfrac{\omega l}{a}$ 间的关系完全满足,则求得的颤振上限还要更高些。

由此求得的发散边界可以与 Flax[14] 的计算结果相比较。他采用了一无限长波形壁面的气动压力分布,计算结果分别为

$$U_{cr} = 1.14 \left(\frac{D \pi^3}{\rho_0 l^3} \right)^{1/2} \quad 和 \quad U_{cr} = \left(\frac{D \pi^3}{\rho_0 l^3} \right)^{1/2}$$

对于第二模态发散,其差别仅为 5％,其符合程度随着模态数 n 的增加而改进。

在对非保守系统的稳定性分析中应包括有阻尼,它常具有减稳影响[15,16]。

为求黏性阻尼的影响,由式(8.35)开始,式(8.48)的左端变为

$$(m^4 - c^2 - \mathrm{i}Cg)\frac{l}{2}A_m$$

式中:$g = r/\omega_0$,采用二项模态的近似表明,除了在稳定区域中的中性振动外,对板的运动性能基本无差异。实际上对文献[17,18,19]中发现的颤振形式的边界,它具有减稳影响,在第一模态发散和颤振之间的很狭的中性稳定带变成不稳定了。但这种不稳定性很弱,区域又很小,在实际情形中可以忽略。

在没有对板的不稳定性能进行非线性分析时,很难判定上述两种不稳定形式的相对重要性,复频率虚数部分的大小至少给出振幅初始增长的快慢,由图 8.9 可见,颤振和第二模态的发散要比第一模态的发散来得大些。还有,板中薄膜力的发展很快会限制由流体动力所引起的静挠度。故可以合理地推测在很高的流速下颤振不稳定性不会因发散而急剧地改变其原来的性态,这一点被 Dugundji[17] 低亚声速试验研究所证实,其中在发生颤振以前已有相当的静挠度。

若严格地限于刚性的约束的不可压缩流体理想模型,则仅可能发生第二阶模态的静发散。

关于取二项模态求解的收敛性问题。用三项和四项模态近似求解,将有阻尼的稳定边界画出来并与二项的解相比较。特别地,保持质量比、阻尼系数和复频率为常数值,画出了复颤振行列式随流速变化的曲线。行列式的实部和虚部同时消失,即相应于特征方程式的解。所得结果与二项分析的相比仅有很小的差异,故可以使用二项近似求解平板的性能已足够了。

上面叙述了惠伏等用流体的微量可压缩性处理 F_2 在奇点附近的积分问题。肖天铎在研究流体流过平板的颤振问题时,采用留数定理一套方法处理了各个积分而未引入可压缩性的概念[20]。

8.6　用有限元法解平板的非线性颤振问题[21]

8.6.1　引言

板条的线性颤振分析表明,有一临界动压值存在,超过此临界值时,板条运动成为不稳定,随时间指数地增长,但若考虑几何非线性项后,则板条运动受限制,成为极限环振动。Dowell[22] 回顾了板条线性颤振的工作。Dugundji[23] 提出了板条

线性颤振的理论考虑,对板条非线性颤振的研究,提出了各种分析技术[24~31]。在这些研究中,对假设的模态形式使用了迦辽金方法,再用直接数值积分,摄动和谐调平衡等方法来解所得的运动方程。

Olson[32]和 Sanders[33]成功地应用了有限元方法来研究板条的线性颤振。Chuh Mei[34],Chuh Mei 和 Rogers[35]和 Rao 等[36]在有限元方法中用了相当线性方法来研究板条的非线性颤振。Prathap[37]提出了满足元素的不动边界条件代替早先的系统边界条件[34],Sarma 等[40]讨论了用有限元法叙述非线性振动所得的各种近似[34~36]。

本章内容中用拉格朗日方程推导有限元的板条非线性颤振控制方程,对中等振动的非线性项不作任何近似,对于一种不衰减的振动情形,指定了时间函数,控制方程便变为非线性代数方程组,将频率参数和动压无量纲化后作为双特征值问题求解,对于给定的振幅和动压,用两种方法求解频率值。第一种方法,对给定振幅值迭代地求解非线性振动问题而非线性颤振解由加进相应动压的气动力矩阵而得[24,27,28]。第二种方法,对给定的振幅和动压,将板条线性颤振解迭代到非线性伸张力中去而获得非线性颤振解[34~36]。利用频率合一条件求临界动压值。由两种方法所得的非线性伸张力是不同的。在两种情形中,气动力阻尼对临界动压值(给定振幅)的影响由复特征值的响应参数估算而得。对于铰支—铰支,固定—固定,固定—铰支和铰支—固定的板条,计算了不同振幅的临界动压。给出了模态形状随动压的变化和两种方法中非线性张力的变化(对于铰支—铰点板条给定振幅),与已有结果比较,线性颤振和非线性颤振的第一种方法符合较好。

8.6.2　控制方程

设板条为单位宽度的平板,气流沿正 x 轴方向流过如图 8.11 所示,应变-位移关系为

$$\varepsilon_x = u_{,x} + \frac{1}{2} w_{,x}^2 - z w_{,xx} \tag{8.57}$$

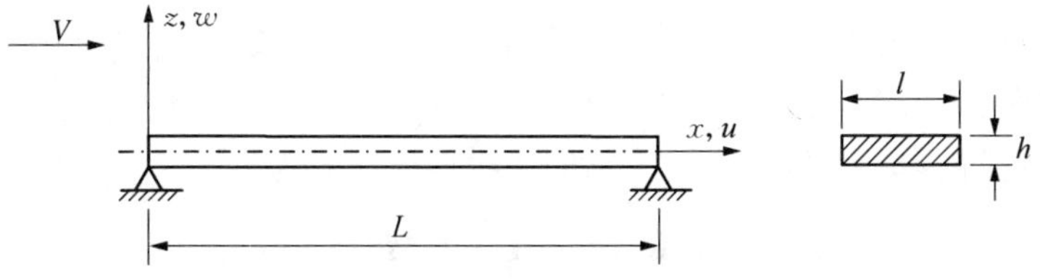

图 8.11　板条几何图

式中: u 为轴方向位移; w 为横向位移;板条的应变能为

$$U = \frac{EI}{2} \int_0^L w_{,xx}^2 \mathrm{d}x + \frac{EA}{2} \int_0^L \left(u_{,x} + \frac{1}{2} w_{,x}^2 \right)^2 \mathrm{d}x \qquad (8.58)$$

式中：E 为弹性模量；L 为板条长度；I 和 A 为板条截面的惯性矩和面积；板条的动能为

$$T = \frac{m}{2} \int_0^L (\dot{u}^2 + \dot{w}^2) \mathrm{d}x \qquad (8.59)$$

气动力的虚功为[32]

$$V = Q_i q_i = \int_S \Delta p(x, y, t) w \mathrm{d}s \qquad (8.60)$$

对于足够高的马赫数 $(Ma_\infty > 1.6)$，气动压 $\Delta p(x, y, t)$ 可用准定常超声速理论[32, 39]表示为

$$\Delta p(x, y, t) = \left(\frac{-2q}{\sqrt{Ma_\infty^2 - 1}} \right) \left[\frac{\partial w}{\partial x} + \frac{1}{v_a} \left(\frac{Ma_\infty^2 - 2}{Ma_\infty^2 - 1} \right) \frac{\partial w}{\partial t} \right] \qquad (8.61)$$

式中：q 为动压；Ma_∞ 为马赫数；v_a 为气流速度。

沿 x 和 z 方向的拉格朗日运动方程为

$$\frac{\mathrm{d}}{\mathrm{d}t} \left(\frac{\partial T}{\partial \dot{u}_i} \right) + \left(\frac{\partial U}{\partial u_i} \right) = 0, \quad \frac{\mathrm{d}}{\mathrm{d}t} \left(\frac{\partial T}{\partial \dot{w}_i} \right) + \left(\frac{\partial U}{\partial w_i} \right) = Q_i \qquad (8.62)$$

采用简化方法[40]，用横向位移 w 来描述控制方程，写成矩阵形式

$$\boldsymbol{M}\ddot{\boldsymbol{w}}_i + \{\boldsymbol{K}_\mathrm{L} + N_x \boldsymbol{K}_\mathrm{NL}\}\boldsymbol{w}_i + \lambda \boldsymbol{A}\boldsymbol{w}_i + g_\mathrm{a}\boldsymbol{M}\dot{\boldsymbol{w}}_i = 0 \qquad (8.63)$$

$$N_x = \frac{EA}{2} \int_0^L w_{,x}^2 \mathrm{d}x = \frac{EA}{2L} \boldsymbol{w}_i^\mathrm{T} \boldsymbol{K}_\mathrm{NL} \boldsymbol{w}_i \qquad (8.64)$$

式中：$\boldsymbol{M}$ 为相合的质量矩阵；$\boldsymbol{K}_\mathrm{L}$ 为线性刚度矩阵；$\boldsymbol{K}_\mathrm{NL}$ 为非线性刚度矩阵；$\boldsymbol{A}$ 为气动力系数矩阵；λ 为无量纲气动压力，$\lambda = 2qL^3/\beta D$；$\beta = \sqrt{(Ma_\infty)^2 - 1}$；$D = Et^3/12$ 为板条的抗弯刚度；$g_\mathrm{a} = \{[2q/(\beta^3 D)][(Ma_\infty)^2 - 2/V_a]L^3\}$ 为无量纲气动阻尼系数。

对无阻尼情形，即 $g_\mathrm{a} = 0$，在运动逆转点的时间函数性质为 $\ddot{w}_{i\max} = K w_{i\max}$，$K = -(\Omega/\omega_0)^2$，$\omega_0^2 = (D/mL^4)$，$\Omega = \alpha + \mathrm{i}\omega$ 为复参数。系统的稳定性由响应参数 α 和 ω 特征化，α 为阻尼因子，控制的非线性代数方程为

$$\{\boldsymbol{K}_\mathrm{L} + N_x \boldsymbol{K}_\mathrm{NL} + \lambda \boldsymbol{A} - K\boldsymbol{M}\}\boldsymbol{w}_{i\max} = 0 \qquad (8.65)$$

8.6.3　元素表示

用每节点四自由度的二节点梁元，在非线性振动梁中这种元素的性能是很好

的[40,41]，对于一铰支—铰支的梁在半梁中仅需 4 个元素便可使频率值获得好收敛[40]。图 8.12 表示每个元素节点的坐标和自由度，用 x 的 7 次多项式表示横向位移 $w(x)$。

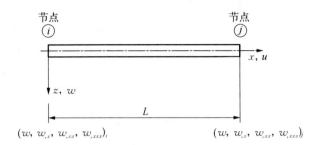

图 8.12　元素节点位移

$$w(x) = A(x)a_i \qquad (8.66)$$

式中：$A(x) = [1, \ x, \ x^2, \ x^3, \ x^4, \ x^5, \ x^6, \ x^7]$；

$\qquad a_i^{\mathrm{T}} = [a_1, \ a_2, \ a_3, \ a_4, \ a_5, \ a_6, \ a_7, \ a_8]$

元素刚度矩阵 K_{Le}，相合质量矩阵和非线性刚度矩阵 K_{NLe} 的推导见文献[40]。元素气动力系数矩阵 A_e 为

$$A_e = \boldsymbol{\Gamma}^{\mathrm{T}} \int_0^l [A(x), \ A(x)_{,x}] \mathrm{d}x \boldsymbol{\Gamma} \qquad (8.67)$$

式中：$\boldsymbol{\Gamma}$ 为转换矩阵，见文献[40]，有标准的程序来计算上述各种矩阵。

求解

当 $\lambda = 0$，式(8.65)变为在真空中的非线性振动问题。当 $N_x = 0$，式(8.65)变为板条的线性颤振问题。对于给定的气动压力 λ 值，式(8.65)成为求特征值 K_i 的特征值问题。矩阵 K，K_{NL} 和 M 为实和正定时，A 为半正定矩阵，当式(8.65)中的 λ 值增加时，两个固有频率在 $\lambda = \lambda_{\mathrm{cr}}$ 值处合成 K_{cr}，然后当 $\lambda > \lambda_{\mathrm{cr}}$ 处变成一对共轭复值，即 $\lambda > \lambda_{\mathrm{cr}}$ 处 $K = K_{\mathrm{R}} \pm iK_{\mathrm{I}}$。于是，这里采用的稳定性判据是：将临界动压值 λ_{cr} 作为所有极限环幅值在该处合成为一个的最低的 λ 值。在没有气动阻尼时，颤振边界相应于 λ_{cr}，有气动阻尼时，λ_{cr} 值增加，其增加量由板条响应参数计算，后面详述。当 $\lambda < \lambda_{\mathrm{cr}}$，所有对板条的扰动衰减，幅值趋近于 0，对于 $\lambda > \lambda_{\mathrm{cr}}$，存在一极限环振动，振幅随 λ 而增加，有两种方法求解式(8.65)。

1) 第一种方法

令 $\lambda = 0$，给定一参考振幅 a/h，先求解非线性振动方程(8.65)。用文献[42]中三个收敛模数和文献[34]中的频率模数来检验矢量解的收敛性，当 λ 由零值开始增加时，所生的矩阵具有实的和复的特征值 K。临界动压 λ_{cr} 的求法是

取出现一对共轭复特征值 K 时的最低 λ 值。求 λ_{cr} 的过程与线性颤振大体一样，非线性问题通过非线性振动方程求解，在文献[24,27,28]中也用了同样的方法，其中非线性伸张力 N_x 利用铰支—铰支板条不考虑动压（即 $\lambda=0$）时的线性模态形状计算，所得非线性颤振方程用数值积分[24]、摄动法[27,28]和谐调平衡法[28]求解。若仔细看看过去对一维问题非线性振动问题的研究，可知对于铰支—铰支板条，线性与非线性振动的模态形状是一样的，但对于所有别的边界条件，模态形状随振幅而变。

气动力阻尼简化为无量纲量 (μ/Ma_∞) [23~27]，$\mu=(\rho L/\rho_a h)$，ρ 为材料密度，ρ_a 为空气密度；Ma_∞ 为马赫数，在文献[43]中证明了气动力阻尼值 (μ/Ma_∞) 可由板条的响应参数 K_R 和 K_I 和 Houbolt 和 Movchan[23,39] 的稳定性判据求得为

$$\mu/Ma_\infty = (1/\lambda)(K_I^2/K_R) \tag{8.68}$$

用振幅与厚度比为 0.6 的典型情形来说明第一种方法，示于图 8.13 中，对不同的 λ 值有两个特征值 K_1 和 K_2，作为情形 (a)，当 λ 增加到 λ_{cr}，K_1 和 K_2 合一，当 $\lambda > \lambda_{cr}$，K 变为一对共轭复值，用式 (8.68) 算得的气动力阻尼参数 μ/Ma_∞ 示于图 8.14，由此图可看到气动力阻尼与动压线性地有关。由文献[24]和[27]中可见 λ_{cr} 随 μ/Ma_∞ 而增加。

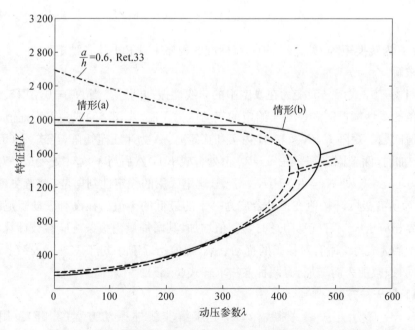

图 8.13　特征值随动压变化典型图，铰支—铰支板条；$a/h=0.6$

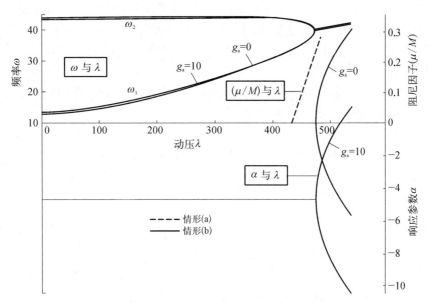

图 8.14　响应参数 α, ω 和 μ/Ma_∞ 对动压的典型图,铰支—铰支板条;$a/h = 0.6$

2) 第二种方法

在板条的线性颤振中,从 $\lambda = 0$ 的驻波形式模态转变到 $\lambda \geqslant \lambda_{cr}$ 的进行波形式[23],在第一种方法中,非线性伸张力 N_x 按驻波式模态($\lambda = 0$)计算,在非线性颤振分析中作为常数处理,这就减弱了硬化弹性效应,为考虑动压 λ 对非线性伸张力 N_x 的影响(由于模态形式的变化及由此引起非线性板条特性的变化),再用第二种方法,求解过程相似于文献[33~35]。

对给定一 λ 值,令 $N_x = 0$,求解的式(8.65)的线性颤振方程

$$KM w_{i0} = (K + \lambda A)\, w_{i0} \tag{8.69}$$

该线性颤振模态 w_{i0} 用其最大值正则化,将非线性颤振的起始模态取为 $\dfrac{a}{h} w_{i0}$,其中 $\dfrac{a}{h}$ 为参考振幅,由式(8.64)计算非线性伸张力为

$$N_{x0} = \frac{EA}{2L}\, w_{i0}^{\mathrm{T}} K_{\mathrm{NL}}\, w_{i0} \tag{8.70}$$

第 i 次迭代的式(8.65)为

$$K_i M w_{ii} = \{ K + N_x K_{\mathrm{NL}} + \lambda A \}\, w_{ii} \tag{8.71}$$

式中:K_i 为振幅 $\dfrac{a}{h}$ 的特征值,w_{ii} 为第 i 次迭代的模态形状,这种迭代一直进

行到模态形状的所有 3 个收敛模数[40,41]和频率模数(对于特征值参数的)[34]收敛到给定的 $\epsilon = 10^{-3}$。这里选用的稳定性判据与第一种方法完全一样。对于指定的极限环幅值,产生合一的最低 λ 值相应于气动力阻尼 $g_a = 0.0$ 的情形。

当考虑气动力阻尼后(g_a 也可为总阻尼,包括速度形式的结构阻尼)[23],具有负虚部的特征值趋向不稳定[33,34],定义为

$$K = K_R - iK_I = -\left[\left(\frac{\Omega}{\omega_0}\right)^2 + g_a\left(\frac{\Omega}{\omega_0}\right)\right] \tag{8.72}$$

对式(8.72)求解 Ω[34,39],有

$$\frac{\Omega}{\omega_0} = (\alpha + i\omega)/\omega_0 = \left[\left(-\frac{g_a}{2}\right) + \psi\right] + i\left(\frac{K_I}{2\psi}\right) \tag{8.73}$$

式中 $\psi = \pm\left\{\frac{1}{\sqrt{2}}\left\{\sqrt{\left[\left(\frac{g_a}{2}\right)^2 - K_R\right]^2 + K_I^2} + \left[\left(\frac{g_a}{2}\right)^2 - K_R\right]\right\}^{1/2}\right\}$

用通常的代数运算可知不稳定性发生在 $g_a = K_I/K_R$[33,34],相应极限环的频率值为 $\frac{\omega}{\omega_0} = \sqrt{K_R}$。但这一不稳定性不是灾变性的,板条响应不是无限增长的而是发展成一个极限环振动,其振幅随 λ 而增加,g_a 的值可与第一种方法中的当量项 μ/Ma_∞ 对应,表示成同样的响应参数为

$$g_a^2 = \lambda\left(\frac{\mu}{Ma_\infty}\right) \tag{8.74}$$

作为一典型例子,用第二种方法处理一铰支—铰支板条,取振幅为 $a/h = 0.6$,特征值 K_1 和 K_2 随 λ 的关系示于图 8.13 中的情形(b),文献[34]中的相应值也画在图 8.13 中,文献[34]中的第一个特征值 K_1 在 $\lambda < 300$ 处几乎与上述两种方法符合,而第二个特征值 K_2 则超过上述结果。其原因是对头两个模态的参考幅值的指定互相无关的,用非线性分析方法进行处理。对第一个模态指定 a/h 值时,对第一个特征值作图,对第二模态指定 a/h 值时对第二个特征值作图($\sim \lambda$ 的图)。当两个模态通过 N_x 的非线性耦合后,对第一个模态指定参考幅值的特征值随 λ 而增加,第二个特征值则相反,由于将特征值的合一作为临界条件,对第一个模态单独指定幅值便够了,如上述所做的那样。

用前例的特征值 K_1 和 K_2 分析板条的响应参数 α 和 ω,取气动力阻尼 $g_a = 0$,10 对应的 λ 画在图 8.14 中,这时 $\alpha \sim \lambda$ 的曲线是抛物线的,临界动压值 λ_{cr} 随气动阻尼而增加,频率值则随阻尼而减小。

图 8.15 表示一铰支—铰支板条(情形(b))模态形状随 λ 的变化,当 $\lambda = 0$,模

态形状是驻波形式,当 $\lambda = 476.0$,为进行波形式。虽然当 $\lambda < 400.0$ 时,模态保持为驻波形式,其最大幅值的位置当 $\lambda \rightarrow 400.0$ 时,从 $x/L = 0.5$ 移动到 $x/L = 0.75$,这种移动增加了式(8.64)的 N_x 值。

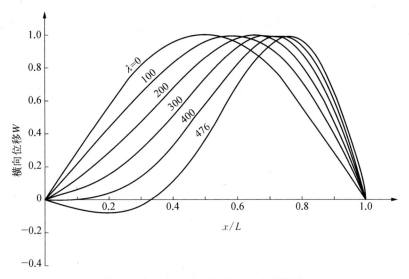

图 8.15　模态形状随动压的变化,铰支—铰支板条;$a/h = 0.6$

表 8.1　线性频率和颤振合一值

元数数目	在真空中		合一值	
	k_1	k_2	λ	k_{cr}
（1）绞支—绞点板条：				
8	97.409	1 558.5	343.36	1 051.8
12	97.409	1 558.5	343.357 3	1 051.807
精确解[11]	97.409 1	1 558.55	343.356 4	1 051.979
（2）固定—固定板条：				
8	500.564	3 803.5	636.569 6	2 741.4
12	500.56	3 803.5	636.569 1	2 740.84
精确解[11]	500.564	3 803.5	636.569 1	2 741.36
（3）绞支—固定板条：				
8	273.72	2 496.5	479.563 7	1 746.8
12	237.72	2 496.5	479.568	1 746.8

表 8.2　非线性频率和伸张力值

振幅 \ 转动半径	绞支—固定板条					固定—固定板条			
	$(\omega/\omega_0)^2$			$N_x L^2/EI$		$(\omega/\omega_0)^2$		$N_x L^2/EI$	
	精确解[a, 44]	有限元法[b]	本文	精确解	本文	迦辽金有限元法[43]	本文	迦辽金有限元法[43]	本文
0.40	1.040 0	1.029 8	1.040 0	0.394 8	0.394 8	1.009 6	1.009 6	0.390 2	0.390 2
0.80	1.160 0	1.118 9	1.160 0	1.579 1	1.579 1	1.038 3	1.038 3	1.560 7	1.560 9
1.00	1.250 0	1.185 7	1.250 0	2.467 4	2.467 4	1.059 8	1.059 8	2.438 4	2.438 1
2.00	2.000 0	1.737 9	2.000 0	9.869 6	9.869 6	1.238 1	1.238 2	9.746 0	9.745 2
3.00	3.250 0	2.643 9	3.250 0	22.206	22.206	1.531 9	1.532 0	21.909 9	21.908 7
4.00	5.000 0	3.886 9	5.000 0	39.478	39.478	1.937 6	1.937 7	38.928 6	38.928 6

a. ω^2 的符号用 $\ddot{w}=-\omega^2 w$ 式；　b. 取自文献[35]到[38]的值。

3) 数值结果和讨论

用上两种方法计算了铰支—铰支，固定—固定，固定—铰支和铰支—固定的边界和不动的端点条件。在第一种方法中用了 8 个单元，第二种方法用了 12 个单元，在表 8.1 中给出了两种情形下的线性频率、线性临界动压和线性颤振频率，即便用 8 单元，它们与确切值的符合是很好的。

在表 8.2 中列出了不同振幅时的非线性频率和伸张力，铰支—铰支板条的非线性频率与文献[44]进行了比较，后者为经典解，其中对 ω^2 采用 $\ddot{w}=-\omega^2 w$。对固定—固定的板条与文献[41]进行比较，后者用了迦辽金的有限元方法，其中列别的有限元方法显示了较低的硬化效应，其原因在文献[38]中进行了讨论。

非线性现象主要由非线性伸张力控制，计算了 $a/h=0.40$ 和 $\lambda=396.0$ 的典型情形，在第二种方法中将线性振动和线性颤振模态作为两个起始解。在表 8.3(a) 中给出了迭代过程中 N_x 的变化，表 8.3(b) 中列出了对所有振幅的由两种

表 8.3(a)　非线性伸张力 $(N_x L^2/EI)(1-\nu^2)$ 随迭代次数的
变化(铰支—铰支板条，$a/h=0.40$，$\lambda=396.0$)

迭代数目	1	2	3	4	5	6	特征值	
							k_1	k_2
线性自由振动解	4.311 04	6.997 9	6.696 1	6.799 8	6.758 4	—	1 184.5	1 365.7
线性板条颤振解	6.954 5	6.708 4	6.793·9	6.760 4	6.772 9	6.768 1	1 183.2	1 367.5

表 8.3(b)　不同振幅值时非线伸张力$(N_x L^2/EI(1-\nu))$的值,铰支—铰支板条

a/h	0.1	0.2	0.4	0.6	0.8	1.00
第一次近似	0.269 4	1.077 7	4.311 0	9.699 8	17.244 2	26.944 0
第二次近似	0.434 8 (346.8)[a]	1.741 3 (357.5)	7.002 2 (401.0)	15.927 8 (476.0)	28.861 7 (591.0)	46.548 6 (751.0)

a. 相应 λ 值。

方法获得的 $N_x L^2(1-\nu^2)/EI$ 值。在第一种方法中,对 $\lambda=0$ 计算 N_x,然后在非线性颤振计算中对所有的 λ 值保持 N_x 为常数。在第二种方法中对 N_x 用迭代法一直到 $\lambda=\lambda_{cr}$ 为止。注意第一种方法中所得的 N_x 比第二种方法的低,故第二种方法的临界动压高于第一种方法的值。

在图 8.16～图 8.18 中,对所有边界条件给出振幅 a/h ～临界动压 λ_{cr} 的曲线,表示了气动力阻尼对 λ_{cr} 的影响,在情形(a)中 $\mu/Ma_\infty = 0.01, 0.1$,在情形(b)中 $g_a = 0, 10$。在图 8.16 中,铰支—铰支板条,情形(a),$\mu/Ma_\infty = 0.01$ 的曲线与文献[24]和[28]的结果比较,符合很好。情况(b)的曲线临界动压较高。图 8.16 中也列出了文献[34]和[36]中基于有限元的分析结果,可看出文献[34]和[36]中的临界动压低于情形(b)。虽然他们用了相似的方法,他们的结果也低于情形(a),这种差异如文献[38]中讨论的可能是由于对非线性影响所用的模拟近似,在用第二种方法求 λ_{cr} 时,在较高振幅处当 $\lambda \to \lambda_{cr}$ 时求收敛的特征值遇到了某些困难(很近于不稳定点)。这困难是这样克服的,先求 $\lambda \to \lambda_{cr}$ 的特征值,为一对共轭复根,不稳定点由 $\alpha \sim \lambda$ 的响应参数,当 α 由负变正变化符号处确定[23,39]。

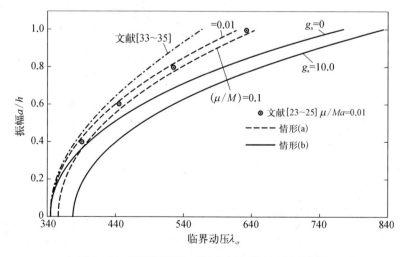

图 8.16　极限环幅值～临界动压,铰支—铰支板条

在图 8.17 和图 8.19 中,对不同气动力阻尼值,板条为固定—固定、固定—铰支和铰支—固定,给出了振幅~临界动压的曲线,并与文献[36]中的比较。这里有意思的是对于情形(a),铰支—固定和固定—铰支板条在所有的振幅下 λ_{cr} 保持不变。而对于情形(b),λ_{cr} 对于两组边界条件是不同的[36]。

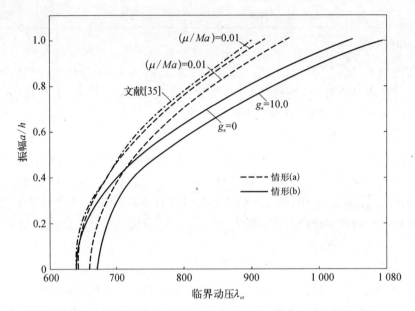

图 8.17 极限环幅值与临界动压的关系。固定—固定板条

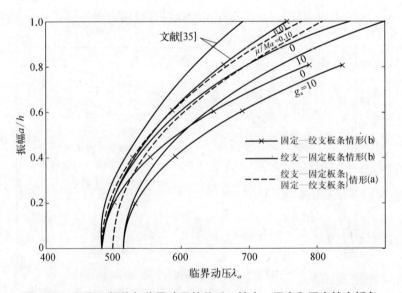

图 8.18 极限环幅值与临界动压的关系。铰支—固定和固定铰支板条

在表 8.4～表 8.7 中，列出了对所有边界条件在不同振幅和相应 λ_{cr} 值下模态形状的变化。对情形(a)，即使初始解为驻波形式，在所有振幅下当 $\lambda \to \lambda_{cr}$ 时都转化成进行波形式。随着振幅的增加，对于铰支—铰支和固定—固定两种板条，模态在区域 $0 < x < 0.75L$ 中的变形减小了。在表 8.6 和表 8.7 中列出了固定—铰支和铰支—固定板条的模态形状。模态形状在负的一边平整化一直到最大的正挠度为止。然后挠度增加到支撑端点(在所有振幅下)，对情形(a)，铰支—固定和固定—铰支板条，虽然临界动压是相同的，但模态形状十分不同。对情形(b)，λ_{cr} 和模态形状都不相同[23]。

表 8.4　对铰支—铰支板条正规模态形状随振幅的变化

x/L	$a/h = 0.0$	0.20	0.40	0.60	0.80	1.00
	$\lambda = 0.0$	353.5	383.0	433.0	506.0	603.5
情形(a)						
0.0	0.0	0.0	0.0	0.0	0.0	0.0
0.125	0.382 6	−0.080 0	−0.076 2	−0.070 4	−0.063 2	−0.055 3
0.250	0.707 1	−0.083 8	−0.080 5	−0.075 6	−0.069 3	−0.062 4
0.500	1.000 0	0.409 2	0.401 1	0.388 5	0.372 0	0.352 8
0.750	0.382 7	0.731 9	0.737 5	0.746 7	0.759 4	0.775 3
1.000	0.0	0.0	0.0	0.0	0.0	0.0
情形(b)						
x/L	$a/h = 0.0$	0.20	0.40	0.60	0.80	1.00
	$\lambda = 343.3$	357.5	401.0	476.0	591.0	757.0
0.0	0.0	0.0	0.0	0.0	0.0	0.0
0.166 67	−0.095 9	−0.093 7	−0.087 6	−0.078 6	−0.067 7	−0.056 0
0.250 0	−0.085 0	−0.53	−0.078 6	−0.071 7	−0.063 2	−0.053 9
0.500 0	0.412 1	0.408 1	0.396 4	0.378 5	0.355 1	0.327 6
1.000 0	1.000 0	1.000 0	1.000 0	1.000 0	1.000 0	1.000 0
	0.0	0.0	0.0	0.0	0.0	0.0

表 8.5　对固定—固定板条正规模态形状随振幅的变化

x/L	a/h = 0.20		0.40		0.60		0.80		1.00	
	λ = 0.0	647.0	0.0	677.5	0.0	730.0	0.0	805.0	0.0	905.0
情形(a)										
0.0	0.0	0.0	0.0	0.0	0.0	0.0	0.0	0.0	0.0	0.0
0.125	0.178 8	−0.051 4	0.180 5	−0.049 5	0.184 1	−0.046 4	0.188 7	−0.042 5	1.194 2	−0.038 2
0.250	0.544 9	−0.099 7	0.547 4	−0.096 4	0.551 9	−0.091 0	0.557 8	−0.084 3	0.564 7	−0.076 6
0.500	1.000 0	0.433 3	1.000 0	0.425 8	1.000 0	0.413 6	1.000 0	0.397 7	1.000 0	0.378 8
0.750	0.544 5	1.000 0	0.547 4	1.000 0	0.551 9	1.000 0	0.557 8	1.000 0	0.564 7	1.000 0
1.000	0.0	0.0	0.0	0.0	0.0	0.0	0.0	0.0	0.0	0.0

x/L	a/h = 0.0	0.20	0.40	0.60	0.80	1.00
	λ = 636.6	653.0	697.5	774.0	884.0	1 030.8
情形(b)						
0.0	0.0	0.0	0.0	0.0	0.0	0.0
0.166 67	−0.077 6	−0.076 2	−0.072 1	−0.066 0	−0.058 7	−0.050 8
0.25	−0.100 9	−0.099 2	−0.094 3	−0.087 0	−0.078 1	−0.068 5
0.500	0.435 9	0.432 1	0.421 0	0.404 1	0.382 7	0.358 1
0.750	0.999 8	1.000 0	1.000 0	1.000 0	1.000 0	1.000 0
1.000	0.0	0.0	0.0	0.0	0.0	0.0

表 8.6　对固定—绞支板条正规模态形状随振幅的变化

x/L	a/h = 0.20		0.40		0.60		0.80		1.00	
	λ = 0.0	490.0	0.0	522.0	0.0	576.0	0.0	655.0	0.0	761.5
情形(a)										
0.0	0.0	0.0	0.0	0.0	0.0	0.0	0.0	0.0	0.0	0.0
0.125	0.136 8	−0.049 9	0.141 1	−0.047 5	0.147 8	−0.043 9	0.156 3	−0.039 5	0.166 1	−0.034 7
0.250	0.439 7	−0.122 9	0.448 5	−0.117 0	−0.462 0	−0.108 2	0.478 5	−0.097 5	0.496 7	−0.086 0
0.500	0.971 8	0.204 5	9.976 4	0.205 2	0.983 2	0.205 5	0.991 3	0.204 6	0.999 8	0.202 1
0.750	0.819 2	1.000 0	0.816 5	1.000 0	0.812 7	1.000 0	0.808 2	1.000 0	0.803 7	1.000 0
1.000	0.0	0.0	0.0	0.0	0.0	0.0	0.0	0.0	0.0	0.0

x/L	a/h = 0.0	0.20	0.40	0.60	0.80	1.00
	λ = 479.6	497.0	549.0	639.0	777.0	978.0
情形(b)						
0.0	0.0	0.0	0.0	0.0	0.0	0.0
0.166 67	−0.079 4	−0.077 2	−0.071 5	−0.063 3	−0.053 6	−0.043 5
0.25	−0.112 5	−0.121 5	−0.112 4	−0.099 5	−0.084 5	−0.069 0
0.500	0.204 2	0.204 5	0.205 4	0.204 9	0.201 7	0.194 8
0.750	1.000 0	1.000 0	1.000 0	1.000 0	1.000 0	1.000 0
1.000	0.0	0.0	0.0	0.0	0.0	0.0

表 8.7　对绞支—固定板条正规模态形状随振幅的变化

x/L	a/h = 0.20		0.40		0.60		0.80		1.00	
	$\lambda = 0.0$	490.0	0.0	522.0	0.0	576.0	0.0	655.0	0.0	761.5
情形(a)										
0.0	0.0	0.0	0.0	0.0	0.0	0.0	0.0	0.0	0.0	0.0
0.125	0.460 4	−0.064 7	0.458 1	−0.063 7	0.454 6	−0.061 8	0.450 7	−0.058 1	0.446 8	−0.052 3
0.250	0.819 2	−0.019 7	0.816 5	−0.022 2	0.812 7	−0.025 4	0.808 2	−0.028 3	0.803 7	−0.029 7
0.500	0.971 8	0.649 9	0.976 4	0.640 1	0.983 2	0.624 9	0.991 3	0.597 7	0.999 8	0.555 7
0.750	0.439 7	0.950 3	0.448 5	0.963 2	0.462 0	0.984 1	0.478 5	1.000 0	0.496 7	1.000 0
1.000	0.0	0.0	0.0	0.0	0.0	0.0	0.0	0.0	0.0	0.0

x/L	a/h = 0.0	0.20	0.40	0.60	0.80	1.00
	$\lambda = 479.6$	492.0	529.0	594.0	694.0	839.0
情形(b)						
0.0	0.0	0.0	0.0	0.0	0.0	0.0
0.166 67	−0.065 4	−0.065 1	−0.064 3	−0.062 5	−0.059 0	−0.053 9
0.25	−0.018 1	−0.019 0	−0.021 6	−0.024 9	−0.027 8	−0.029 5
0.500	0.628 5	0.633 5	0.609 5	0.587 3	0.558 2	0.523 6
0.750	0.910 0	0.913 3	0.922 7	0.938 2	0.960 3	0.988 9
1.00	0.0	0.0	0.0	0.0	0.0	0.0

结论

叙述了用有限元法研究板条非线性颤振的有效性,用了两种方法,第一种方法用线性振动模态,加上气动力矩阵对这些非线性颤振方程迭代直到颤振频率合一为止。第二种方法用板条的线性颤振模态,求解非线性颤振方程迭代到颤振合一为止。第二种方法增加了硬化影响,于是在所有极限环幅值下临界动压大于第一种方法的值,第二种方法可认为是对第一种的改进,因为与颤振方程一起非线性伸张力也迭代了。

引进了气动力阻尼的影响,基于文献中的两种简化,推导了这两种表示之间的关系,计算了板条的响应参数,气动阻尼的影响是增加临界动压,对固定—固定、固定—铰支和铰支—固定板条,模态形状随振幅增加的变化是显著的,这些方法对研究薄/厚板和圆柱壳的非线性颤振是很有用的。

参考文献

[1]　BisplingHoff R L, Ashley H, Halfman R L. Aeroelasticity[M]. Addison-Wesley, 1955.

[2]　Лойцянскии Л Г. Механки Жидкости и Газа[M]. москва, 1959, 67：38.

［3］ Wathins C E, Runyan H L, Woolston. On the Kernel Function of the Integral Equation Relation the Lift and Down Wash Distributions of Oscillating Finite Wings in Subsonic Flow［R］. NACA. T. R. 1955：1234.

［4］ Havelock T H. The Effect of Speed of Advance upon Damping of Heave and Pitch. INA. 1958：133(5).

［5］ 程贯一,施玉泉. 三元不定常水翼理论［R］. 中国船舶科学研究中心技术报告,64-017 号,1964.

［6］ Smilg B, Wasserman L S, Aasserman L S. Application of Three-dimensional Flutter Theory to Aircraft Structures［R］. Air Force Technical Report 479, 1942.

［7］ Wasserman L S, Mykytow W S, Spielberg I N. Tab Flutter Theory and Applications［R］. Air Force Technical Report 5153, 1944.

［8］ Theodorsen T, Garrick I E, Nonstationary Flow About a Wing-Aileron-Tab Combination［R］. Including Aerodynamic Balance. NACA. Rep. 736, 1942.

［9］ Küssner H G, Schwarz L. The Oscillating Wing With Aerodynamically Balanced Elevator［G］. NACA TM. 991, 1941.

［10］ Bishop R E D, Price W G and Wu Yousheng. A General Linear Hydroelasticity Theory of Floating Structures Moovng in a Seaway［J］. Phip Trans R. Soc. Lond. 1986, A316, 375-426.

［11］ Weaver D S, Unny T E. The Hydroelastic Stability of a Flat Plate［J］. J. App. Mech. (ASME Series E) 1970, 37, 3：823-827.

［12］ Hildebrand F B. Advanced Calculus for Applications［M］. 4th Printing. Prentice-Hall, Englewood cliffs, N. J. , 1964.

［13］ Miles J W. On a Reciprocity Condition for Supersonic Flutter［J］. Journal of the Aerospace Science. 1957,24,12.

［14］ Flax A H. Aero and Hydroelasticity, Structural Mechanics, Proc of the First Symposium on Naval Structural Mechanics［M］. New York, Pergamon Press, 1960.

［15］ Boloton V V. Nonconservative Problems of the Theory of Elastic Stability［M］, Pergamon Press Ltd. , 1963.

［16］ Herrmann G and Jong I C. On the Destabilizing Effect of Damping in Nonconservative Elastic Systems［J］. J. App. Mech. V33, Trans. ASME, V88, Series E. 1966：125-133.

［17］ Dugundji J, Dowell E and Perkin B. Subsonic Flutter of Panels on

Continuous Elastic Foundations[J]. AIAAJ. VI N5. 1963.

[18] Landahl, M T. On Stability of an Incompressible Laminar Boundary Layer Over a Flexible Surface[J]. J. Fluid Mech. 1962, 13: 609 - 632.

[19] Dowell E. Flutter of Infinitely Long Plates and Shells, Part1: Plate[J]. AIAAJ. 1966,4,8.

[20] 肖天铎. 流体流过平板表面时的振动研究[C]. 中国力学学会学术会议论文集,1963.

[21] Sarma B S, Varadan T K. Nonlinear Panel Flutter by Finite-Element Method[J]. AIAA. J. 1988, 26,5: 566 - 574.

[22] Dowell E H. Panel Flutter: A Review of the Aeroelastic Stability of Plates and Shells[J]. AIAA Journal, 1970, 8: 385 - 399.

[23] Dugundji J. Theoretical Considerations of Panel Flutter at High Supersonic Mach Numbers[J]. AIAA Journal, 1986, 4: 1257 - 1266.

[24] Dowell E H. Nonlinear Oscillations of a Fluttering Plate[J]. AIAA Journal, 1966, 4: 1267 - 1275.

[25] Dowell E H. Nonlinear Oscillations of a Fluttering Plate II[J]. AIAA Journal, 1967, 5: 1849 - 1855.

[26] Olson M D and Fung Y C. Comparing Theory and Experiment for the Supersonic Flutter of Circular Cylindrical Shells[J]. AIAA Journal, 1967, 5: 1849 - 1855.

[27] Morino L. A Perturbation Method for Treating Nonlinear Panel Flutter Problems[J]. AIAA Journal, 1969, 7: 405 - 411.

[28] Kuo C C. Morino L and Dugundji J. Perturbation and Harmonic Balance Method for Nonlinear Panel Flutter [J]. AIAA Journal, 1972, 10: 1479 - 1484.

[29] Kobayashi S. Flutter of Simply Supported Rectangular Panels in a Supersonic Flow — Two-Dimensional Panel Flutter — Simply Supported Panels II — Clamped Panels [J]. Transactions of Japan Society for Aeronautical and Space Sciences, 1962, 8: 79 - 118.

[30] Bolotin V V. Nonconservative Problems of the Theory and Elastic Stability[M], New York: Macmillan, 1963, 274 - 312.

[31] Esten F E and McIntosh S S. Analysis of Nonlinear Panel Flutter and Response under Random Excitation or Nonlinear Aerodynamic Loading [J]. AIAA Journal, 1971, 9: 411 - 418.

[32] Olson M D. On Applying Finite Elements to Panel Flutter[R]. LR - 476,

National Research Council, Ottawa, Canada, 1967.

[33] Sander G, Bon C and Geradin M. Finite Element Analysis of Supersonic Panel Flutter [J]. International Journal of Numerical Methods in Engineering, 1973, 7: 379 – 394.

[34] Chuh Mei. A Finite Element Approach for Nonlinear Panel Flutter[J]. AIAA Journal, 1977, 15: 1107 – 1110.

[35] Mei C and Rogers J L Jr. NASTRAN-Nonlinear Vibration Analysis of Beams and Frame Structures[J]. NASA TMX-3278, 1975: 259 – 284.

[36] Singa Rao K and Venkateswara Rao G. Large Amplitude Supersonic Flutter of Panels with Ends Elastically Restrained Against Rotation[J]. Computers and Structures, 1980, 11: 197 – 201.

[37] Prathap G. Comments on a Finite Element Approach for Nonlinear Panel Flutter[J]. AIAA Journal, 1978, 16: 863 – 864.

[38] Sarma B S and Varadan T K. Certain Discussions in the Finite Element Formulations of Nonlinear Vibration Analysis [J]. Computers and Structures, 1982, 15: 643 – 646.

[39] Bisplinghoff R L. Principles of Aeroelasticity [M]. New York: Wiley, 1962.

[40] Sarma B S and Varadan T K. Lagrange-Type Formulation for Finite Element Analysis of Nonlinear Beam Vibration[J]. Journal of Sound and Vibration, 1983, 86: 61 – 70.

[41] Bhashyam G R and Prathap G. Galerkin Finite Element Method for Nonlinear Beam Vibrations[J]. Journal of Sound and Vibration, 1980, 72: 191 – 203.

[42] Bergan P G and Clough R W. Convergence Criteria for Iterative Processes [J]. AIAA Journal, 1972, 10: 1107 – 1108.

[43] Voss H M and Dowell E H. Effect of Aerodynamic Damping on Flutter of Thin Panels[J]. AIAA Journal, 1964, 2: 119 – 120.

[44] Woinowsky-Krieger S. The Effect of an Axial Force on the Vibration of Hinged Bars[J]. Journal of Applied Mechanics, 1950, 17: 35 – 36.

第 9 章　物体入水的水弹性力学问题

〉〉〉〉〉

物体从空中落入水中,经受入水冲击过程,这是一个很复杂的现象,本章从弹性体和流体耦合作用,并考虑到物体与水面间空气层的影响来处理这个问题。

仪器筒为由圆柱壳和圆板组成的密封筒,沿轴线方向垂直下落到水中可以当作轴对称的情形来处理。

入水过程是一个不定常的过程,用拉格朗日方程式来求解这个问题。为此先要计算系统的动能和势能。

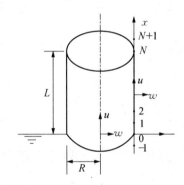

图 9.1　弹性圆筒入水示意

9.1　弹性圆筒势能的计算

先计算圆柱壳体部分的应变能[1],设壳体轴向的变形位移为 u;环向的变形位移为 v;径向的变形位移为 w;轴向曲率为 χ_1;径向曲率为 χ_2;相应的应变为 ε_1^0, ε_2^0 和 γ^0。则壳体的弯曲应变能 U_1 和中面应变能 U_2 分别为

$$U_1 = \frac{D}{2} \int_0^L \int_0^{2\pi} \left[(\chi_1 + \chi_2)^2 - 2(1-\nu)(\chi_1\chi_2 - \chi_{12}^2) \right] R \, d\theta \, dx \qquad (9.1)$$

$$U_2 = \frac{1}{2}\,\frac{Et}{1-\nu^2}\int_0^L\int_0^{2\pi}\Big[(\varepsilon_1^0+\varepsilon_2^0)^2 - 2(1-\nu)\Big(\varepsilon_1^0\varepsilon_2^0 - \frac{(r^0)^2}{4}\Big)\Big]R\,\mathrm{d}\theta\,\mathrm{d}x$$

$$(9.2)$$

相应的应变位移的关系为

$$\left.\begin{aligned}\varepsilon_1^0 &= \frac{\partial u}{\partial x} + \frac{1}{2}\Big(\frac{\partial w}{\partial x}\Big)^2,\ \varepsilon_2^0 = \frac{1}{R}\,\frac{\partial v}{\partial \theta} + \frac{1}{2}\,\frac{1}{R^2}\Big(\frac{\partial w}{\partial \theta}\Big)^2 + \frac{w}{R}\\[2mm] \gamma^0 &= \frac{\partial u}{R\,\partial \theta} + \frac{\partial v}{\partial x} + \Big(\frac{\partial w}{\partial x}\Big)\Big(\frac{\partial w}{R\,\partial \theta}\Big)\end{aligned}\right\}\quad(9.3)$$

$$\chi_1 = -\frac{\partial^2 w}{\partial x^2},\ \chi_2 = -\frac{\partial^2 w}{R^2\partial\theta^2} - \frac{w}{R^2},\ \chi_{12} = -\frac{1}{R}\Big(\frac{\partial^2 w}{\partial\theta\partial x} + \frac{\partial v}{\partial x}\Big)\quad(9.4)$$

其中 $D = \dfrac{Et^3}{12(1-\nu^2)}$ 为壳体的抗弯刚度。

在轴对称变形的情形下，$v = 0$，$\dfrac{\partial}{\partial\theta} = 0$，圆柱壳体的应变能为

$$U_1 = \frac{D}{2}\int_0^L\int_0^{2\pi}\Big\{\Big(\frac{\partial^2 w}{\partial x^2}\Big)^2 + \Big(\frac{\partial^2 w}{R^2\partial\theta^2} + \frac{w}{R^2}\Big)^2 + 2\nu\Big(\frac{\partial^2 w}{\partial x^2}\Big)\Big(\frac{\partial^2 w}{R^2\partial\theta^2} + \frac{w}{R^2}\Big)\Big\}R\,\mathrm{d}\theta\,\mathrm{d}x$$

$$= \pi D\int_0^L\Big[\Big(\frac{\partial^2 w}{\partial x^2}\Big)^2 + \frac{w^2}{R^4} + 2\nu\Big(\frac{\partial^2 w}{\partial x^2}\Big)\frac{w}{R^2}\Big]R\,\mathrm{d}x\quad(9.5)$$

$$U_2 = \frac{\pi REt}{1-\nu^2}\int_0^L\Big\{\Big[\frac{\partial u}{\partial x} + \frac{1}{2}\Big(\frac{\partial w}{\partial x}\Big)^2\Big]^2 + \frac{w^2}{R^2} + 2\nu\Big[\frac{\partial u}{\partial x} + \frac{1}{2}\Big(\frac{\partial w}{\partial x}\Big)^2\Big]\frac{w}{R}\Big\}\mathrm{d}x$$

$$(9.6)$$

对于圆板，可分别计算弯曲应变能 U_3 和拉伸应变能 U_4：

$$U_3 = \pi D\int_0^R\Big[r\Big(\frac{\mathrm{d}^2 w}{\mathrm{d}r^2}\Big)^2 + \frac{1}{r}\Big(\frac{\mathrm{d}w}{\mathrm{d}r}\Big)^2 + 2\nu\,\frac{\mathrm{d}w}{\mathrm{d}r}\,\frac{\mathrm{d}^2 w}{\mathrm{d}r^2}\Big]\mathrm{d}r\quad(9.7)$$

$$U_4 = \frac{\pi Et}{1-\nu^2}\int_0^R\Big\{\Big[\frac{\partial u}{\partial r} + \frac{1}{2}\Big(\frac{\partial w}{\partial r}\Big)^2\Big]^2 + \frac{u^2}{r^2} + 2\nu\,\frac{u}{r}\Big[\frac{\partial u}{\partial r} + \frac{1}{2}\Big(\frac{\partial w}{\partial r}\Big)^2\Big]\Big\}r\,\mathrm{d}r$$

$$(9.8)$$

式中：u 为圆板径向的位移；w 为垂直于板面的位移，向上为正。以上是对于下面圆板的，对于筒体顶部的圆板，也可得同样的公式。

将筒体分成许多小块，进行离散化处理，将圆柱壳部分分成 N 个小段，有 $N+1$ 个节点，为了用三次 B 样条函数来进行处理，还要延伸节点 -1 和 $N+1$。

三次 B 样条函数的定义为

$$\varphi_3(x) = \frac{1}{6} \begin{cases} (x+2)^3 & x \in [-2,-1] \\ (x+2)^3 - 4(x+1)^3 & x \in [-1,0] \\ (2-x)^3 - 4(1-x)^3 & x \in [0,1] \\ (2-x)^3 & x \in [1,2] \\ 0 & |x| \geqslant 2 \end{cases} \tag{9.9}$$

将壳长 L 分成 N 段，每段长为 $h = \dfrac{L}{N}$，取三次基样条 $\Omega_i(x)$，它与三次 B 样条函数 $\varphi_3\left(\dfrac{x}{h} - i\right)$ 的关系为

$$\Omega_i(x) = \varphi_3\left(\frac{x}{h} - i\right) \qquad (i = -1, 0, 1, \cdots, N, N+1) \tag{9.10}$$

将圆柱壳的变形位移表示成

$$u = \sum_{i=-1}^{N+1} u_i \Omega_i(x) \tag{9.11}$$

$$w = \sum_{i=-1}^{N+1} w_i \Omega_i(x) \tag{9.12}$$

代入式(9.5)、式(9.6)，得应变能的表达式为

$$\begin{aligned} U_1 &= \pi D \int_0^L \left\{ \left[\sum_{i=1}^{N+1} w_i \Omega_i''(x)\right]\left[\sum_{j=-1}^{N+1} w_j \Omega_j''(x)\right] + \frac{1}{R^4}\sum_{i=-1}^{N+1} w_i \Omega_i(x) \sum_{j=-1}^{N+1} w_j \Omega_j(x) + \right. \\ &\quad \left. 2\nu\left[\sum_{i=-1}^{N+1} w_i \Omega_i''(x)\right]\frac{1}{R^2}\left[\sum_{j=-1}^{N+1} w_j \Omega_j(x)\right] \right\} R\, \mathrm{d}x \\ &= \pi D \sum_{i=-1}^{N+1}\sum_{j=-1}^{N+1} w_i w_j \int_0^L \left\{\Omega_i'' \Omega_j'' + \frac{1}{R^4}\Omega_i \Omega_j + \frac{2\nu}{R^2}\Omega_i'' \Omega_j\right\} R\, \mathrm{d}x \end{aligned} \tag{9.13}$$

$$\begin{aligned} U_2 &= \frac{\pi R E t}{1-\nu^2}\int_0^L \left\{ \left[\sum_{i=-1}^{N+1} u_i \Omega_i' + \frac{1}{2}\sum_{i=-1}^{N+1} w_i \Omega_i' \sum_{j=-1}^{N+1} w_j \Omega_j'\right]^2 + \frac{1}{R^2}\left[\sum_{i=-1}^{N+1} w_i \Omega_i\right]\left[\sum_{j=-1}^{N+1} w_j \Omega_j\right] + \right. \\ &\quad \left. \frac{2\nu}{R}\left[\sum_{i=-1}^{N+1} u_i \Omega_i'(x) + \frac{1}{2}\sum_{i=-1}^{N+1} w_i \Omega_i' \sum_{j=-1}^{N+1} w_j \Omega_j'(x)\right]\sum_{j=-1}^{N+1} w_j \Omega_j(x) \right\}\, \mathrm{d}x \\ &= \frac{\pi R E t}{1-\nu^2}\int_0^L \left\{ \sum_{i=-1}^{N+1} u_i \Omega_i' \sum_{j=-1}^{N+1} u_j \Omega_j' + \sum_{i=-1}^{N+1} u_i \Omega_i' \sum_{j=-1}^{N+1} w_j \Omega_j' \sum_{k=-1}^{N+1} w_k \Omega_k' + \right. \\ &\quad \frac{1}{4}\sum_{i=-1}^{N+1} w_i \Omega_i' \sum_{j=-1}^{N+1} w_j \Omega_j' \sum_{k=-1}^{N+1} w_k \Omega_k' \sum_{l=-1}^{N+1} w_l \Omega_l' + \frac{1}{R^2}\sum_{i=-1}^{N+1} w_i \Omega_i \sum_{j=-1}^{N+1} w_j \Omega_j + \\ &\quad \left. \frac{2\nu}{R}\left[\sum_{i=-1}^{N+1} u_i \Omega_i'(x) \sum_{j=-1}^{N+1} w_j \Omega_j(x) + \frac{1}{2}\sum_{i=-1}^{N+1} w_i \Omega_i'(x) \sum_{j=-1}^{N+1} w_j \Omega_j'(x) \sum_{k=-1}^{N+1} w_k \Omega_k(x)\right] \right\}\, \mathrm{d}x \end{aligned}$$

$$= \frac{\pi R E t}{1-\nu^2}\left\{\sum_{i=-1}^{N+1}\sum_{j=-1}^{N+1}u_iu_j\int_0^L\Omega_i'\Omega_j'\mathrm{d}x + \sum_{i=-1}^{N+1}\sum_{j=-1}^{N+1}\sum_{k=-1}^{N+1}u_iw_iw_k\int_0^L\Omega_i'\Omega_j'\Omega_k'\mathrm{d}x + \right.$$

$$\frac{1}{4}\sum_{i=-1}^{N+1}\sum_{j=-1}^{N+1}\sum_{k=-1}^{N+1}\sum_{l=-1}^{N+1}w_iw_jw_kw_l\int_0^L\Omega_i'\Omega_j'\Omega_k'\Omega_l'\mathrm{d}x + \frac{1}{R^2}\sum_{i=-1}^{N+1}\sum_{j=-1}^{N+1}w_iw_j\int_0^L\Omega_i\Omega_j\mathrm{d}x + $$

$$\left.\frac{2\nu}{R}\left[\sum_{i=-1}^{N+1}\sum_{j=-1}^{N+1}u_iw_j\int_0^L\Omega_i'\Omega_j\mathrm{d}x + \frac{1}{2}\sum_{i=-1}^{N+1}\sum_{j=-1}^{N+1}\sum_{k=-1}^{N+1}w_iw_jw_k\int_0^L\Omega_i'\Omega_j'\Omega_k\mathrm{d}x\right]\right\} \quad (9.14)$$

把它改写成

$$U_1 = \frac{1}{2}\sum_{i=-1}^{N+1}\sum_{j=-1}^{N+1}w_{si}w_{sj}K_{ij}^{(1)} \quad (9.15)$$

$$U_2 = \frac{1}{2}\sum_{i=-1}^{N+1}\sum_{j=-1}^{N+1}u_{si}u_{sj}K_{ij}^{(21)} + \frac{1}{2}\sum_{i=-1}^{N+1}\sum_{j=-1}^{N+1}\sum_{k=-1}^{N+1}u_{si}w_{sj}w_{sk}K_{ijk}^{(21)} + $$

$$\frac{1}{4}\sum_{i=-1}^{N+1}\sum_{j=-1}^{N+1}\sum_{k=-1}^{N+1}\sum_{l=-1}^{N+1}w_{si}w_{sj}w_{sk}w_{sl}K_{ijkl}^{(2)} + \frac{1}{2}\sum_{i=-1}^{N+1}\sum_{j=-1}^{N+1}w_{si}w_{sj}K_{ij}^{(23)} + $$

$$\sum_{i=-1}^{N+1}\sum_{j=-1}^{N+1}u_{si}w_{sj}K_{ij}^{(22)} + \frac{1}{2}\sum_{i=-1}^{N+1}\sum_{j=-1}^{N+1}\sum_{k=-1}^{N+1}w_{si}w_{sj}w_{kj}K_{ijk}^{(22)} \quad (9.16)$$

式中：下标处加 s 表示是壳体部分的节点位移；刚度矩阵元素为

$$K_{ij}^{(1)} = 2\pi D\int_0^L\left\{\Omega_i''\Omega_j'' + \frac{1}{R^4}\Omega_i\Omega_j + \frac{2\nu}{R^2}\Omega_i''\Omega_j\right\}R\,\mathrm{d}x \left.\vphantom{\int}\right\}$$

$$K_{ij}^{(21)} = \frac{2\pi R E t}{1-\nu^2}\int_0^L\Omega_i'\Omega_j'\mathrm{d}x$$

$$K_{ijk}^{(21)} = \frac{2\pi R E t}{1-\nu^2}\int_0^L\Omega_i'\Omega_j'\Omega_k'\mathrm{d}x$$

$$K_{ijkl}^{(2)} = \frac{2\pi R E t}{1-\nu^2}\int_0^L\Omega_i'\Omega_j'\Omega_k'\Omega_l'\mathrm{d}x \qquad (9.17)$$

$$K_{ij}^{(23)} = \frac{2\pi R E t}{R(1-\nu^2)}\int_0^L\Omega_i\Omega_j\mathrm{d}x$$

$$K_{ij}^{(22)} = \frac{2\nu\pi R E t}{R(1-\nu^2)}\int_0^L\Omega_i'\Omega_j\mathrm{d}x$$

$$K_{ijk}^{(22)} = \frac{4\nu\pi R E t}{R(1-\nu^2)}\int_0^L\Omega_i'\Omega_j'\Omega_k\mathrm{d}x$$

上面的刚体矩阵中包含有二维、三维和四维的矩阵，后两者是由非线性所引起的。

现在计算圆板部分的应变能。圆板弯曲部分的应变能 U_3 和拉伸部分的应变能 U_4 为

$$U_3 = \pi D\int_0^R\left[r\left(\frac{\mathrm{d}^2w}{\mathrm{d}r^2}\right)^2 + \frac{1}{r}\left(\frac{\mathrm{d}w}{\mathrm{d}r}\right)^2 + 2\nu\frac{\mathrm{d}w}{\mathrm{d}r}\frac{\mathrm{d}^2w}{\mathrm{d}r^2}\right]\mathrm{d}r \quad (9.18)$$

$$U_4 = \frac{\pi Et}{1-\nu^2} \int_0^R \left\{ \left[\frac{\partial u}{\partial r} + \frac{1}{2} \left(\frac{\partial w}{\partial r} \right)^2 \right]^2 + \frac{u^2}{r^2} + 2\nu \frac{u}{r} \left[\frac{\partial u}{\partial r} + \frac{1}{2} \left(\frac{\partial w}{\partial r} \right)^2 \right] \right\} r \, \mathrm{d}r$$

$$(9.19)$$

将下部圆板的半径上分成 M 段,每段长度为 $h_1 = \dfrac{R}{M}$,为应用三次 B 样条函数,二端延伸到$-1, M+1$[2]。

令圆板的变形位移表示成

$$u = \sum_{i=-1}^{M+1} u_i \Omega_i(r), \quad w = \sum_{i=-1}^{M+1} w_i \Omega_i(r) \qquad (9.20)$$

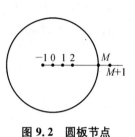

图 9.2　圆板节点

其中的三次基样条为

$$\Omega_i(r) = \varphi_3 \left(\frac{r}{h_1} - i \right) \qquad (9.21)$$

代入式(9.18)、式(9.19),得

$$U_3 = \pi D \int_0^R \left\{ r \left[\sum_{i=-1}^{M+1} w_i \Omega_i''(r) \right] \left[\sum_{j=-1}^{M+1} w_j \Omega_j''(r) \right] + \frac{1}{r} \left[\sum_{i=-1}^{M+1} w_i \Omega_i'(r) \right] \left[\sum_{j=-1}^{M+1} w_j \Omega_j'(r) \right] + \right.$$

$$\left. 2\nu \left[\sum_{i=-1}^{M+1} w_i \Omega_i'(r) \right] \left[\sum_{j=-1}^{M+1} w_j \Omega_j''(r) \right] \right\} \mathrm{d}r$$

$$= \pi D \sum_{i=-1}^{M+1} \sum_{j=-1}^{M+1} w_i w_j \int_0^R \left\{ r \Omega_i'' \Omega_j'' + \frac{1}{r} \Omega_i' \Omega_j' + 2\nu \Omega_i' \Omega_j'' \right\} \mathrm{d}r$$

$$= \frac{1}{2} \sum_{i=-1}^{M+1} \sum_{j=-1}^{M+1} w_{pi} w_{pj} K_{ij}^{(3)} \qquad (9.22)$$

$$U_4 = \frac{\pi Et}{1-\nu^2} \int_0^R \left\{ \sum_{i=-1}^{M+1} \sum_{j=-1}^{M+1} u_i u_j \Omega_i'(r) \Omega_j'(r) + \sum_{i=-1}^{M+1} \sum_{j=-1}^{M+1} \sum_{k=-1}^{M+1} u_i w_j w_k \Omega_i'(r) \Omega_j'(r) \Omega_k'(r) + \right.$$

$$\frac{1}{4} \sum_{i=-1}^{M+1} \sum_{j=-1}^{M+1} \sum_{k=-1}^{M+1} \sum_{l=-1}^{M+1} w_i w_j w_k w_l \Omega_i'(r) \Omega_j'(r) \Omega_k'(r) \Omega_l'(r) + \frac{1}{r^2} \sum_{i=-1}^{M+1} \sum_{j=-1}^{M+1} u_i u_j \Omega_i(r) \Omega_j(r) +$$

$$\frac{2\nu}{r} \left[\sum_{i=-1}^{M+1} \sum_{j=-1}^{M+1} u_i u_j \Omega_i(r) \Omega_j'(r) + \frac{1}{2} \sum_{i=-1}^{M+1} \sum_{j=-1}^{M+1} \sum_{k=-1}^{M+1} u_i w_j w_k \Omega_i(r) \Omega_j'(r) \Omega_k'(r) \right] \right\} r \, \mathrm{d}r$$

$$= \frac{1}{2} \sum_{i=-1}^{M+1} \sum_{j=-1}^{M+1} u_{pi} u_{pj} K_{ij}^{(41)} + \frac{1}{2} \sum_{i=-1}^{M+1} \sum_{j=-1}^{M+1} \sum_{k=-1}^{M+1} u_{pi} w_{pj} w_{pk} K_{ijk}^{(41)} +$$

$$\frac{1}{4} \sum_{i=-1}^{M+1} \sum_{j=-1}^{M+1} \sum_{k=-1}^{M+1} \sum_{l=-1}^{M+1} w_{pi} w_{pj} w_{pk} w_{pl} K_{ijkl}^{(4)} + \frac{1}{2} \sum_{i=-1}^{M+1} \sum_{j=-1}^{M+1} u_{pi} u_{pj} K_{ij}^{(41)} +$$

$$\frac{1}{2} \sum_{i=-1}^{M+1} \sum_{j=-1}^{M+1} u_{pi} u_{pj} K_{ij}^{(43)} + \frac{1}{2} \sum_{i=-1}^{M+1} \sum_{j=-1}^{M+1} \sum_{k=-1}^{M+1} u_{pi} w_{pj} w_{pk} K_{ijk}^{(42)} \qquad (9.23)$$

式中:下标中加入符号"p"表示是对于圆板部分的变形位移;刚度矩阵元素为

$$K_{ij}^{(3)} = 2\pi D \int_0^R \left\{ r\Omega_{,i}''\Omega_{,j}'' + \frac{1}{r}\Omega_{,i}'\Omega_{,j}' + 2v\Omega_{,i}'\Omega_{,j}'' \right\} \mathrm{d}r$$

$$K_{ij}^{(41)} = \frac{2\pi E t}{1-\nu^2} \int_0^R \Omega_{,i}'\Omega_{,j}' r \, \mathrm{d}r$$

$$K_{ijk}^{(41)} = \frac{2\pi E t}{1-\nu^2} \int_0^R \Omega_{,i}'\Omega_{,j}'\Omega_{,k}' r \, \mathrm{d}r$$

$$K_{ijkl}^{(4)} = \frac{\pi E t}{1-\nu^2} \int_0^R \Omega_{,i}'\Omega_{,j}'\Omega_{,k}'\Omega_{,l}' r \, \mathrm{d}r \qquad (9.24)$$

$$K_{ij}^{(42)} = \frac{2\pi E t}{1-\nu^2} \int_0^R \frac{1}{r}\Omega_{,i}\Omega_{,j} \, \mathrm{d}r$$

$$K_{ij}^{(43)} = \frac{4\pi \nu E t}{1-\nu^2} \int_0^R \Omega_{,i}\Omega_{,j}' \, \mathrm{d}r$$

$$K_{ijk}^{(42)} = \frac{2\pi E t}{1-\nu^2} \int_0^R \Omega_{,i}\Omega_{,j}'\Omega_{,k}' \, \mathrm{d}r$$

以上给出圆筒下面圆板的应变能表达式。对于上面一块圆板也可得类似的表达式,其分块数目可以比下面圆板少一些,以 M' 代替 M 而得。

圆板与圆柱壳连接条件的处理:

在圆板的中心,要求

$$u = 0, \quad \frac{\partial w}{\partial r} = 0 \qquad (r = 0) \qquad (9.25)$$

将式(9.20)代入,得

$$u(0) = u_{-1}\Omega_{-1}(0) + u_0\Omega_0(0) + u_1\Omega_1(0) = \frac{1}{6}u_{-1} + \frac{4}{6}u_0 + \frac{1}{6}u_1 = 0$$

$$u_{-1} = -4u_0 - u_1 \qquad (9.26)$$

$$\frac{\partial w(0)}{\partial r} = w_{-1}\Omega_{-1}'(0) + w_0\Omega_0'(0) + w_1\Omega_1'(0) = -\frac{1}{2}w_{-1} + \frac{1}{2}w_1 = 0$$

$$w_{p-1} = w_{p1} \qquad (9.27)$$

式(9.26)、式(9.27)两式对上、下两圆板都适用。

如图 9.3 所示,在圆板与圆柱壳的连接处,有

$$u_p \big|_{r=R} = w_s \big|_{x=0} \qquad (9.28)$$

$$w_p \big|_{r=R} = u_s \big|_{x=0} \qquad (9.29)$$

$$-\frac{\partial w_p}{\partial r} \bigg|_{r=R} = \frac{\partial w_s}{\partial x} \qquad (9.30)$$

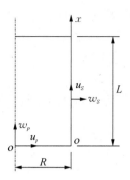

图 9.3 板壳连接处

将式(9.11)、式(9.12)、式(9.20)代入,得

$$u_{PM-1}\Omega_{M-1}(R) + u_{PM}\Omega_M(R) + u_{PM+1}\Omega_{M+1}(R)$$

$$= w_{S-1}\Omega_{-1}(0) + w_{S_0}\Omega_0(0) + w_{S_1}\Omega_1(0)$$

$$u_{PM-1} + 4u_{PM} + u_{PM+1} = w_{S-1} + 4w_{S_0} + w_{S_1} \tag{9.31}$$

$$w_{PM-1}\Omega_{M-1}(R) + w_{PM}\Omega_M(R) + w_{PM+1}\Omega_{M+1}(R)$$

$$= u_{S-1}\Omega_{-1}(0) + u_{S_0}\Omega_0(0) + u_{S_1}\Omega_1(0)$$

$$w_{PM-1} + 4w_{PM} + w_{PM+1} = u_{S-1} + 4u_{S_0} + u_{S_1} \tag{9.32}$$

$$-w_{PM-1}\Omega'_{M-1}(R) - w_{PM}\Omega'_M(R) - w_{PM+1}\Omega'_{M+1}(R)$$

$$= w_{S-1}\Omega'_{-1}(0) + w_{S_0}\Omega'_0(0) + w_{S_1}\Omega'_1(0)$$

$$-w_{PM-1} - 4w_{PM} - w_{PM+1} = w_{S-1} + 4w_{S_0} + w_{S_1} \tag{9.33}$$

用同样方法可以处理上面板与圆柱壳的连接点,连同式(9.26)、式(9.27)共有 8 个条件,可将位移节点数压缩掉 8 个。

9.2 弹性圆筒动能的计算

圆柱壳体部分的动能为

$$T_1 = \frac{1}{2}\rho t_1 \int_0^L \int_0^{2\pi} \left[(V - \dot{u}_S)^2 + \dot{w}_S^2 \right] R \, \mathrm{d}\theta \mathrm{d}x$$

$$= \pi \rho t_1 \int_0^L \left\{ V^2 - 2V \sum_{i=-1}^{N+1} \dot{u}_{Si}\Omega_i(x) + \sum_{i=-1}^{N+1} \dot{u}_{Si}\Omega_i(x) \sum_{j=-1}^{N+1} \dot{u}_{Sj}\Omega_j(x) + \right.$$

$$\left. \sum_{i=-1}^{N+1} \dot{w}_{si}\Omega_i(x) \sum_{j=-1}^{N+1} \dot{w}_{sj}\Omega_j(x) \right\} R \mathrm{d}x$$

$$= \pi\rho t_1 \Big\{ V^2 RL - 2VR \sum_{i=-1}^{N+1} \dot{u}_{Si} \int_0^L \Omega_i(x)\mathrm{d}x + \sum_{i=-1}^{N+1}\sum_{j=-1}^{N+1} (\dot{u}_{Si}\dot{u}_{Sj} +$$

$$\dot{w}_{Si}\dot{w}_{Sj}) \int_0^L \Omega_i(x)\Omega_j(x)R\,\mathrm{d}x \Big\}$$

$$= \frac{1}{2}m_S V^2 - \frac{1}{2}V \sum_{i=-1}^{N+1} \dot{u}_{Si}m_{Si} + \frac{1}{2}\sum_{i=-1}^{N+1}\sum_{j=-1}^{N+1} (\dot{u}_{Si}\dot{u}_{Sj} + \dot{w}_{Si}\dot{w}_{Sj})m_{Sij} \qquad (9.34)$$

圆板部分的动能为

$$T_2 = \frac{1}{2}\rho t_2 \int_0^R \int_0^{2\pi} \{\dot{u}_p^2 + (V - \dot{w}_p)^2\} r\,\mathrm{d}\theta\,\mathrm{d}r$$

$$= \pi\rho t_2 \int_0^R \Big\{ \sum_{i=-1}^{M+1} \dot{u}_{pi}\Omega_i(r) \sum_{j=-1}^{M+1} \dot{u}_{pj}\Omega_j(r) + V^2 - 2V\sum_{i=-1}^{M+1} \dot{w}_{pi}\Omega_i(x) +$$

$$\sum_{i=-1}^{M+1} \dot{w}_{pi}\Omega_i \sum_{j=-1}^{M+1} \dot{w}_{pj}\Omega_j(x) \Big\} r\,\mathrm{d}r$$

$$= \frac{1}{2}m_p^{(2)} V^2 - \frac{1}{2}V \sum_{i=-1}^{N+1} \dot{w}_{pi}m_{pi}^{(2)} + \frac{1}{2}\sum_{i=-1}^{N+1}\sum_{j=-1}^{N+1} (\dot{u}_{pi}\dot{u}_{pj} + \dot{w}_{pi}\dot{w}_{pj})m_{pij}^{(2)} \quad (9.35)$$

其中

$$\left.\begin{aligned}
m_s &= 2\pi\rho RL t_1 \\
m_{si} &= 4\pi\rho t_1 R \int_0^L \Omega_i(x)\mathrm{d}x \\
m_{sij} &= 2\pi\rho t_1 R \int_0^L \Omega_i(x)\Omega_j(x)\mathrm{d}x \\
m_p^{(2)} &= \pi\rho R^2 t_2 \\
m_{pi}^{(2)} &= 4\pi\rho t_2 \int_0^R \Omega_i(r)r\,\mathrm{d}r \\
m_{pij}^{(2)} &= 2\pi\rho t_2 \int_0^R \Omega_i(r)\Omega_j(r)r\,\mathrm{d}r
\end{aligned}\right\} \qquad (9.36)$$

对于上面一块圆板,也可得到相应的动能表达式,用 T_3 表示,以 M' 代替 M 即得。

9.3　流体动能的计算

圆筒入水时形成空泡,按照美国 Albert May 关于入水空泡形状试验资料的归纳总结,认为空泡形状是一个抛物面。

$$x = x_0 - a(r^2 - R^2) \qquad a > 0 \qquad\qquad (9.37)$$

要求流体的速势 ϕ 满足控制方程

$$\nabla^2 \phi = 0 \tag{9.38}$$

及相应的边界条件

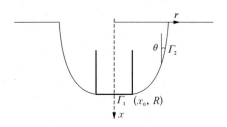

图 9.4　入水空泡

$$
\left.
\begin{aligned}
&\phi = 0 \quad \text{在自由面 } x = 0 \text{ 上} \\
&\nabla \phi = 0 \quad \text{在无穷远处} \\
&\frac{\partial \phi}{\partial n} = V_n \quad \text{在圆板面 } \Gamma_1 \text{ 及空泡面 } \Gamma_2 \text{ 上} \\
&-\frac{\partial \phi}{\partial t} - \frac{1}{2}(\nabla \phi)^2 + gx = 0 \quad \text{在空泡面 } \Gamma_2 \text{ 上}
\end{aligned}
\right\} \tag{9.39}
$$

仅有与流体接触的圆筒部分与流体发生耦合作用,即圆筒下面一块圆板与流体相互作用。设圆板的垂向速度 $v - \dot{w}_p$ 与流体发生作用,而不计其水平速度 $\dot{u}_p$ 对流体的作用,且进一步假设仅考虑垂向速度 V 对空泡壁 Γ_2 的影响,而忽去 $\dot{w}_p$ 对空泡壁 Γ_2 上的影响。

设速度势 ϕ 表示成

$$\phi = V\phi_v + \sum_{k=-1}^{M+1} \dot{w}_{pk} \phi_k \tag{9.40}$$

在板面上,要求有

$$\frac{\partial \phi}{\partial x} = V - \sum_{k=-1}^{M+1} \dot{w}_{pk} \Omega_k(r) \tag{9.41}$$

即要求有

$$\frac{\partial \phi_v}{\partial x} = 1, \quad \frac{\partial \phi_k}{\partial x} = -\Omega_k(r) \tag{9.42}$$

在空泡壁上,设

$$\frac{\partial \phi}{\partial n} = V \sin \theta \tag{9.43}$$

也即要求

$$\frac{\partial \phi_v}{\partial n} = \sin \theta, \quad \frac{\partial \phi_k}{\partial n} = 0 \qquad \text{在 } \Gamma_2 \text{ 上} \tag{9.44}$$

还要求 ϕ_v，ϕ_k 都满足式(9.38)及式(9.39)的前两式。至于式(9.39)的第四式，可暂时不考虑它。

用分布轴对称源汇的方法来求解各个速度势[3]，例如，对于 ϕ_v，有

$$\phi_v = \int -\frac{\sigma_v(\eta, \xi)}{l} \mathrm{d}s \tag{9.45}$$

$$l = \sqrt{(r-\eta)^2 + (x-\zeta)^2} \tag{9.46}$$

为满足 $x = 0$ 上 $\phi = 0$ 的条件，取负镜像：

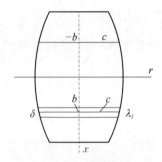

图 9.5 镜面映像

$$\left. \begin{aligned} \sigma_v(\eta, \xi) &= -\sigma_v(\eta, -\xi) \\ \frac{\partial \phi_v}{\partial n} \bigg|_{(r, x)} &= 2\pi\sigma_v(r, x) - \int_S \sigma_v(\eta, \xi) \frac{\partial}{\partial n}\left(\frac{1}{l}\right) \mathrm{d}s \end{aligned} \right\} \tag{9.47}$$

进行离散化处理，将物面分成圆环微元和圆台微元，用中间圆表示其几何位置，其半径为 c，位于 $x = b$ 处，δ 为圆环宽或圆台斜长，线源密度为 $\lambda = \sigma\delta$。

$$\frac{\partial \phi_v}{\partial n} \bigg|_i = 2\pi\sigma_{vi} - \sum_j \sigma_{vj} \frac{\partial}{\partial n}\left(\frac{1}{l_{ij}}\right) \Delta S_j \tag{9.48}$$

计算坐标为 (c, b) 的圆环 j 对流场点 i 产生的速势，当 $i \neq j$ 时，有

$$\begin{aligned} \phi_{vi, j} &= \int_0^{2\pi} \frac{-\lambda_j c \, \mathrm{d}\theta}{\sqrt{(x_i - b)^2 + (r_i - c\cos\theta)^2 + (c\sin\theta)^2}} \\ &= \int_0^{2\pi} \frac{-\lambda_j c \, \mathrm{d}\theta}{\sqrt{(x_i - b)^2 + r_i^2 + c^2 - 2r_i c\cos\theta}} \end{aligned}$$

$$= \int_0^{2\pi} \frac{-\lambda_j c \, \mathrm{d}\theta}{\sqrt{(x_i - b)^2 + (r_i + c)^2 - 2r_i c(1 + c \cos\theta)}}$$

$$= \frac{1}{\sqrt{(x_i - b)^2 + (r_i + c)^2}} \int_0^{2\pi} \frac{-\lambda_j c \, \mathrm{d}\theta}{\sqrt{1 - k^2 \cos^2 \dfrac{\theta}{2}}}$$

式中

$$k^2 = \frac{4cr_i}{(r_i + c)^2 + (x_i - b)^2}$$

令 $\theta = 2\psi$，则有

$$\int_0^{2\pi} \frac{\mathrm{d}\theta}{\sqrt{1 - k^2 \cos^2 \dfrac{\theta}{2}}} = 2 \int_0^{2\pi} \frac{\mathrm{d}\psi}{\sqrt{1 - k^2 \cos^2 \psi}}$$

再令 $\cos\psi = \sin\varphi$，即 $\psi = \dfrac{\pi}{2} - \varphi$，则上式可变成

$$2 \int_{\pi/2}^{-\pi/2} \frac{-\mathrm{d}\varphi}{\sqrt{1 - k^2 \sin^2 \varphi}} = 2 \int_{-\pi/2}^{\pi/2} \frac{\mathrm{d}\varphi}{\sqrt{1 - k^2 \sin^2 \varphi}} = 4 \int_0^{\pi/2} \frac{\mathrm{d}\varphi}{\sqrt{1 - k^2 \sin^2 \varphi}} = 4K(k)$$

上面的速势为

$$\phi_{vi,\,j} = \frac{-4c\lambda_j K(k)}{\sqrt{(x_i - b)^2 + (r_i + c)^2}} \tag{9.49}$$

同样可求得

$$\left. \frac{\partial \phi_v}{\partial x} \right|_{i,\,j} = \frac{4c(x_i - b)E(k)\lambda_j}{\sqrt{(r_i + c)^2 + (x_i - b)^2} \left[(r_i - c)^2 + (x_i - b)^2 \right]} \tag{9.50}$$

$$\left. \frac{\partial \phi_v}{\partial r} \right|_{i,\,j} = \frac{2c\lambda_j}{r_i \sqrt{(r_i + c)^2 + (x_i - b)^2}} \left[K(k) + \frac{r_i^2 - c^2 - (x_i - b)^2}{(r_i - c)^2 + (x_i - b)^2} E(k) \right] \tag{9.51}$$

式中：$K(k)$ 和 $E(k)$ 分别是第一类和第二类完全椭圆积分，k 为其模。当 $i = j$ 时，对奇性进行专门的处理后，可得如下的表达式：

$$\phi_{vi,\,j} = -4r_i \left(\frac{e}{r_i} \right) \left\{ \left[1 - \ln \frac{e}{8r_1} \right] + \right.$$

$$\left. \frac{1}{144} \left(\frac{e}{r_i} \right)^2 \left[2 - 2\sin^2 \theta_1 + 3(1 + 2\sin^2 \theta_i) \ln \frac{e}{8r_1} \right] + \cdots \right\} \sigma_i \tag{9.52}$$

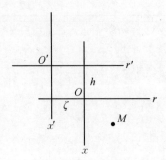

图 9.6 静动坐标

关于 $\dfrac{\partial \phi_v}{\partial t}$ 的计算作如下说明：

由于流体流场的计算相对于物面是固定的。设静止坐标系为 $x'O'r'$，运动坐标系为 xOr，流场中一点 M 在动坐标系中的 (r, x) 和在静坐标系中的 (r', x') 间关系为

$$r' = r + s, \quad x' = x + h$$

$$\phi_v(r, x, t) = \phi_v(r' - \zeta, x' - h, t)$$

$$\frac{\partial \phi_v}{\partial t} = \frac{\partial '\phi_v}{\partial t} + \frac{\partial \phi_v}{\partial r}\left(-\frac{\partial \zeta}{\partial t}\right) + \frac{\partial \phi_v}{\partial x}\left(-\frac{\partial h}{\partial t}\right)$$

$$= \frac{\partial '\phi_v}{\partial t} - \frac{\partial \phi_v}{\partial x}\frac{\partial h}{\partial t} = \frac{\partial '\phi_v}{\partial t} - V\frac{\partial \phi_v}{\partial x}$$

$$\frac{\partial '\phi_v}{\partial t} = \frac{\partial '\phi_v}{\partial h}\frac{\partial h}{\partial t} = V\frac{\partial '\phi_v}{\partial h}$$

代入上式，得

$$\frac{\partial \phi_v}{\partial t} = V\left(\frac{\partial '\phi_v}{\partial h} - \frac{\partial \phi_v}{\partial z}\right) \tag{9.53}$$

为了计算 $\dfrac{\partial '\phi_v}{\partial h}$，先算在不同深度 h 下的动坐标中的 ϕ_v，然后用适当的方法求出 $\dfrac{\partial '\phi_v}{\partial h}$，例如可用曲线拟合的方法来求。

以上计算 ϕ_v 的方法对各个 ϕ_k 都适用，完成这些计算以后，再来求流体的动能 T_4

$$T_4 = \frac{1}{2}\rho\int_V (\nabla\varphi \cdot \nabla\varphi)\mathrm{d}v = \frac{1}{2}\rho\int_S \varphi\frac{\partial\varphi}{\partial n}\mathrm{d}s \tag{9.54}$$

由于在自由水面 $x' = 0$ 上 $\phi = 0$，故上述面积分包括圆板面积和空泡面部分。扰动速度势取为

$$\phi = V\phi_v + \sum_{k=-1}^{M+1} \dot{w}_{pk}\phi_k$$

在圆板面上，

$$\frac{\partial\phi}{\partial x} = V - \sum_{k=-1}^{M+1} \dot{w}_{pk}\Omega_k(r)$$

即要求

$$\frac{\partial\phi_v}{\partial x} = 1, \quad \frac{\partial\phi_k}{\partial x} = -\Omega_k(r)$$

在空泡壁上，设

$$\frac{\partial\phi}{\partial n} = V\sin\theta$$

即要求

$$\frac{\partial\phi_v}{\partial n} = \sin\theta, \quad \frac{\partial\phi_k}{\partial n} = 0 \quad 在 \Gamma_2 上$$

代入式（9.54），得

$$
\begin{aligned}
T_4 &= -\frac{1}{2}\rho\int_{S_1}\left[V\phi_v + \sum_{k=-1}^{M+1}\dot{w}_{pk}\phi_k\right]\left[V - \sum_{l=-1}^{M+1}\dot{w}_{pl}\Omega_l\right]\mathrm{d}s - \frac{1}{2}\rho\int_{S_2}\left[V\phi_v + \right.\\
&\quad \left.\sum_{k=-1}^{M+1}\dot{w}_{pk}\phi_k\right]V\sin\theta\,\mathrm{d}s\\
&= -\frac{1}{2}\rho\int_{S_1}\left[V^2\phi_v - V\phi_v\sum_{l=-1}^{M+1}\dot{w}_{pl}\Omega_l + V\sum_{k=-1}^{M+1}\dot{w}_{pk}\phi_k - \sum_{k=-1}^{M+1}\sum_{l=-1}^{M+1}\dot{w}_{pk}\dot{w}_{pl}\phi_k\Omega_l\right]\mathrm{d}s\\
&\quad -\frac{1}{2}\rho\int_{S_2}\left[V^2\phi_v\sin\theta + \sum_{k=-1}^{M+1}\dot{w}_{pk}\phi_k V\sin\theta\right]\mathrm{d}s\\
&= \frac{1}{2}m_4^{(1)}V^2 + V\sum_{k=-1}^{M+1}\dot{w}_{pk}m_{vk}^{(4)} + \frac{1}{2}\sum_{k=-1}^{M+1}\sum_{l=-1}^{M+1}\dot{w}_{pk}\dot{w}_{pl}m_{kl}^{(4)} + \frac{1}{2}m_4^{(2)}V^2 \quad (9.55)
\end{aligned}
$$

式中

$$
\left.
\begin{aligned}
m_4^{(1)} &= -\rho\int_{S_1}\phi_v\,\mathrm{d}s\\
m_{vk}^{(4)} &= \frac{1}{2}\rho\int_{S_1}\left[\phi_v\Omega_k - \phi_k\right]\mathrm{d}s - \frac{1}{2}\rho\int_{S_2}\phi_k\sin\theta\,\mathrm{d}s\\
m_{kl}^{(4)} &= \rho\int_{S_1}\phi_k\Omega_l\,\mathrm{d}s\\
m_4^{(2)} &= -\rho\int_{S_2}\phi_v\sin\theta\,\mathrm{d}s
\end{aligned}
\right\} \quad (9.56)
$$

9.4　运 动 方 程 式

应用拉格朗日方程式

$$\frac{\mathrm{d}}{\mathrm{d}t}\left(\frac{\partial L}{\partial \dot{q}_k}\right)-\frac{\partial L}{\partial q_k}=Q_k$$

求出筒体入水的运动方程式,其中 $L=T-U$。

利用上面的动能和应变能的表达式,可得

$$\left.\begin{aligned}
\frac{\partial T_1}{\partial V} &= m_s V - \frac{1}{2}\sum_{i=-1}^{N+1}\dot{u}_{si}m_{si} \\[2mm]
\frac{\partial T_1}{\partial \dot{u}_{si}} &= -\frac{1}{2}Vm_{si}+\sum_{j=-1}^{N+1}m_{sij}\dot{u}_{sj} \quad (i=-1,\,0,\,1,\,\cdots,\,N+1) \\[2mm]
\frac{\partial T_1}{\partial \dot{w}_{si}} &= \sum_{j=-1}^{N+1}m_{sij}\dot{w}_{sj} \quad (i=-1,\,0,\,1,\,\cdots,\,N+1) \\[2mm]
\frac{\partial T_2}{\partial V} &= m_p^{(2)}V-\frac{1}{2}\sum_{i=-1}^{M+1}\dot{w}_{pi}^{(2)}m_{pi}^{(2)} \\[2mm]
\frac{\partial T_2}{\partial \dot{w}_{pi}} &= -\frac{1}{2}Vm_{pi}^{(2)}+\sum_{j=-1}^{M+1}m_{pij}^{(2)}\dot{w}_{pj}^{(2)} \quad (i=-1,\,0,\,1,\,\cdots,\,M+1) \\[2mm]
\frac{\partial T_2}{\partial \dot{u}_{pi}} &= \sum_{j=-1}^{M+1}m_{pij}^{(2)}\dot{u}_{pj}^{(2)}
\end{aligned}\right\} \quad (9.57)$$

对上面一块圆板也有相应 3 式,附加质量系数用 $m_p^{(3)}$,$m_{pij}^{(3)}$ 代之。

$$\left.\begin{aligned}
\frac{\partial T_4}{\partial V} &= m_4^{(1)}V+m_4^{(2)}V+\sum_{k=-1}^{M+1}\dot{w}_{pk}^{(2)}m_{vk}^{(4)} \\[2mm]
\frac{\partial T_4}{\partial \dot{w}_{pi}} &= Vm_{vi}^{(4)}+\sum_{j=-1}^{M+1}\dot{w}_{pj}m_{ij}^{(4)} \\[2mm]
\frac{\partial U_1}{\partial w_{si}} &= \sum_{j=-1}^{N+1}w_{sj}K_{ij}^{(1)} \\[2mm]
\frac{\partial U_2}{\partial w_{si}} &= \sum_{j=-1}^{N+1}\sum_{k=-1}^{N+1}u_{sk}w_{sj}K_{kij}^{(21)}+\sum_{j=-1}^{N+1}\sum_{k=-1}^{N+1}\sum_{l=-1}^{N+1}w_{sj}w_{sk}w_{sl}K_{ijkl}^{(2)}+ \\[2mm]
&\quad \sum_{j=-1}^{N+1}w_{sj}K_{ij}^{(23)}+\sum_{j=-1}^{N+1}u_{sj}K_{ji}^{(22)}+\sum_{j=-1}^{N+1}\sum_{k=-1}^{N+1}w_j w_k K_{ijk}^{(22)}+\frac{1}{2}\sum_{j=-1}^{N+1}\sum_{k=-1}^{N+1}w_{sj}w_{sk}K_{jki}^{(22)}
\end{aligned}\right\} \quad (9.58)$$

其中要注意到 $K_{ijk}^{(22)}$ 中 ijk 的次序是不能任意交换的。

$$
\left.
\begin{aligned}
\frac{\partial U_2}{\partial u_{si}} &= \sum_{j=-1}^{N+1} u_{sj} K_{ij}^{(21)} + \frac{1}{2} \sum_{j=-1}^{N+1} \sum_{k=-1}^{N+1} w_{sj} w_{sk} K_{ijk}^{(21)} + \sum_{j=-1}^{N+1} w_{sj} K_{ij}^{(22)} \\
\frac{\partial U_3}{\partial w_{pi}} &= \sum_{j=-1}^{M+1} w_{pj} K_{ij}^{(3)} \\
\frac{\partial U_4}{\partial w_{pi}} &= \sum_{k=-1}^{M+1} \sum_{j=-1}^{M+1} u_{pk} w_{pj} K_{kij}^{(41)} + \sum_{j=-1}^{M+1} \sum_{k=-1}^{M+1} \sum_{l=-1}^{M+1} w_{pj} w_{pk} w_{pl} K_{ijkl}^{(4)} + \sum_{k=-1}^{M+1} \sum_{j=-1}^{M+1} u_{pk} w_{pj} K_{kij}^{(42)}
\end{aligned}
\right\}
$$

$$
(9.59)
$$

其中注意 $K_{ijk}^{(42)}$ 中 ijk 的次序是不能任意交换的。

$$
\frac{\partial U_4}{\partial u_{pi}} = \sum_{j=-1}^{M+1} u_{pj} K_{ij}^{(41)} + \frac{1}{2} \sum_{j=-1}^{M+1} \sum_{k=-1}^{M+1} w_{pj} w_{pk} K_{ijk}^{(41)} + \sum_{j=-1}^{M+1} u_{pj} K_{ij}^{(42)} +
$$

$$
\sum_{j=-1}^{M+1} u_{pj} K_{ij}^{(43)} + \frac{1}{2} \sum_{j=-1}^{M+1} \sum_{k=-1}^{M+1} w_{pj} w_{pk} K_{ijk}^{(42)}
$$

将以上各式代入拉格朗日方程式,得

$$
\frac{\mathrm{d}}{\mathrm{d}t} \Big[m_s V - \frac{1}{2} \sum_{i=-1}^{N+1} \dot{u}_{si} m_{si} + m_p^{(2)} V - \frac{1}{2} \sum_{i=-1}^{M+1} \dot{w}_{pi}^{(2)} m_{pi}^{(2)} + m_p^{(3)} V - \frac{1}{2} \sum_{i=-1}^{M'+1} \dot{w}_{pi}^{(3)} m_{pi}^{(3)} +
$$

$$
m_4^{(1)} V + m_4^{(2)} V + \sum_{i=-1}^{M+1} \dot{w}_{pi}^{(2)} m_{vi}^{(4)} \Big] = mg - B \tag{9.60}
$$

式中:m 为筒体总的质量;B 为浮力。

$$
\frac{\mathrm{d}}{\mathrm{d}t} \Big[-\frac{1}{2} V m_{si} + \sum_{j=-1}^{N+1} m_{sij} \dot{u}_{sj} \Big] + \sum_{j=-1}^{N+1} u_{sj} K_{ij}^{(21)} + \frac{1}{2} \sum_{j=-1}^{N+1} \sum_{k=-1}^{N+1} w_{sj} w_{sk} K_{ijk}^{(21)} + \sum_{j=-1}^{N+1} w_{sj} K_{ij}^{(22)} = 0
$$

$$
(i = -1, 0, 1, \cdots, N+1) \tag{9.61}
$$

$$
\frac{\mathrm{d}}{\mathrm{d}t} \Big[\sum_{j=-1}^{N+1} m_{sij} \dot{w}_{sj} \Big] + \sum_{j=-1}^{N+1} w_{sj} K_{ij}^{(1)} + \sum_{j=-1}^{N+1} \sum_{k=-1}^{N+1} u_{sk} w_{sj} K_{kij}^{(21)} + \sum_{j=-1}^{N+1} \sum_{k=-1}^{N+1} \sum_{l=-1}^{N+1} w_{sj} w_{sk} w_{sl} K_{ijkl}^{(2)} +
$$

$$
\sum_{j=-1}^{N+1} w_{sj} K_{ij}^{(23)} + \sum_{j=-1}^{N+1} u_{sj} K_{ji}^{(22)} + \sum_{j=-1}^{N+1} \sum_{k=-1}^{N+1} w_j w_k K_{ijk}^{(22)} + \frac{1}{2} \sum_{j=-1}^{N+1} \sum_{k=-1}^{N+1} w_{sj} w_{sk} K_{jki}^{(22)} = 0
$$

$$
(9.62)
$$

$$
\frac{\mathrm{d}}{\mathrm{d}t} \Big[-\frac{1}{2} V m_{pi}^{(2)} + \sum_{j=-1}^{M+1} m_{pij}^{(2)} \dot{w}_{pj}^{(2)} + m_{vi}^{(4)} V + \sum_{j=-1}^{M+1} \dot{w}_{pj} m_{ij}^{(4)} \Big] + \sum_{j=-1}^{M+1} w_{pj}^{(2)} K_{ij}^{(3)} +
$$

$$
\sum_{k=-1}^{M+1} \sum_{j=-1}^{M+1} u_{pk}^{(2)} w_{pj}^{(2)} K_{kij}^{(41)} + \sum_{j=-1}^{M+1} \sum_{k=-1}^{M+1} \sum_{l=-1}^{M+1} w_{pj}^{(2)} w_{pk}^{(2)} w_{pl}^{(2)} K_{ijkl}^{(4)} + \sum_{k=-1}^{M+1} \sum_{j=-1}^{M+1} u_{pk}^{(2)} w_{pj}^{(2)} K_{kij}^{(42)} = 0
$$

$$
(9.63)
$$

$$\frac{\mathrm{d}}{\mathrm{d}t}\Big[\sum_{j=-1}^{M+1} m_{pij}^{(2)}\dot{u}_{pj}^{(2)}\Big] + \sum_{j=-1}^{M+1} u_{pj}^{(2)}K_{ij}^{(41)} + \frac{1}{2}\sum_{j=-1}^{M+1}\sum_{k=-1}^{M+1} w_{pj}^{(2)}w_{pk}^{(2)}K_{ijk}^{(41)} + \sum_{j=-1}^{M+1} u_{pj}^{(2)}K_{ij}^{(42)} +$$

$$\sum_{j=-1}^{M+1} u_{pj}^{(2)}K_{ij}^{(43)} + \frac{1}{2}\sum_{j=-1}^{M+1}\sum_{k=-1}^{M+1} w_{pj}^{(2)}w_{pk}^{(2)}K_{ijk}^{(42)} = 0 \qquad (9.64)$$

还有相似两式,以 M' 代替 M,以 $m_{pi}^{(3)}$,$m_{pij}^{(3)}$,$u_{pi}^{(3)}$,$w_{pi}^{(3)}$,$\dot{u}_{pi}^{(3)}$,$\dot{w}_{pi}^{(3)}$ 等代替 $m_{pi}^{(2)}$,$m_{pij}^{(2)}$,$u_{pi}^{(2)}$,$w_{pi}^{(2)}$,$\dot{u}_{pi}^{(2)}$,$\dot{w}_{pi}^{(2)}$ 等。 $\qquad (9.65)\sim(9.66)$

在对时间 t 的微分中,注意到式(9.60)中的 $m_4^{(1)}$,$m_4^{(2)}$,$m_{vi}^{(4)}$ 是时间的函数。式(9.63)中的 $m_{vi}^{(4)}$,$m_{ij}^{(4)}$ 是时间的函数,展开得

$$m_s\dot{V} - \frac{1}{2}\sum_{i=-1}^{N+1} m_{si}\ddot{u}_{si} + m_p^{(2)}\dot{V} - \frac{1}{2}\sum_{i=-1}^{M+1}\ddot{w}_{pi}m_{pi}^{(2)} + m_p^{(3)}\dot{V} - \frac{1}{2}\sum_{i=-1}^{M+1}\ddot{w}_{pi}m_{pi}^{(3)} +$$

$$m_4^{(1)}\dot{V} + \dot{m}_4^{(1)}V + m_4^{(2)}\dot{V} + \dot{m}_4^{(3)}V + \sum_{i=-1}^{M+1}\ddot{w}_{pi}^{(2)}m_{vi}^{(4)} + \sum_{i=-1}^{M+1}\dot{w}_{pi}^{(2)}\dot{m}_{vi}^{(4)} = mg - B$$

$$(9.67)$$

$$-\frac{1}{2}\dot{V}m_{si} + \sum_{j=-1}^{N+1} m_{sij}\ddot{u}_{sj} + \sum_{j=-1}^{N+1} u_{sj}K_{ij}^{(21)} + \frac{1}{2}\sum_{j=-1}^{N+1}\sum_{k=-1}^{N+1} w_{sj}w_{sk}K_{ijk}^{(21)} +$$

$$\sum_{i=-1}^{M+1} w_{sj}K_{ij}^{(22)} = 0 \qquad (9.68)$$

$$\sum_{j=-1}^{N+1} m_{sij}\ddot{w}_{sj} + \sum_{j=-1}^{N+1} w_{sj}K_{ij}^{(1)} + \sum_{j=-1}^{N+1}\sum_{k=-1}^{N+1} u_{sk}w_{sj}K_{kij}^{(21)} + \sum_{j=-1}^{N+1}\sum_{k=-1}^{N+1}\sum_{l=-1}^{N+1} w_{sj}w_{sk}w_{sl}K_{ijkl}^{(2)} +$$

$$\sum_{j=-1}^{N+1} w_{sj}K_{ij}^{(23)} + \sum_{j=-1}^{N+1} u_{sj}K_{ij}^{(22)} + \sum_{j=-1}^{N+1}\sum_{k=-1}^{N+1} w_j w_k K_{ijk}^{(22)} + \frac{1}{2}\sum_{j=-1}^{N+1}\sum_{k=-1}^{N+1} w_{sj}w_{sk}K_{jki}^{(22)} = 0$$

$$(9.69)$$

$$-\frac{1}{2}\dot{V}m_{pi}^{(2)} + \sum_{j=-1}^{M+1} m_{pij}^{(2)}\ddot{w}_{pj}^{(2)} + m_{vi}^{(4)}\dot{V} + \dot{m}_{vi}^{(4)}V + \sum_{j=-1}^{M+1}\ddot{w}_{pj}m_{ij}^{(4)} + \sum_{j=-1}^{M+1}\dot{w}_{pj}\dot{m}_{ij}^{(4)} +$$

$$\sum_{j=-1}^{M+1} w_{pj}^{(2)}K_{ij}^{(3)} + \sum_{u=-1}^{M+1}\sum_{j=-1}^{M+1} u_{pk}^{(2)}w_{pj}^{(2)}K_{kij}^{(41)} + \sum_{j=-1}^{M+1}\sum_{k=-1}^{M+1}\sum_{l=-1}^{M+1} w_{pj}^{(2)}w_{pk}^{(2)}w_{pl}^{(2)}K_{ijkl}^{(4)} +$$

$$\sum_{k=-1}^{M+1}\sum_{j=-1}^{M+1} u_{pk}^{(2)}w_{pj}^{(2)}K_{kij}^{(42)} = 0 \qquad (9.70)$$

$$\sum_{j=-1}^{M+1} m_{pij}^{(2)}\ddot{u}_{pj}^{(2)} + \sum_{j=-1}^{M+1} u_{pj}^{(2)}K_{ij}^{(41)} + \frac{1}{2}\sum_{j=-1}^{M+1}\sum_{k=-1}^{M+1} w_{pj}^{(2)}w_{pk}^{(2)}K_{ijk}^{(41)} + \sum_{j=-1}^{M+1} u_{pj}^{(2)}K_{ij}^{(42)} +$$

$$\sum_{j=-1}^{M+1} u_{pj}^{(2)}K_{ij}^{(43)} + \frac{1}{2}\sum_{j=-1}^{M+1}\sum_{k=-1}^{M+1} w_{pj}^{(2)}w_{pk}^{(2)}K_{ijk}^{(42)} = 0 \qquad (9.71)$$

以上获得一组非线性的常微分方程组,可以用数值方法求解,在求解这组方程时,若取筒体刚刚接触水面的瞬时为 $t=0$,则在 $t=0^-$ 时,筒体的整体速度为

$V = V_0^-$，变形速度 u_s，w_s，u_p，w_p 等均为 0，流体处于静止状态。在 $t = 0^+$ 时，筒体已与水接触，其整体速度为 V_0^+。作为不可压缩流体，流体中即具有一个速度场，这是一个冲击过程，在瞬时内完成了一个有限速度的变化，出现奇异性，从实际的物理现象上看，应把气垫层的影响考虑进去，平板入水空气来不及跑掉，起了对冲击的缓和作用，避免了在 $t = 0$ 时的奇异性。

9.5　鱼雷形状壳体入水撞击的水弹性力学理论

9.5.1　前言

空投鱼雷，反潜入水导弹和宇宙飞船海上溅落舱等研究工作的发展，要求解决弹性圆筒的入水撞击问题。旋转壳体撞水水弹性效应的文献资料很少，平野阳一(1973)[4] 对可挠球形底壳撞水的计算被认为是有代表性的。他将水域中速势的计算采用透镜形物体取代静水面处球底壳圆板的方法，近似地写出了速势的解析公式，从而使问题线性化，能用振型叠加法在频域上分析水弹性效应。平野只取底壳振动的最低次振形进行计算。他的计算结果在定量上并不能说明他的实验结果。还有威尔金森等对球底的线性化处理的解析论文[5]，邓梅斯尼尔和内维尔[6] 作过实验研究。

凡是利用经典理论建立的平头物体入水模型，都避不开初始瞬间撞水压力无穷大的奇性。于是无可奈何，只好承认初始时刻压力无穷大，而从紧接初始时刻后无穷大压力开始衰减下来的某一时刻开始进行入水体的数值计算。这种计算不尽合理。

奥格尔维(Ogilvie)[7] 考虑到水的可压缩性，把物体撞水当作一种声学现象，当物体以速度 V_0 撞水时，水中压力瞬间的增加以水中声速 C_w 传播，在他的一维理论中，撞水压力 $P = \rho_w C_w V_0$ [7]。可是，迄今的实验都未能测出这种声压，自从 20 世纪 60 年代庄氏(Chuang)精细地实测出撞水压力远低于 $\rho_w C_w V_0$ 值后[8]，人们才开始怀疑一维声压值，并提出种各样的模型进行解释。

在众多的解释模型中，以维哈金(Verhagen)提出的气垫效应理论最为杰出[9]，他从为平头物体撞水时物体和水面之间的空气不会完全逃逸，而是形成了气垫层，使撞水压力从大气压力逐渐升到有限的最大值，并均布于整个撞触面上，也正是这层空气使水面变形，并且空气被压入水中，进一步导致撞水压力变小。

自从维哈金 1967 年提出气垫效应以来，经约翰逊(Johnson)[10]、刘易桑

(Lewison)[11]、凯勒(Koehler)[12]、山本善之[13]、宫本武、谷泽克治[14]、加拉格尔(Gallagher)、麦格雷戈(McGreger)[15]等人的修正和拓广,都是只适用于船舶砰击问题,砰击的初速一般都低于 3 m/s。

当气垫层被物体和抬高的水面封合后,他们认为形成的大气泡(或假定长方形——维哈金,或假定为半椭圆形——加拉格尔)将不会消失,而是在某一平衡位置附近作永久的振荡,这显然是不符合实情的,这正是维哈金等人理论的另一致命弱点。

本节中叙述平头旋转弹性壳体的垂直撞水问题,考虑了气垫效应和水的可压缩性,给出了完整的处理方法[16]。

9.5.2　平头旋转弹性壳体的有限元处理方程

平头旋转弹性壳体由头部圆平板、圆弧形壳体、圆柱形壳体和尾部圆平板组合而成(图 9.7),头部圆平板划分成 5 个圆环,其宽度均相同,在圆心处必需挖去一个半径 δ 很小的小圆,以避免在刚度计算中出现的奇异性。小圆边界上所受的水动压力取作圆心处所受水动压力。圆弧形壳体部分用 4 个截顶锥壳取代,其锥元的长度均相同,圆柱形壳体部分划分成 6 个壳体段,为了提高圆柱形壳体的强度,增设了加固环肋,此时可取环肋处作为分划壳体的节圆处,并认为节圆与环肋形心轴线重合。在单元离散时必须注意到锥元或柱元与环肋的组合连接形式。

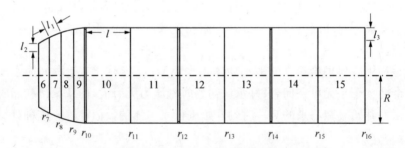

图 9.7　平头壳体单元的划分

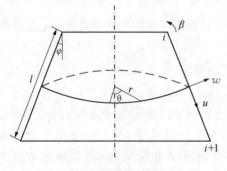

图 9.8　旋转薄壳的锥形元

图 9.8 表示锥元,选择各节圆周上的位移 u_i, w_i, β_i 和 u_{i+1}, w_{i+1}, β_{i+1} 作为基本未知数;u 为沿壳体经线方向的位移;w 为沿法线方向的位移;β 为壳元在子午面内的转角;l 为壳体元经线长度。锥元的应变 ε 可表示为

$$\varepsilon = \boldsymbol{B}(u_i, w_i, \beta_i, u_{i+1}, w_{i+1}, \beta_{i+1})^{\mathrm{T}}$$

$$(9.72)$$

式中上角标 T 表示转置，应变为

$$\boldsymbol{\varepsilon} = (\varepsilon_s, \ \varepsilon_\theta, \ \chi_s, \ \chi_\theta)^{\mathrm{T}} \tag{9.73}$$

式中：ε_s，ε_θ 为中面线应变分量；χ_s，χ_θ 为中面弯曲应变分量；矩阵 $\boldsymbol{B}$ 为锥元几何的函数。

由壳体的弹性关系

$$\boldsymbol{\sigma} = \boldsymbol{D}\boldsymbol{\varepsilon} \tag{9.74}$$

可得锥元的总应变能

$$V = \frac{1}{2} \int_0^{2\pi} \int_0^l \boldsymbol{\sigma}^{\mathrm{T}} \boldsymbol{\varepsilon} r \, \mathrm{d}s \, \mathrm{d}\theta$$

$$= \frac{1}{2} \int_0^{2\pi} \int_0^l (u_i, \ w_i, \ \beta_i, \ u_{i+1}, \ w_{i+1}, \ \beta_{i+1}) \boldsymbol{B}^{\mathrm{T}} \boldsymbol{D} \boldsymbol{B} (u_i, \ w_i, \ \beta_i, \ u_{i+1}, \ w_{i+1}, \ \beta_{i+1})^{\mathrm{T}} r \, \mathrm{d}s \, \mathrm{d}\theta$$

$$= \frac{1}{2} (u_i, \ w_i, \ \beta_i, \ u_{i+1}, \ w_{i+1}, \ \beta_{i+1}) \boldsymbol{K}_q (u_i, \ w_i, \ \beta_i, \ u_{i+1}, \ w_{i+1}, \ \beta_{i+1})^{\mathrm{T}} \tag{9.75}$$

式中：$\boldsymbol{\sigma}$ 为内力矩阵，$\boldsymbol{\sigma} = (T_s, \ T_\theta, \ M_s, \ M_\theta)^{\mathrm{T}}$，其中 T_s，T_θ 为拉力；M_s，M_θ 为弯矩；$\boldsymbol{D}$ 为弹性矩阵；$\boldsymbol{K}_q$ 为单元的刚度矩阵。

$$\boldsymbol{K}_q = 2\pi \int_0^l \boldsymbol{B}^{\mathrm{T}} \boldsymbol{D} \boldsymbol{B} r \, \mathrm{d}s \tag{9.76}$$

当进行旋转壳的计算时，要将每个单元的局部坐标系转换到同一个整体坐标系，设同一节圆周在整体坐标系中的位移为

$$\boldsymbol{\Delta} = (\bar{u}, \ \bar{w}, \ \beta)^{\mathrm{T}} \tag{9.77}$$

则有

$$\boldsymbol{\Delta} = \boldsymbol{C}_q \ (u, \ w, \ \beta)^{\mathrm{T}} \tag{9.78}$$

式中：$\boldsymbol{C}_q$ 为坐标转换矩阵。

壳元对于位移 $\boldsymbol{\Delta}$ 的刚度矩阵为

$$\boldsymbol{K}_\Delta = \boldsymbol{C}_q^{-\mathrm{T}} \boldsymbol{K}_q \boldsymbol{C}_q^{-1} \tag{9.79}$$

应用对号入座的组合方法可获得整个组合结构的总体刚度矩阵。

关于壳体上节点外力的计算：

重力项为 $\begin{bmatrix} -\rho g \cos\varphi \\ \rho g \sin\varphi \end{bmatrix}$

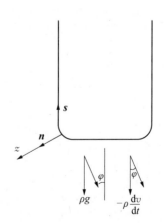

图 9.9　重力载荷和本体惯性力载荷

本体惯性力项为 $\begin{bmatrix} \rho\dot{v}\cos\varphi \\ -\rho\dot{v}\sin\varphi \end{bmatrix}$

壳体弹性变形引起的惯性力项为 $\begin{bmatrix} -\rho\ddot{u} \\ -\rho\ddot{w} \end{bmatrix}$

记

$$\left\{ \begin{aligned} F_s &= \rho(\dot{v}-g)\cos\varphi - \rho\ddot{u} \\ F_n &= \rho(g-\dot{v})\sin\varphi - \rho\ddot{w} \end{aligned} \right\} \tag{9.80}$$

则壳元上受到的体荷为 $(F_s, F_n)^{\mathrm{T}}$，其中：ρ 为壳体密度；g 为重力加速度；v 为本体速度；s 为经线方向；n 为法向。

与作用于壳元上体荷 $(F_s, F_n)^{\mathrm{T}}$ 等价的 6 个分量的节点外力为

$$(T_i, N_i, M_i, T_{i+1}, N_{i+1}, M_{i+1})^{\mathrm{T}} = 2\pi t \int_0^l \boldsymbol{A}^{\mathrm{T}}(F_s, F_n)^{\mathrm{T}}(r_i + s\sin\varphi_i)\mathrm{d}s \tag{9.81}$$

式中：T, N, M 分别为相应于局部坐标 u, w, β 上的力、力矩。

将锥元公式中取 $\varphi = \dfrac{\pi}{2}$，便可得头部平板环元的由体荷产生的节点外力。但头部圆平板还受到由压力面荷产生的节点外力，压力为

$$(0, \ p_0 - p_i)^{\mathrm{T}}$$

式中：p_0 为大气压力；p_i 是由水域差分法求出的圆平板节点处的压力值。

用线性插值公式给出环元上的压力分布，对于第 i 个环元有

$$p = p_i + \frac{p_{i+1} - p_i}{l} S \tag{9.82}$$

式中：$\overline{p_i} = p_0 - p_i$；$\overline{p_{i+1}} = p_0 - p_{i+1}$

作用于第 i 个环元上面荷的等价节点力为

$$(T_i, N_i, M_i, T_{i+1}, N_{i+1}, M_{i+1})^{\mathrm{T}} = 2\pi \int_0^l \boldsymbol{A}^{\mathrm{T}}\left(0, \ p_i + \frac{p_{i+1} - p_i}{l}\right)^{\mathrm{T}}(r_i + s)\mathrm{d}s \tag{9.83}$$

式中

$$\boldsymbol{A} = \begin{bmatrix} 1 - \dfrac{s}{l} & 0 & 0 & \dfrac{s}{l} & 0 & 0 \\[2ex] 0 & 1 - \dfrac{3s^2}{l^2} + \dfrac{2s^3}{l^3} & s - \dfrac{2s^2}{l} + \dfrac{s^3}{l^2} & 0 & \dfrac{3s^2}{l^2} - \dfrac{2s^3}{l^3} & -\dfrac{s^2}{l} + \dfrac{s^3}{l^2} \end{bmatrix} \tag{9.84}$$

将上述总节点外力换算到整体坐标系中,有

$$T_{\Delta i} = - N_i, \quad N_{\Delta i} = T_i \qquad (9.85)$$

尾部圆板的环元相当于 $\varphi = -\dfrac{\pi}{2}$ 的锥元,其处理与头部圆板相同,但仅受到体荷作用,无面荷作用。

设整个壳体区共分成 m 个有限元,则相应节点上的整体坐标系下的节点外力为

$$\overline{\boldsymbol{P}} = (T_{\Delta 1}^{**}, N_{\Delta 1}^{**}, M_{\Delta 1}^{**}, T_{\Delta 2}^{**}, N_{\Delta 2}^{**}, M_{\Delta 2}^{**}, \cdots, T_{\Delta m+1}^{**}, N_{\Delta m+1}^{**}, M_{\Delta m+1}^{**})^{\mathrm{T}}$$
$$(9.86)$$

整个运动方程式的矩阵形式为

$$\overline{\boldsymbol{K}}\,\overline{\boldsymbol{\Delta}} = \boldsymbol{P} \qquad (9.87)$$

式中:$\overline{\boldsymbol{\Delta}}$ 为整个结构的节点位移向量:

$$\overline{\boldsymbol{\Delta}} = (\bar{u}_1, \overline{w}_1, \bar{\beta}_1, \bar{u}_2, \overline{w}_2, \bar{\beta}_2, \cdots, \bar{u}_{m+1}, \overline{w}_{m+1}, \bar{\beta}_{m+1})^{\mathrm{T}} \qquad (9.88)$$

在节点外荷向量中,包括了惯性力在内;$\overline{\boldsymbol{K}}$ 为整个结构在整体坐标系中的总体刚度矩阵。

9.5.3　气垫效应的处理

气垫层中的流动作为一维气流处理,分成三个阶段。第一阶段,直到头部边缘气体速度达到 $0.1c_0$(c_0 为标准大气声速),当作一维不可压缩流处理;第二阶段直到抬高的水面与头部边缘接触,当作一维可压缩气流处理;第三阶段计算被物体头部和水面封合的气垫层,直到 $p_{\max}$。以后,根据实验空气被以小气泡形式压入水中,物体头部与水全面接触,气垫层消失。

气垫效应的第一阶段:

假定空气是不可压缩的,且水面不受扰动,如图 9.10 所示,R 轴位于静止未扰动水面上,z 轴垂直向下,因为 $h_a(t)$ 将是负值,当作一维气流计算,起算高度 $h_a(0)$ 必须满足

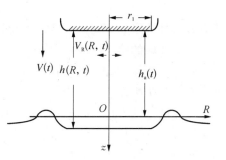

图 9.10　气垫效应计算示意图

$$\frac{|h_a(0)|}{2r_1} \ll 1 \qquad (9.89)$$

并设在这高度处的物体速度为 V_0。

由连续性方程和气体运动方程

$$\left.\begin{array}{l} \dfrac{\partial \rho_0 h_a}{\partial t} + \dfrac{\partial \rho_0 V_R h_a}{\partial R} + \dfrac{\rho_0 V_R h_a}{R} = 0 \\[3mm] \dfrac{\partial V_R}{\partial t} + V_R \dfrac{\partial V_R}{\partial R} = -\dfrac{1}{\rho_0} \dfrac{\partial p}{\partial R} \end{array}\right\} \tag{9.90}$$

和边界条件

$$V_R = 0 \qquad R = 0 \text{ 处}$$
$$p = p_0 \quad (p_0: \text{标准大气压强}) \qquad R = r_1 \text{ 处} \tag{9.91}$$

可得

$$p = \rho_0 \left[\frac{1}{2h_a} \frac{\mathrm{d}^2 h_a}{\mathrm{d} t^2} - \frac{3}{4h_a^2} \left(\frac{\mathrm{d} h_a}{\mathrm{d} t} \right)^2 \right] \frac{R^2 - r_1^2}{2} + p_0 \quad (r_1: \text{头部半径}) \tag{9.92}$$

$$h_a(t) = h_a(0) + \int_0^t V(t) \mathrm{d} t \quad (V(t): \text{物体速度}) \tag{9.93}$$

物体运动方程式 $\dfrac{\mathrm{d}^2 h_a}{\mathrm{d} t^2} = g - \dfrac{2\pi}{M} \int_0^{V_1} (p - p_0) R \mathrm{d} R \quad (M: \text{物体质量})$
$$\tag{9.94}$$

利用式(9.92)可得第一阶段的控制方程

$$\left(1 - \frac{\pi \rho_0 r_1^4}{8 M h_a} \right) \frac{\mathrm{d}^2 h_a}{\mathrm{d} t^2} = g - \frac{3\pi \rho_0 r_1^4}{16 M h_a^2} \left(\frac{\mathrm{d} h_a}{\mathrm{d} t} \right)^2 \tag{9.95}$$

$$h_a = h_a(0), \quad \frac{\mathrm{d} h_a}{\mathrm{d} t} = V_0 \qquad \text{在 } t = 0 \text{ 时}$$

该方程可利用定步长龙格-库塔(Runge-Kutta)法求解。

气垫效应的第二阶段：

在这一阶段,考虑空气的可压缩性,还要考虑水面的变形。气垫效应的大部分计算工作量集中在这一阶段。

气流的运动方程、连续方程和绝热方程为

$$\left.\begin{array}{l} \dfrac{\partial V_R}{\partial t} + V_R \dfrac{\partial V_R}{\partial R} = -\dfrac{1}{\rho_a} \dfrac{\partial p}{\partial R} \\[3mm] \dfrac{\partial \rho_a h}{\partial t} + \dfrac{\partial \rho_a V_R h}{\partial R} + \dfrac{\rho_a V_R h}{R} = 0 \\[3mm] \rho_a = \left(\dfrac{C_a^2}{k\nu} \right)^{\frac{1}{\nu-1}}, \ P = k \left(\dfrac{C_a^2}{k\nu} \right)^{\frac{1}{\nu-1}}, \ \dfrac{P}{P_\infty} = \left(\dfrac{C_a}{C_0} \right)^{\frac{2\nu}{\nu-1}} \end{array}\right\} \tag{9.96}$$

式中：ρ_a 为空气密度；h：气层厚度；且有 $k = \dfrac{p}{\rho_a^v} = $ 常数；$\nu = 1.4$；$C_a^2 = \dfrac{\mathrm{d}p}{\mathrm{d}\rho_a} = k\nu\rho_a^{v-1}$（$C_a$：空气中声速，$\nu$：空气绝热指数）

记水面方程为 $z = z(R, t)$。

由 $h(R, t) = z(R, t) - h_a(t)$，$\dfrac{\mathrm{d}h_a(t)}{\mathrm{d}t} = V(t)$ 和 $V = V(t_0)$，$h = -h_a(t_0)$，当 $t = t_0$ 时，有

$$V(t) = g(t - t_0) - \frac{2\pi}{M}\int_{t_0}^{t}\int_0^{r_1}(p - p_0)R\,\mathrm{d}R\,\mathrm{d}t + V(t_0)$$

$$= g(t - t_0) - \frac{2\pi p_0}{M}\int_{t_0}^{t}\int_0^{r_1}\left[\left(\frac{C_a}{C_0}\right)^{\frac{2\nu}{\nu-1}} - 1\right]R\,\mathrm{d}R\,\mathrm{d}t + V(t_0) \qquad (9.97)$$

$$h(R, t) = -h_a(t_0) + z(R_1 t) - \int_{t_0}^{t}V(t)\,\mathrm{d}t \qquad (9.98)$$

其中涉及对水域的处理（图 9.11）。

气垫效应导致水面的扰动很小，采用线性化的水面条件

$$\frac{\partial\varphi}{\partial t} - gz(R, t) + \frac{p(R, t) - p_0}{\rho_w} = 0$$

式中：φ 为速度势；ρ_w 为水密度。

有

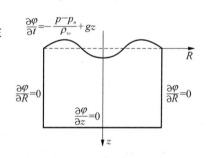

图 9.11 水域处理示意图

$$\frac{\partial\varphi}{\partial t} = -\frac{p(R, t) - p_0}{\rho_w} + gz(R, t)$$

$$(9.99)$$

速度势满足拉普拉斯方程

$$\frac{\partial^2\varphi}{\partial R^2} + \frac{1}{R}\frac{\partial\varphi}{\partial R} + \frac{\partial^2\varphi}{\partial z^2} = 0 \qquad (9.100)$$

取一个充分大的水域控制面，其边界条件如图 9.11 所示。A. May 指出[17]，据实测，当侧壁间距大于 5 倍入水空泡直径时，可忽略池壁的影响。

对气流方程采用指定步长的特征线法进行数值计算。由 t_0 时的值，求出 $t = t_0 + \Delta t$ 时的值 $V_R(R, t_0 + \Delta t)$，$C_a(R, t_0 + \Delta t)$，$p(R, t_0 + \Delta t)$，结合水域的计算，求出水面变形 $z(R, t_0 + \Delta t)$，逐步按时间步长推进计算下去。

关于边界条件的确定，在物体头部边缘处，认为 $p(r_1, t) = p_0$，因而 $C_a(r_1, t) = C_0$，还有在中心处，$V_R(0, t) = 0$。

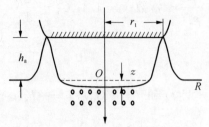

图 9.12　气垫封合后计算示意图

水域用差分方法进行求解。

气垫效应的第三阶段：

当计算到 $h(r_1, t_s) = 0$，此时刻 t_s 表示物体头部边缘触及水面，空气被封合在气垫层中，t_s 瞬时气层的厚度为

$$h_a(t_s) = h_a(t_0) + \int_{t_0}^{t_s} V(t) \mathrm{d}t$$

(9.101)

扰动水面在静水面下 $z(t_s) = h_1 + h_a(t_s)$ 处。

t_s 瞬时空气层的平均压力为

$$P_I = 2\pi \int_0^{r_1} P(R, t_s) R \mathrm{d}R / \pi r_1^2$$

(9.102)

再往下计算时，封合的空气层被压缩，有

$$\frac{\rho}{\rho_I} = \frac{h_1}{-h_a + z}$$

(9.103)

式中：ρ_I 为 t_s 时空气密度。

$$\frac{P}{P_I} = \left(\frac{\rho}{\rho_I}\right)^\nu$$

(9.104)

水中压力波传播如平面声波

$$\frac{\mathrm{d}z}{\mathrm{d}t} = \frac{P - P_I}{k c \rho_w} + \dot{z}(t_s)$$

(9.105)

式中：$\dot{z}(t_s)$ 为 t_s 瞬时的平均水面速度。

$$\frac{\mathrm{d}^2 h_a}{\mathrm{d}t^2} = g - \frac{\pi r_1^2 (P - P_0)}{M}$$

(9.106)

由式(9.103)、式(9.104)、式(9.105)得

$$h_a = z - h_1 \left(\frac{P_I}{P}\right)^{\frac{1}{\nu}}$$

$$\frac{\mathrm{d}h_a}{\mathrm{d}t} = \frac{\mathrm{d}z}{\mathrm{d}t} + h_1 \frac{1}{\nu} \left(\frac{P_I}{P}\right)^{\frac{1-\nu}{\nu}} P_I P^{-2} \frac{\mathrm{d}P}{\mathrm{d}t} = \frac{h_1}{\nu} P_I^{1/\nu} \frac{\mathrm{d}P}{\mathrm{d}t} \Big/ P^{1 + \frac{1}{\nu}} + \frac{P - P_I}{k \rho_w c} + \dot{z}(t_s)$$

(9.107)

$$\frac{\mathrm{d}^2 h_a}{\mathrm{d}t^2} = \frac{\dfrac{h_1}{\nu}P_{\mathrm{I}}^{1/\nu}}{P^{1+\frac{1}{\nu}}}\frac{\mathrm{d}^2 P}{\mathrm{d}t^2} + \frac{h_1}{\nu}P_{\mathrm{I}}^{1/\nu}\Big(\frac{\mathrm{d}P}{\mathrm{d}t}\Big)^2\Big[-\Big(1+\frac{1}{\nu}\Big)\Big]P^{-2-\frac{1}{\nu}} + \frac{1}{kc\rho_{\mathrm{w}}}\frac{\mathrm{d}P}{\mathrm{d}t}$$

$$= g - \frac{(P-P_0)\pi r_1^2}{M}$$

即

$$\frac{\mathrm{d}^2 P}{\mathrm{d}t^2} - \frac{1+\nu}{\nu}\frac{\Big(\dfrac{\mathrm{d}P}{\mathrm{d}t}\Big)^2}{P} + \frac{\nu P^{1+\frac{1}{\nu}}\dfrac{\mathrm{d}P}{\mathrm{d}t}}{kc\rho_{\mathrm{w}}h_1 P_{\mathrm{I}}^{1/\nu}} + \big[(P-P_0)\pi r_1^2 - M\big]\frac{\nu P^{1+\frac{1}{\nu}}}{h_1 M P_{\mathrm{I}}^{1/\nu}} = 0$$

$$(9.108)$$

由初始条件

$$P = P_{\mathrm{I}}, \qquad \frac{\mathrm{d}h_a}{\mathrm{d}t} = v(t_{\mathrm{s}}) \qquad t = t_{\mathrm{s}}\ \text{时}$$

及式(9.107)得

$$V(t_{\mathrm{s}}) = \frac{h_1}{\nu}\frac{P_{\mathrm{I}}^{1/\nu}\dfrac{\mathrm{d}P}{\mathrm{d}t}}{P_{\mathrm{I}}^{1+\frac{1}{\nu}}} + \dot{z}(t_{\mathrm{s}})$$

因此

$$\frac{\mathrm{d}P}{\mathrm{d}t}\Big|_{t_{\mathrm{s}}} = \frac{\nu[V(t_{\mathrm{s}}) - \dot{z}(t_{\mathrm{s}})]P_{\mathrm{I}}}{h_1} \qquad (9.109)$$

方程式(9.105)、式(9.107)、式(9.108)构成了本阶段的控制方程。用定步长龙格-库塔方法求解,计算直到 P 出现极大值为止,此时气层厚度最小,水面和物速的相对速度为零,$P = P_{\max}$ 以后,认为气体全部被压入水中,物体全面沾水,气垫效应消失。

由于掺气浓度 α 是未知的,张效慈建立了一种处理方法[16],认为平均掺气浓度与最终气垫消失时的最大压力成正比,并与气体封闭开始时的物速成反比。

$$\alpha = \beta(P_{\max} - P_0)/V(t_{\mathrm{s}}) \qquad (9.110)$$

系数 β 由某一次实测值确定,并要利用沃利斯(Wallis)给出掺气流中的声速公式。

$$C_{\text{掺气流}}^2 = 1/\big[(1-\alpha)\rho_1 - \alpha\rho_{\mathrm{g}}\big]\big[(1-\alpha)\beta_1 + \alpha\beta_{\mathrm{g}}\big] \qquad (9.111)$$

式中:α 为掺气浓度;ρ_1 为纯液密度;ρ_{g} 为纯气密度;β_1 为液体压缩率;β_{g} 为气体压缩率。对水 $\rho_1 = 1$ g/cm^3,$\beta_1 = 0.489 \times 10^{-10}$ cm·s^2/g;对空气 $\rho_{\mathrm{g}} = 0.001\,29$ g/cm^3,$\beta_{\mathrm{g}} = 7\,059.206 \times 10^{-10}$ cm·s^2/g。图 9.13 给出了掺气流中声速与

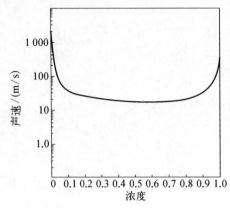

图 9.13　渗气流中声速与掺气浓度的关系[18]

掺气浓度关系的曲线[18]。定义修正因子 K，$C_{\text{掺气流}} = KC_{\text{纯水}}$，$0 < K \leqslant 1$。利用计算机，选定合适的修正因子 K，使算出的密封气层最大压力正好等于实测量，并用沃利斯公式换算到对应的 α，进一步求出 β 值。为了计算这个 β 值，具体选择哪一次测值是无关紧要的。

利用一组 1 米吊高的撞水实验测量值 $P_{\max} = 6.21 \text{ kgf/cm}^2$，得出平均掺气浓度 $\alpha = 0.027\ 31$，$\beta = 0.023\ 308\ 786 \times 10^{-5} \text{ N} \cdot \text{S/m}^3$，于是

$$\alpha = 0.023\ 308\ 786 \times 10^{-5}(P_{\max} - P_0)/V(t_{\text{s}}) \tag{9.112}$$

$$K = \sqrt{1/[(1-\alpha)\rho_{\text{l}} + \alpha\rho_{\text{g}}][(1-\alpha)\beta_{\text{l}} + \alpha\beta_{\text{g}}]}/C_{\text{纯水}} \tag{9.113}$$

9.5.4　与水耦合的计算

本节仍将采用有限差分法计算壳体对略微可压无旋流体的撞击。鉴于苏联加弗里伦科和库本科的观点[19]，对可压缩水撞击又不考虑水面抬高会导致误差 100%，我们将考虑水面抬高，从而水面边界条件将是非线性的。

在沾水初始时刻直接采用气垫效应求出的压力，将同时考虑气垫效应和水的可压缩性问题，在第三气垫效应阶段依然采用一维声波理论，根据库本科的结果[20]，在撞水最初时刻，压力是符合平面波假定的，即 $P = \rho c V$，而后压力服从声学方程 $\Delta\phi = \phi_{tt}/C_0^2$ 衰减。

事实上，曾完全不考虑过气垫效应，直接用声学方程求解，得出的压力值远高于实测值，说明为了消除奇异性，只考虑水可压缩性是不行的，气垫效应是不能撇开的。

可压缩效应持续时间是短暂的，随着声波和入水深度间相对距离的增加，水可压缩效应减弱，以至以后完全可忽略可压缩性。

基本定解问题：

$$\left.\begin{array}{l} \boldsymbol{V} = \nabla\varphi \\ \dfrac{1}{C_0^2}\dfrac{\partial^2\varphi}{\partial t^2} = \varphi_{rr} + \dfrac{1}{r}\varphi_r + \varphi_{zz} \end{array}\right\} \tag{9.114}$$

初始条件　　$\varphi = 0, \dfrac{\partial\varphi}{\partial t} = 0$　　$t = 0$ 时

边界条件　　　$\dfrac{\partial \varphi}{\partial z} = V$　　　　在板面上，$t \geqslant 0$ 时

$\qquad\qquad V = V_0$　　　　在板面上，$t = 0$ 时

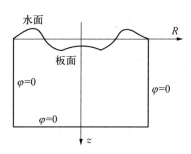

图 9.14　水可压缩理论中水动力学边界条件

在物理空间内取足够远的边界代替无穷远的边界。利用初始边界条件，用差分法求出水域中的 φ^1，并求出水面上的 $\dfrac{\partial \varphi^1}{\partial R}$ 和 $\dfrac{\partial \varphi^1}{\partial z}$，则水面新坐标为

$$R_{\mathrm{w}}^1 = R_{\mathrm{w}}^0 + \frac{\partial \varphi^1}{\partial R} \Delta t_1, \quad z_{\mathrm{w}}^1 = \frac{\partial \varphi^1}{\partial z} \Delta t_1 \tag{9.115}$$

利用伯努利方程

$$\frac{\partial \varphi}{\partial t} + \frac{1}{2}\left[\left(\frac{\partial \varphi}{\partial R} \right)^2 + \left(\frac{\partial \varphi}{\partial z} \right)^2 \right] = \frac{p_0 - p}{\rho} + g z_{\mathrm{w}} \tag{9.116}$$

得到在水面上 $\dfrac{\partial \varphi^1}{\partial t} = g z_{\mathrm{w}}^1 - \dfrac{1}{2}\left[\left(\dfrac{\partial \varphi^1}{\partial R} \right)^2 + \left(\dfrac{\partial \varphi^1}{\partial z} \right)^2 \right]$，于是下一时间步水面上

速势为 $\varphi^2 = \varphi^1 + \dfrac{\partial \varphi^1}{\partial t} \Delta t_1$，利用气垫效应结束时的压力 $p_0 - p_{\max}$ 用有限元法计算

壳体变形 $\bar{u}^1$，$\bar{w}^1$，$\bar{\beta}'$，壳体入水深度 $z_s^1 = V^1 \Delta t_1 - \bar{u}^1$。

由水面速势边界条件得

$$\varphi^{k+1} = \varphi^k + g z_{\mathrm{w}}^k \Delta t_k - \frac{1}{2}\left[\left(\frac{\partial \varphi_k}{\partial R} \right)^2 + \left(\frac{\partial \varphi_k}{\partial z} \right)^2 \Delta t_k \right] \tag{9.117}$$

由板面速势边界条件，得

$$\frac{\partial \varphi^{k+1}}{\partial z} = V^{k+1} - \frac{\bar{u}^k - \bar{u}^{k-1}}{\Delta t_k} \tag{9.118}$$

水面变形为　　　$R_{\mathrm{w}}^{k+1} = R_{\mathrm{w}}^k + \dfrac{\partial \varphi^{k+1}}{\partial R} \Delta t_{k+1}, \quad z_{\mathrm{w}}^{k+1} = z_{\mathrm{w}}^k + \dfrac{\partial \varphi^{k+1}}{\partial z} \Delta t_{k+1}$

$$\tag{9.119}$$

板面压力

$$p^{k+1} = \rho_w \left\{ -\frac{\partial \varphi^{k+1}}{\partial t} + g z_s^k - \frac{1}{2} \left[\left(\frac{\partial \varphi^{k+1}}{\partial z} \right)^2 + \left(\frac{\partial \varphi^{k+1}}{\partial R} \right)^2 \right] \right\} + p_0$$

(9.120)

由 $p_0 - p^{k+1}$ 有限元法计算壳体变形 $\bar{u}^{k+1}$, $\bar{w}^{k+1}$, $\bar{\beta}^{k+1}$。

壳体入水深度 $\quad z_s^{k+1} = z_s^k + V^{k+1} \Delta t_{k+1} - \bar{u}^{k+1}$ (9.121)

壳体本体速度

$$M \frac{V^{k+2} - V^{k+1}}{\Delta t_{k+1}} = Mg - 2\pi \int_0^{r_1} (p^{k+1} - p_0) r \, \mathrm{d}r + 2\pi \rho \bar{t}_1$$

$$\int_0^{r_1} \ddot{u} r \, \mathrm{d}r + 2\pi \rho \bar{t}_3 \int_0^{r_2} \ddot{u} r \, \mathrm{d}r + 2\pi \rho \bar{t}_2 \int_0^s \ddot{u} r \, \mathrm{d}s$$

(9.122)

式中：r_1 和 $\bar{t}_1$ 为头圆板半径和厚度；r_2 和 $\bar{t}_3$ 为尾圆板半径和厚度；s 和 $\bar{t}_2$ 为主壳经线总长和厚度。

9.5.5 实验测量和结果分析

制作一个模拟某鱼雷头部及前段柱壳部的空壳模型，直径的缩比为 $1:1$（见图 9.15）。采用自由落体投放方式测定撞水压力、撞水加速度及撞水应变，模型为钢质，壁厚 4 mm，重 25.5 kg，加上测量用仪表及屏蔽电缆总重为 29.25 kg，由悬挂敲击法测得模型的一阶自振频率 769 Hz，盖板厚 1 cm。

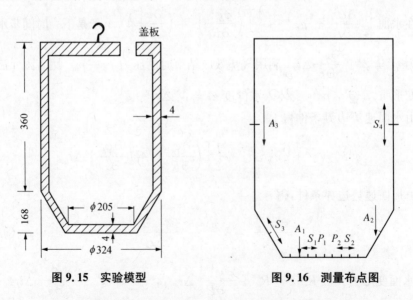

图 9.15　实验模型　　　　　图 9.16　测量布点图

在模型上两处测撞水压力，分别位于头部平板中央及 2/5 半径处。在模型上三处测撞水加速度,分别位于头部圆平板 3/5 半径处、锥形壳段母线中点及柱形壳段母线中点,所测加速度均为垂向。在模型上四处测撞水应变,分别位于头部平板 1/5、3/5 半径处,及锥形壳段母线中点和柱形壳段母线中点,所测应变方向均为径向。

入水速度由投放高度从落体公式算得,图 9.17、图 9.18、图 9.19 是所得的压力、应变、加速度的典型测量曲线。

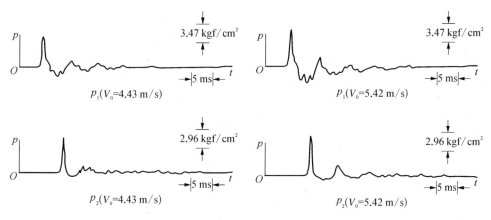

图 9.17　压力实验曲线

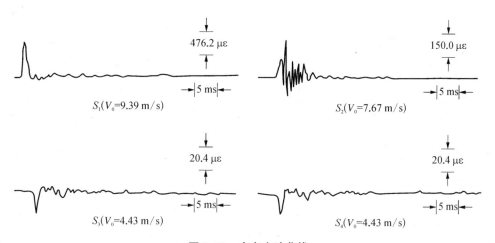

图 9.18　应变实验曲线

对于气垫效应的分析可得如下的结论:

(1) 平头壳体气垫效应比两维物体气垫效应要小,从计算与实验测值的比较研究表明,同时考虑水的可压缩性是必要的。采用庄、刘易桑和麦克莱恩的观点,考虑气层被封合后压入水中的溶合(coalesence)现象是合理的,能获得撞水压力预报值与实测值的吻合。

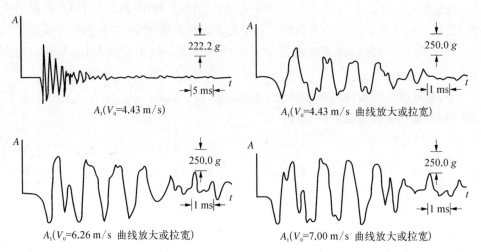

$A_1(V_0=4.43 \text{ m/s})$

$A_1(V_0=4.43 \text{ m/s}$ 曲线放大或拉宽)

$A_1(V_0=6.26 \text{ m/s}$ 曲线放大或拉宽)

$A_1(V_0=7.00 \text{ m/s}$ 曲线放大或拉宽)

图 9.19　加速度实验曲线

（2）一般认为物体开始减速的时刻是撞水的初始时刻，按照这样的计算所得的达到最大撞水压力的持续时间与过去（庄）的简单算法

$$\frac{2r_1}{C_0} = \frac{2 \times 0.102\ 5}{330} = 0.000\ 62\ \text{s} \tag{9.123}$$

相吻合。

（3）当物体落向水面时，因重力影响它的速度有所增加，随着空气层厚度减小导致空气压力上升时物速开始缓慢下降，但从一段较长时间（数秒）来看，速度与时间的曲线基本上是一条平行于时间坐标轴的直线，说明了气垫效应阻止了重力加速度使入水速度变化不会很大。

（4）峰值减速度紧接出现在物体头部边缘与水面接触前。

（5）奥格尔维一维理论值从为压力与初速成正比，考虑气垫效应后，维哈金、山本善之、刘易桑等人认为与吊高成正比，从而与初速平方成正比。但美国 DTMB 庄省伦的测量表明，考虑气垫效应后，峰压还是与初速成正比，并通过实验曲线的拟合，给出了公式（换算成压力（大气压 atm）、速度（m/s）的单位）[21]。

$$p_{\max} = 1 + 1.018V_0\ \text{atm} \tag{9.124}$$

作者认为庄实测结果比较可靠，离散度较小，他的测据也常被引为经典，且作者的测量与计算也表明了峰压与初速成正比关系，尽管庄研究两维问题，而作者处理的是平头旋转壳问题。作者按照实测值线性回归，得

$$p_{\max} = 1.016 + 1.139V_0\ \text{atm},\ \text{相关系数}\ r = 0.998 \tag{9.125}$$

按照计算值线性回归（只计及与实测值对应的计算点）

$$p_{\max} = 1.084 + 1.158 V_0 \text{ atm}, \text{相关系数 } r = 0.997 \qquad (9.126)$$

或计及全部计算值时，有

$$p_{\max} = 1.387 + 1.070 V_0 \text{ atm}, \text{相关系数 } r = 0.994 \qquad (9.127)$$

(6) 实测压力上升到峰值为止的压力-时间曲线与计算曲线相当吻合。

对于水弹性效应的分析所得的结论：

(1) 考虑进水弹性效应才可能正确地算出入水物体的瞬态响应（速度、加速度、挠度、应力应变）。

(2) 无论何种材质、速度、尺寸的平头物体，计与不计弹性造成的本体加速度负载差别不大，这一点与曲头体情况不同，原因在于气垫效应使开始的减速度几乎不受弹性程度的影响。

(3) 除开气垫效应第三阶段中必须考虑水的可压缩性外，气垫效应消失后考虑水可压与否影响不大。

(4) 对于所研究的同一入水体来说，体现水弹性效应的各参量（最大应变、最大应力、最大挠度、总加速度）与入水初速大体上成正比关系。

由线性回归得：

第 1 测点处测得的最大应变（S_1 单位 $\mu\varepsilon$，V_0 单位 m/s）

$$S_1 = -162.207 + 122.495 V_0, \text{相关系数 } r = 0.894 \qquad (9.128)$$

第 1 测点处算得的最大应变

$$S_1 = 40.911 + 111.467 V_0, \text{相关系数 } r = 0.993 \qquad (9.129)$$

第 2 测点处测得的最大应变（S_2 单位 $\mu\varepsilon$，V_0 单位 m/s）

$$S_2 = -44.833 + 54.406 V_0, \text{相关系数 } r = 0.945 \qquad (9.130)$$

第 2 测点处算得的最大应变

$$S_2 = 7.151 + 48.137 V_0, \text{相关系数 } r = 0.995 \qquad (9.131)$$

内侧面最大拉应力算值（$\sigma_{\max}$ 单位 kg/cm^2，V_0 单位 m/s）

$$\sigma_{\max} = 66.712 + 181.701 V_0, \text{相关系数 } r = 0.993 \qquad (9.132)$$

外侧面最大压应力算值

$$\sigma_{\max} = -76.630 - 208.732 V_0, \text{相关系数 } r = -0.993 \qquad (9.133)$$

中面最大内力算值（T_S，T_θ 单位 N/m，V_0 单位 m/s）

$$T_S = -1\,977.196 - 5\,393.841 V_0, \text{相关系数 } r = -0.993 \qquad (9.134)$$

$$T_\theta = -2\,046.114 - 5\,581.785 V_0,\ 相关系数\ r = -0.993 \qquad (9.135)$$

头部圆平板最大挠度算值(W 单位 mm，V_0 单位 m/s)

$$W = 0.011\,0 + 0.030\,1 V_0,\ 相关系数\ r = 0.993 \qquad (9.136)$$

第一测点处总加速度（本体加速度＋变形加速度）：

测量值（A_1 单位 g，V_0 单位 m/s）

$$A_1 = 20.072 + 45.745 V_0,\ 相关系数\ r = 0.991 \qquad (9.137)$$

计算值

$$A_1 = 13.530 + 45.784 V_0,\ 相关系数\ r = 0.994 \qquad (9.138)$$

以上线性回归时，各相关系数 r 都很大，说明自变量与应变量之间有很好的线性关系。

（5）对于刚性板、锥或楔的压力分布，竹本博安给出了计算公式[22]，据此推导出不等速入水时最大压力最小压力点分别在板缘和板心。弹性板的压力分布基本上也保持这个趋势。不过，气垫效应初期压力分布是中心大边缘小。

（6）对计算中采用的初始入水速度来说，虽然中面变形不大，但壳体内外两侧应力很大（当钢壳厚 3 mm 时，$V_0 = 9.39$ m/s 造成内侧应力达 3 000 kg/cm^2，当铝壳厚 4 mm 时，$V_0 = 9.39$ m/s 造成内侧应力达 1 500 kg/cm^2）。在这样不高的入水速度时，已使壳体内外侧单点处应力（局部应力）达到强度极限，当入水速度更大时，过载应力还要增大，故在军事应用上，需加套塑料防护缓冲帽以吸收部分撞击力。

本节的数值计算方法在物理上能充分说明实验结果，即使在定量上吻合也相当良好。

参考文献

［1］ 徐芝伦. 弹性力学[M]. 第 2 版. 北京：高等教育出版社，1990.

［2］ 钱伟长. 变分法和有限元[M]. 北京：科学出版社，1980.

［3］ 张庆明. 回转体入水空泡的演化过程[D]. 中国船舶科学研究中心，1981.

［4］ 平野阳一. 弹性底面を有する物体の着水冲击(I,II)[J]. 日本航空宇宙学会志. 1973，21(228)：14-31.

［5］ Wilkinson J P D, Cappell A P, Salzman R N. Hydroelastic Impact[J]. AIAA Journal. 1968，6(5)：792-797.

［6］ Dumensnil C E, Norill C E Jr. Deformation of Spherical Caps Impacted into Water[J]. AIAA Journal. 1967，5(5)：1043-1045.

［7］ Ogilvie T F. Compressibility Effects in Ship Slamming [J].

Schiftstechnik. 1963，10(53)：147 - 154.

[8] Chuang Sheng-Lun. Experiments on Flat-bottom Slamming[J]. J. of Ship Research. 1966，10(1)：10 - 17.

[9] Verhagen J H G. The Impact of a Flat Plate on a Water Surface[J]. J. of Ship Research. 1967，11(4)：211 - 223.

[10] Johnson S. The Effect of Air Compressibility in a First Approximation to the Ship Slamming Problem[J]. J. of Ship Research. 1968，12(1)：57 - 68.

[11] Lewisond G，Maclean W M. On the Cushioning of Water Impact by Entrapped Air[J]. J. of Ship Research 1968，12(2)：116 - 130.

[12] Koehler B R，Kettleborough Jr. & C F. Hydrodynamic Impact of a Falling Body upon a Viscous Incompressible Fluid[J]. J. of Ship Research 1977，21(3)：165 - 181.

[13] 山本善之，大坪英臣，村山贵英. 平板の水平水面冲击の研究[C]. 日本造船学会论文集，1983，153：235 - 242.

[14] 宫本武，谷泽克治. 船首部に作用する冲击荷重にフムて(第 1 报)[C]. 日本造船学会论文集，1984，156：297 - 305.

[15] Gallagher P，Greger R C Mc. Slamming Simulations：An Application of Computational Fluids Dynamics[C]. 第 4 届国际船舶数值计算会，1985.

[16] 张效慈. 平头旋转壳撞水水弹性理论的研究[D]. 中国船舶科学研究中心博士学位论文，1988.

[17] May A. The Influence of the Proximity of Tank Walls on the Water-entry Behavior of Models[TR]. USNOL NAVORD Rep. 2240，1951.

[18] 黄建波. 掺气液体及压力梯度场中空泡运动的特性研究[D]. 大连工学院硕士学位论文，1984.

[19] Gavrilenko V V，Kubenko V D. Plane Problem of Rigid Body Penetration into a Compressible Fluid[J]. Soviet Applied Mechanics. 1985，21(4)：345 - 352.

[20] Kubenko V D. Penetration of Cylindrical Solids into a Compressible Liquid [J]. Soviet Applied Mechanics. 1981，17(1)：19 - 25.

[21] Chuang Sheng-Lun. Experiments on Slamming of Wedge-shaped Bodies [J]. J. of Ship Research. 1967，11(3)：190 - 198.

[22] 竹本博安. 水面冲击水压に关する——考察[C]. 日本造船学会论文集，1984，156：314 - 322.

第 10 章　输液管道的水弹性振动

10.1　引　言

　　输液管道的水弹性振动在船舶和海洋工程中有较广的应用范围,阿奇莱和赫维兰[1]研究了跨越阿拉伯输油管道的振动,随后菲独叶夫[2]指出阿奇莱等的工作有误,重新导得了正确的运动方程式,并分析了两端简支的管道情形。哈伍斯纳[3]利用不同的方法也研究了同一个问题,他们都发现在足够大的流速时管道会屈曲,像一根柱子受到轴向载荷一样。发生这种屈曲的临界流速直接地与柱的欧拉屈曲载荷有关。后来尼屋得生(Niordson)[4]更严密地导得了同一方程,对于两端简支管道得出了屈曲失稳的同一结论,所有以上的工作中重力的影响都是不计的。

　　本杰明[5]首先研究了一端固定,另一端自由的悬臂输液管道。他发现在这个动力学问题中,液体摩擦阻力是没有影响的。格莱郭立和柏图悉斯[6,7]研究了限于在水平面中运动的悬臂梁管道,这时重力不发生作用。发现当流速足够大时,管道发生弹性振动的不稳定性。在文献[6]中计算了中性不稳定性的条件,得出了无量纲临界流速与无量纲流体管道质量比参数相关的稳定性曲线。这是一根通用的稳定性曲线,只要已知其物理参数,便可求得悬臂管道的中性稳定条件。理论和试验结果是符合的,特别是当考虑了管子材料中的内阻尼时。注意到在某些情形中阻尼可使系统失稳。

　　本杰明和格莱郭立等都发现对于在水平面中运动的悬壁管道,屈曲不稳是不会发生的。本杰明发现[5]在重力发生作用的情形中,屈曲是可能的。

　　尼马脱·纳梢、勃拉沙和何曼[9]进一步讨论了悬臂输液管道的稳定性,着重讨论了与速度有关的诸如阻尼力和哥氏力的影响;表明了这些力可使系统失稳。何曼和尼马脱·纳梢[10,11]将输液悬臂管道的不稳定性问题推广到跟随作用力的情形,即在悬臂管道作小运动的过程中作用力与自由端保持有相同的角度。

　　斯堆因[12]研究了无限长的输液管道振动问题,对以往的运动方程提出了一项修正,该项修正是由赫立克[13]首先确认的,是由管内压力项引起的,在高压时,该项将变得显著。

本章的内容将涉及输液管道的失稳、颤振以及非线性振动的诸多领域。

10.2　用动量定理推导输液管道的运动方程

柏图悉斯和依悉特在这方面做了很好的工作[14]。

我们考虑一根均匀断面的长度为 L 的管道。其单位长度的质量为 m,抗弯刚度为 EI,断面内周长为 S,管道传输不可压缩流体,轴向流速为 U,单位长度的质量为 M,断面面积为 A,流体超过大气压的压强为 p。

设管道是垂直的,取 x 轴与管轴重合,垂直向下(图10.1)。设管道作平面运动,取其为 (x, y) 平面,仅考虑小运动 $y(x, t)$。

考虑长度为 δx 的管道元素,其中流体积为 δV(图10.2),δV 中动量的变化率为

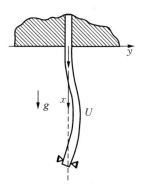

图 10.1　一垂直输液弹性管

$$\frac{\mathrm{d}m_L}{\mathrm{d}t} = \int_{\delta V}\left[\frac{\partial V}{\partial t} + (V \cdot \nabla)V\right]\rho\mathrm{d}V \qquad (10.1)$$

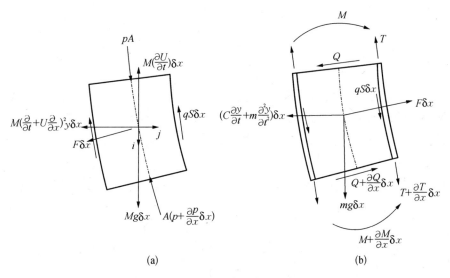

(a)　　　　　　　　　　(b)

图 10.2　相应于(a)和(b)的流体和管道元素作用的力和力矩

式中：V 为流体质点的瞬时速度。忽去二次流的影响，设断面上的速度分布是均匀的，有

$$V \equiv U\boldsymbol{i} + \frac{\partial y}{\partial t}\boldsymbol{j} \tag{10.2}$$

再设 y 和 $\dfrac{\partial y}{\partial t}$ 是小量，运动的波长是长的，$\dfrac{\partial y}{\partial x}$ 为小量，由式(10.1)、式(10.2)可导得

$$\frac{\mathrm{d}m_L}{\mathrm{d}t} = M\frac{\partial U}{\partial t}\delta x\boldsymbol{i} + M\Big(\frac{\partial}{\partial t} + U\frac{\partial}{\partial x}\Big)\Big(\frac{\partial y}{\partial t} + U\frac{\partial y}{\partial x}\Big)\delta x\boldsymbol{j} \tag{10.3}$$

于是，对于图 10.2(a)的流体元素，由 x 和 y 方向力的平衡，得

$$-A\frac{\partial P}{\partial x} - qS + Mg + F\frac{\partial y}{\partial x} - M\frac{\partial U}{\partial t} = 0 \tag{10.4}$$

$$F + A\frac{\partial}{\partial x}\Big(P\frac{\partial y}{\partial x}\Big) + qS\frac{\partial y}{\partial x} + M\Big(\frac{\partial}{\partial t} + U\frac{\partial}{\partial x}\Big)^2 y + M\frac{\partial U}{\partial t}\frac{\partial y}{\partial x} = 0 \tag{10.5}^*$$

式中：q 为管道内表面上的剪应力；F 为管道与流体间单位长度上的横向力。

相似地，对于图 10.2(b)的管道元素，可得

$$\frac{\partial T}{\partial x} + qS + mg - F\frac{\partial y}{\partial x} = 0 \tag{10.6}$$

$$\frac{\partial Q}{\partial x} + F + \frac{\partial}{\partial x}\Big(T\frac{\partial y}{\partial x}\Big) + qS\frac{\partial y}{\partial x} - m\frac{\partial^2 y}{\partial t^2} - c\frac{\partial y}{\partial t} = 0 \tag{10.7}$$

$$Q = -\frac{\partial M_b}{\partial x} = -\Big(E^*\frac{\partial}{\partial t} + E\Big)I\frac{\partial^3 y}{\partial x^3} \tag{10.8}$$

式中：T 为纵向张力；Q 为管道中横向剪力；M_b 为弯矩；E^* 为凯尔文-优格脱型黏弹性材料的内耗系数；c 为管道与流体间摩擦等引起的阻尼系数，忽去二阶小量。综合式(10.5)、式(10.7)和式(10.8)，可得

$$\Big(E^*\frac{\partial}{\partial t} + E\Big)I\frac{\partial^4 y}{\partial x^4} - \frac{\partial}{\partial x}\Big[(T - PA)\frac{\partial y}{\partial x}\Big] + M\Big(\frac{\partial}{\partial t} + U\frac{\partial}{\partial x}\Big)^2 y + c\frac{\partial y}{\partial t} + m\frac{\partial^2 y}{\partial t^2} = 0 \tag{10.9}$$

---

* 由于原文的图 10.2 中，$M\dfrac{\partial U}{\partial t}\delta x$ 项力的方向应沿轴线方向，纠正后，在(10.5)式中应补上一项力 $M\dfrac{\partial U}{\partial t}\dfrac{\partial y}{\partial x}$。

将式(10.4)和式(10.6)相加,得

$$\frac{\partial}{\partial x}(T - pA) = M\frac{\partial U}{\partial t} - (M + m)g$$

将它从 x 到 L 积分,得

$$(T - pA)\Big|_{x=L} - (T - pA) = M\frac{\partial U}{\partial t}(L - x) - (M + m)g(L - x)$$

$$(10.10)$$

管下游端点 $x = L$ 处的张力为零,除非该处作用有外加张力,以 $\overline{T}$ 表示之。$x = L$ 处的压强也应为零,除非它不直接排入大气,这时以 $\overline{p}$ 表示之。若下游端点不能沿轴向自由滑动,又不完全自由,则由内压可引起附加的张力,对于薄管,该张力为 $-2\nu\overline{p}A^{[15]}$,$\nu$ 为泊松比,式(10.10)可写成

$$T - pA = \overline{T} - \overline{p}A(1 - 2\upsilon\delta) + \left[(M + m)g - M\left(\frac{\partial U}{\partial t}\right)\right](L - x) \quad (10.11)$$

式中 δ 的意义为:若下游端对轴向运动无约束,则 $\delta = 0$;若有约束,则 $\delta = 1$。

将式(10.11)代入式(10.9),得小侧向运动的方程:

$$E^* I\frac{\partial^5 y}{\partial x^4 \partial t} + EI\frac{\partial^4 y}{\partial x^4} + \left\{MU^2 - \overline{T} + \overline{p}A(1 - 2\upsilon\delta) - \left[(M + m)g - M\frac{\partial U}{\partial t}\right](L - x)\right\} \cdot$$

$$\frac{\partial^2 y}{\partial x^2} + 2MU\frac{\partial^2 y}{\partial x \partial t} + (M + m)g\frac{\partial y}{\partial x} + c\frac{\partial y}{\partial t} + (M + m)\frac{\partial^2 y}{\partial t^2} = 0 \quad (10.12)$$

这一方程比文献[16]中的方程更为广泛,第一,考虑了压力和外加张力的影响,即有 $\overline{T}$ 和 $\overline{p}$。第二,更为重要的是没有假设流速是定常的,流速可以包含脉动分量,这体现在 $M\left(\frac{\partial U}{\partial t}\right)(L - x)\frac{\partial^2 y}{\partial x^2}$ 项中。在陈的早期工作中[17],这一项是没有的,而代之以 $M\left(\frac{\partial U}{\partial t}\right)\frac{\partial y}{\partial x}$ 项,在这里,可以看出:当式(10.9)和式(10.10)综合时,后一项被消去了。文献[17]中也设定了将 U 代以 $U_0(1 + \mu\cos\omega t)$ 便可应用于不定常情形。但陈没有考虑到式(10.4)中的纵向加速度项 $M\left(\frac{\partial U}{\partial t}\right)$。

由于作了假设,式(10.12)是近似的,最有限制性的是关于均匀流的假设,仅当完全发展的湍流和若 $\frac{\partial U}{\partial t}$ 在幅值和频率均为小量的情形才能近似成立。

边界条件可以广泛地写成

$$EI\frac{\partial^3 y}{\partial x^3} - \overline{T}\frac{\partial y}{\partial x} + K_0 y = 0, \quad EI\frac{\partial^2 y}{\partial x^2} - C_0\frac{\partial y}{\partial x} = 0 \qquad x = 0$$

$$EI\frac{\partial^3 y}{\partial x^3} - \overline{T}\frac{\partial y}{\partial x} + K_L y = 0, \ EI\frac{\partial^2 y}{\partial x^2} + C_L\frac{\partial y}{\partial x} = 0 \quad x = L \quad (10.13)$$

式中当 K_0，K_L，C_0，C_L 取值为零或无穷大时，可以包含所有的标准边界条件。作为自由端，则 $\overline{T}=0$。

利用下列无量纲量：

$$\xi = \frac{x}{L}, \ \eta = \frac{y}{L}, \ \tau = \left(\frac{EI}{M+m}\right)^{1/2}\frac{t}{L^2}, \ \alpha = \left[\frac{I}{E(M+m)}\right]^{1/2}\frac{E^*}{L^2}, \ u = \left(\frac{M}{EI}\right)^{1/2}UL,$$

$$\beta = \frac{M}{M+m}, \ \gamma = \frac{M+m}{EI}L^3 g, \ \Gamma = \frac{\overline{T}L^2}{EI}, \ \Pi = \frac{\overline{p}AL^2}{EI}, \ \chi = \frac{cL^2}{[EI(M+m)]^{1/2}},$$

$$\kappa_0 = \frac{k_0 L^3}{EI}, \ \kappa_1 = \frac{k_L L^3}{EI}, \ \kappa_0' = \frac{c_0 L^2}{EI}, \ \kappa_1' = \frac{c_L L^2}{EI}$$

$$(10.14)$$

将它代入式(10.12)和式(10.13)中，得无量纲运动方程和边界条件为

$$\alpha\frac{\partial^5 \eta}{\partial \xi^4 \partial \tau} + \frac{\partial^4 \eta}{\partial \xi^4} + \left\{u^2 - \Gamma + \Pi(1-2\upsilon\delta) + \left[\beta^{1/2}\frac{\partial u}{\partial \tau} - \gamma\right](1-\xi)\right\}\frac{\partial^2 \eta}{\partial \xi^2} +$$

$$2\beta^{1/2}u\frac{\partial^2 \eta}{\partial \xi \partial \tau} + \gamma\frac{\partial \eta}{\partial \xi} + \chi\frac{\partial \eta}{\partial \tau} + \frac{\partial^2 \eta}{\partial \tau^2} = 0 \quad (10.15)$$

$$\left.\begin{array}{ll} \dfrac{\partial^3 \eta}{\partial \xi^3} - \Gamma\dfrac{\partial \eta}{\partial \xi} + \kappa_0\eta = \dfrac{\partial^2 \eta}{\partial \xi^2} - \kappa_0'\dfrac{\partial \eta}{\partial \xi} = 0 & \xi = 0 \\[3mm] \dfrac{\partial^3 \eta}{\partial \xi^3} - \Gamma\dfrac{\partial \eta}{\partial \xi} - \kappa_1\eta = \dfrac{\partial^2 \eta}{\partial \xi^2} + \kappa_1'\dfrac{\partial \eta}{\partial \xi} = 0 & \xi = 1 \end{array}\right\} \quad (10.16)$$

10.3　用哈密顿原理推导输液 管道的运动方程

当不计耗散力时，本杰明(Benjamin)导得叙述输液管道运动的哈密顿形式为

$$\delta\int_{t_1}^{t_2}L\mathrm{d}t - \int_{t_1}^{t_2}MU(\dot{\boldsymbol{R}}+U\boldsymbol{\tau})\delta R\mathrm{d}t = 0 \quad (10.17)$$

式中：$\boldsymbol{R}$ 为管道下游端点自未变形直线状态位置起始的位置向量；$\boldsymbol{\tau}$ 为与自由端相切的单位向量；拉格朗日函数 $L = T_1 + T_2 - V_1 - V_2$；$T_1$，$V_1$ 为管道的动能和势能；T_2，V_2 为管内包含流体的动能和势能。

围绕平衡位置的小运动为侧向位移 y 和相应的 x 方向轴向收缩 c，后者可表示为

$$c = \int_0^x (\mathrm{d}s - \mathrm{d}x) \approx \int_0^x \frac{1}{2}(y')^2 \mathrm{d}x$$

若 $y \sim o(\varepsilon)$，则 $c \sim o(\varepsilon^2)$。端点位置向量为 $\boldsymbol{R} = -c_L \boldsymbol{i} + y_L \boldsymbol{j}$，其中 $\boldsymbol{i}$ 和 $\boldsymbol{j}$ 为沿 x 和 y 方向的单位向量。还有 $\boldsymbol{\tau} = \boldsymbol{i}\cos y_L' + \boldsymbol{j}\sin y_L' = \boldsymbol{i} + y_L'\boldsymbol{j} + o(\varepsilon^2)$，将这些表达式代入式 (10.17)，准确到 $o(\varepsilon^2)$，可得

$$\delta \int_{t_1}^{t_2} (L + MU^2 c_L)\mathrm{d}t - \int_{t_1}^{t_2} MU(\dot{y}_L + Uy_L')\delta y_L \mathrm{d}t = 0 \qquad (10.18)$$

若不考虑加压，也不考虑外加张力，则有

$$\left.\begin{aligned}
&c_L = \frac{1}{2}\int_0^L (y')^2\mathrm{d}x, \ V_1 = \frac{1}{2}EI\int_0^L (y'')^2\mathrm{d}x + \frac{1}{2}mg\int_0^L\int_0^x (y')^2\mathrm{d}x\mathrm{d}x \\
&V_2 = \frac{1}{2}Mg\int_0^L\int_0^x (y')^2\mathrm{d}x\mathrm{d}x, \ T_1 = \frac{1}{2}m\int_0^L \dot{y}^2\mathrm{d}x \\
&T_2 = \frac{1}{2}MU^2 L + M\int_0^L \left(\frac{1}{2}\dot{y}^2 + U\dot{y}y' - U\dot{c}\right)\mathrm{d}x
\end{aligned}\right\}$$

$$(10.19)$$

其中最后一式的推导是利用了流体沿 x 和 y 方向的总分速度，分别为 $U\cos y' - \dot{c}$ $\approx U\left[1 - \frac{1}{2}(y')^2\right] - \dot{c}$ 和 $\dot{y} + Uy'$，忽去比 $o(\varepsilon^2)$ 更高阶的小量。

利用通常的变分方法进行演化：

$$\left.\begin{aligned}
&\int_{t_1}^{t_2}\int_0^L [m\dot{y}\delta\dot{y} + M\dot{y}\delta\dot{y} + MU(\dot{y}\delta y' + y'\delta\dot{y}) - MU\int_0^x (y'\delta\dot{y}' + \dot{y}'\delta y')\mathrm{d}\xi - \\
&EIy''\delta y'' - mg\int_0^x y'\delta y'\mathrm{d}\xi - Mg\int_0^x y'\delta y'\mathrm{d}\xi + MU^2 y'\delta y']\mathrm{d}x\mathrm{d}t - \\
&\int_{t_1}^{t_2} MU(\dot{y}_L' + Uy_L')\delta y_L\mathrm{d}t = 0 \\
&\int_{t_1}^{t_2}\int_0^L (m+M)\dot{y}\delta\dot{y}\mathrm{d}x\mathrm{d}t = \int_0^L (m+M)\dot{y}\delta y\mathrm{d}x\Big|_{t_1}^{t_2} - \int_{t_1}^{t_2}\int_0^L (m+M)\ddot{y}\delta y\mathrm{d}x\mathrm{d}t \\
&\qquad\qquad\qquad = -\int_{t_1}^{t_2}\int_0^L (m+M)\ddot{y}\delta y\mathrm{d}x\mathrm{d}t
\end{aligned}\right\}$$

$$(10.20)$$

其中利用了在 t_1，t_2 时 $\delta y = 0$ 的要求。

$$\int_{t_1}^{t_2}\int_0^L MU\dot{y}\delta y'\mathrm{d}x\mathrm{d}t = \int_{t_1}^{t_2} MU\dot{y}\delta y\mathrm{d}t\Big|_0^L - \int_{t_1}^{t_2}\int_0^L MU\dot{y}'\delta y\mathrm{d}x\mathrm{d}t$$

$$= \int_{t_1}^{t_2} MU\dot{y}_L\delta y_L\mathrm{d}t - \int_{t_1}^{t_2}\int_0^L MU\dot{y}'\delta y\mathrm{d}x\mathrm{d}t$$

其中利用了在 $x=0$ 固定端处 $\delta y=0$ 的条件。

$$\int_{t_1}^{t_2}\int_0^L MUy'\delta\dot{y}\mathrm{d}x\mathrm{d}t$$

$$= \int_0^L MUy'\delta y\mathrm{d}x\Big|_{t_1}^{t_2} - \int_{t_1}^{t_2}\int_0^L M(\dot{U}y'+U\dot{y}')\delta y\mathrm{d}x\mathrm{d}t$$

$$= -\int_{t_1}^{t_2}\int_0^L M(\dot{U}y'+U\dot{y}')\delta y\mathrm{d}x\mathrm{d}t$$

$$\int_{t_1}^{t_2}\int_0^L -MU\int_0^x y'\delta\dot{y}'\mathrm{d}\xi\mathrm{d}x\mathrm{d}t$$

$$= \int_{t_1}^{t_2} -MU\int_0^x y'\delta\dot{y}'\mathrm{d}\xi x\mathrm{d}t\Big|_0^L + \int_{t_1}^{t_2}\int_0^L MUy'\delta\dot{y}'x\mathrm{d}x\mathrm{d}t$$

$$= \int_{t_1}^{t_2}\int_0^L -MU(y'\delta\dot{y}')(L-x)\mathrm{d}x\mathrm{d}t$$

$$= \int_{t_1}^{t_2} -MU(L-x)y'\delta\dot{y}\mathrm{d}t\Big|_0^L + \int_{t_1}^{t_2}\int_0^L MU[(L-x)y']'\delta\dot{y}\mathrm{d}x\mathrm{d}t$$

$$= \int_{t_1}^{t_2}\int_0^L MU[(L-x)y']'\delta\dot{y}\mathrm{d}x\mathrm{d}t$$

$$= \int_0^L MU[(L-x)y']'\delta y\mathrm{d}x\Big|_{t_1}^{t_2} - \int_{t_1}^{t_2}\int_0^L M[\dot{U}((L-x)y')'+U((L-x)\dot{y}')']\delta y\mathrm{d}x\mathrm{d}t$$

$$= -\int_{t_1}^{t_2}\int_0^L \{M\dot{U}[(L-x)y']' + MU[(L-x)\dot{y}']'\}\delta y\mathrm{d}x\mathrm{d}t$$

$$\int_{t_1}^{t_2}\int_0^L -MU\int_0^x \dot{y}'\delta y'\mathrm{d}\xi\mathrm{d}x\mathrm{d}t$$

$$= \int_{t_1}^{t_2} -MU\int_0^x \dot{y}'\delta y'\mathrm{d}\xi x\mathrm{d}t\Big|_0^L + \int_{t_1}^{t_2}\int_0^L MU\dot{y}'\delta y'x\mathrm{d}x\mathrm{d}t$$

$$= \int_{t_1}^{t_2}\int_0^L -MU\dot{y}'\delta y'(L-x)\mathrm{d}x\mathrm{d}t$$

$$= \int_{t_1}^{t_2} -MU\dot{y}'\delta y(L-x)\mathrm{d}t\Big|_0^L + \int_{t_1}^{t_2}\int_0^L MU[\dot{y}'(L-x)]'\delta y\mathrm{d}x\mathrm{d}t$$

$$= \int_{t_1}^{t_2}\int_0^L MU[(L-x)\dot{y}']'\delta y\mathrm{d}x\mathrm{d}t$$

$$\int_{t_1}^{t_2}\int_0^L -EIy''\delta y''\mathrm{d}x\mathrm{d}t$$

$$=\int_{t_1}^{t_2} -EIy''\delta y'\mathrm{d}t\Big|_0^L +\int_{t_1}^{t_2}\int_0^L EIy'''\delta y'\mathrm{d}x\mathrm{d}t$$

$$=\int_{t_1}^{t_2}\int_0^L EIy'''\delta y'\mathrm{d}x\mathrm{d}t =\int^{t_2} EIy'''\delta y\mathrm{d}t\Big|_0^L -\int_{t_1}^{t_2}\int_0^L EIy^{IV}\delta y\mathrm{d}x\mathrm{d}t$$

$$=-\int_{t_1}^{t_2}\int_0^L EIy^{IV}\delta y\mathrm{d}x\mathrm{d}t$$

其中利用了在固定端 $x=0$ 处 $\delta y=0$ 和在自由端 $x=L$ 处 $y'''=0$ 的条件。

$$\int_{t_1}^{t_2}\int_0^L -(m+M)g\int_0^x y'\delta y'\mathrm{d}\xi\mathrm{d}x\mathrm{d}t$$

$$=\int_{t_1}^{t_2} -(m+M)g\int_0^x y'\delta y'\mathrm{d}\xi x\mathrm{d}t\Big|_0^L +\int_{t_1}^{t_2}\int_0^L (m+M)gy'\delta y'x\mathrm{d}x\mathrm{d}t$$

$$=\int_{t_1}^{t_2}\int_0^L -(m+M)gy'\delta y'(L-x)\mathrm{d}x\mathrm{d}t$$

$$=\int_{t_1}^{t_2} -(m+M)gy'(L-x)\delta y\mathrm{d}t\Big|_0^L +\int_{t_1}^{t_2}\int_0^L (m+M)g[y'(L-x)]'\delta y\mathrm{d}x\mathrm{d}t$$

$$=\int_{t_1}^{t_2}\int_0^L (m+M)g[y'(L-x)]'\delta y\mathrm{d}x\mathrm{d}t$$

$$\int_{t_1}^{t_2}\int_0^L MU^2 y'\delta y'\mathrm{d}x\mathrm{d}t$$

$$=\int_{t_1}^{t_2} MU^2 y'\delta y\mathrm{d}t\Big|_0^L -\int_{t_1}^{t_2}\int_0^L MU^2 y''\delta y\mathrm{d}x\mathrm{d}t$$

$$=\int_{t_1}^{t_2} MU^2 y_L'\delta y_L\mathrm{d}t -\int_{t_1}^{t_2}\int_0^L MU^2 y''\delta y\mathrm{d}x\mathrm{d}t$$

将以上各式代入到式(10.20)中,得

$$\int_{t_1}^{t_2}\int_0^L \{-(m+M)\ddot{y}-2MU\dot{y}'-M\dot{U}y'-M\dot{U}[(L-x)y']'-EIy^{IV}+$$

$$(m+M)g[y'(L-x)]'-MU^2 y''\}\delta y\mathrm{d}x\mathrm{d}t =0$$

由于变分量 δy 是任意选取的,故必有

$$EIy^{IV}+MU^2 y''+M\dot{U}(L-x)y''-(m+M)g[(L-x)y']'+$$

$$2MU\dot{y}'+(m+M)\ddot{y}=0$$

在上式的各项中 $MU^2 y''$ 是液体在有弯度 y'' 的管道中流动时所引起的离心力;
$2MU\dot{y}'$ 项为哥氏力;Mg 因素为重力的影响;$M\dot{U}$ 项为液体惯性力的影响。

10.4　定常流输液管道的运动

我们考虑管道两端均为简支的情形,这是最简单一种情形。文献[5]分析了相当压缩力项 $MV^2\dfrac{\partial^2 y}{\partial x^2}$ 的影响,当流速增加时,管道的自振频率降低,当没有耗散力时,频率值仍保持为实数。随着流速的增加,所有模态的固定频率逐项消失,说明系统相应模态屈曲的开始。

在这种情形下用欧拉平衡方法求解临界流速特别容易,设在平凡解平衡位置 $\eta(\xi)=0$ 的附近存在一平衡位置 $\eta(\xi)$,为了简化,取 $\alpha=\gamma=0$,再去掉时间导数项,由式(10.15)得

$$\frac{\partial^4 \eta}{\partial \xi^4}+v^2\frac{\partial^2 \eta}{\partial \xi^2}=0 \tag{10.21}$$

式中:$v^2=u^2+\Pi(1-2v\delta)-\Gamma$。上式的解为

$$\eta(\xi)=\sum_{j=1}^{4}A_j\mathrm{e}^{\mathrm{i}\alpha_j\xi} \tag{10.22}$$

式中:$\alpha_1=\alpha_2=0$,$\alpha_3=v$,$\alpha_4=-v$。其解可写成

$$\eta(\xi)=A_1+A_2\xi+B_1\cos v\xi+B_2\sin v\xi \tag{10.23}$$

利用公式(10.16)的边界条件,取 $k_0=k_1=\infty$,$k_0'=k_1'=0$,对于非平凡解,得行列式为零的条件为

$$\gamma^4\sin v=0 \tag{10.24}$$

$v=0$ 为一平凡解,可得 $v=j\pi$,$j=1,2,\cdots$。这就是欧拉的结果,当 $u=\Pi=0$ 时,有 $-\Gamma\equiv-\overline{T}L^2/EI=(\mathrm{j}\pi)^2$,由于 $\overline{T}$ 为张力,$-\overline{T}$ 即为压缩载荷。

物理意义上,v^2 为有效的压缩载荷,对于运动流体,$v^2\dfrac{\partial^2 \eta}{\partial \xi^2}$ 可看成广义的离心力,当这力大于刚度恢复力时,管道便屈曲。

对于固定-固定端点的输液管道,也可得相似结果,发生屈曲的临界值为 $v=2\pi$,8.99,$\cdots$,4π,$\cdots$,即相应于方程 $2(1-\cos v)-v\sin v=0$ 的解。

用动力学方法来处理式(10.12)[16,18]。对于简支-简支端点的管道,令 $\alpha=\gamma=\Gamma=\Pi=0$,对于 $\beta=0.1$ 和 0.5 的计算频率示于图10.3中,以无量纲流速 u 作为参数,无量纲频率的实部 $\mathrm{Re}(\omega)$ 和虚部 $\mathrm{Im}(\omega)$ 作为 Argand 图示出。

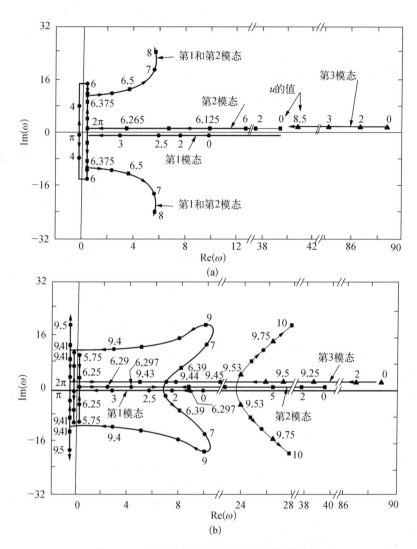

图 10.3　两端简支管道的无量纲复数频率图

对应情形是 $\Gamma = \Pi = \alpha = \chi = \gamma = 0$ 以及(a) $\beta = 0.1$;(b) $\beta = 0.5$。

为了使图看得清楚,位于轴线上的轨迹点稍微移出轴线,但平行于轴线

━●━为第一模态,━■━为第二模态,━▲━为第三模态,━●━为第一和第二模态的组合

在图 10.3(a)中可看出,当流速增加时,第一模态的频率减少直到 $u = \pi$ 时变为零,这时即为发生屈曲的第一临界流速;相似地,第二模态的频率在 $u = 2\pi$ 处变为零。当流速 u 稍微增加时,第一和第二模态的曲线在虚$[\mathrm{Im}(\omega)]$轴上合一,并在对称点处离开虚轴,表示耦合模态颤振。

在图 10.3(b)中,第一模态频率再一次在 $u = \pi$ 处变为零。但 $u = 2\pi$ 不是第二模态的屈曲值,而成为第一模态重新回到稳定性的值!在稍高些的 u 值处,第一和

第二模态的值在实 ω 轴上合一,表示耦合模态颤振的开始(在 $u \approx 6.3$)。流速 u 再增加,振动频率的实部最后在 $u \approx 9.41$ 处变为零。用相似的过程,在 $u \approx 9.51$ 处再发生包含第三阶模态在内的耦合模态颤振。

图 10.4 表示黏弹性阻尼对图 10.3(b)系统稳定性的影响,可以看出,曲线的复杂性大为简化,系统第一阶模态在出现屈曲以后不再重新获得稳定性,还可看到不再存在对 $\mathrm{Re}(\omega)$ 轴的对称性。

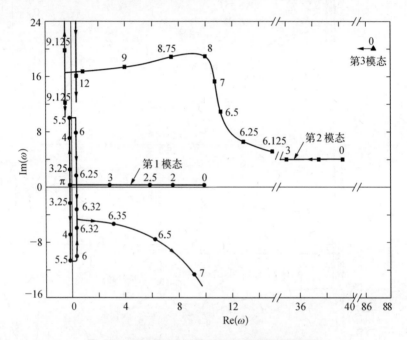

图 10.4 两端固定的管道的无量纲复数频率图

$\Gamma = \Pi = \chi = \gamma = 0,\ \beta = 0.5,\ \alpha = 5 \times 10^{-3}$,
为了看得清楚,将原来位于 $\mathrm{Im}(\omega)$ 轴上的轨迹点稍许移出轴线但仍平行它

对于固定-固定端点的管道也可得相似的结果,如图 10.5 所示,该系统的一阶模态在 $u = 2\pi$ 处发生屈曲,以后在 $u \approx 8.99$ 处又重新获得稳定性。在 $u \approx 9.3$ 处,第一和第二阶模态的频率合一,这表示耦合模态颤振的开始。在更高的流速时也会发生包含第三阶模态的颤振。

我们看一下质量比 β 的影响。对于简支-简支和固定-固定端点的管道均有这种影响。对于小 β 值,系统在发生颤振以前先发生第一和第二阶模态的屈曲(图 10.3(a))。对于大 β 值(图 10.3(b)和图 10.5)系统在没有发生第二阶模态的屈曲前便发生颤振。

这些结果是重要的,因为曾有人认为两端支撑的管道由于其系统的保守性而不会发生振动失稳[6,5]。相似的耦合模态颤振现象也在很薄的输液管道上发现,

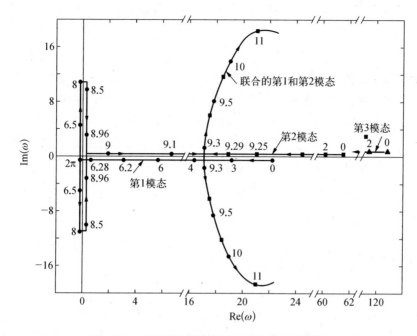

图 10.5 两端固定的管道的无量纲复数频率图

$\Gamma = \Pi = \chi = \gamma = 0, \beta = 0.5,$
为了看得清楚,将原来位于 Im(ω)轴上的轨迹点稍许移出并平行于轴线

其中用薄壳理论来描述管道运动[19, 20]。还有人认为用薄壳理论才能获耦合模态颤振,而用梁的理论则不能获得。

我们进一步来讨论影响管道颤振的因素。对于两端支撑的管道,受到不做功的哥氏力作用,是一个陀螺保守系统。用平衡方法仅能求得不稳定性的第一个临界点(即第一个临界流速),相应于系统第一阶模态的屈曲[21];越过这一点以后,系统不再是正定的,只有用动力学方法才能求得更高阶的临界流速,并进行正确的物理解释(即系统在某一临界流速),并进行正确的物理解释(即系统在某一临界流速时是否失去或重新获得稳定性)。

其次要讨论的是陀螺力对稳定性的影响,在图 10.3(b)中可明显看出这种影响,在发生屈曲以后,哥氏力使系统在发生耦合模态颤振以前便使其稳定了。这种影响在较高的 β 时更明显,因哥氏力正比于 $\beta^{1/2}$。

第三点要讨论的是在保守系统中存在有颤振(振动不稳定性)。众所周知,在非陀螺的保守系统中是没有颤振的[21](在这里可令 $\beta = 0$ 的计算来加以说明,$\beta = 0$ 即哥氏力消失);但相当多的人认为在陀螺保守系统中也是不存在颤振的。在现在的问题中可用能量观点来支持这个论点[5-6]。流体力在一个周期 t 中所做的功为

$$\Delta W = -\int_0^T MU(\dot{y}^2 + U\dot{y}y') \Big|_0^L \mathrm{d}t - \frac{1}{2}\int_0^L M[\dot{y}^2 + (Uy')^2] \Big|_0^T \mathrm{d}x$$

$$(10.25)$$

第一项为流体力非保守部分做的功(见式(10.23)),由于所讨论问题的边界条件它等于零。第二项由运动的周期性 $y(x, t) = y(x, t+T)$,在 $0 \leqslant x \leqslant L$ 中,也等于零。故有 $\Delta W = 0$,即系统既不吸收能量,也不消耗能量。这与非保守系统(悬臂梁式管道)的情形是不同的。这样,似乎就可以得到该保守系统不会发生颤振的结论。进一步研究表明上面所讨论的临界条件不是一个中性稳定的点,它相应于两个频率合一的点,具有振动增长的形式 $y(x, t) = f(x)(a+bt)\mathrm{e}^{i\omega t}$,故正确的结论是:陀螺保守系统除了发生屈曲的发散外仅能发生耦合模态的颤振。1971 年 Shieh 也获得对陀螺保守系统的相似结论,他的例子是一根以角速度 Ω 转动的轴,受轴向压力 P 的作用,由陀螺动力学得运动方程为[22]

$$EIy^{IV} + Py'' + M(\ddot{y} - 2\Omega\dot{y} - \Omega^2 y) = 0$$

与上面讨论的方程相似,存在有耦合模态颤振。

我们来讨论悬臂管道的情形,输液悬臂管道的动力学已有过很多研究[16, 6, 7, 11]。图 10.6 表示其自由运动的特性,画出了作为 u 的函数的最低几阶模态的固有频率。先看无阻尼的情形($\alpha = 0$)。可以看到小的流速降低振动频率(ω 的实部)产生阻尼影响(ω 的虚部 > 0)。当流速增加时,对某些模态的阻尼影响减少

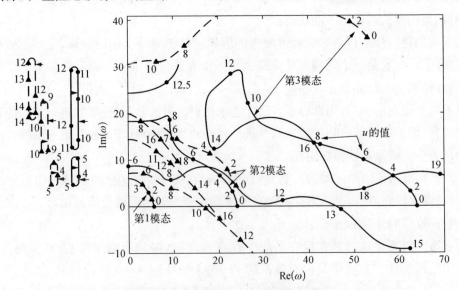

图 10.6　悬臂式管道的复数频率图

$\beta = 0.65, \gamma = 10, \chi = 0;$——为 $\alpha = 0;$———为 $\alpha = 0.0189$。

在图上左边的小图显示了在 $\mathrm{Im}(\omega)$ 轴线上轨迹点的特性

了,当流速足够高时($u = 12.88$),一个模态的阻尼影响消失了,再增加流速,该模态便成为不稳定的(颤振)。

在临界流速 $u_c = 12.88$ 处,系统的特性发生变化,其非保守力的功率为

$$\frac{\mathrm{d}W}{\mathrm{d}t} = -MU(\dot{y}^2 + U\dot{y}y')\Big|_{x=L} \qquad (10.26)$$

通过临界流速时,它由负变为正,即在 $u_c - \varepsilon$ 处系统失去能量,运动衰减,而在 $u_c + \varepsilon$ 处系统获得能量,运动增长。

图 10.6 中还表示了 Kelvin-Voigt 型黏弹性耗散的影响。注意到在零流速处有阻尼随模态数的显著增加。随着流速的增加,由于包含了耗散,个别模态的频率图完全变了。但自由振动总的特性没有根本的变化。这时,振动不稳定性发生在 $u = 9.85$ 处,比无耗散力时临界值低得多。耗散力的这种降低稳定性的影响是非保守陀螺系统中的一个特性[16, 21, 9]。

我们再讨论纯粹滞后的耗散力作用,设解的形式为

$$\eta(\xi, \tau) = Y(\xi)\mathrm{e}^{i\omega\tau}$$

滞后阻尼相应于材料具有 $\alpha\omega = \mu$ 的性质,μ 为与 ω 无关的常数,称为滞后阻尼系数,这一表达式仅适用于系统作谐和或近似谐和运动的情形,即 ω 几乎为实量[23]。滞后阻尼可以在实用频率范围内模拟金属和某些橡皮类型的耗散机理。这时若 $i\omega$ 为运动方程的一个根,则其复共轭值不一定是一个根。于是,频率曲线关于 $\mathrm{Im}(\omega)$ 轴的对称性被破坏了,还要画出频率平面上左边部分的曲线,图 10.7 中画出了一

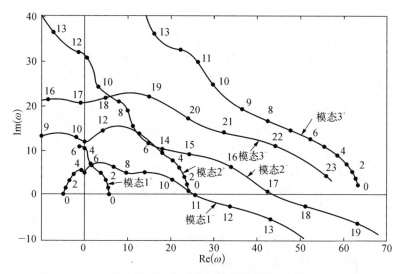

图 10.7　对于具有迟后阻尼特性的悬臂管道的无量纲复数频率图

$\beta = 0.65, \gamma = 10, \chi = 0,$滞后阻尼系数 $\mu = 0.1$

典型情形 $\mu = 0.1(\alpha = 0.0189$ 和 $\mu = 0.1$ 给出了对零流速第一阶模态的相同对数递减),在低流速时滞后耗散的影响没有黏弹性阻尼的严重。在高流速时,模态曲线的性状与前面的大不一样;当通过 $\mathrm{Im}(\omega)$ 轴时,会出现明显的 $\mathrm{Im}(\omega)$ 值的不连续(仅考虑正的 $\mathrm{Im}(\omega)$ 平面部分)。值得注意第一阶模态的曲线由负的 $\mathrm{Re}(\omega)$ 开始,后来变成不稳定的。最后要提醒的是,由于滞后耗散模型适用范围的限制,仅是靠近 $\mathrm{Re}(\omega)$ 轴部分的曲线才有物理意义。

图 10.8 表示 $\gamma = 10$ 和 $\beta = 0.2$ 和 0.3 的悬臂管道的复频率曲线,这里是第二阶模态后来变到不稳定。

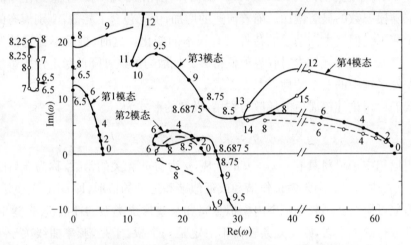

图 10.8　悬臂梁式管道的无量纲复数频率图 $\gamma = 10$, $\alpha = \chi = 0$

— — —为 $\beta = 0.2$;————为 $\beta = 0.3$

我们再着重讨论一下稳定性条件。从实用角度看,我们最关心的是不发生不稳定性的极限操作条件。对于简支-简支和固定-固定的管道,临界条件与第一阶模态的屈曲相联系,为了保持稳定性,u,Π 和 $-\Gamma$ 应足够地小以使 $v^2 = u^2 + \Pi(1 - 2v\delta) - \Gamma$ 的值小于表 10.1 中给出的值,这些关系与 α,β 和 χ 无关。负的 γ 值表示流动是铅垂向上的,$\gamma = 0$ 应用于水平系统或很刚性的和相对柔性的垂直系统。

注意到固定-固定和简支-简支管道临界流速的区别因子仅当 $\gamma = 0$ 时为 2。对于 $\gamma > 0$,这因子显著地减小,实际上,由管道和支撑的装配不好和不均匀性而使屈曲提前发生[15]。表 10.1 给出了稳定性的临界条件。为了工程设计应用,最好在上面的关系中加一个安全因子。

对于悬臂管道,其临界条件与振荡不稳定性相联系。这时临界流速与参数 α,χ,β 和 γ 有关;若流体排入大气,则 Π 和 Γ 为零。β,χ 和 γ 以及滞后阻尼 μ 对稳定性的影响已研究过[3, 7, 13];α 对稳定性的影响示于图 10.8 中。要注意的是 α 的影响以及类似的 χ 和 μ 的影响不总是减稳的;在某些情形中,主要与 β 有关,系统被

表 10.1　稳定性的临界条件

γ	简支-简支管道 ν 值	固定-固定管道 ν 值
-10	2.17	5.87
-5	2.71	6.08
0	π	2π
5	3.51	6.48
10	3.83	6.67
50	5.56	7.97

耗散力所稳定。实际上,处于空气中的金属或橡皮管道由于其 α,μ 和 χ 的值小,耗散力的减稳影响是不严重的;而且这种影响部分地或全部地被非线性影响所掩盖,后者使临界流速高于线性理论所得的值,在实验中也发现在临界流速附近有一个围绕平衡位置的小的不稳定极限环和一个大的稳定极限环。由此可见,文献[16]中给出的无阻尼系统的临界流速值可作为安全地设计判据。

10.5　输运振荡流体的管道振动

设输运流体的速度为

$$u = u_0(1 + \mu\cos\omega\tau) \tag{10.27}$$

式中:振荡参数 μ 为小量。将式(10.27)代入式(10.15),得

$$\alpha\frac{\partial^5\eta}{\partial\xi^4\partial\tau} + \frac{\partial^4\eta}{\partial\xi^4} + \left[u_0^2(1+\mu\cos\omega\tau)^2 - \Gamma + \Pi(1-2\upsilon\delta) - \gamma - \beta^{1/2}u_0\mu\omega\sin\omega\tau\right]\frac{\partial^2\eta}{\partial\xi^2} +$$

$$(\gamma + \beta^{1/2}u_0\mu\omega\sin\omega\tau)\xi\frac{\partial^2\eta}{\partial\xi^2} + 2\beta^{1/2}u_0(1+\mu\cos\omega\tau)\frac{\partial^2\eta}{\partial\xi\partial\tau} + \gamma\frac{\partial\eta}{\partial\xi} + \chi\frac{\partial\eta}{\partial\tau} + \frac{\partial^2\eta}{\partial\tau^2} = 0$$

$$\tag{10.28}$$

实际上流体的脉动不一定是谐和的。但任意小扰动可用傅里叶级数展开成谐和分量,我们分析一个谐和分量的情形,并求其参数不稳定性的区域,在定常流情形下是稳定的。

优洛听的方法可能是求参数 (μ, ω) 不稳定区域最简单的方法[24]。但这种方法不能得到组合共振的不稳定性。

应用瑞茨—迦辽金方法将连续系统离散化。令

$$\eta(\xi,\tau) = \sum_r \phi_r(\xi) q_r(\tau) \tag{10.29}$$

式中：$q_r(\tau)$ 为广义坐标；$\phi_r(\xi)$ 为作为梁的管道的模态函数，它满足系统所有的边界条件。设上述级数可在适当高的 r 值予以截断。将式（10.28）代入式（10.27），将各项乘以 ϕ_S，从 0 积分到 1，利用模态函数的正交性，得如下的矩阵方程：

$$\ddot{q} + \{ \boldsymbol{F} + 2\beta^{1/2} u_0 (1+\mu\cos\omega\tau)\boldsymbol{B} \}\dot{q} + \{ \boldsymbol{\Lambda} + [u_0^2 (1+\mu\cos\omega\tau)^2 - \gamma -$$
$$\beta^{1/2} u_0 \mu\omega\sin\omega t - \Gamma + \Pi(1-2\nu\delta)]\boldsymbol{C} + [\gamma + \beta^{1/2} u_0 \mu\omega\sin\omega\tau]\boldsymbol{D} + \gamma\boldsymbol{B} \}q = 0$$
$$\tag{10.30}$$

式中：q 为向量 $\{q_1, q_2, \cdots\}^{\mathrm{T}}$；$\boldsymbol{\Lambda}$ 为对角线矩阵；元素为 λ_i^4，λ_i 为梁的第 i 个无量纲特征值；$\boldsymbol{F}$ 为元素为 $\alpha\lambda_i^4 + \chi$ 的对角线矩阵；矩阵 $\boldsymbol{B}$，$\boldsymbol{C}$，$\boldsymbol{D}$ 的元素 b_{sr}，C_{sr}，d_{sr} 分别为

$$b_{sr} = \int_0^1 \phi_s \phi_r' \mathrm{d}\xi, \quad C_{sr} = \int_0^1 \phi_s \phi_r'' \mathrm{d}\xi, \quad d_{sr} = \int_0^1 \phi_s \xi \phi_r'' \mathrm{d}\xi$$

其中""'""号为对 ξ 的微分。表 10.2 中列出不同边界条件的 b_{sr}，C_{sr} 和 d_{sr} 值。

表 10.2　常数 b_{sr}，C_{sr}，d_{sr}（σ_r 为文献[17]中的常数）

	简支-简支管道	固定-固定管道	悬臂管道
$b_{sr}(S \neq r)$	$\dfrac{2\lambda_r\lambda_s}{\lambda_r^2 - \lambda_s^2}\{(-1)^{r+s} - 1\}$	$\dfrac{4\lambda_r^2\lambda_s^2}{\lambda_r^4 - \lambda_s^4}\{(-1)^{r+s} - 1\}$	$\dfrac{4}{(\lambda_s/\lambda_r)^2 + (-1)^{r+s}}$
b_{rr}	0	0	2
$C_{sr}(S \neq r)$	0	$\dfrac{4\lambda_r^2\lambda_s^2}{\lambda_r^4 - \lambda_s^4}(\lambda_r\sigma_r - \lambda_s\sigma_s)$ $\{(-1)^{r+s} + 1\}$	$\dfrac{4(\lambda_r\sigma_r - \lambda_s\sigma_s)}{(-1)^{r+s} - (\lambda_s/\lambda_r)^2}$
C_{rr}	$-\lambda_r^2$	$\lambda_r\sigma_r(2 - \lambda_r\sigma_r)$	$\lambda_r\sigma_r(2 - \lambda_r\sigma_r)$
$d_{sr}(S \neq r)$	$\dfrac{4\lambda_r^4\lambda_s}{(\lambda_r^2 - \lambda_s^2)^2}\{1 - (-1)^{r+s}\}$	$\dfrac{4\lambda_r^2\lambda_s^2(\lambda_r\sigma_r - \lambda_s\sigma_s)}{\lambda_r^4 - \lambda_s^4}(-1)^{r+s}$ $- \dfrac{3\lambda_r^4 + \lambda_s^4}{\lambda_r^4 - \lambda_s^4}b_{sr}$	$\dfrac{4(\lambda_r\sigma_r - \lambda_s\sigma_s + 2)}{1 - (\lambda_s/\lambda_r)^4}(-1)^{r+s}$ $- \dfrac{3 + (\lambda_s/\lambda_r)^4}{1 - (\lambda_s/\lambda_r)^4}b_{sr}$
d_{rr}	$\dfrac{1}{2}C_{rr}$	$\dfrac{1}{2}C_{rr}$	$\dfrac{1}{2}C_{rr}$

应用优洛听方法[24]，可判别两种类型的参数不稳定性，即所谓的第一类和第二类不稳定性。一根无阻尼的柱在谐和扰动的端载荷作用下，其第一类不稳定性

当 $\mu \to 0$ 时发生在 $2\omega_n/\omega = 1,3,5,\cdots$，$\omega_n$ 为柱的固有频率；其第二类不稳定性发生于 $2\omega_n/\omega = 2,4,\cdots$，其中最重要的情形相应于 $\omega/\omega_n = 2$，称为第一主不稳定性，相似地可定义第二主不稳定性为 $\omega/\omega_n = 1$ 的情形。

为求第一主不稳定性，令

$$q = \sum_{k=1,3,5,\cdots} \left\{ a_k \sin\left(\frac{1}{2}k\omega\tau\right) + b_k \cos\left(\frac{1}{2}k\omega\tau\right) \right\} \tag{10.31}$$

代入式(10.29)，进行若干演算后，得

$$\sum_{k=1,3,5,\cdots} \left\{\left\{ -\left(\frac{k\omega}{2}\right)^2 a_k - \left(\frac{k\omega}{2}\right)(F+2\beta^{1/2}u_0 B)b_k + \left[\Lambda + \left(u_0^2 + \frac{1}{2}\mu^2 u_0^2 - \Gamma + \right.\right.\right.\right.$$

$$\left.\left. \Pi(1-2\upsilon\delta) - \gamma)C + \gamma D + \gamma B\right]a_k\right\} \sin\left(\frac{k\omega\tau}{2}\right) + \left\{-\left(\frac{k\omega}{2}\right)^2 b_k + \left(\frac{k\omega}{2}\right)(F+\right.$$

$$\left. 2\beta^{1/2}u_0 B)a_k + \left[\Lambda + \left(u_0^2 + \frac{1}{2}\mu^2 u_0^2 - \Gamma + \Pi(1-2\upsilon\delta) - \gamma)C + \gamma D + \gamma B\right]b_k\right\}$$

$$\cos\left(\frac{k\omega\tau}{2}\right) + \left\{-\left(\frac{K\omega}{2}\right)\beta^{1/2}u_0\mu Bb_k + \mu u_0^2 Ca_k + \frac{1}{2}\beta^{1/2}u_0\mu\omega(D-C)b_k\right\}$$

$$\sin\left(\frac{k+2}{2}\omega\tau\right) + \left\{\left(\frac{k\omega}{2}\right)\beta^{1/2}u_0\mu Ba_k + \mu u_0^2 Cb_k - \frac{1}{2}\beta^{1/2}u_0\mu\omega(D-C)a_k\right\}$$

$$\cos\left(\frac{k+2}{2}\omega\tau\right) + \left\{-\left(\frac{k\omega}{2}\right)\beta^{1/2}u_0\mu Bb_k + \mu u_0^2 Ca_k - \frac{1}{2}\beta^{1/2}u_0\mu\omega(D-C)b_k\right\}$$

$$\sin\left(\frac{k-2}{2}\omega\tau\right) + \left\{\left(\frac{k\omega}{2}\right)\beta^{1/2}u_0\mu Ba_k + \mu u_0^2 Cb_k + \frac{1}{2}\beta^{1/2}u_0\mu\omega(D-C)a_k\right\}$$

$$\cos\left(\frac{k-2}{2}\omega\tau\right) + \left\{\frac{1}{4}\mu^2 u_0^2 Ca_k\right\} \sin\left(\frac{k+4}{2}\omega\tau\right) + \left\{\frac{1}{4}\mu^2 u_0^2 Cb_k\right\} \cos\left(\frac{k+4}{2}\omega\tau\right) +$$

$$\left\{\frac{1}{4}\mu^2 u_0^2 Ca_k\right\} \sin\left(\frac{k-4}{2}\omega\tau\right) + \left\{\frac{1}{4}\mu^2 u_0^2 Cb_k\right\} \cos\left(\frac{k-4}{2}\omega\tau\right)\right\} = 0 \tag{10.32}$$

展开上式，将 $\cos\frac{1}{2}\omega\tau$，$\sin\frac{1}{2}\omega\tau$，$\cos\frac{3}{2}\omega\tau$，等各项收集在一起，其系数均为零，得如下形式的矩阵方程

$$\begin{bmatrix} \cdots & \cdots & \cdots & \cdots & \cdots \\ \cdots & G_{33} & G_{31} & G_{32} & G_{34} & \cdots \\ \cdots & G_{13} & G_{11} & G_{12} & G_{14} & \cdots \\ \cdots & G_{23} & G_{21} & G_{22} & G_{24} & \cdots \\ \cdots & G_{43} & G_{41} & G_{42} & G_{44} & \cdots \\ \cdots & & \cdots & \cdots & \cdots \end{bmatrix} \begin{Bmatrix} \vdots \\ a_3 \\ a_1 \\ b_1 \\ b_3 \\ \vdots \end{Bmatrix} = \mathbf{0} \tag{10.33}$$

它是无限阶的，G_{jk} 是 $\sin\left(\frac{1}{2}j\omega\tau\right)$ 或 $\cos\left(\frac{1}{2}j\omega\tau\right)$ 方程中 a_k 或 b_k 的系数，其中奇数的 j 与 $\sin\left(\frac{1}{2}j\omega\tau\right)$ 联系，偶数的 j 与 $\cos\left[\frac{1}{2}(j-1)\omega\tau\right]$ 联系；相似地，奇数 k 与 a_k 联系，偶数 k 与 b_{k-1} 联系。

如优洛听所示，令矩阵 G_{jk} 的行列式等于零，得到不稳定区域的边界方程。该行列式是无限阶的，但它属于正常行列式类，所以是绝对收敛的。于是，可令虚线中的行列式等于零而近似求得不稳定性边界，这称为 $k=1$ 近似，它仅能求得不稳性主域；更好的近似是取式(10.33)中所有写出的项，称为 $k=3$ 近似；如此等等。当然，式(10.28)中的级数必须在定义 G_{jk} 阶数的足够高的 r 阶处截断。

求第二类不稳定性，令

$$q = \sum_{k=0,2,4,\cdots}\left\{a_k\sin\left(\frac{1}{2}k\omega\tau\right)+b_k\cos\left(\frac{1}{2}k\omega\tau\right)\right\} \tag{10.34}$$

将其代入式(10.29)中，得式(10.31)，但求和是对 $k=0,2,4,\cdots$ 进行。如前一样，可得式(10.32)，但向量为 $\{\cdots,a_4,a_2,b_0,b_2,b_4,\cdots\}^{\mathrm{T}}$，令行列式等于零可得第二类不稳定性的边界。

对于任意给定系统，可在 (μ,ω) 参数平面中求其不稳定性的边界，先给定 μ，求由式(10.33)得出的行列式等于零的 ω 值。这样计算，自 $\omega=0$ 开始，使 ω 逐步增加，找出使行列式改变符号的点便是。然后以这些 ω 为参考值，对 $\mu+\delta\mu$ 进行相似的计算。计算一直完成到所需的 μ 范围为止。对于简支-简支和固定-固定管道，用 $k=1$ 的第一主域近似便可足够精确地求得第一阶模态的不稳定边界，用 $k=2$ 的第二主域近似便可求得第二阶的不稳定边界，而级数式(10.29)截断于 $r=n=2$。对于悬臂梁管道，需用 $k=3$ 和 $k=2$，以及 $n=5$。数值分析的收敛性详见文献[25]。

对于一固定-固定管道 $(u_0=2,\beta^{1/2}=0.5,\gamma=10,\Gamma=\Pi=\alpha=\chi=0)$，在 $0.6<\omega/\omega_{01}<5.7$ 范围内的参数不稳定区域示意图 10.9 中，ω_{01} 是零流速时的第一阶固有频率，若不用 ω/ω_{01} 而用 ω/ω_n，ω_n 为实际在 $u=2$ 时的固有频率，于是所有模态的第一主域将自 $\omega/\omega_n=2(\mu=0^+)$ 开始，第一次域自 $\omega/\omega_n=\frac{2}{3}$ 开始等等；第二主域自 $\omega/\omega_n=1$ 开始，等等。在图中所用的纵坐标中，对于第一阶模态有：① 第一主域自 $\omega/\omega_{01}\approx1.90$ 开始；② 第二主域在 $\omega/\omega_{01}\approx0.95$ 处；③ 第一次域自 $\omega/\omega_{01}\approx0.64$ 开始。相似地，对于第二阶模态，相应的区域分别地自 $\omega/\omega_{01}\approx5.24$，2.62 和 1.75 开始。对于第三阶模态有，第二主域自 $\omega/\omega_{01}\approx5.13$ 开始，第二次域在 $\omega/\omega_{01}\approx3.42$ 处。图中的最高区域是第四阶模态的。可以看出，不稳定性的第一主域在参数平面中是范围最大的。

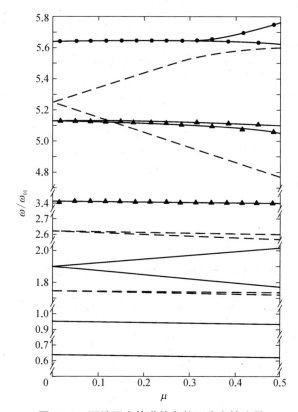

图 10.9　两端固定管道的参数不稳定性边界

$(u_0 = 2, \beta^{1/2} = 0.5, \gamma = 10, \Gamma = \Pi = \alpha = \chi = 0)$

第一模态的边界为————;第二模态边界— — —;第三模态边界▲—▲—▲;第四模态边界●—●—●

有尖点在纵坐标轴上的三角形区域中,该系统是不稳定的,无尖点在纵坐标轴上时则是稳定的。

　　图 10.10 表示同一系统中的黏性和黏弹性耗散对参数不稳定性的影响(图 10.10(b)中所用的 α 值是使第一阶模态在$u_0 = 0$ 时的黏性和黏弹性阻尼系统具有相同的对数衰减值)。可以看出耗散减少了不稳定区域的范围,使得原来很狭的不稳定区域消失了,而且,必须有一定的 μ 值才能产生不稳定性。可以看出黏弹性耗散对高阶模态具有更明显的影响,这是可以预料到的,除了第一主域外,所有不稳定域消失。这些结果说明不稳定主域是最重要的,在实际中易于观察到,进一步的计算将限于这些区域。

　　图 10.11 表示相应于一固定-固定管道第一阶模态的不稳定主域受到流速和黏性阻尼的影响。当流速增加时,不稳定区域向下移动,反映了第一阶模态频率随流速增加而减小(参见图 10.5)。还可看出,不稳定区域随流速的增加而变宽,阻尼的影响相应地减小。在 $u_0 = 3$ 时,第一不稳定区域在有较大的耗散($\chi = 0.5$)时受其影响很小,即使 $\mu < 0.1$ 时也会有参数不稳定性。

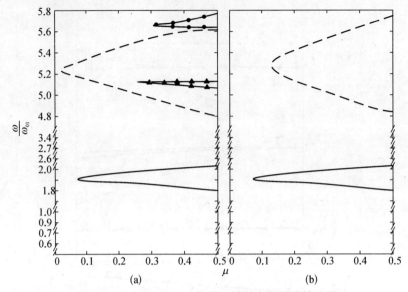

图 10.10　与图 10.9 中相同系统的参数不稳性边界

（a）黏性阻尼（$\chi = 0.4$）；（b）有黏弹性阻尼（$\alpha = 7.54 \times 10^{-4}$）

第一模态的边界为————；第二模态边界————；第三模态边界—▲—▲—；第四模态边界—●—●—

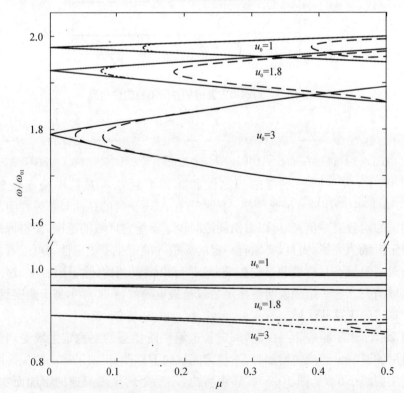

图 10.11　流速 u_0 和黏性阻尼对两端固定管道第一模态主不稳定性的影响

（$\Gamma = \Pi = \alpha = 0$，$\beta^{1/2} = 0.2$，$\gamma = 10$），有 u_0 的三组值。

————$\chi = 0$；————$\chi = 0.2$；—·—·—$\chi = 0.5$

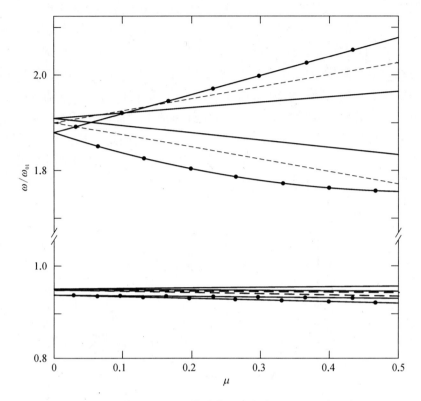

图 10.12　β 对两端固定管道第一模态主不稳定性的影响

$(\Gamma = \Pi = \alpha = \chi = 0,\ u_0 = 2, \gamma = 10)$，

———— $\beta^{1/2} = 0.2$；— — — $\beta^{1/2} = 0.5$；——●——●—— $\beta^{1/2} = 0.8$

图 10.12 表示 β 对参数不稳定性的影响，不稳定区域随着 β 的增加而变宽；这里要说明的是：若采用陈的运动方程，则不稳定域的宽度与 β 是无关的。不稳定区域也随 β 的增加而向下移，这反映对于这一特定流速，固有频率随 β 的增加而降低；这一影响示于图 10.3 中，在 $u = 2$ 处，$\beta = 0.5$ 的 ω_1 比 $\beta = 0.1$ 的值要小。

注意到在图 10.12 中 $\beta^{1/2} = 0.8$ 的第一不稳定性主域的下边界不是直线；这是不稳定边界与另一不稳定区域（未在图中示出）靠近情形的特性。在图 10.11 中 $u_0 = 3$ 的第一不稳定主域也是这样。这里表示的结果仅是对特定的 γ 值和 $\Gamma = \Pi = 0$。对于别的 Γ, Π 和 γ 值（包含 $\gamma = 0$），这些结果也是典型的。

对于悬臂梁式的管道，即使没有耗散时，其自由振动被在临界值以下的定常流阻尼掉。因此，对各种流速，不会发生像固定-固定管道那样的参数不稳定性。但悬臂管道的不稳定性有选择性地与某些特定的模态有关；在所进行的计算中，至少对于较低的流速，没有发现第一阶模态的不稳定性。

图 10.13 表示一悬臂梁式管道的参数不稳定区域，$\beta = 0.2$，$\gamma = 10$，$\alpha = \chi = 0$，$u_0 = 4.5$，5.5 和 6，$\omega/\omega_{02} < 2.4$（在定常流情形下的模态频率图示于图 10.8 中）。对 $u_0 \leqslant 4$，在所考虑的 μ 范围内没有发现参数不稳定性。图中部不稳定的大区域是相应第二阶模态的第一主域，图底部为仅发生在 $u_0 = 6$ 时的第二主域。顶部的小区域为相应于第三阶模态的第二主域。这里注意到有：① 需要有一定大小的 μ 值才能诱发起参数振动；② μ 值随流速的增加而减小；③ 在高流速时不稳定区域的范围更大些。这些结果与图 10.11 的阻尼固定-固定管道（$\chi = 0.5$）有些相似。但这里与固定-固定管道不同，这里由哥氏力作用引起的阻尼与系统动力学有内在联系；因此，它对参数不稳定性的影响不是一致的，也不是易于预见的，将在下面再讨论。

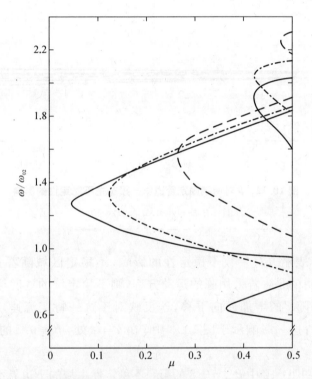

图 10.13　悬臂式管道参数不稳定边界（$\alpha = \chi = 0$，$\beta = 0.2$，$\gamma = 10$）

－－－ $u_0 = 4.5$；－·－·－ $u_0 = 5.5$；——— $u_0 = 6$

图 10.14(a) 和 (b) 为一悬臂梁管道系统的第一和第二不稳定区域，$\beta = 0.3$，$\gamma = 10$，$\alpha = \chi = 0$（其定常流的模态频率图示于图 10.8 中）。图 10.14(a) 顶部三个对于 $u_0 = 6$，7.5 和 8 的不稳定区域是第三阶模态的第一主域，中部对于 $u_0 = 8.5$ 和 $u_0 = 8.6875$ 的两个大区域为第二和第三阶模态第一主域的混合。参考图 10.8 可见对于 $u_0 = 8.5$ 和 $u_0 = 8.6875$，第二和第三阶模态振动的实频率是很接

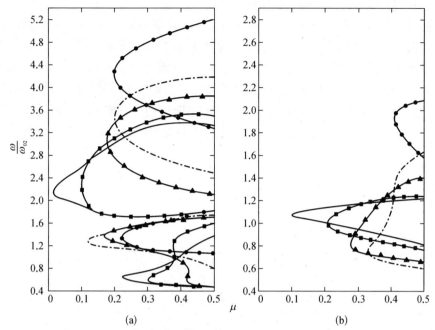

图 10.14　悬臂梁式管道的参数不稳定边界($\alpha=\chi=0$, $\beta=0.3$, $\gamma=10$)

(a) 第一不稳定区域；(b) 第二不稳定区域

●——● $u_0=6$；— — — $u_0=7.5$；▲——▲ $u_0=8$；■——■ $u_0=8.5$；——— $u_0=8.6875$

近的。

图 10.14(a)底部的小区域可相似地分成两类：① 对于 $u_0=6$，$u_0=7.5$ 和 $u_0=8$ 的区域是第二阶模态第一主域和第三阶模态第一次域的混合；② 对于 $u_0=8.5$ 和 $u_0=8.6875$ 的区域是第二和第三阶模态第一次域的混合。不稳定区域的混合在 $u_0=8$，$u_0=8.5$ 和 $u_0=8.6875$ 的情形中看得特别明显，其中每个区域由两个内联分明的带组成，其上部分相应于第二阶模态，下部分相应于第三阶模态。

在图 10.14(b)中，$u_0=6$ 的上部区域为第三阶模态的第二主域，而其余的区域为第二和第三阶模态第二主域的混合。其中除了 $u_0=8.6875$ 外，上面部分为第三阶模态的，下面部分为第二阶模态的；$u_0=8.6875$ 情形无这样的内联分明带是由于图 10.8 中所示的 $\mathrm{Re}(\omega_2)$ 和 $\mathrm{Re}(\omega_3)$ 很接近的缘故。

在低的 u_0 值时，平均流的阻尼影响小，没有发生参数不稳定性。注意到对于一常数值 μ，哥氏力的阻尼和参数激振都是与 u_0 成比例；对于一给定的 u_0 值，参数激振的大小和阻尼可预先求定，它们都随 u_0 成比例地减小。故对于给定的 μ 值范围，不能事先说出发生参数不稳定性的 u_0 范围。与此有关，值得注意的是参数不稳定性的区域发生在复频率平面(图 10.8)中使 $\mathrm{Im}(\omega)$ 成为局部最小值那些模态上,而且在接近或超过这些最小值的 u_0 处。

将这里计算的结果与陈的结果[17]相比较,前面提到过他的工作中有误。图 10.15(a)中表示一简支-简支管道第一阶模态的不稳定主域 ($u_0 = 0.6\pi$, $\beta^{1/2} = 0.8$, $\gamma = \Gamma = \Pi = \alpha = \chi = 0$),图 10.15(b)中为悬臂梁管道的结果($u_0 = 6$, $\beta = 0.2$, $\gamma = 10$, $\alpha = \chi = 0$)。可以看出,陈的理论通常低估了不稳定区域的范围;但他能给予极其一般的形状。明显地略去管道的轴向运动——或不完全地计及流体的加速度——并不像原先设想得那么严重,但也要说明的是陈的理论的误差通常均随 u_0 和 β 而增加。

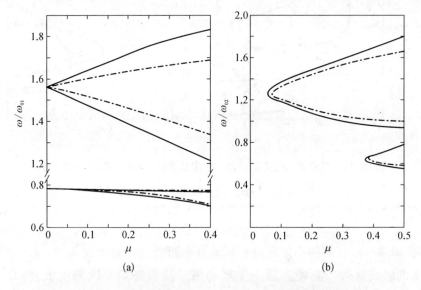

图 10.15　用文中理论(用———表示)和用陈的理论[17]
(用–·–·–表示)所计算的参数不稳定区域的比较

(a) 简支-简支管道($u_0 = 0.6\pi$, $\beta^{1/2} = 0.8$, $\Gamma = \Pi = \alpha = \chi = \gamma = 0$);
(b) 悬臂管道($u_0 = 6$, $\beta = 0.2$, $\gamma = 10$, $\alpha = \chi = 0$)

我们再总结一下。两端都被支撑住的管道是一保守陀螺系统,它不仅能发生屈曲典型发散,在高流速时还能发生耦合模态颤振。另一方面,悬臂梁管道仅发生单个自由度的颤振,而不是耦合模态型的,保守系统中存在的颤振是与陀螺(哥氏)力相联系的;且这种系统中的颤振仅能是耦合模态型的。提出了对于简支-简支、固定-固定和悬臂梁管道从稳定性观点考虑的最大容许流速的设计判据。对于流体有脉动速度的情形,指出了以前陈的推导有误,他忽略了脉动流体的轴向加速度,这会导致相当地低估参数不稳定的区域。研究表明,对于两端都支撑的管道(保守系统),其所有模态均有多重参数不稳定性,而耗散去除了主域以外的大部分不稳定性。耗散越大,使参数不稳定性发生的脉动谐和分量幅值也越大。但耗散力的效应随着流速的增加而减小,故当流速足够大时,即使脉动很弱,具有相当阻尼的系统也可以产生参数不稳定性。

悬臂梁管道(循环系统)当流速不太小时也会发生参数不稳定性。这时陀螺(哥氏)力是做功的,它起了与耗散力相似的作用。研究表明,在这种情形中仅能发生与特定模态(或模态的组合)和特定流速范围相关的某些不稳定带。以上这些理论上的推导还要通过试验验证。是否会有非线性影响使上面线性理论推导的结果不对,尚需进一步考察试验研究的结果。

10.6　弯曲输液管道的自由振动

S. S. Chen 研究了弯曲输液管道的振动和稳定性问题[26],考虑一根均匀的弯曲管道如图 10.16 所示。其曲率半径为 R,内部截面积为 A,单位长度的质量为 m,抗弯刚度为 EI,抗扭刚度为 GJ,圆心范围角为 α,管中液体密度为 ρ,流速为常数 V,由此得质量流率为 $\rho A V$。作如下的假设:

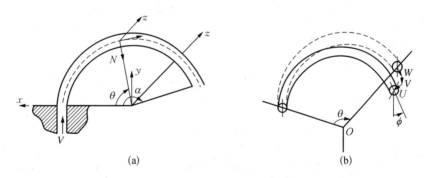

图 10.16　输运液体均匀弯曲管道的坐标和位移定义

(a) 未受力状态;(b) 受力状态

(1) 忽略重力和材料阻尼的影响。

(2) 管道是不伸长的。

(3) 忽略截面处的转动惯量和剪应变。

(4) 忽略小尺度的运动,例如液体的湍流和二次流等。

(5) 所有运动为小量。

利用哈密顿原理来推导运动方程式。本杰明[5]推导了计及管流能量损失的哈密顿原理,其形式为

$$\delta \int_{t_1}^{t_2} L \mathrm{d}t - \int_{t_1}^{t_2} MV \left(\frac{\partial R}{\partial t} \Big|_{\theta=\alpha} + V\boldsymbol{\tau} \Big|_{\theta=\alpha} \right) \delta \boldsymbol{R} \Big|_{\theta=\alpha} \mathrm{d}t = 0 \tag{10.35}$$

式中：$M(=\rho A)$ 为管内单位长度的流体质量；$\boldsymbol{R}$ 为管道中心线上点的位置向量；τ 为中心线切向单位向量；L 为拉格朗日函数，为

$$L = T_t + T_f - V_t - V_f \tag{10.36}$$

式中：T_t，T_f 和 V_t，V_f 为管道和流体的动能和势能。

管道初始未受力状态位于 xy 平面内，如图 10.16 所示，受力状态的管道变形有沿 N 轴的径向位移 u，沿 z 轴的横向位移 v，沿 T 轴的切向位移 w 和扭转角 ϕ。管的位能和动能为

$$\left. \begin{aligned} V_t &= \int_0^\alpha \left\{ \frac{M_N^2}{2EI} + \frac{M_z^2}{2EI} + \frac{M_T^2}{2GJ} \right\} R \mathrm{d}\theta \\ T_t &= \int_0^\alpha \frac{m}{2} \left[\left(\frac{\partial u}{\partial t} \right)^2 + \left(\frac{\partial v}{\partial t} \right)^2 + \left(\frac{\partial w}{\partial t} \right)^2 \right] R \mathrm{d}\theta \end{aligned} \right\} \tag{10.37}$$

式中

$$M_N = \frac{EI}{R^2} \left(R\phi - \frac{\partial^2 v}{\partial \theta^2} \right), \; M_z = \frac{EI}{R^2} \left(\frac{\partial^2 u}{\partial \theta^2} + \frac{\partial w}{\partial \theta} \right), \; M_T = \frac{GJ}{R^2} \left(R \frac{\partial \phi}{\partial \theta} + \frac{\partial v}{\partial \theta} \right) \tag{10.38}$$

由于管道是不可伸长的，要求有

$$u = \frac{\partial w}{\partial \theta} \tag{10.39}$$

变形管中心线上一点的位置向量可表示为

$$\boldsymbol{R} = \left[(R-u)\cos\theta - w\sin\theta \right] \boldsymbol{i} + \left[(R-u)\sin\theta + w\cos\theta \right] \boldsymbol{j} + v\boldsymbol{k} \tag{10.40}$$

式中：$\boldsymbol{i}$，$\boldsymbol{j}$，$\boldsymbol{k}$ 为沿 x，y，z 轴的单位向量。管中心线的切向单位向量可由式（10.40）求得，为

$$\boldsymbol{\tau} = \left[-\sin\theta - \frac{1}{R} \left(\frac{\partial u}{\partial \theta} + w \right) \cos\theta \right] \boldsymbol{i} + \left[\cos\theta - \frac{1}{R} \left(\frac{\partial u}{\partial \theta} + w \right) \sin\theta \right] \boldsymbol{j} + \frac{1}{R} \frac{\partial v}{\partial \theta} \boldsymbol{k} \tag{10.41}$$

由于管道是不可伸长的，流体是不可压缩的，管道所包围的流体体积为常数，流体对于管道的相对速度为 V_τ。忽略流体扭转运动的影响，其绝对速度为

$$\boldsymbol{V} = \frac{\partial \boldsymbol{R}}{\partial t} + \boldsymbol{V}_\tau \tag{10.42}$$

将式（10.39）和式（10.40）代入式（10.41），得

$$\boldsymbol{V} = \left\{\left[-\frac{\partial u}{\partial t} - \frac{V}{R}\left(\frac{\partial u}{\partial \theta} + w\right)\right]\cos\theta - \left(V + \frac{\partial w}{\partial t}\right)\sin\theta\right\}\boldsymbol{i} +$$

$$\left\{\left(V + \frac{\partial w}{\partial t}\right)\cos\theta - \left[\frac{\partial u}{\partial t} + \frac{V}{R}\left(\frac{\partial u}{\partial \theta} + w\right)\right]\sin\theta\right\}\boldsymbol{j} + \left(\frac{\partial v}{\partial t} + \frac{V}{R}\frac{\partial v}{\partial \theta}\right)\boldsymbol{k} \quad (10.43)$$

故所含流体的动能为

$$T_f = \frac{M}{2}\int_0^\alpha\left[V^2 + \left(\frac{\partial u}{\partial t}\right)^2 + \left(\frac{\partial w}{\partial t}\right)^2 + \left(\frac{\partial v}{\partial t}\right)^2 + 2V\frac{\partial w}{\partial t} + 2\frac{V}{R}\left(\frac{\partial u}{\partial \theta} + w\right)\frac{\partial u}{\partial t} +\right.$$

$$\left.\frac{2V}{R}\frac{\partial v}{\partial \theta}\frac{\partial v}{\partial t} + \frac{V^2}{R^2}\left(\frac{\partial u}{\partial \theta} + w\right)^2 + \frac{V^2}{R^2}\left(\frac{\partial v}{\partial \theta}\right)^2\right]R\mathrm{d}\theta \quad (10.44)$$

由于流体是不可压缩的,其势能 V_f 为零。将 L,R,τ 等代入式(10.35),求得拉格朗日方程为

$$\frac{EI}{R^3}\left(\frac{\partial^6 w}{\partial \theta^6} + 2\frac{\partial^4 w}{\partial \theta^4} + \frac{\partial^2 w}{\partial \theta^2}\right) + \frac{MV^2}{R}\left(\frac{\partial^4 w}{\partial \theta^4} + 2\frac{\partial^2 w}{\partial \theta^2} + w\right) +$$

$$2MV\left(\frac{\partial^4 w}{\partial \theta^3 \partial t} + \frac{\partial^2 w}{\partial \theta \partial t}\right) + R(m+M)\left(\frac{\partial^4 w}{\partial \theta^2 \partial t^2} - \frac{\partial^2 w}{\partial t^2}\right) = 0 \quad (10.45)$$

$$\frac{EI}{R^3}\left(\frac{\partial^4 v}{\partial \theta^4} - R\frac{\partial^2 \phi}{\partial \theta^2}\right) - \frac{GJ}{R^3}\left(\frac{\partial^2 v}{\partial \theta^2} + R\frac{\partial^2 \phi}{\partial \theta^2}\right) + \frac{MV^2}{R}\frac{\partial^2 v}{\partial \theta^2} +$$

$$2MV\frac{\partial^2 v}{\partial \theta \partial t} + R(m+M)\frac{\partial^2 v}{\partial t^2} = 0 \quad (10.46)$$

$$\frac{EI}{R^2}\left(R\phi - \frac{\partial^2 v}{\partial \theta^2}\right) - \frac{GJ}{R^2}\left(R\frac{\partial^2 \phi}{\partial \theta^2} + \frac{\partial^2 v}{\partial \theta^2}\right) = 0 \quad (10.47)$$

相应的边界条件为

$$\left[\frac{EI}{R^3}\left(\frac{\partial^5 w}{\partial \theta^5} + 2\frac{\partial^3 w}{\partial \theta^3} + \frac{\partial w}{\partial \theta}\right) + \frac{MV^2}{R}\left(\frac{\partial^3 w}{\partial \theta^3} + \frac{\partial w}{\partial \theta}\right) + 2MV\frac{\partial^3 w}{\partial \theta^2 \partial t} + MV\frac{\partial w}{\partial t} + \right.$$

$$\left. R(m+M)\frac{\partial^3 w}{\partial \theta \partial t^2}\right]\delta w\Big|_0^\alpha + \left(MV\frac{\partial w}{\partial t} + MV^2\right)\delta w\Big|_{\theta=\alpha} = 0$$

$$-\left[\frac{EI}{R^3}\left(\frac{\partial^4 w}{\partial \theta^4} + \frac{\partial^2 w}{\partial \theta^2}\right) + \frac{MV^2}{R}\left(\frac{\partial^2 w}{\partial \theta^2} + w\right) + MV\frac{\partial^2 w}{\partial \theta \partial t}\right]\delta\left(\frac{\partial w}{\partial \theta}\right)\Big|_0^\alpha +$$

$$\left[MV\frac{\partial^2 w}{\partial \theta \partial t} + \frac{MV^2}{R}\left(\frac{\partial^2 w}{\partial \theta^2} + w\right)\right]\delta\left(\frac{\partial w}{\partial \theta}\right)\Big|_{\theta=\alpha} = 0$$

$$\frac{EI}{R^3}\left(\frac{\partial^3 w}{\partial \theta^3} + \frac{\partial w}{\partial \theta}\right)\delta\left(\frac{\partial^2 w}{\partial \theta^2}\right)\Big|_0^\alpha = 0$$

$$(10.48)$$

$$\left[\frac{EI}{R^3}\left(R\frac{\partial\phi}{\partial\theta}-\frac{\partial^3 v}{\partial\theta^3}\right)+\frac{GJ}{R^3}\left(R\frac{\partial\phi}{\partial\theta}+\frac{\partial v}{\partial\theta}\right)-\frac{MV^2}{R}\frac{\partial v}{\partial\theta}-MV\frac{\partial v}{\partial t}\right]\delta v\Big|_0^\alpha +$$

$$\left(MV\frac{\partial v}{\partial t}+\frac{MV^2}{R}\frac{\partial v}{\partial\theta}\right)\delta v\Big|_{\theta=\alpha}=0$$

$$\frac{EI}{R^3}\left(R\phi-\frac{\partial^2 v}{\partial\theta^2}\right)\delta\left(\frac{\partial v}{\partial\theta}\right)\Big|_0^\alpha =0$$

$$\frac{GJ}{R^2}\left(R\frac{\partial\phi}{\partial\theta}+\frac{\partial v}{\partial\theta}\right)\delta\phi\Big|_0^\alpha =0$$

$$\left.\vphantom{\begin{array}{c}1\\1\\1\\1\end{array}}\right\}\quad(10.49)$$

可以看出式(10.45)和式(10.48)属于平面内位移,式(10.46)、式(10.47)和式(10.49)属于离开平面的位移和扭转。在这两组方程之间无耦合作用,故可以分别处理。式(10.48)和式(10.49)可以处理端点的各种边界条件,最常用的端点边界条件为自由、简支和固定。

我们讨论离开平面的弯曲——扭转自由振动,即讨论式(10.46)、式(10.47)和式(10.49),引入无量纲化量

$$\xi=\frac{v}{R},\ \beta=\frac{M}{m+M},\ v_1=\left(\frac{M}{EI}\right)^{1/2}RV,\ \tau=\left(\frac{EI}{m+M}\right)^{1/2}t/R^2,\ k=\frac{GJ}{EI}$$

$$(10.50)$$

方程(10.46)、方程(10.47)变成

$$\frac{\partial^4\xi}{\partial\theta^4}-\frac{\partial^2\phi}{\partial\theta^2}-k\left(\frac{\partial^2\xi}{\partial\theta^2}+\frac{\partial^2\phi}{\partial\theta^2}\right)+v_1^2\frac{\partial^2\xi}{\partial\theta^2}+2\beta^{1/2}v_1\frac{\partial^2\xi}{\partial\theta\partial\tau}+\frac{\partial^2\xi}{\partial\tau^2}=0 \quad(10.51)$$

$$\frac{\partial^2\xi}{\partial\theta^2}-\phi+k\left(\frac{\partial^2\phi}{\partial\theta^2}+\frac{\partial^2\xi}{\partial\theta^2}\right)=0 \quad(10.52)$$

令 $\qquad\quad \xi(\theta,\tau)=\eta(\theta)e^{i\Omega\tau}$ 和 $\quad \phi(\theta,\tau)=\psi(\theta)e^{i\Omega\tau}$ $\qquad(10.53)$

式中: $i=\sqrt{-1}$; Ω 为无量纲频率,定义为

$$\Omega=[(m+M)/EI]^{1/2}R^2\omega \quad(10.54)$$

将式(10.53)代入式(10.51)和式(10.52),得

$$\frac{d^4\eta}{d\theta^4}-\frac{d^2\psi}{d\theta^2}-K\left(\frac{d^2\eta}{d\theta^2}+\frac{d^2\psi}{d\theta^2}\right)+v_1^2\frac{\partial^2\xi}{\partial\theta^2}+i2\beta^{1/2}v_1\,\Omega\frac{d\xi}{d\theta}-\Omega^2\xi=0 \quad(10.55)$$

$$\frac{d^2\eta}{d\theta^2}-\psi+k\left(\frac{d^2\psi}{d\theta^2}+\frac{d^2\eta}{d\theta^2}\right)=0 \quad(10.56)$$

从式(10.55)和式(10.56)中消去 η ,得

$$\frac{\mathrm{d}^6\psi}{\mathrm{d}\theta^6} + (2 + v_1^2)\frac{\mathrm{d}^4\psi}{\mathrm{d}\theta^4} = \mathrm{i}2\beta^{1/2}v_1\,\Omega\,\frac{\mathrm{d}^3\psi}{\mathrm{d}\theta^3} + \left(1 - \frac{v_1^2}{k} - \Omega^2\right)\frac{\mathrm{d}^2\psi}{\mathrm{d}\theta^2} -$$

$$\mathrm{i}2\beta^{1/2}v_1\,\Omega\,\frac{\mathrm{d}\psi}{\mathrm{d}\theta} + \frac{\Omega^2}{k}\psi = 0 \tag{10.57}$$

其解为

$$\psi = \sum_{n=1}^{6} C_n \mathrm{e}^{\mathrm{i}\lambda_n\theta} \tag{10.58}$$

式中：C_n 为利用边界条件待求的常数；λ_n 为下列方程的 6 个根。

$$\lambda^6 - (2 + v_1^2)\lambda^4 - 2\beta^{1/2}v_1\Omega\lambda^3 + \left(1 - \frac{v_1^2}{k} - \Omega^2\right)\lambda^2 - 2\beta^{1/2}v_1\Omega\lambda - \frac{\Omega^2}{k} = 0$$

$$\tag{10.59}$$

表 10.3　边界条件和元素 a_{jn}

端点条件		固定-固定	固定-简支	简支-简支	固定-自由
边界条件	$\theta = 0$	$\xi = 0$	$\xi = 0$	$\xi = 0$	$\xi = 0$
		$\frac{\partial\xi}{\partial\theta} = 0$	$\frac{\partial\xi}{\partial\theta} = 0$	$\frac{\partial\xi}{\partial\theta} + \frac{\partial\phi}{\partial\theta} = 0$	$\frac{\partial\xi}{\partial\theta} = 0$
		$\phi = 0$	$\phi = 0$	$\frac{\partial^2\xi}{\partial\theta^2} - \phi = 0$	$\phi = 0$
	$\theta = \alpha$	$\xi = 0$	$\xi = 0$	$\xi = 0$	$\frac{\partial\xi}{\partial\theta} + \frac{\partial\phi}{\partial\theta} = 0$
		$\frac{\partial\xi}{\partial\theta} = 0$	$\frac{\partial\xi}{\partial\theta} + \frac{\partial\phi}{\partial\theta} = 0$	$\frac{\partial\xi}{\partial\theta} + \frac{\partial\phi}{\partial\theta} = 0$	$\frac{\partial^2\xi}{\partial\theta^2} - \phi = 0$
		$\phi = 0$	$\frac{\partial^2\xi}{\partial\theta^2} - \phi = 0$	$\frac{\partial^2\xi}{\partial\theta^2} - \phi = 0$	$\frac{\partial^2\xi}{\partial\theta^2} - \frac{\partial\phi}{\partial\theta} = 0$
元素 a_{jn}	a_{1n}	$\frac{1}{\lambda_n^2} + k$	$\frac{1}{\lambda_n^2} + k$	$\frac{1}{\lambda_n^2} + k$	$\frac{1}{\lambda_n^2} + k$
	a_{2n}	$\lambda_n\left(\frac{1}{\lambda_n^2} + k\right)$	$\lambda_n\left(\frac{1}{\lambda_n^2} + k\right)$	$\frac{\lambda_n^2 - 1}{\lambda_n}$	$\lambda_n\left(\frac{1}{\lambda_n^2} + k\right)$
	a_{3n}	1	1	$\lambda_n^2 - 1$	1
	a_{4n}	$\left(\frac{1}{\lambda_n^2} + k\right)\mathrm{e}^{\mathrm{i}\lambda_n\alpha}$	$\left(\frac{1}{\lambda_n^2} + k\right)\mathrm{e}^{\mathrm{i}\lambda_n\alpha}$	$\left(\frac{1}{\lambda_n^2} + k\right)\mathrm{e}^{\mathrm{i}\lambda_n\alpha}$	$\left(\frac{\lambda_n^2 - 1}{\lambda_n}\right)\mathrm{e}^{\mathrm{i}\lambda_n\alpha}$
	a_{5n}	$\lambda_n\left(\frac{1}{\lambda_n^2} + k\right)\mathrm{e}^{\mathrm{i}\lambda_n\alpha}$	$\left(\frac{\lambda_n^2 - 1}{\lambda_n}\right)\mathrm{e}^{\mathrm{i}\lambda_n\alpha}$	$\left(\frac{\lambda_n^2 - 1}{\lambda_n}\right)\mathrm{e}^{\mathrm{i}\lambda_n\alpha}$	$(\lambda_n^2 - 1)\mathrm{e}^{\mathrm{i}\lambda_n\alpha}$
	a_{6n}	$\mathrm{e}^{\mathrm{i}\lambda_n\alpha}$	$(\lambda_n^2 - 1)\mathrm{e}^{\mathrm{i}\lambda_n\alpha}$	$(\lambda_n^2 - 1)\mathrm{e}^{\mathrm{i}\lambda_n\alpha}$	$\lambda_n(\lambda_n^2 - 1)\mathrm{e}^{\mathrm{i}\lambda_n\alpha}$

将式(10.56)积分两次,得

$$\eta = \frac{1}{1+k} \left(\iint \psi \mathrm{d}\theta \mathrm{d}\theta - k\psi \right) \qquad (10.60)$$

其中两个积分常数通常为零。将式(10.58)代入式(10.60),得

$$\eta = -\frac{1}{1+k} \sum_{n=1}^{6} C_n \left(\frac{1}{\lambda_n^2} + k \right) \mathrm{e}^{\mathrm{i}\lambda_n \theta} \qquad (10.61)$$

将式(10.58)和式(10.61)代入在 $\theta = 0$ 和 $\theta = \alpha$ 处的边界条件,可求得系数 C_n,求 C_n 的方程为

$$a_{jn} C_n = 0 \qquad j, n = 1, 2, 3, 4, 5, 6 \qquad (10.62)$$

表 10.3 中列出四种不同边界条件的元素 a_{jn}。令式(10.62)系数的行列式等于零得到频率方程。频率与系统的参数 v_1, k, α 和 β 有关,频率方程可写成

$$F(\Omega, v_1, k, \alpha, \beta) = 0 \qquad (10.63)$$

由式(10.63)求得的固有频率,对于固定-固定,固定-简支和简支-简支的管道为实数,对于固定-自由的管道为复数,这一点可以证明,证明方法与平面内振动的情形相同[27]。

频率的性质也可以从能量角度来考虑。贝杰明[5]研究了管道与流体间的能量传输。将其结果用到弯曲管道上,可得 Δt 时间中管道所获得的能量为

$$\Delta W = -\int_{t}^{t+\Delta t} \left[MV \left(\frac{\partial v}{\partial t} \right)^2 + \frac{MV^2}{R} \frac{\partial v}{\partial \theta} \frac{\partial v}{\partial t} \right] \Big|_0^{\alpha} \mathrm{d}t \qquad (10.64)$$

若在端点处没有位移,则 $\Delta W = 0$;故管道不从流体取得能量,也不给予能量,这种情形下,系统是保守的,作自由振动;固定-固定,固定-简支,简支-简支管道属于此类。另外,若管道端点容许运动,ΔW 通常不为零。若 ΔW 为负,则管道运动是阻尼的,若 ΔW 为正,则运动是增加的,这时系统是非保守的,频率通常为复数;固定-自由端管道属于此类。

有了这些定性结果,我们可从式(10.63)计算频率,它与刚度比 k 有关;对于圆管

$$k = \frac{1}{1+\nu} \qquad (10.65)$$

式中 ν 为管子的泊松比,对于 $\nu = 0.3$ 和 $\alpha = \pi$ 的保守系统和非保守系统的固有频率示于图 10.17 和图 10.18 中。

图 10.17 表示作为流速 v_1 函数的固定-固定端管道的频率。无流动时,管道

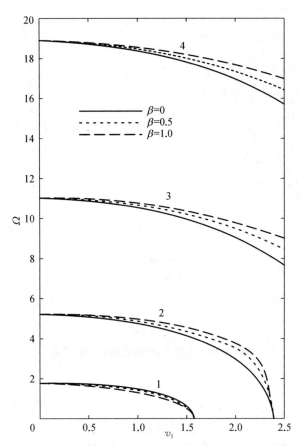

图 10.17　作为流速的函数的固定-固定端点弯管的固有频率

$\alpha=\pi$，从第一阶到第四阶模态的固有频率

与部分圆环的特性一样。频率随流速的增加变小。流速再增加时，某些频率变为零，由于屈曲，系统失稳。可以看到当 β 增加时，对于保守系统第一频率下降而其余的增加。这一性质与平面内振动的情形一样[27]。

图 10.18 表示一悬臂管道前四个模态的复频率。图中的数字表示流速 v_1 的值。当 v_1 为小值时，悬臂管道的方程(10.63)的所有根位于复 Ω 一平面的上半部，系统所有模态的振动是衰减的。流速的影响是减小固有频率和产生阻尼，阻尼是由哥氏加速度产生的。当流速增加时，某些根与实 Ω 轴相交，系统由于颤振而失去稳定性。对于图 10.18 中的例子，第一、三和四模态在所考虑的速度范围内总是稳定的。第二模态在 $v_1=1.5$，1.85 和 2.2 处与实 Ω 轴相交，于是系统在 $v_1=1.5$ 处失去稳定性，在 $v_1=1.85$ 处恢复稳定性，在 $v_1=2.2$ 处再失去稳定性。若流速进一步增加，则别的模态也可以变成不稳定的；但这些流速比第二模态的高得多而没有实用意义了。

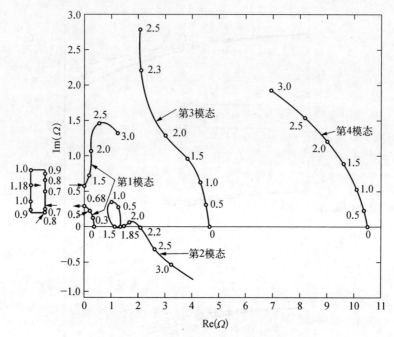

图 10.18　固定-自由端点弯管的复频率

$\alpha = \pi$，$\beta = 0.75$，曲线点数值为无量纲流速

　　我们来讨论临界流速,通常保守系统由屈曲失去其稳定性,而非保守系统由颤振失去其稳定性。非保守系统的稳定性仅能用动力学方法来研究。故由式(10.63)来求固定-自由端管道的临界速度。由于颤振的条件为 $\mathrm{Im}(\Omega) = 0$,要寻找一组 v 和 $\mathrm{Re}(\Omega)$ 值使式(10.63)得以满足。借助于数值计算机,可以求得稳定的边界。

　　求保守系统的临界流速也可用式(10.63),由于保守系统由屈曲失去稳定性,可用静力学方法来说明失稳机理。由式(10.51)和式(10.52)中去掉与时间有关的项,得

$$\frac{\mathrm{d}^4\xi}{\mathrm{d}\theta^4} - \frac{\mathrm{d}^2\phi}{\mathrm{d}\theta^2} - k\left(\frac{\mathrm{d}^2\xi}{\mathrm{d}\theta^2} + \frac{\mathrm{d}^2\phi}{\mathrm{d}\theta^2}\right) + v_1^2\frac{\mathrm{d}^2\xi}{\mathrm{d}\theta^2} = 0 \qquad (10.66)$$

$$\frac{\mathrm{d}^2\xi}{\mathrm{d}\theta^2} - \phi + k\left(\frac{\mathrm{d}^2\xi}{\mathrm{d}\theta^2} + \frac{\mathrm{d}^2\phi}{\mathrm{d}\theta^2}\right) = 0 \qquad (10.67)$$

由上两式消去 ξ,得

$$\frac{\mathrm{d}^4\phi}{\mathrm{d}\theta^4} + (2 + v_1^2)\frac{\mathrm{d}^2\phi}{\mathrm{d}\theta^2} + \left(1 - \frac{v_1^2}{k}\right)\phi = 0 \qquad (10.68)$$

易得上式的解为

$$
\phi = E_3 \cos p\theta + E_4 \sin p\theta + E_5 \cos q\theta + E_6 \sin q\theta \qquad (v_1 < \sqrt{k}) \left.\begin{array}{c}\end{array}\right\}
$$
$$
\phi = E_3 \cos p\theta + E_4 \sin p\theta + E_5 \mathrm{ch}\overline{q}\theta + E_6 \mathrm{sh}\overline{q}\theta \qquad (v_1 > \sqrt{k}) \quad (10.69)
$$

式中

$$
\left.\begin{array}{c}
p = \left[2 + v_1^2 + v_1 \sqrt{v_1^2 + 4\left(1 + \dfrac{1}{k}\right)} \right]^{1/2} / \sqrt{2} \\[3mm]
q = \left[2 + v_1^2 - v_1 \sqrt{v_1^2 + 4\left(1 + \dfrac{1}{k}\right)} \right]^{1/2} / \sqrt{2} \\[3mm]
\overline{q} = \left[v_1 \sqrt{v_1^2 + 4\left(1 + \dfrac{1}{k}\right)} - 2 - v_1^2 \right]^{1/2} / \sqrt{2}
\end{array}\right\} \quad (10.70)
$$

将式(10.69)代入式(10.67),积分两次,得

$$
\left.\begin{array}{l}
\xi = -\dfrac{1}{1+k}\Big[E_1\theta + E_2 + E_3\left(\dfrac{1}{p^2}+k\right)\cos\theta + E_4\left(\dfrac{1}{p^2}+k\right)\sin\theta + \\[3mm]
E_5\left(\dfrac{1}{q^2}+k\right)\cos q\theta + E_6\left(\dfrac{1}{q^2}+k\right)\sin q\theta \Big] \quad (v_1 < \sqrt{k}) \\[4mm]
\xi = -\dfrac{1}{1+k}\Big[E_1\theta + E_2 + E_3\left(\dfrac{1}{p^2}+k\right)\cos\theta + E_4\left(\dfrac{1}{p^2}+k\right)\sin p\theta + \\[3mm]
E_5\left(k - \dfrac{1}{\overline{q}^2}\right)\mathrm{ch}\overline{q}\theta + E_6\left(k - \dfrac{1}{\overline{q}^2}\right)\mathrm{sh}\overline{q}\theta \Big] \quad (v_1 > \sqrt{k})
\end{array}\right\}
$$

$$(10.71)$$

将式(10.69)和式(10.71)代入边界条件 $\theta = 0$ 和 $\theta = \alpha$ 处,得求常数 E_n 的 6 个方程

$$
b_{jn}E_n = 0 \qquad j, n = 1, 2, 3, 4, 5, 6 \qquad (10.72)
$$

令 b_{jn} 的行列式等于零,得特征方程式

$$
G(v_1, k, \alpha) = 0 \qquad (10.73)
$$

保守系统的临界流速是范围角 α 和泊松比 ν 的函数。图 10.19～图 10.21 为 $\nu = 0.3$ 对式(10.64)计算的结果。$k = \alpha/2\pi$,对于 $k > 1$ 的值,系统可视为小螺旋角的液体输运螺旋管。对于固定-固定端管道,四种在不稳定处的模态形式示于图 10.19 中的小圆点和图 10.22 中。对于非保守系统,临界流速除了 α 和 ν 外还与质量比 β 有关。由式(10.63)求不稳定边界,对于 $\nu = 0.3$,$\alpha = \pi/2$,$3\pi/4$ 和 π,其结果示于图(10.23)中。

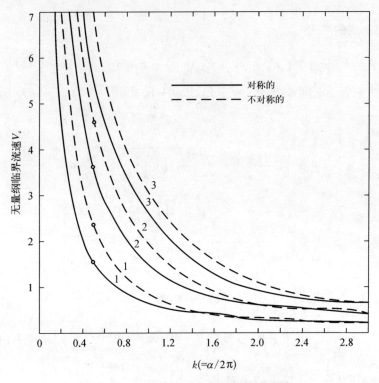

图 10.19　固定-固定端点的无量纲临界流速

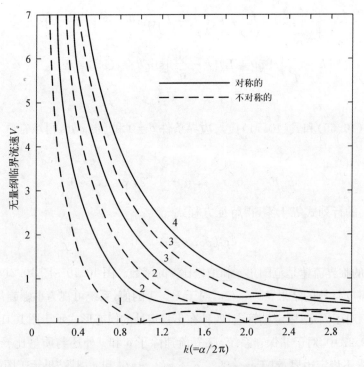

图 10.20　简支-简支端点的无量纲临界流速

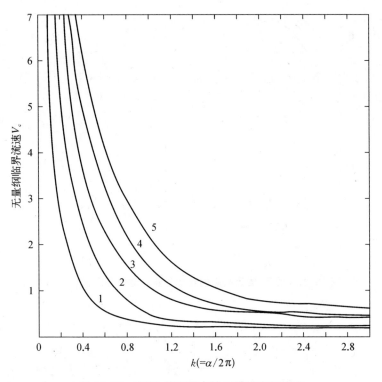

图 10.21　固定-简支端点的无量纲临界流速

由图 10.19、图 10.20 和图 10.22 可见,对于固定-固定端点和简支-简支端点的管道,其失去稳定性的模态可以是对称的和反对称的。当 $k < 1.46$ 时,固定-固定端点管道的最低临界流速发生于第一个对称模态,当 $k > 1.46$ 时,最低临界流速交替发生于第一个反对称模态和第一个对称模态。对于简支-简支端点的管道,第一个对称模态是应变能为零的摆运动,它总是不稳定的,故最低的临界流速为零。图 10.20 中表示的第一个临界流速发生于第一个反对称模态。当 k 为整数时,对于任意小的流速,第一个反对称模态也是不稳定的。

图 10.23 为一非保守系统的稳定性图,对于一定的 α 值,当 v_1 位于曲线下部时,系统是稳定的,上部则为不稳定。非保守系统的不稳定属于颤振形式,与质量比 β 很有关。增加 β 值趋向于使系统稳定,对于某些 β 值范围,系统具有多重稳定和不稳定的流速范围。例如,对于 $\alpha = \pi$ 和 $\beta = 0.75$ 的情形。管道在 $v_1 = 1.50$ 处失去稳定性,在 $v_1 = 1.85$ 处重获稳定性,在 $v_1 = 2.20$ 处又失去稳定性。这种现象易于从图 10.18 中理解,与直管的情形相似[28]。

还要说明的是,保守系统的不稳定性是由流体的离心力引起的,而非保守系统的不稳定性是由流体的离心力和哥氏力所引起的,不稳定性机理基本上与直管[28, 8, 3]和弯管的平面运动相同[29, 27]。

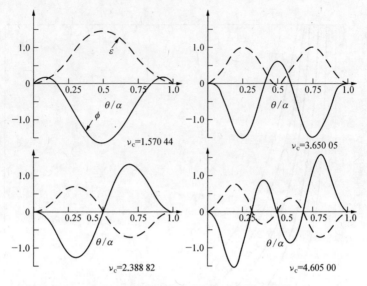

图 10.22 固定-固定端点的对称和非对称模态形状 $\alpha = \pi$

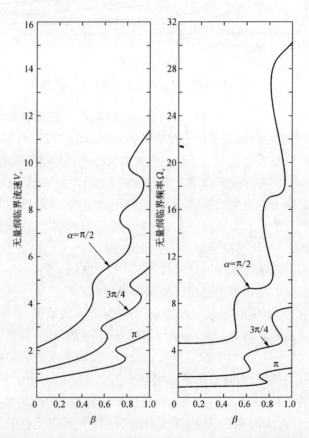

图 10.23 固定-自由端点弯管为质量比 β 函数的无量纲临界流速和相应的频率

10.7　作为圆柱壳体的输液管道的颤振[20]

由穿越阿拉伯的输油管道上发现的横向振动现象引起了对这类问题研究的重视，Feodos'yev[2] 和 Housner[3] 在忽略内压影响的条件下首先给出了流速对振动频率和静不稳定性（屈曲）的影响。后来 Dodds 和 Runyan[30] 进行试验验证了他们的结果。Benjamin 处理了支撑点结构的管道[5, 8]，Gregory 和 Paidoussis 处理了悬臂结构的管道[6, 7]。Stein 作了简要的综述[12]。所有这些工作都是考虑梁形式的变形。对于较短较薄的管道，考虑具有周向变形的圆柱壳更为合理些。因此，问题相似于圆柱壳的颤振。空气弹性力学家们已广泛地研究过这类问题，特别是超声速外流问题。Parthan[31] 作了这方面工作的详细综述。Dowell 则作了简要的叙述[32]。我们在这里讨论输液管道周向变形模态的稳定性问题，用经典的势流理论推导流体动力表达式。

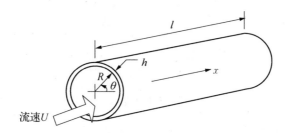

图 10.24　圆柱壳体的输液管道

考虑如图 10.24 所示的结构，圆柱壳端点是简支的，在其长度 l 以外的部分为相同内径的刚性圆柱面，这样假设使问题较易处理。圆柱壳的运动方程采用由 Kempner[33] 给出的 Flügge 方程形式，其中假设轴向和周向的惯性力可忽略，壳是薄的，$\frac{1}{12}\left(\frac{h}{R}\right)^2 \ll 1$。Hoff[34] 认为除非壳体很短且要考虑一些周向模态的情形，用这方程比用 Donnell 的要好。

$$D\left\{\nabla^4 w + \frac{1}{R^4}\nabla^{-4}\left[\frac{12(1-\nu^2)}{(h/R)^2}\frac{\partial^4 w}{\partial x^4} + \frac{2(2-\nu)}{R^2}\frac{\partial^4 w}{\partial x^2\partial\theta^2} + \frac{1}{R^4}\frac{\partial^4 w}{\partial\theta^4} + 2\nu R^2\frac{\partial^6 w}{\partial x^6} + \right.\right.$$

$$\left.\left. 6\frac{\partial^6 w}{\partial x^4\partial\theta^2} + \frac{2(4-\nu)}{R^2}\frac{\partial^6 w}{\partial x^2\partial\theta^4} + \frac{2}{R^4}\frac{\partial^6 w}{\partial\theta^6}\right]\right\} + \rho_m h\frac{\partial^2 w}{\partial t^2} = P_{\mathrm{d}} \qquad (10.74)$$

式中：P_{d} 为流体作用于壳体上的动压。

简支端点的边界条件为

$$w(0) = w(l) = 0, \quad \frac{\partial^2 w(0)}{\partial x^2} = \frac{\partial^2 w(l)}{\partial x^2} = 0 \qquad (10.75)$$

流体作用于壳体上的动压为

$$p_d\Big|_{r=R} = -\rho_0\left(\frac{\partial\phi}{\partial t} + U\frac{\partial\phi}{\partial x}\right) \tag{10.76}$$

式中：ϕ 为扰动速度势，其推导可见 Widnall 等的工作[35]。设流体为无黏、不可压缩和无旋，ϕ 满足

$$\frac{\partial^2\phi}{\partial r^2} + \frac{1}{r}\frac{\partial\phi}{\partial r} + \frac{1}{r^2}\frac{\partial^2\phi}{\partial\theta^2} + \frac{\partial^2\phi}{\partial x^2} = 0 \qquad r \leqslant R \tag{10.77}$$

边界条件为

$$\frac{\partial\phi}{\partial r}\Big|_{r=R} \begin{cases} = \dfrac{\partial w}{\partial t} + U\dfrac{\partial w}{\partial x} & 0 \leqslant x \leqslant l \\ = 0 & \text{其余部分} \end{cases} \tag{10.78}$$

设壳体满足边界条件（式(10.75)）的挠度为

$$w(x,\,\theta,\,t) = \sum_{m=1}^{\infty} C_m \sin\frac{m\pi x}{l}\cos n\theta\, \mathrm{e}^{\mathrm{i}\omega t} \tag{10.79}$$

将速度势表示成

$$\phi(x,\,r,\,\theta,\,t) = \overline{\phi}(x,\,r,\,\theta)\mathrm{e}^{\mathrm{i}\omega t} \tag{10.80}$$

则与式(10.79)相应的，在原点有界且沿周向为周期性的满足式(10.77)的 $\overline{\phi}$ 通解为

$$\overline{\phi} = \cos n\theta\int_0^{\infty} \mathrm{I}_n(kr)\big[A(k)\cos kx + B(k)\sin kx\big]\mathrm{d}k \tag{10.81}$$

式中：$\mathrm{I}_n(kr)$ 为第一类 n 阶的修正贝塞尔函数，分离常数为 k^2，A 和 B 为 k 的任意函数，利用傅里叶积分理论[36]求满足边界条件（式(10.78)）的特解为

$$\overline{\phi} = \sum_{m=1}^{\infty}\int_0^{\infty} \frac{\mathrm{I}_n(kr)}{k\mathrm{I}_n'(kR)}\frac{mlc_m}{[(m\pi)^2 - (kl)^2]}\{\mathrm{i}\omega[\cos kx - (-1)^m\cos k(l-x)] -$$
$$Uk[(-1)^m\sin k(l-x) + \sin kx]\}\mathrm{d}k \tag{10.82}$$

式中：$\mathrm{I}_n'(kR)$ 中的 '′' 表示对 R 的微分，当 n 和 k 均等于零时，修正贝塞尔函数之比为无穷大，故上面的解仅适用于 $n \geqslant 1$。在 $r = R$ 和 $R \to \infty$ 时，表达式变成平板的情形。

用伽略金方法求解式(10.74)，对每项乘以 $\sin\dfrac{p\pi x}{l}$ 后沿壳体长度积分，定义参考频率为

$$\omega_0 \equiv \frac{\pi^2}{l^2}\left(\frac{D}{\rho_m h}\right)^{1/2} \qquad (单位: s^{-1}) \qquad (10.83)$$

引入无量纲量:

$$质量比 \quad \beta \equiv \frac{\rho_0}{\rho_m}, \quad 长度比 \quad \lambda \equiv \frac{l}{\pi R}$$

$$厚度比 \quad H \equiv \frac{h}{R}, \quad 流\quad 速 \quad V \equiv \frac{U}{\omega_0 l}$$

$$复频率 \quad C \equiv \frac{\omega}{\omega_0}, \quad 积分常数 \quad t \equiv kl$$

运动方程(10.74)变为

$$\left\{\left[m^2+(n\lambda)^2\right]^2\right]^2 + \frac{1}{[m^2+(n\lambda)^2]^2}\left[\frac{12(1-\nu^2)}{H^2}m^4\lambda^4 + 2(2-\nu)n^2m^2\lambda^6 + n^4\lambda^8 - \right.$$

$$\left. 2\nu m^6\lambda^2 - 6n^2m^4\lambda^4 - 2(4-\nu)m^2n^4\lambda^6 - 2n^6\lambda^8\right] - c^2\right\}C_m\delta_{mp}$$

$$\begin{cases} = \displaystyle\sum_{m=1,3,5} 4\pi^2\beta\frac{\lambda}{H}m\,p(c^2F_2+V^2F_3)C_m + i8\pi^2\beta\frac{\lambda}{H}cV\displaystyle\sum_{m=2,4,6} m\,pF_1C_m \\[2mm] \quad p = 1,3,5,\cdots \\[2mm] = -i8\pi^2\beta\frac{\lambda}{H}cV\displaystyle\sum_{m=1,3,5} m\,pF_1C_m + \displaystyle\sum_{m=2,4,6} 4\pi^2\beta\frac{\lambda}{H}m\,p(c^2F_4+V^2F_5)C_m \\[2mm] \quad p = 2,4,6,\cdots \end{cases} \qquad (10.84)$$

变量 F_i, $i=1,5$ 为广义积分,其表达式在平板颤振一节中给出,但在这里每个积分核中含有修正贝塞尔函数之比。由此导致它们为周向模态数 n 和长度比 λ 的函数。在 $1 \leqslant n \leqslant 20$, $\frac{1}{\pi} \leqslant \lambda \leqslant \frac{20}{\pi}$ 范围内用数值方法求这些积分。注意这里和平板情况不同,由于有贝塞尔函数出现,不出现像平板那样的积分 F_2 在 $t=0$ 时的奇性。

为了求管道的稳定性,取级数(式(10.79))的头两项,令系数的行列式等于零,得特征方程式,为简单的双二项形式

$$B_4c^4 + B_2c^2 + B_0 = 0 \qquad (10.85)$$

式中

$$B_4 = \left(1 + 4\pi^2\beta\frac{\lambda}{H}F_2\right)\left(1 + 16\pi^2\beta\frac{\lambda}{H}F_4\right)$$

$$B_2 = \left(1 + 16\pi^2\beta\frac{\lambda}{H}F_4\right)\left\{4\pi^2\beta\frac{\lambda}{H}V^2F_3 - \left[1+(n\lambda)^2\right]^2 - \frac{1}{[1+(n\lambda)^2]^2}\right\} \cdot$$

$$\left[\frac{12(1-\nu^2)\lambda^4}{H^4} + 2(2-\nu)n^2\lambda^6 + n^4\lambda^8 - 2\nu\lambda^2 - 6n^2\lambda^4 - 2(4-\nu)n^4\lambda^6 - 2n^6\lambda^8\right]\Big\}' +$$

$$\left(1 + 4\pi^2\beta\frac{\lambda}{H}F_2\right)\Big\{16\pi^2\beta\frac{\lambda}{H}V^2F_5 - [4+(n\lambda)^2]^2 - \frac{1}{[4+(n\lambda)^2]^2} \cdot$$

$$\left[\frac{192(1-\nu^2)\lambda^4}{H^2} + 8(2-\nu)n^2\lambda^6 + n^4\lambda^8 - 128\nu\lambda^2 - 96n^2\lambda^4 - 8(4-\nu)n^4\lambda^6 - 2n^6\lambda^8\right]\Big\}'' -$$

$$\left(16\pi^2\beta\frac{\lambda}{H}VF_1\right)^2$$

$$B_0 = \Big\{4\pi^2\beta\frac{\lambda}{H}V^2F_3 - [1+(n\lambda)^2]^2 - \frac{1}{[1+(n\lambda)^2]^2} \cdot$$

$$\left[\frac{12(1-\nu^2)\lambda^4}{H^4} + 2(2-\nu)n^2\lambda^6 + n^4\lambda^8 - 2\nu\lambda^2 - 6n^2\lambda^4 - 2(4-\nu)n^4\lambda^6 - 2n^6\lambda^8\right]\Big\}' \cdot$$

$$\Big\{16\pi^2\beta\frac{\lambda}{H}V^2F_5 - [4+(n\lambda)^2]^2 - \frac{1}{[4+(n\lambda)^2]^2} \cdot$$

$$\left[\frac{192(1-\nu^2)\lambda^4}{H^2} + 8(2-\nu)n^2\lambda^6 + n^4\lambda^8 - 128\nu\lambda^2 - 96n^2\lambda^4 - 8(4-\nu)n^4\lambda^6 - 2n^6\lambda^8\right]\Big\}''$$

假设不同的参数值 λ, H 和 n 在较广的速度 V 范围内可从上式确切求解得复频率 C, 实的 C 表示振动频率, 其虚部按其正式负判定为收敛(稳定)或发散(不稳定)。

对于稳定性, 图 10.25 表示在给定 λ, H, n 值时频率作为流速的函数的典型结果, 当流速由 O 开始增加时, 两种模式的频率逐渐降低, 直到约 $V=3.6$, 第一模态频率变为负的虚值, 表示这模态的静发散不稳定性, 壳体首先成为静力不稳定性的流速用 V_D 表示。

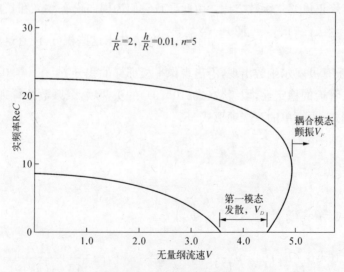

图 10.25　频率与流速的关系

若流速再增加,第一阶频率又重新出现,它在 $V=4.9$ 处与第二阶模态融合而形成耦合模态颤振,在该点的流速以 V_F 表示,其频率根变成复共轭对。

Dowell 和 Widnall[37]在研究振动圆柱壳外部亚声速气流的气动力时,发现了这种发散形式的不稳定性,同时他们认为这种融合形式的颤振不稳定性在亚声速流中是不怎么重要的,这一结论从现在的结果看来不一定成立。为了进一步验证,利用输水的较薄挠性管道作非线性分析和试验是需要的。

考虑周向模态数 n 的影响,为了估计周向模态数 n 对发散和颤振速度的影响,进行了许多计算,其典型结果示于图 10.26 中,明显地,V_D 和 V_F 对 n 很敏感。对于一给定壳体,发生不稳定性的最低速度并不对应于最低的周向模态数(在纵向模态中这是对应的)。设壳体不被限于发生何种模态的变形,则其最低的发散和颤振速度将被取为临界值(V_{dcr},V_{fcr})。对应于 V_{dcr} 和 V_{fcr} 的 n 值与长度和厚度比相当地有关系。这些计算证实了 Holt 和 Strack[38]的猜想,明显地说明了对圆柱壳颤振形式的分析不能限制于某种特定的周向模态。

从图 10.26 可以看到对于 $n=1$ 为临界的壳体,其右边的颤振边界曲线向左边弯曲而变成封闭的颤振区域。这就是当流速提高到超出颤振区域时,其不稳定形式重新变为静力发散的形式。还有,对于更高的 n 值,就没有颤振发生。所以对于某些结构类型,颤振是很难发生的。

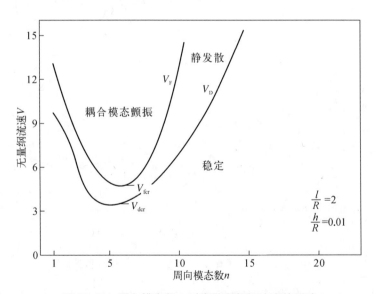

图 10.26　周向模态数 n 对发散和颤振速度的影响

对于不同长度比和厚度比的临界发散速度和临界颤振速度分别示于图 10.27 和图 10.28 中,对于一定的长度比,发散的边界在颤振边界的下面,即每个壳体发生发散不稳定性的流速比颤振的要低。

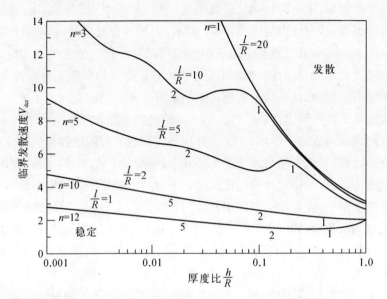

图 10.27 不同长度比和厚度比对临界发散速度的影响

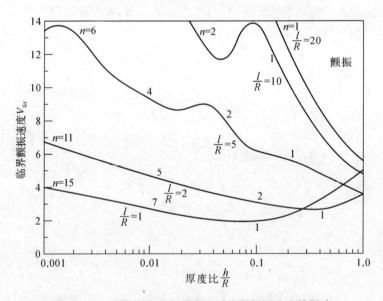

图 10.28 不同长度比和厚度比对临界颤振速度的影响

对于较短较薄的壳体,其临界流速与大 n 数的周向模态相联系,这是可以理解的。而且,壳体越长(或越厚),则临界的 n 值越小,一直到发生楔形式模态的不稳定性($n=1$)。这一趋势与 Leonard 和 Hedgepeth[39] 对无限长有加强环圆柱壳在亚声速外流下所得的研究结果定性地相符合。但上述作者仅考虑 $n \geqslant 5$,可以用 Donnell 的方程。为此,Weaver 等用 Donnell 方程作了些计算,以便于比较。计算

发现对于小长度比 $\left(\lambda = \dfrac{l}{\pi R} \leqslant \dfrac{2}{\pi}\right)$，对任意 $n \geqslant 1$ 与用 Flügge 方程计算结果相当地符合。当 λ 增加时，这种符合程度就变坏，直到 $\lambda = \dfrac{20}{\pi}$ 和小的 n 时，由 Donnell 方程所得的临界流速比 Flügge 方程所得的大 10 倍。

我们考虑较长薄壳的极限情形，在文献[2，3，30]中，提出了由试验验证的理论，它预报了长管道的发散边界为楔的形式。这里再从更普遍的分析来考虑同样的极限情形，在图 10.27 和图 10.28 中的曲线表明，当 λ 增加时，明显地所趋近的极限为一梁的不稳定模态。

在发散边界上，复频率等于零，相应的流速可从式(10.85)中的系数 B_0 求得，对于第一阶模态，这就变成

$$\left\{ 4\pi^2 \beta \frac{\lambda}{H} V^2 F_3 - \left[1 + (n\lambda)^2\right]^2 - \frac{1}{\left[1 + (n\lambda)^2\right]^2}\left[\frac{12(1-\nu^2)\lambda^4}{H^2} + \right.\right.$$

$$\left.\left. 2(2-\nu)n^2\lambda^6 + n^4\lambda^8 - 2\nu\lambda^2 - 6n^2\lambda^4 - 2(4-\nu)n^4\lambda^6 - 2n^6\lambda^8 \right] \right\}' = 0 \quad (10.86)$$

设 $\lambda \gg 1$，$n = 1$，则式(10.86)变成

$$V^2 = \frac{12(1-\nu^2)}{H 4\pi^2 \beta \lambda F_3} \quad (10.87)$$

将式(10.82)、式(10.83)代入式(10.86)，得第一阶模态发散的临界速度为

$$U^2 = \frac{\pi^2}{l^2} \frac{EhR^2}{4\rho_0 F_3}，\text{量纲为}\left(\frac{L}{T}\right)^2 \quad (10.88)$$

定义 m 为单位管长的流体质量

$$m = \pi R^2 \rho_0，\text{量纲为}\left(\frac{FT^2}{L^2}\right) \quad (10.89)$$

利用薄圆柱壳的转动惯量公式

$$I = \pi R^3 h，\text{量纲为}(L^4) \quad (10.90)$$

式(10.87)变为

$$U^2 = \frac{1}{4\lambda F_3}\left(\frac{\pi^2}{l^2} \frac{EI}{m}\right)，\text{量纲为}\left(\frac{L}{T}\right)^2 \quad (10.91)$$

这一结果中除了 $\dfrac{1}{4\lambda F_3}$ 因子外，与由简单梁分析所得结果相同。该因子是圆柱端点流动的假设所引起的。对于长的圆柱壳，它就变得不重要了，它被称为"端点流因

子"。它随 l/R 的变化示于图 10.29 中。可以看出对于长度大于 10 倍管径的薄壳管,端点流动的假设对于发散流速的影响是可以忽略的。

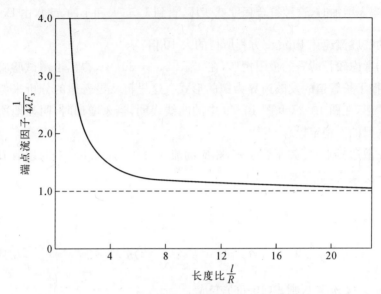

图 10.29　端点因子随长度比的变化关系

　　对于较短管道(小的 λ),梁式模态成为临界情形的管壁要较厚些,可从图10.27中得到过渡点,在任何情形中,当式(10.87)和式(10.90)中所包含的假定不成立时,式(10.90)也就不能用,需用完全的解法。

　　上面的分析中没有考虑结构阻尼,因为其结果的形式与平板的很相似,故其影响应该是相同的,按照 Benjamin[40] 的定义,静力发散是 C 不稳定性类,不受阻尼的影响。耦合模态颤振是 Λ 不稳定性类,它是被阻尼所减稳的,按照平板情形的计算,颤振边界减稳的范围限于在发散消失和颤振起始之间的狭区域内。由 Herrmann 和 Jong[41] 的讨论,微量阻尼不会改变实际的颤振边界。

参考文献

[1] Ashley H and Haviland G. Bending Vibrations of a Pipeline Containing Flowing Fluid[J]. J. Appl. Mech. 1950,17:229.

[2] Feodos'yev V P. Vibrations and Stability of a Pipe when a Liquid Flows through it[J]. Inzhenernyi Sbrnik 1951,10:169.

[3] Housner G W. Bending Vibrations of a Pipeline Containing Flowing Fluid [J]. J. Appl. Mech, 1952,19:205-209.

[4] Niordson F I N. Vibrations of a Cylindrical Tube Containing Flowing Fluid[J]. Kungliga Tekniska Högskolans Handlingar. 1953,73:27-53.

［5］　Benjamin T B. Dynamics of a System of Articulated Pipes Conveying Fluid-Ⅰ［J］. Theory, Proc. R. Soc. 1961, 261 (series A): 457 – 486.

［6］　Gregory R W and Paidoussis M P. Unstable Oscillation of Tubular Cantilevers Conveying Fluid-I. Theory［J］. Proc. R. Soc. 1966, 293 (series A): 512 – 527.

［7］　Gregory R W and Paidoussis M P. Unstable Oscillation of Tubular Cantilevers Conveying Fluid-Ⅱ. Experiment［J］. Proc. R. Soc. 1966, 293 (series A): 528.

［8］　Benjamin T B. Dynamics of a System of Articulated Pipes Conveying Fluid-Ⅱ. Experiment, Proc. R. soc. 1961, 261(series A): 487.

［9］　Nemat-Nasser S, Prasad S N and Herrmann G. Destabilizing Effect of Velodity-dependent Forces in Nonconservative Continuous Systems［J］. AIAA J. 1966, 4: 1276.

［10］　Herrmann G. Stability of Equilibrium of Elastic Systems Subjected to Non-conservative Forces［J］. Appl. Mech. Rev. 1967, 20: 103.

［11］　Herrmann G and Nemat-Nasser S. Instability Modes of Cantilevered Bars Induced by Fluid Flow through Attached Pipes［J］. Int. J. Solids Struct. 1967, 3: 39.

［12］　Stein R A. Vibrations of Tubes Containing Flowing Fluid［D］. Thesis, Ohio State University, 1967.

［13］　Heinrich G. Vibrations of Tubes with Flow［J］. Z. Angew. Math. Mech. 1956, 36: 417.

［14］　Paidoussis M P, Issid N T. Dynamic Stability of Pipes Conveying Fluid. Journal Sound and Vib, 1974, 33(3), 267 – 294.

［15］　Naguleswaran S, Williams C J H. Lateral Vibration of a Pipe Conveying Fluid［J］. The Journal of Mechanical Engineering Science, 1968, 10: 228 – 238.

［16］　Paidoussis M P. Dynamics of Tubular Cantilevers Conveying Fluid［J］. The Journal of Mechanical Engineering Science 1970, 12: 85 – 103.

［17］　Chen S S. Dynamic Stability of a Tube Conveying Fluid［J］. Journal of the Engineering Mechanics Division, Proceedings of the American Society of Civil Engineers, 1971, 97: 1469 – 1485.

［18］　Paidoussis M P. Dynamics of flexibe Slender Cylinders in Axial Flow — I. Theory［J］. Journal of fluid mechanics 1966, 26: 717 – 736.

［19］　Paidoussis M P and Denise J P. Flutter of Thin Cylindrical Shells

Conveying Fluid[J]. Journal of Sound and Vibration 1972, 20: 9 - 26.

[20] Weaver D S and Unny T E. Dynamic Stability of Fluid Conveying Pipes [J]. Journal of Applied Mechanics 1973, 40: 48 - 52.

[21] Ziegler H. Principles of Structural Stability [M]. Waltham, Massachusetts: Blaisdell Pubilshing Co. , 1968.

[22] Shieh R C. Energy and Variational Principles for Generized (gyroscopic) Conservative Problems [J]. International Journal of Non-Linear Mechanics, 1971, 5: 495 - 509.

[23] Bishop R E D and Johnson D C. The Mechanics of Vibration [M]. Cambridge: Cambridge University Press, 1960.

[24] Bolotin V V. The Dynamic Stability of Elastic Systems [M]. San Francisco: Holden Day Inc. , 1964.

[25] Issid N T. Parametric Instabilities of Tubes Conveying Fluid [D]. M. Eng. Thesis. Department of Mechanical engineering, McGill University, 1973.

[26] Chen S S. Out-of-Plane Vibration and Stability of Curved Tubes Conveying Fluid. Trans. ASME. Journal of Applied Mechanics 1973, 40 (2): 362 - 368.

[27] Chen, S. S. Vibration and Stability of a Uniformly Curved Tube conveying Fluid[J]. Journal of Acoustical Society of America, 1972, 51: 223 - 232.

[28] Chen S S. Flow-Induced Instability of an Elastic Tube[J]. ASME paper No. 71-Vibr-39.

[29] Unny T E, Martin E L and Dubey R N. Hydroelastic Instability of Uniformly Curved Pipe-Fluid Systems[J]. Journal of Applied Mechanics, 1970, V37, Trans. ASME, V. 92, Series E, 817 - 822.

[30] Dodds H L. Runyan H L. Effect of High Flow on the Bending Vibrations and Static Divergence of a Simple Supported Pipe. NASATND - 2870, June 1965.

[31] Johns D J, Parthan S. Flutter of Circular Cylindrical Shells: A Review [D]. Loughborough University of Technology, TT - 6917, Nov. 1969.

[32] Dowell E H. Panel Flutter: A Review of the Aero-elastic Stability of Plates and Shells[J]. AIAAJ, 1970, 8, 3: 385 - 399.

[33] Kempner J, Remarks on Donnell's Equations [J]. Journal of Applied Mechanics, V. 22. N. 1. Trans. ASME 1955, 77: 117 - 118.

[34] Hoff N J. The Accuracy of Donnell's Equations[J]. Journal of Applied Mechanics, 1955, V. 22. N. 3. Trans. ASME V. 77, 329 – 334.

[35] Widnall S E, Dowell E H. Aerodynamic Forces on an Oscillating Cylindrical Duct With an Internal Flow [J]. Journal of Sound and Vibration 1967, 6, 1: 71 – 85.

[36] Hildebrand F B. Advanced Calculus For Applications, Prentice-Hall[C], Englewood Cliffs, N. J. 4th Printing, 1964.

[37] Dowell E H, Widnall S E. Generalized Aerodynamic Forces on an Oscillating Cylindrical Shell: Subsonic and Supersonic Flow[J]. AIAA Journal, 1966, 4, 4: 607 – 610.

[38] Holt M, Strack S L. Supersonic Panel Flutter of a Cylindrical Shell of Finite Length[J]. Journal of the Aerospace Science, 1961, 28: 197 – 208.

[39] Leonard R W, Hedgepeth J M. On Panel Flutter and Divergence of Infinitely Long Unstiffened and Ring-stiffened Thin Walled Circular Cylinders[J]. NACA. Rep. 1302, 1957.

[40] Benjamin T B. The Threefold Classification of Unstable Disturbances in Flexible Surfaces Bounding Inviscid Flows [J]. Journal of Fluid Mechanics, 1963, 15, 3.

[41] Herrmann G, Jong I C. On the Destabilizing Effect of Damping in Nonconservative Elastic Systems[J]. Journal of Applied Mechanics, 1966, V33. Trans. ASME. V. 88. Series E: 125 – 133.

第11章 极大型浮体在海浪和海流联合作用下的水弹性响应

>>>>>>

11.1 引　言

极大型浮体通常是指有几公里长的浮体,这种浮体是很扁平的且其挠曲刚度是较小的。其结构和流体间的耦合作用是要考虑的。

关于极大型浮体在波浪作用下的水弹性响应已做了大量的工作[1-2]。但该浮体在波浪和海流联合作用下的水弹性响应方面的工作做得很少。

由于这种结构的长度比它的厚度大得多。我们将这种结构简化成水面的一块平板处理,且近似为一个二维问题,我们假设波浪和海流的方向平行于平板的长度,利用位于静水面处具有前进速度 U 和频率为 ω 的脉动压力,将其解析解作为格林函数,它已经满足了水面的边界条件和无穷远处的辐射条件,板面上脉动压力强度是未知的,我们建立一个积分方程来求解脉动压力的强度,从而求得结构的水弹性响应。

我们取平板干结构自由振动的前十个模态来近似板面的运动。相应每一模态所产生的压力分布可以通过积分方程求解而得,我们获得平板运动的十个方程,平板的水弹性响应便可求得[3]。

11.2 基 本 方 程

结构、波浪和海流如图 11.1 所示,假设流体是理想的,流动是无旋的,速度势满足

$$\nabla^2 \Phi(x, y, z, t) = 0 \qquad (11.1)$$

设周期运动的频率为 ω，于是速度势可表示成

$$\Phi(x,\ y,\ z,\ t) = \phi(x,\ y,\ z)\mathrm{e}^{\mathrm{i}\omega t}$$

$$(11.2)$$

水表面线性化条件为

$$g\frac{\partial \Phi}{\partial Z} + \left(\frac{\partial}{\partial t} - U\frac{\partial}{\partial x}\right)^2 \Phi = 0$$

$$(11.3)$$

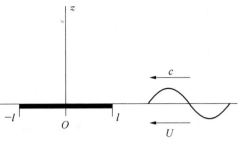

图 11.1　问题描述图

我们假设水深是无穷的，速度势在无穷远处满足辐射条件和 $\Phi \to 0$ 在 $Z \to -\infty$ 处。

我们讨论二维问题，板结构的挠度为

$$w(x,\ t) = w(x)\mathrm{e}^{\mathrm{i}\omega t} \tag{11.4}$$

板的微分方程为

$$[EI\,\nabla^4 w + (\rho g - m\omega^2)w]\mathrm{e}^{\mathrm{i}\omega t} = p \tag{11.5}$$

式中：EI 是板结构单位宽度的抗弯刚度；ρ 是流体密度；m 是板结构单位长度的质量；p 是流体作用于板面上的压强，表示为

$$p = -\rho\left(\frac{\partial}{\partial t} - U\frac{\partial}{\partial x}\right)\Phi \qquad z = 0 \tag{11.6}$$

作为一个自由浮体，其边上的弯矩和剪力应等于零，即

$$\frac{\partial^2 w}{\partial x^2} = 0,\ \frac{\partial^3 w}{\partial x^3} = 0 \qquad x = \pm l \tag{11.7}$$

在水与板的交界面要考虑连续性条件，要求板的挠度等于水面升起的高度，用以上这些方程来求解平板的水弹性响应。

11.3　频率为 ω 的脉动压力点在水面上以速度 U 航行时的波面运动

频率为 ω 和强度为 F 的脉动压力表示如图 11.2，苏钧麟、孙明光等于 1964 年完全地描述了这个问题[4]，他们采用人工黏性方法推导，求得了满足辐射条件的解析解，我们引用他们的结果。

脉动压力点 $F\cos(\omega t)$ 在水面上以速度 U 行进时所产生的波面升高为

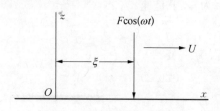

图 11.2　脉动压力点的图示

$$\eta(x-\xi, t)$$

$$= \frac{F\cos\omega t}{2\pi\rho U^2}\left[\frac{k_2 J(k_2(x-\xi)) - k_1 J(k_1(x-\xi))}{k_1 - k_2} + \frac{k_4 J_4(k_4(x-\xi)) - k_3 J(k_3(x-\xi))}{k_3 - k_4}\right] +$$

$$\frac{F\sin\omega t}{2\pi\rho U^2}\left[\frac{k_2 I(k_2(x-\xi)) - k_1 J(k_1(x-\xi))}{k_1 - k_2} + \frac{k_4 I_4(k_4(x-\xi)) - k_3 J(k_3(x-\xi))}{k_3 - k_4}\right]$$

$$(11.8)$$

其中函数 J, J_4, I 和 I_4 表示为

$$J(u) = \left[Si(u) \pm \frac{\pi}{2} - \pi\right]\sin u + Ci(u)\cos u$$

$$J_4(u) = \left[Si(u) \pm \frac{\pi}{2} + \pi\right]\sin u + Ci(u)\cos u \qquad (11.9)$$

$$I(u) = \left[Si(u) \pm \frac{\pi}{2} - \pi\right]\cos u - Ci(u)\sin u$$

$$I_4(u) = \left[Si(u) \pm \frac{\pi}{2} + \pi\right]\cos u - Ci(u)\sin u \qquad (11.10)$$

式中：函数 Si, Ci 为 $\sin$, $\cos$ 积分函数，定义为

$$Si(u) = \int_0^u \frac{\sin\sigma d\sigma}{\sigma}, \ Ci(u) = -\int_u^\infty \frac{\cos\sigma d\sigma}{\sigma} \qquad (11.11)$$

可以看出函数 $Si(u)$ 在整个 u 的范围内是解析的，函数 $Ci(u)$ 在 $u=0$ 点具有对数奇性，在其余处是解析的。

在方程(11.9)～(11.10)中，当 $u>0$ 时，取 $+\frac{\pi}{2}$，当 $u<0$ 时，取 $-\frac{\pi}{2}$。这 4 个函数在 $u=0$ 处都有一个跳跃，函数 J, J_4 在 $u=0$ 处还具有对数奇异性。函数 I, I_4 在 $u=0$ 处除了跳跃以外并无其他奇异性。

在方程式(11.8)中的参数从 k_1 到 k_4 是波数，它们定义为

$$k_1, \ k_2 = \frac{g}{2U^2}(1 + 2\beta \pm \sqrt{1-4\beta}) \qquad (11.12)$$

$$k_3,\ k_4 = \frac{g}{2U^2}(1-2\beta\pm\sqrt{1-4\beta}) \tag{11.13}$$

式中

$$\beta = \omega U/g \tag{11.14}$$

是经典水波动力学中的无量纲参数，其临界值为 $\frac{1}{4}$。上面的公式仅适用于 $\beta<\frac{1}{4}$ 的情形，称为亚临界情形，若 $\beta>\frac{1}{4}$，则称为超临界情形，上面的公式要稍为改变一下，文献[11，4]中都有详细说明。

当 $\beta>\frac{1}{4}$ 时，脉动压力点 $F\cos\omega t$ 所形成的水面升高为

$$
\begin{aligned}
&\eta(x-\xi,\ t)\\
&= \frac{F\cos\omega t}{2\pi\rho U^2}\Bigg[\frac{k_2 J(k_2(x-\xi))-k_1 J(k_1(x-\xi))}{k_1-k_2} + N_1\Big(r_1(x-\xi),\ \frac{r_2}{r_1}\Big)+\\
&\quad H_1\Big(r_2(x-\xi),\ \frac{r_1}{r_2}\Big)\cos(r_1(x-\xi)) \pm H_2\Big(r_2(x-\xi),\ \frac{r_1}{r_2}\Big)\sin(r_1(x-\xi))\Bigg]+\\
&\quad \frac{F\sin\omega t}{2\pi\rho U^2}\Bigg[\frac{k_2 I(k_2(x-\xi))-k_1 I(k_1(x-\xi))}{k_1-k_2} + N_2\Big(r_1(x-\xi),\ \frac{r_2}{r_1}\Big)+\\
&\quad (\pm)H_2\Big(r_2(x-\xi),\ \frac{r_1}{r_2}\Big)\cos(r_1(x-\xi)) + H_1\Big(r_2(x-\xi),\ \frac{r_1}{r_2}\Big)\sin(r_1(x-\xi))\Bigg]
\end{aligned}
\tag{11.15}
$$

式中，H_2 前面的符号是：当 $x-\xi>0$ 时取 $+$；当 $x-\xi<0$ 时取 $-$。函数 J，I 与式 (11.9)、式(11.11)中的相同，而函数 H_1，H_2，N_1，N_2 则表示为

$$H_1(x,\ \alpha) = -\frac{1}{2}\big[\mathrm{e}^{-|x|}\mathrm{Ei}(|x|)+\mathrm{e}^{|x|}\mathrm{Ei}(-|x|)-x\alpha\mathrm{e}^{-|x|}\big] \tag{11.16}$$

$$H_2(x,\ \alpha) = -\frac{1}{2}\big[\alpha\mathrm{e}^{-|x|}\mathrm{Ei}(|x|)-\mathrm{e}^{|x|}\mathrm{Ei}(-|x|)-x\alpha\mathrm{e}^{-|x|}\big] \tag{11.17}$$

$$N_1(x,\ \alpha) = \int_0^1 \frac{k\cos kx}{(k-1)^2+\alpha^2}\mathrm{d}k \tag{11.18}$$

$$N_2(x,\ \alpha) = \int_0^1 \frac{k\sin kx}{(k-1)^2+\alpha^2}\mathrm{d}k \tag{11.19}$$

其中：Ei 是指数积分函数,定义为

$$\text{Ei}(x) = -\int_{-\infty}^{x} \frac{e^{\sigma} d\sigma}{\sigma} \tag{11.20}$$

式(11.18)中的参数 r_1, r_2 为

$$r_1 = \frac{g}{2U^2}(1-2\beta) \tag{11.21}$$

$$r_2 = \frac{g}{2U^2}\sqrt{4\beta-1} \tag{11.22}$$

若脉动压力为 $F_1\cos\omega t - F_2\sin\omega t$,则式(11.8)将变为

$$\eta(x-\xi, t)$$

$$= \frac{\cos\omega t}{2\pi\rho U^2}\left\{F_1\left[\frac{k_2 J(k_2(x-\xi))-k_1 J(k_1(x-\xi))}{k_1-k_2} + \frac{k_4 J_4(k_4(x-\xi))-k_3 J(k_3(x-\xi))}{k_3-k_4}\right] + \right.$$

$$\left. F_2\left[\frac{k_2 I(k_2(x-\xi))-k_1 I(k_1(x-\xi))}{k_1-k_2} - \frac{k_4 I_4(k_4(x-\xi))-k_3 I(k_3(x-\xi))}{k_3-k_4}\right]\right\} + $$

$$\frac{\sin\omega t}{2\pi\rho U^2}\left\{F_1\left[\frac{k_2 I(k_2(x-\xi))-k_1 I(k_1(x-\xi))}{k_1-k_2} - \frac{k_4 I_4(k_4(x-\xi))-k_3 I(k_3(x-\xi))}{k_3-k_4}\right] + \right.$$

$$\left. F_2\left[\frac{k_2 J(k_2(x-\xi))-k_1 J(k_1(x-\xi))}{k_1-k_2} + \frac{k_4 J_4(k_4(x-\xi))-k_3 J(k_3(x-\xi))}{k_3-k_4}\right]\right\} \tag{11.23}$$

所有上面脉动压力点的公式都满足式(11.1)～式(11.3)的条件和无穷远处的辐射条件。

11.4　求解在板与水面交界面上压力分布的积分方程

若板结构的挠度为

$$\eta(x, t) = \eta_0(x)\cos(\omega t) \tag{11.24}$$

我们令交界面上未知的压力分布为

$$F_1 = p_1(\xi)d\xi, \quad F_2 = p_2(\xi)d\xi \tag{11.25}$$

将式(11.25)代入式(11.23),并沿板面长度进行积分,得

$$\eta(x)\cos(\omega t)$$

$$= \frac{\cos\omega t}{2\pi\rho U^2}\int_{-l}^{l}\Big\{p_1(\xi)\Big[\frac{k_2 J(k_2(x-\xi))-k_1 J(k_1(x-\xi))}{k_1-k_2}+$$

$$\frac{k_4 J_4(k_4(x-\xi))-k_3 J(k_3(x-\xi))}{k_3-k_4}\Big]+p_2(\xi)\Big[\frac{k_2 I(k_2(x-\xi))-k_1 I(k_1(x-\xi))}{k_1-k_2}-$$

$$\frac{k_4 I_4(k_4(x-\xi))-k_3 I(k_3(x-\xi))}{k_3-k_4}\Big]\Big\}\mathrm{d}\xi+$$

$$\frac{\sin\omega t}{2\pi\rho U^2}\int_{-l}^{l}\Big\{p_1(\xi)\Big[\frac{k_2 I(k_2(x-\xi))-k_1 I(k_1(x-\xi))}{k_1-k_2}-$$

$$\frac{k_4 I_4(k_4(x-\xi))-k_3 I(k_3(x-\xi))}{k_3-k_4}\Big]+p_2(\xi)\Big[\frac{k_2 J(k_2(x-\xi))-k_1 J(k_1(x-\xi))}{k_1-k_2}+$$

$$\frac{k_4 J_4(k_4(x-\xi))-k_3 J(k_3(x-\xi))}{k_3-k_4}\Big]\Big\}\mathrm{d}\xi \tag{11.26}$$

这就是求解相应于板挠度 $\eta_0(x)$ 的压力分布 p_1 和 p_2 的积分方程,其详细的求解过程将在 11.6 节中描述。

11.5　浮动板的自由振动

我们将极大型浮体简化成矩形平板,波浪和海流方向与平板长度方向一致。平板的挠度用函数 $W(x,t)=w(x)\mathrm{e}^{\mathrm{i}\omega t}$ 来描述,则平板在真空中自由振动的干模态可表示成

$$W_m(x)=C_m\big[\mathrm{sh}(\lambda_m(x+l))+\sin(\lambda_m(x+l))+\frac{\cos(2\lambda_m l)-\mathrm{ch}(2\lambda ml)}{\sin(2\lambda_m l)+\mathrm{sh}(2\lambda_m l)}\cdot$$

$$(\mathrm{ch}(\lambda_m(x+l))+\cos(\lambda_m(x+l)))\big]\quad m=1,2,\cdots \tag{11.27}$$

式中: $x\pm l$ 是平板端点; $\lambda=\big[m\omega^2/(EI)\big]^{1/4}(m=1,2,\cdots)$ 是特征值,满足

$$\cos(2\lambda l)\mathrm{ch}(2\lambda l)=1 \tag{11.28}$$

其解为

$$2\lambda_m l=(m+0.5)\pi,\quad m=1,2,\cdots \tag{11.29}$$

两个刚体模态升沉和纵摇也要考虑进去的。

11.6　积分方程的求解方法

本节中描述积分方程(11.26)的求解方法,我们要处理好积分核中由 J 和 J_4 中在 $u=0$ 处 $Ci(u)\cos u$ 项所产生和奇异性见方程(11.9)和方程(11.10)。可以推导出方程(11.26)中由 J 和 J_4 项所产生的核函数的奇异部分表示成

$$-2\ln(\cos\theta - \cos\chi)$$

式中: $\cos\chi = -x/l$, $\cos\theta = -\xi/l$ $0 \leqslant \chi \leqslant \pi$, $0 \leqslant \theta \leqslant \pi$。

将奇异部分分出来,核函数的其余部分可表示成

$$Q^{(1)}(\chi, \theta) = \frac{1}{2}\left[\frac{k_2 J(k_2 l(\cos\theta - \cos\chi)) - k_1 J(k_1 l(\cos\theta - \cos\chi))}{k_1 - k_2} + \right.$$
$$\frac{k_4 J_4(k_4 l(\cos\theta - \cos\chi)) - k_3 J(k_3 l(\cos\theta - \cos\chi))}{k_3 - k_4} +$$
$$\left. 2\ln(\cos\theta - \cos\chi)\right] \tag{11.30}$$

$$Q^{(2)}(\chi, \theta) = \frac{1}{2}\left[\frac{k_2 I(k_2 l(\cos\theta - \cos\chi)) - k_1 I(k_1 l(\cos\theta - \cos\chi))}{k_1 - k_2} - \right.$$
$$\left. \frac{k_4 I_4(k_4 l(\cos\theta - \cos\chi)) - k_3 I(k_3 l(\cos\theta - \cos\chi))}{k_3 - k_4}\right] \tag{11.31}$$

$Q^{(1)}(\chi, \theta)$ 和 $Q^{(2)}(\chi, \theta)$ 在变量 χ 和 θ 的所有范围内除去一个跳跃点 $\cos\theta - \cos\chi = 0$ 外都是解析的。这样,积分方程(11.26)可写成如下形式:

$$\eta_0(x)\cos(\omega t) = \frac{\cos\omega t}{\pi\rho U^2}\int_0^\pi\left\{P_1(\theta)[Q^{(1)}(\chi, \theta) - \ln(\cos\theta - \cos\chi)] + \right.$$
$$P_2(\theta)Q^{(2)}(\chi, \theta)\right\} l\sin\theta\mathrm{d}\theta + \frac{\sin\omega t}{\pi\rho U^2}\int_0^\pi\left\{P_1(\theta) \cdot Q^{(2)}(\chi, \theta) - \right.$$
$$\left. P_1(\theta)[Q^{(1)}(\chi, \theta) - \ln(\cos\theta - \cos\chi)]\right\} l\sin\theta\mathrm{d}\theta \tag{11.32}$$

将上式等号的两端都乘以 $\sin\chi$,并展开成双重傅里叶级数,可以得

$$\sin\chi Q^{(1)}(\chi, \theta) = \sum_{m=1}^N \sum_{n=0}^N \lambda_{mn}^{(1)}\sin m\chi\cos n\theta \tag{11.33}$$

$$\sin\chi Q^{(2)}(\chi, \theta) = \sum_{m=1}^N \sum_{n=0}^N \lambda_{mn}^{(2)}\sin m\chi\cos n\theta \tag{11.34}$$

$$\sin\chi \cdot \eta_0(\chi) = \sum_{m=1}^{N} b_m \sin m\chi \qquad (11.35)$$

我们进一步假设

$$\frac{p_1(\theta)}{\rho U^2} = \sum_{p=0}^{N} \gamma_p^{(1)} \frac{\cos p\theta}{\sin\theta}, \quad \frac{p_2(\theta)}{\rho U^2} = \sum_{p=0}^{N} \gamma_p^{(2)} \frac{\cos p\theta}{\sin\theta} \qquad (11.36)$$

其中 $\gamma_p^{(1)}$，$\gamma_p^{(2)}$ 是常数参量。经演算后积分方程(11.26)可以转换成如下的形式：

$$\cos\omega t \sum_{m=1}^{N} b_m \sin m\chi$$

$$= \cos\omega t \left\{ \sum_{m=1}^{N} r_0^{(1)} \lambda_{m0}^{(1)} \sin m\chi + \sum_{m=1}^{N}\sum_{n=1}^{N} \frac{1}{2} r_n^{(1)} \lambda_{mn}^{(1)} \sin m\chi + \right.$$

$$\sum_{n=0}^{N} r_n^{(1)} A_n \sin\chi\cos n\chi + \sum_{m=1}^{N} r_0^{(2)} \lambda_{m0}^{(2)} \sin m\chi + \sum_{m=1}^{N}\sum_{n=1}^{N} \frac{1}{2} r_n^{(2)} \lambda_{mn}^{(2)} \sin m\chi \left. \right\} l +$$

$$\sin\omega t \left\{ \sum_{m=1}^{10} r_0^{(1)} \lambda_{m0}^{(2)} \sin m\chi + \sum_{m=1}^{N}\sum_{n=1}^{N} \frac{1}{2} r_n^{(1)} \lambda_{mn}^{(1)} \sin m\chi - \sum_{m=1}^{N} r_0^{(2)} \lambda_{m0}^{(2)} \sin m\chi - \right.$$

$$\sum_{m=1}^{N}\sum_{n=1}^{N} \frac{1}{2} r_n^{(2)} \lambda_{mn}^{(2)} \sin m\chi - \sum_{n=0}^{N} r_0^{(2)} A_n \sin\chi\cos n\chi \left. \right\} l \qquad (11.37)$$

$$\sin\chi\cos\eta\chi = \frac{1}{2}\left[\sin(n+1)\chi - \sin(n-1)\chi \right] \qquad (11.38)$$

我们令等式(11.37)两端所有($\sin m\chi \cos\omega t$)和($\sin m\chi \sin\omega t$)项的系数相等，得到 20 个方程，用来求解 22 个未知系数 $\gamma_0^{(1)}, \cdots, \gamma_{10}^{(1)}$：

$$\gamma_0^{(1)} \lambda_{m0}^{(2)} + \frac{1}{2}\sum_{n=1}^{N} \lambda_{mn}^{(2)} \gamma_n^{(1)} - \gamma_0^{(2)} \lambda_{m0}^{(1)} - \frac{1}{2}\sum_{n=1}^{N} \gamma_n^{(2)} \lambda_{mn}^{(1)} - \frac{1}{2} A_{m-1} \lambda_{mm-1}^{(1)} \gamma_{m-1}^{(2)} +$$

$$\frac{1}{2} \gamma_{m+1}^{(2)} A_{m+1} \lambda_{mm+1}^{(1)} = 0 \qquad (m = 1, 2, \cdots, 10) \qquad (11.39)$$

$$\gamma_0^{(1)} \lambda_{m0}^{(1)} + \frac{1}{2}\sum_{n=1}^{N} \gamma_n^{(1)} \lambda_{mn}^{(1)} + \frac{1}{2} A_{m-1} \gamma_{mn-1}^{(1)} - \frac{1}{2} A_{m+1} \gamma_{m+1}^{(1)} \lambda_{mm+1}^{(1)} + \gamma_0^{(2)} \lambda_{m0}^{(2)} +$$

$$\frac{1}{2}\sum_{n=1}^{N} \gamma_n^{(2)} \lambda_{mn}^{(2)} = b_m/l \qquad (m = 1, 2, \cdots, 10) \qquad (11.40)$$

还缺少 2 个方程，我们利用在平板随边 $x=0$ 处的库塔条件，得

$$\sum_{p=0}^{N} \gamma_p^{(1)} = 0, \quad \sum_{p=0}^{N} \gamma_p^{(2)} = 0 \qquad (11.41)$$

11.7　板结构的运动方程

我们利用前节中的方程来求作用在板面上的力和力矩,令 $p_\eta^{(1)}$ 和 $p_\eta^{(2)}$ 表示由波浪引起的压力:

$$p_\eta^{(1)} = \rho U^2 \sum_{p=0}^N \gamma_{p\eta}^{(1)} \frac{\cos p\chi}{\sin \chi} a \, , \quad p_\eta^{(2)} = \rho U^2 \sum_{p=0}^N \gamma_{p\eta}^{(2)} \frac{\cos p\chi}{\sin \chi} a \qquad (11.42)$$

我们令 $p_m^{(1)}$ 和 $p_m^{(2)}$ 表示由板的挠度模态所引起的辐射压力:

$$p_m^{(1)} = \rho U^2 \sum_{p=0}^N \gamma_{pm}^{(1)} \frac{\cos p\chi}{\sin \chi} T_m \, , \quad p_m^{(2)} = \rho U^2 \sum_{p=0}^N \gamma_{pm}^{(2)} \frac{\cos p\chi}{\sin \chi} T_m \qquad m = 1, \cdots, 10$$

$$(11.43)$$

在方程(11.42)和方程(11.43)中,a 是入射波的幅值,T_m 是模态的幅值。

板的运动方程为

$$EI \frac{\partial^4 w}{\partial x^4} + \rho g w + m \frac{\partial^2 w}{\partial t^2} = p(x, t) \qquad (11.44)$$

板的挠度可以表示成

$$w(x, t) = \sum_{m=1}^N T_m w_m(x) \cos(\omega t + \varepsilon_m) \qquad (11.45)$$

式中:ε_m 是平板第 m 阶模态的相位角;N 是所取的总模态数。现在我们取 $N = 10$ 作为算例。

在板结构上作用有入射波的激励力和辐射力,由式(11.42)和式(11.43)表示。将(11.45)式代入(11.44)式的左端,并利用

$$\frac{\partial^4 w_m(x)}{\partial x^4} = \lambda_m^4 w_m(x)$$

$$\frac{\partial^2 w(x, t)}{\partial t^2} = -\omega^2 w(x, t)$$

得

$$\sum_{m=1}^N (EI\lambda_m^4 + \rho g - m\omega^2) T_m w_m(x) \cos(\omega t + \varepsilon_m)$$

$$= a\rho U^2 \cos \omega t \sum_{p=0}^N r_{p\eta}^{(1)} \frac{\cos(px)}{\sin x} - a\rho U^2 \sin \omega t \sum_{p=0}^N r_{p\eta}^{(2)} \frac{\cos(px)}{\sin x} +$$

$$\rho U^2 \sum_{m=1}^{N} \sum_{p=0}^{N} \cos(\omega t + \varepsilon_m) \cdot r_{pm}^{(1)} T_m \frac{\cos(px)}{\sin x} -$$

$$\rho U^2 \sum_{m=1}^{N} \sum_{p=0}^{N} \sin(\omega t + \varepsilon_m) \cdot r_{pm}^{(2)} T_m \frac{\cos(px)}{\sin x}$$

在上式的两端乘以第 n 阶模态 $w_n(x)$，对 x 从 $-l$ 到 l 积分，或利用 $x = -l \cos x$，对 x 从 0 到 π 积分，利用模态正交条件

$$\int_{-e}^{l} w_m(x) w_n(x) dx = \begin{cases} 0 & m \neq n \\ I_n & m = n \end{cases}$$

得到板结构的广义运动方程为

$$(EI\lambda_n^4 + \rho g - m\omega^2) I_n T_n \cos(\omega t + \varepsilon_n) = a\rho U^2 \cos \omega t \sum_{p=0}^{N} \int_0^{\pi} w_n(\chi) \cos(p\chi) \cdot l \, d\chi -$$

$$a\rho U^2 \sin \omega t \sum_{p=0}^{N} \gamma_{p\eta}^{(2)} \int_0^{\pi} w_n(\chi) \cos(p\chi) \cdot l \, d\chi + \rho U^2 \cos(\omega t + \varepsilon_m) \sum_{m=1}^{N} \sum_{p=0}^{N} T_m \gamma_{pm}^{(1)} \cdot$$

$$\int_0^{\pi} w_n(\chi) \cos(p\chi) \cdot l \, d\chi - \rho U^2 \sin(\omega t + \varepsilon_m) \sum_{m=1}^{N} \sum_{p=0}^{N} T_m \gamma_{pm}^{(2)} \cdot \int_0^{\pi} w_n(\chi) \cos(p\chi) \cdot l \, d\chi$$

$$(11.46)$$

我们应用如下的表示符号：

$$\int_0^{\pi} w_n(\chi) \cos(p\chi) \cdot l \, d\chi = rnp \tag{11.47}$$

$$\rho U^2 \sum_{p=0}^{N} \gamma_{p\eta}^{(1)} \cdot rnp = f_{\eta m}^{(1)}, \quad \rho U^2 \sum_{p=0}^{N} \gamma_{p\eta}^{(2)} \cdot rnp = f_{\eta m}^{(2)} \tag{11.48}$$

$$\rho U^2 \sum_{p=0}^{N} \gamma_{pm}^{(1)} \cdot rnp = f_{mn}^{(1)}, \quad \rho U^2 \sum_{p=0}^{N} \gamma_{pm}^{(2)} \cdot rnp = f_{mn}^{(2)} \tag{11.49}$$

式中：$f_{\eta m}^{(1)}$ 和 $f_{\eta m}^{(2)}$ 是板结构相应于相位角 $\cos \omega t$ 和 $\sin \omega t$ 的第 n 阶模态的广义波浪激励力；$f_{mn}^{(1)}$ 和 $f_{mn}^{(2)}$ 是板结构相应于相位 $\cos(\omega t + \varepsilon_m)$ 和 $\sin(\omega t + \varepsilon_m)$ 的第 n 阶模态的 m 阶模态的广义辐射力。

将方程(11.47)～方程(11.49)代入式(11.46)中，最后求得板结构相应于波浪的水弹性运动方程为

$$(EI\lambda_n^4 + \rho g - \omega^2 m) I_n x_n - \sum_{m=1}^{N} f_{mn}^{(1)} x_m + \sum_{m=1}^{N} f_{mn}^{(2)} y_m = f_{\eta m}^{(1)} a \quad n = 1, 2, \cdots, 10 \left.\right\}$$

$$\sum_{m=1}^{N} f_{mn}^{(2)} x_m - (EI\lambda_n^4 + \rho g - \omega^2 m) I_n y_n + \sum_{m=1}^{N} f_{mn}^{(1)} y_m = -f_{\eta m}^{(2)} a \quad n = 1, 2, \cdots, 10 \left.\right\}$$

$$(11.50)$$

式中：$x_n = T_n \cos \varepsilon_n$；$y_n = T_n \sin \varepsilon_n$。利用该方程组求解 x_n 和 y_n，可算得板结构挠度为

$$w(x,\, t) = \sum_{m=1}^{N}[x_m w_m(x)\cos \omega t - y_m w_m \sin \omega t] = X(x)\cos \omega t - Y(x)\sin \omega t$$

$$(11.51)$$

11.8　计算结构及讨论

我们参考文献[5]中的情形，采用的算例是：板结构长度 $2l = 1\,000$ m，厚度 $= 3$ m，板结构单位宽度的抗弯刚度 $EI = 2.095 \times 10^{10}$ N·m，入射波波长 $\lambda = 600$ m，入射波波幅 $a = 1$ m，海流速度 $U = 5$ m/s。入射波表示为

$$\begin{aligned}\eta &= a\cos\{k[x - (U-c)t]\}\\ &= a\cos(kx + \omega_e t)\\ &= a\cos kx \cos \omega_e t - a\sin kx \sin \omega_e t\end{aligned}$$

$$(11.52)$$

式中：ω_e 是遭遇频率，计算结果表示于图 12.3～图 12.4 中。

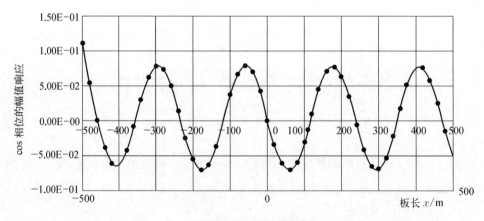

图 11.3　响应曲线的 cos 相位部分 $X(x)/$ m

我们将文献[4]中滑行板作为刚体在波浪运动中的计算方法推广到极大型浮体在波浪和海流中的水弹性响应，只要修改参数，该方法还可计算滑行板在波浪中运动的水弹性响应。

近年来，崔维成、杨建民、吴有生、刘应中等著述了"水弹性理论及其在超大型浮式结构物上的应用"一书，全面叙述了在时域和频域中的水弹性理论及应用，内容甚丰[6]。

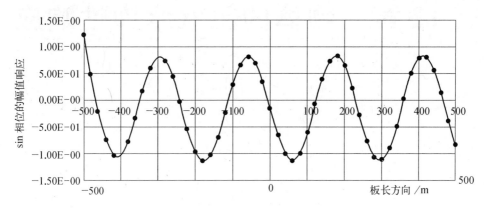

图 11.4　响应曲线的 sin 相位部分 $Y(x)/\mathrm{m}$

参考文献

［1］ Kashiwagi，M. Research in Hydroelastic Responses of VLFS：Recent Progress and Future Work［J］. International Journal of Offshore and Polar Engineering，2000，10(2)：81 – 90.

［2］ 崔维成. 极大型浮体水弹性响应的现状和发展方向［J］. 船舶力学，2002，6(1)：73 – 90.

［3］ Cheng G Y，Wang B S. Hydroelastic Response of Very Large Floating Structure (VLFS) Under Combined Action of Waves and Currents［C］. Hydroelasticity in Marine Technology，2006，Wuxi，China.

［4］ 苏钧麟，孙明光，等. 滑行板在波浪中航行时的升沉与纵摇［J］. 中国造船，1964，55：1 – 12.

［5］ 宋皓. 极大型浮体在不均匀海床环境下的水弹性响应分析［D］. 上海交通大学船舶和海洋工程系博士论文，2004.

［6］ 崔维成，杨建民，吴有生，等. 水弹性理论及其在超大型浮式结构物上的应用［M］. 上海：上海交通大学出版社，2007.

第 12 章　物体的出水水弹性响应

>>>>>

12.1　引　　言

物体出水的水弹性问题的研究,先要从刚体出水的运动规律开始,故本章的内容先描述刚体出水的运动规律,然后描述弹性体出水的运动规律。

描述刚体出水运动的规律用 6 个自由度便可以,而描述弹性体出水运动的规律,要考虑到弹体的变形,有无限多的自由度,问题显得很复杂。若我们限制物体的类型为较细长的回转体,再假设其弹性变形为梁弯曲类型的弹性变形,则可以取有限个自由度来作计算,但由于物体带有空泡的现象,从理论计算上处理是很难的。

12.2　刚体运动方程的推导[1]

我们以带有尾翼的细长回转体为对象,进行了出水弹道的理论计算。由经典的刚体-流体运动方程式出发,采用各种近似的附加质量和波浪扰动力的公式,算出了带尾翼细长回转体水下发射穿出水面的平面弹道过程。

关于附加质量流体动力项的计算,我们采用了无界流体中细长体的附加质量计算公式,即各个横切面间无相互干扰,由各个横切面的附加质量沿物体长度积分,得到整个物体的附加质量。在穿出水面时,不断地去掉水面以上的部分。实际上,由于自由水面的存在,还应存在有相对于水平面的负映像的作用。物体加上负映像体以后,不再是细长体,各横切面间存在有干扰作用,下一步我们要进行这部分的修正工作。

关于波浪扰动力的计算,其中由质点轨道速度引起的扰动力,我们也采用了无界流体中细长体的假设,各个横切面受到横向轨道速度的扰流而受到扰动力,沿物体长度积分得整个物体的扰动力。在穿出水面过程中,不断地去掉水面以上的部分。在这里,同样设计及负映象的作用,也要在下一步的工作中来修正。

还有轴向附加质量 A_{11} 的选取,轴向阻力的公式都是采用比较近似的公式,也有待于进一步的修正。

物体尾部实际上存在有空泡,估计这部分的影响是局部的,但也需要在将来作进一步的研究。

因此,关于出水弹道的计算,我们在目前仅仅是作了一些初步的工作,还有大量的工作有待于今后进一步开展起来。

我们对带尾翼回转体在简单正弦波流场中的出水弹道进行理论计算,考虑斜波斜出水较一般的空间弹道情况。关于外形的考虑,拟采用回转体尾部加四个十字形尾翼组成,对于其他外形,也是可以计算的。

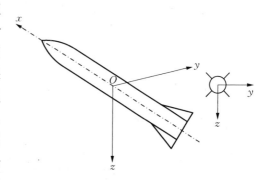

取固定的回转体上的坐标系 $O\text{-}xyz$,原点 O 位于物体重心,x 轴与物体对称轴重合,指向物体首部为正(图 12.1)。

图 12.1　固定在回转体上的坐标系

设物体重心沿 x,y,z 轴方向的速度为 u,v,w,物体绕 x,y,z 轴的角速度为 p,q,r,物体和周围流体相对于 x,y,z 轴的动量和动量矩为 G_x,G_y,G_z 和 H_x,H_y,H_z,作用于物体的外力和外力矩为 X,Y,Z 和 M_x,M_y,M_z,则运动方程式为

$$\left.\begin{array}{l} \dfrac{\mathrm{d}G_x}{\mathrm{d}t}+qG_z-rG_y=X \\[2mm] \dfrac{\mathrm{d}G_y}{\mathrm{d}t}+rG_x-pG_z=Y \\[2mm] \dfrac{\mathrm{d}G_z}{\mathrm{d}t}+pG_y-qG_x=Z \\[2mm] \dfrac{\mathrm{d}H_x}{\mathrm{d}t}+qH_z-rH_y+vG_z-wG_y=M_x \\[2mm] \dfrac{\mathrm{d}H_y}{\mathrm{d}t}+rH_x-pH_z+wG_x-uG_z=M_y \\[2mm] \dfrac{\mathrm{d}H_z}{\mathrm{d}t}+pH_y-qH_x+uG_y-vG_x=M_z \end{array}\right\} \tag{12.1}$$

其意义为物体系动量对时间的变化率等于作用的外力,动量矩对时间的变化率等于作用的外力矩,其中的乘积项是由运动坐标系所引起的。

我们来将动量和动量矩表示成速度和角速度的关系式,物体动能 T_0 可表

示为[2]

$$2T_0 = m(u^2 + v^2 + w^2) + I_{xx}p^2 + I_{yy}q^2 + I_{zz}r^2 + 2I_{yz}qr + 2I_{xy}pq +$$
$$2I_{zx}rp + 2m[c_1(vr - wq) + c_2(wp - ur) + c_3(uq - vp)] \quad (12.2)$$

式中：m 为物体质量；I_{xx}，$\cdots$，I_{yz}，$\cdots$为物体对相应坐标轴的惯性矩和惯性积。当物体坐标系 $O\text{-}xyz$ 的原点取在物体重心时，则有

$$c_1 = c_2 = c_3 = 0$$

当 xz 平面为物体的对称平面时，则有

$$I_{yz} = I_{xy} = 0$$

当 xy 平面为物体的对称平面时，则有

$$I_{zx} = I_{yz} = 0$$

于是式(12.2)可以简化为

$$2T_0 = m(u^2 + v^2 + w^2) + I_{xx}p^2 + I_{yy}q^2 + I_{zz}r^2 \quad (12.3)$$

设物体周围流体动能为 T_1，其表示式为

$$2T_1 = A_{11}u^2 + A_{22}v^2 + A_{33}w^2 + 2A_{23}vw + 2A_{13}wu + 2A_{12}uv + A_{44}p^2 + A_{55}q^2 +$$
$$A_{66}r^2 + 2A_{45}pq + 2A_{56}qr + 2A_{46}pr + 2q(A_{15}u + A_{25}v + A_{35}w) +$$
$$2r(A_{16}u + A_{26}v + A_{36}w) + 2p(A_{14}u + A_{24}v + A_{34}w) \quad (12.4)$$

式中：A_{11}，A_{22}，$\cdots$21 个系数为流体随物体运动的附加质量系数，下标相同的为对一根轴的，下标不同的为对二根轴的耦合项。物体和流体动能之和为

$$T = T_0 + T_1 \quad (12.5)$$

动量和动量矩可表示为

$$\left. \begin{array}{l} G_x, G_y, G_z = \dfrac{\partial T}{\partial u}, \dfrac{\partial T}{\partial v}, \dfrac{\partial T}{\partial w} \\[3mm] H_x, H_y, H_z = \dfrac{\partial T}{\partial p}, \dfrac{\partial T}{\partial q}, \dfrac{\partial T}{\partial r} \end{array} \right\} \quad (12.6)$$

利用式(12.3)、式(12.4)可得

$$\left. \begin{array}{l} G_x = (m + A_{11})u + A_{12}v + A_{13}w + A_{14}p + A_{15}q + A_{16}r \\[1mm] G_y = A_{12}u + (m + A_{22})v + A_{23}w + A_{24}p + A_{25}q + A_{26}r \\[1mm] G_z = A_{13}u + A_{23}v + (m + A_{33})w + A_{34}p + A_{35}q + A_{36}r \\[1mm] H_x = A_{14}u + A_{24}v + A_{34}w + (I_{xx} + A_{44})p + A_{45}q + A_{46}r \\[1mm] H_y = A_{15}u + A_{25}v + A_{35}w + A_{45}p + (I_{yy} + A_{55})q + A_{56}r \\[1mm] H_z = A_{16}u + A_{26}v + A_{36}w + A_{46}p + A_{56}q + (I_{zz} + A_{66})r \end{array} \right\} \quad (12.7)$$

代入式(12.1)得

$$
\begin{aligned}
X = & (m+A_{11})\dot{u}+A_{12}\dot{v}+A_{13}\dot{w}+A_{14}\dot{p}+A_{15}\dot{q}+A_{16}\dot{r}+A_{13}uq+ \\
& A_{23}vq+(m+A_{33})wq+A_{34}pq+A_{35}q^2+A_{36}qr-A_{13}ur- \\
& (m+A_{22})vr-A_{23}wr-A_{24}pr-A_{25}qr-A_{26}r^2 \\
Y = & A_{12}\dot{u}+(m+A_{22})\dot{v}+A_{23}\dot{w}+A_{24}\dot{p}+A_{25}\dot{q}+A_{26}\dot{r}+(m+A_{11})ur+ \\
& A_{12}vr+A_{13}wr+A_{14}pr+A_{15}qr+A_{16}r^2-A_{13}up-A_{23}vp- \\
& (m+A_{33})wp-A_{34}p^2-A_{35}pq-A_{36}pr \\
Z = & A_{13}\dot{u}+A_{23}\dot{v}+(m+A_{33})\dot{w}+A_{34}\dot{p}+A_{35}\dot{q}+A_{36}\dot{r}+(m+A_{22})vp+ \\
& A_{12}up+A_{23}wp+A_{24}p^2+A_{25}pq+A_{26}rp-(m+A_{11})uq- \\
& A_{12}vp-A_{13}wq-A_{14}pq-A_{15}q^2-A_{16}rq \\
M_x = & A_{14}\dot{u}+A_{24}\dot{v}+A_{34}\dot{w}+(I_{xx}+A_{44})\dot{p}+A_{45}\dot{q}+A_{46}\dot{r}+A_{16}uq+ \\
& A_{26}vq+A_{36}wq+A_{46}pq+A_{56}q^2+(I_{zz}+A_{66})qr-A_{15}ur- \\
& A_{25}vr-A_{35}wr-A_{45}pr-(I_{yy}+A_{55})qr-A_{56}r^2+A_{13}uv+ \\
& A_{23}v^2+A_{33}wv+A_{34}pv+A_{35}qv+A_{36}rv-A_{12}uw-A_{22}vw- \\
& A_{23}w^2-A_{24}pw-A_{25}qw-A_{26}rw \\
M_y = & A_{15}\dot{u}+A_{25}\dot{v}+A_{35}\dot{w}+A_{45}\dot{p}+(I_{yy}+A_{55})\dot{q}+A_{56}\dot{r}+A_{14}ur+ \\
& A_{24}vr+A_{34}wr+(I_{xx}+A_{44})pr+A_{46}r^2-A_{16}up-A_{26}vp- \\
& A_{36}wp-A_{46}p^2-A_{56}pq-(I_{zz}+A_{66})rp+A_{11}uw+A_{12}uw+ \\
& A_{13}w^2+A_{14}pw+A_{15}qw+A_{16}rw-A_{13}u^2-A_{23}uv-A_{33}wu- \\
& A_{34}pu-A_{35}uq-A_{36}ur \\
M_z = & A_{16}\dot{u}+A_{26}\dot{v}+A_{36}\dot{w}+A_{46}\dot{p}+A_{56}\dot{q}+(I_{zz}+A_{66})\dot{r}+A_{15}up+ \\
& A_{25}vp+A_{35}wp+A_{45}p^2+(I_{yy}+A_{55})pq+A_{56}pr-A_{14}uq- \\
& A_{24}vq-A_{34}wq-(I_{xx}+A_{44})pq-A_{45}q^2-A_{46}rp+A_{12}u^2+ \\
& A_{22}uv+A_{23}uw+A_{24}pu+A_{25}uq+A_{26}ur-A_{11}uv-A_{12}v^2- \\
& A_{13}wv-A_{14}pv-A_{15}qv-A_{16}rv
\end{aligned}
\right\} \quad (12.8)
$$

上面的式子中,设附加质量系数为不随时间而变化的常数,这适用于物体离水面较深的情况,在物体接近水面和穿出水面的过程中,这些附加质量系数随时间而变化,在式 12.8 中,还应加进相应附加质量对时间的变化项。

考虑物体有 xz 对称平面，当在无界流中运动时，v，p，r 改变符号时，流体的动能应是不变的，由式(12.4)可知：

$$A_{23} = A_{12} = A_{56} = A_{45} = A_{14} = A_{34} = A_{25} = A_{16} = A_{36} = 0 \qquad (12.9)$$

代入式(12.7)、式(12.8)，可简化为

$$
\left.
\begin{aligned}
G_x &= (m+A_{11})u + A_{13}\omega + A_{15}q \\
G_y &= (m+A_{22})v + A_{24}p + A_{26}r \\
G_z &= A_{13}u + (m+A_{33})\omega + A_{35}q \\
H_x &= A_{24}v + (I_{xx}+A_{44})p + A_{46}r \\
H_y &= A_{15}u + A_{35}w + (I_{yy}+A_{55})q \\
H_z &= A_{26}v + A_{46}p + (I_{zz}+A_{66})r
\end{aligned}
\right\} \qquad (12.10)
$$

$$
\left.
\begin{aligned}
X ={}& (m+A_{11})\dot{u} + A_{13}\dot{w} + A_{15}\dot{q} + A_{13}uq + (m+A_{33})wq + A_{35}q^2 - \\
& (m+A_{22})vr - A_{24}pr - A_{26}r^2 \\
Y ={}& (m+A_{22})\dot{v} + A_{24}\dot{p} + A_{26}\dot{r} + (m+A_{11})ur + A_{13}wr + A_{15}qr - \\
& A_{13}up - (m+A_{33})wp - A_{35}pq \\
Z ={}& A_{13}\dot{u} + (m+A_{33})\dot{w} + A_{35}\dot{q} + (m+A_{22})vp + A_{24}p^2 + A_{26}rp - \\
& (m+A_{11})uq - A_{13}wq - A_{15}q^2 \\
M_x ={}& A_{24}\dot{v} + (I_{xx}+A_{44})\dot{p} + A_{46}\dot{r} + A_{26}vq + A_{46}pq + (I_{zz}+A_{66})qr - \\
& A_{15}ur - A_{35}wr - (I_{yy}+A_{55})qr + A_{13}uv + A_{33}vw + A_{35}vq - \\
& A_{22}vw - A_{24}pw - A_{26}wr \\
M_y ={}& A_{15}\dot{u} + A_{35}\dot{w} + (I_{yy}+A_{55})\dot{q} + A_{24}vr + (I_{xx}+A_{44})pr + A_{46}r^2 - \\
& A_{26}vp - A_{46}p^2 - (I_{zz}+A_{66})pr + A_{11}wu + A_{13}w^2 + A_{15}qw - \\
& A_{13}u^2 - A_{33}uw - A_{35}uq \\
M_z ={}& A_{26}\dot{v} + A_{46}\dot{p} + (I_{zz}+A_{66})\dot{r} + A_{15}up + A_{35}wp + (I_{yy}+A_{55})pq - \\
& A_{24}vq - (I_{xx}+A_{44})pq - A_{46}qr + A_{22}uv + A_{24}up + A_{26}ur - \\
& A_{11}uv - A_{13}uw - A_{15}qv
\end{aligned}
\right\} \qquad (12.11)
$$

再考虑物体具有对称平面 xy，则当 ω，p，q 改变符号时，流体的动能应不变，除式(12.9)以外，还应有

$$A_{13} = A_{46} = A_{24} = A_{15} = 0 \qquad (12.12)$$

则式(12.10)、式(12.11)又可简化为

$$
\left.
\begin{aligned}
G_x &= (m + A_{11})u \\
G_y &= (m + A_{22})v + A_{26}r \\
G_z &= (m + A_{33})w + A_{35}q \\
H_x &= (I_{xx} + A_{44})p \\
H_y &= A_{35}w + (I_{yy} + A_{55})q \\
H_z &= A_{26}v + (I_{zz} + A_{66})r
\end{aligned}
\right\}
\tag{12.13}
$$

$$
\left.
\begin{aligned}
X &= (m + A_{11})\dot{u} + (m + A_{33})wq + A_{35}q^2 - (m + A_{22})vr - A_{26}r^2 \\
Y &= (m + A_{22})\dot{v} + A_{26}\dot{r} + (m + A_{11})ur - (m + A_{33})wp - A_{35}pq \\
Z &= (m + A_{33})\dot{w} + A_{35}\dot{q} + (m + A_{22})vp + A_{26}rp - (m + A_{11})uq \\
M_x &= (I_{xx} + A_{44})\dot{p} + A_{26}vq + (I_{zz} + A_{66})qr - A_{35}wr - (I_{yy} + \\
&\quad A_{55})qr + A_{33}vw + A_{35}vq - A_{22}vw - A_{26}wr \\
M_y &= A_{35}\dot{w} + (I_{yy} + A_{55})\dot{q} + (I_{xx} + A_{44})pr - A_{26}vp - (I_{zz} + \\
&\quad A_{66})pr + A_{11}wu - A_{33}uw - A_{35}uq \\
M_z &= A_{26}\dot{v} + (I_{zz} + A_{66})\dot{r} + A_{35}wp + (I_{yy} + A_{55})pq - \\
&\quad (I_{xx} + A_{44})pq + A_{22}uv + A_{26}ur - A_{11}uv
\end{aligned}
\right\}
\tag{12.14}
$$

　　上面讨论了对称物体在无界流中或离水面较深时运动的情况,很多耦合的附加质量系数项消失了。当物体斜向地穿过水面,则流体运动的对称性消失,则需保留相应的耦合项以及附加质量随时间变化的项。

　　带尾翼回转体在流体中运动时受到的流体动力,应是物体的速度、角速度、加速度、角加速度$(u, v, w, p, q, r, \dot{u}, \dot{v}, \dot{w}, \dot{p}, \dot{q}, \dot{r})$的函数。由于以上公式中我们把流体的附加质量和物体的质量合在一起,所以很多流体动力项包含在式子的右端了。

　　对于任意物体外形的流体动力计算甚为复杂,我们设带翼回转体的外形接近于细长体,用细长体的近似来处理它。

12.3　在波浪中扰动力的计算

　　我们来计算带翼回转体在斜浪斜出水一般情况下所受到的波浪扰动力。

　　设固定于地球空间的坐标系为$O - x_0 y_0 z_0$。x_0,y_0轴位于水面以下H距离的水平面中,z_0轴垂直向下。将H视为在开始发射瞬时,带翼回转体质心离水面的距离(图 12.2)。固定于物体上的坐标系为$c - xyz$,它相对于固定坐标系

O-$x_0y_0z_0$ 的方位角由欧拉角 ϕ，θ，ψ 表示，ψ 角为绕 z_0 轴转动的角度，即带翼回转体的偏航角；θ 角为绕垂直于物体的水平轴转动的角度，即带翼回转体的俯仰角；ϕ 角为绕物体轴转动的角度，即带翼回转体的横滚角。由于物体有轴向的发射速度 U，故物体坐标系原点离固定坐标系原点的距离为 Ut。所有坐标系和角度均取右手系。固定坐标系 O-$x_0y_0z_0$ 和物体坐标系 c-xyz 之间的转换关系为*

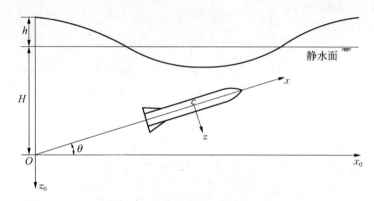

图 12.2 带翼回转体的斜浪斜出水图

$$
\begin{aligned}
x_0 &= (x+Ut)\cos\theta\cos\psi + y(\sin\varphi\sin\theta\cos\psi - \cos\varphi\sin\psi) + \\
&\quad z(\cos\varphi\sin\theta\cos\psi + \sin\varphi\sin\psi) \\
y_0 &= (x+Ut)\cos\theta\sin\psi + y(\sin\varphi\sin\theta\sin\psi + \cos\varphi\cos\psi) + \\
&\quad z(\cos\varphi\sin\theta\sin\psi - \sin\varphi\cos\psi) \\
z_0 &= -(x+Ut)\sin\theta + y\sin\varphi\cos\theta + z\cos\varphi\cos\theta
\end{aligned}
\tag{12.15}
$$

波浪运动的速度势为

$$
\phi_w = \frac{igh}{\omega}\exp\left[i\left(\frac{\omega^2}{g}x_0 - \omega t\right) - \frac{\omega^2(z_0+H)}{g}\right]
\tag{12.16}
$$

式中：h 为波幅；ω 为频率。式(12.16)代表沿 x_0 轴方向前进的正弦波，转换到物体坐标系中的表达式为

$$
\begin{aligned}
\phi_w &= \frac{igh}{\omega}\exp\left\{\frac{i\omega^2}{g}\big[(x+Ut)\cos\theta\cos\psi + y(\sin\varphi\sin\theta\cos\psi - \cos\varphi\sin\psi) + \right. \\
&\quad z(\cos\varphi\sin\theta\cos\psi + \sin\varphi\sin\psi)\big] - i\omega t - \\
&\quad \left. \frac{\omega^2}{g}\big[H - (x+Ut)\sin\theta + y\sin\varphi\cos\theta + z\cos\varphi\cos\theta\big]\right\}
\end{aligned}
\tag{12.17}
$$

---

* 这里假设物体坐标原点 c 在 y，z 方向没有位移，实际上有较小的位移，这里推导扰动力公式时暂予以略去，以后进行具体计算时根据弹心轨迹位置加以修正。

将式(12.17)中与时间 t 有关的各项合并,得

$$\phi_w = \frac{igh}{\omega} \exp\left\{ \frac{i\omega^2}{g} \left[x\cos\theta\cos\psi + y(\sin\varphi\sin\theta\cos\psi - \cos\varphi\sin\psi) + \right.\right.$$
$$z(\cos\varphi\sin\theta\cos\psi + \sin\varphi\sin\psi)] - ikt -$$
$$\left.\frac{\omega^2}{g}[H - x\sin\theta + y\sin\varphi\cos\theta + z\cos\varphi\cos\theta] \right\} \tag{12.18}$$

式中

$$k = \omega - \frac{\omega^2}{g}U\cos\theta\cos\psi + \frac{i\omega^2}{g}U\sin\theta \tag{12.19}$$

波浪对物体的扰动力有两部分,一部分是由波浪压力场对物体作用的力,另一部分是波浪质点轨道速度对于物体绕流作用的力。先计算前一部分。

波浪压力场为

$$p = -\rho\frac{D\phi_w}{Dt} = -\rho\left(\frac{\partial\phi_w}{\partial t} - U\frac{\partial\phi_w}{\partial x} \right) \tag{12.20}$$

将式(12.18)代入,得

$$p = -\rho gh \exp\left\{ \frac{i\omega^2}{g} \left[x\cos\theta\cos\psi + y(\sin\varphi\sin\theta\cos\psi - \cos\varphi\sin\psi) + \right.\right.$$
$$z(\cos\varphi\sin\theta\cos\psi + \sin\varphi\sin\psi)] - ikt -$$
$$\left.\frac{\omega^2}{g}[H - x\sin\theta + y\sin\varphi\cos\theta + z\cos\varphi\cos\theta] \right\} \tag{12.21}$$

由于物体物体直径比波长小得多,故在物体表面有 $\dfrac{\omega^2 y}{g}$, $\dfrac{\omega^2 z}{g} \ll 1$, 将式(12.21) 对 $\dfrac{\omega^2 y}{g}$, $\dfrac{\omega^2 z}{g}$ 展开,取一阶小量,有

$$p = -\rho gh \exp\left\{ \frac{i\omega^2}{g}x\cos\theta\cos\psi - ikt - \frac{\omega^2}{g}(H - x\sin\theta) \right\} \cdot$$
$$\left\{ 1 + \frac{i\omega^2}{g}y(\sin\varphi\sin\theta\cos\psi - \cos\varphi\sin\psi) + \frac{i\omega^2}{g}z(\cos\varphi\sin\theta\cos\psi + \right.$$
$$\left.\sin\varphi\sin\psi) - \frac{\omega^2}{g}(y\sin\varphi\cos\theta + z\cos\varphi\cos\theta) \right\} \tag{12.22}$$

在物体单位厚度切面上所受到的力为

$$Y_p' + jZ_p' = j\int_\Gamma p\,dr = -\iint\left(\frac{\partial p}{\partial y} + j\frac{\partial p}{\partial z} \right)dy\,dz \tag{12.23}$$

将式(12.22)代入,并进行积分运算,得

$$Y_p' + jZ_p' = \rho g h S(x) \exp\left[\frac{i\omega^2}{g} x \cos\theta\cos\psi - ikt - \frac{\omega^2}{g}(H - x\sin\theta)\right] \cdot$$

$$\left\{\frac{i\omega^2}{g}(\sin\varphi\sin\theta\cos\psi - \cos\varphi\sin\psi) - \frac{\omega^2}{g}\sin\varphi\cos\theta + \right.$$

$$\left. j\left[\frac{i\omega^2}{g}(\cos\varphi\sin\theta\cos\psi + \sin\varphi\sin\psi) - \frac{\omega^2}{g}\cos\varphi\cos\theta\right]\right\} \quad (12.24)$$

现在计算轨道速度对物体绕流的作用力,利用细长体的假设,每个横切面内的流动作为平面流动来处理,又由于波长比物体直径大得多,故波浪绕流问题可近似地认为是均匀绕流的问题,其均匀流的速度取轴心处($y = z = 0$)的轨道速度为

$$\left.\begin{array}{l} v_m = \left.\dfrac{\partial\phi_w}{\partial y}\right|_{y=z=0} = [-\omega h(\sin\varphi\sin\theta\cos\psi - \cos\varphi\sin\psi) - i\omega h\sin\varphi\cos\theta] \cdot \\[2mm] \exp\left\{\dfrac{i\omega^2}{g} x\cos\theta\cos\psi - ikt - \dfrac{\omega^2}{g}(H - x\sin\theta)\right\} \\[4mm] w_w = \left.\dfrac{\partial\phi_w}{\partial z}\right|_{y=z=0} = [-\omega h(\cos\varphi\sin\theta\cos\psi + \sin\varphi\sin\psi) - i\omega h\cos\varphi\cos\theta] \cdot \\[2mm] \exp\left\{\dfrac{i\omega^2}{g} x\cos\theta\cos\psi - ikt - \dfrac{\omega^2}{g}(H - x\sin\theta)\right\} \end{array}\right\}$$

$$(12.25)$$

利用平面流动的扰动公式

$$Y_q' + jZ_q' = \rho\frac{D}{Dt}[S_e(x)(v_m + jw_w)] = \rho\left(\frac{\partial}{\partial t} - U\frac{\partial}{\partial x}\right)[S_e(x)(v_m + jw_w)]$$

$$(12.26)$$

式中:等式左端为横截面上轨道速度绕流的作用力;$\rho S_e(x)$ 为横切面的附加质量。对于圆形横切面,$S_e(x)$ 即为圆的面积 $S(x)$;对于带有十字尾翼的横切面,则可由保角变换的方法求得

$$\left.\begin{array}{l} S_e = \pi a_e^2 \\[2mm] a_e^2 = b^2 - a^2 + a^4/b^2 \end{array}\right\} \quad (12.27)$$

式中:a 为回转体的局部半径;b 为横切面上中心到翼尖的距离。式(12.26)的物理意义是明显的。将式(12.25)代入式(12.26),即可求得

$$Y'_q = \rho[(-i\omega)S_e(x) - US'_e(x)][-\omega h(\sin\varphi\sin\theta\cos\psi - \cos\varphi\sin\psi) -$$

$$i\omega h\sin\varphi\cos\theta]\exp\left\{\frac{i\omega^2}{g}x\cos\theta\cos\psi - ikt - \frac{\omega^2}{g}(H - x\sin\theta)\right\}$$

$$Z'_q = \rho[(-i\omega)S_e(x) - US'_e(x)][-\omega h(\cos\varphi\sin\theta\cos\psi + \sin\varphi\sin\psi) -$$

$$i\omega h\cos\varphi\cos\theta]\exp\left\{\frac{i\omega^2}{g}x\cos\theta\cos\psi - ikt - \frac{\omega^2}{g}(H - x\sin\theta)\right\}$$

$$\left.\right\} \quad (12.28)$$

作用于横切面上总的波浪扰动力为

$$Y' = Y'_p + Y'_q = \rho\omega h[i\omega(S_e + S) + US'_e(x)][\sin\varphi\sin\theta\cos\psi - \cos\varphi\sin\psi +$$

$$i\sin\varphi\cos\theta]\exp\left[\frac{i\omega^2}{g}x\cos\theta\cos\psi - ikt - \frac{\omega^2}{g}(H - x\sin\theta)\right]$$

$$Z' = Z'_p + Z'_q = \rho\omega h[i\omega(S_e + S) + US'_e(x)][\cos\varphi\sin\theta\cos\psi + \sin\varphi\sin\psi +$$

$$i\cos\varphi\cos\theta]\exp\left[\frac{i\omega^2}{g}x\cos\theta\cos\psi - ikt - \frac{\omega^2}{g}(H - x\sin\theta)\right]$$

$$(12.29)$$

作用于整个物体上的波浪扰动力为

$$Y = \int_{-t_1}^{t_2} Y'\mathrm{d}x = \rho\omega h(\sin\varphi\sin\theta\cos\psi - \cos\varphi\sin\psi + i\sin\varphi\cos\theta) \cdot \exp\left(-ikt - \frac{\omega^2}{g}H\right)$$

$$\int_{-t_1}^{t_2}[i\omega S_e(x) + i\omega S(x) + US'_e(x)] \cdot \exp\left\{\frac{i\omega^2}{g}x\cos\theta\cos\psi + \frac{\omega^2}{g}x\sin\theta\right\}\mathrm{d}x$$

$$= \rho\omega h(\sin\varphi\sin\theta\cos\psi - \cos\varphi\sin\psi + i\sin\varphi\cos\theta) \cdot \exp\left(-ikt - \frac{\omega^2 H}{g}\right)F(\omega, \theta, \psi)$$

$$Z = \int_{-t_1}^{t_2} Z'\mathrm{d}x = \rho\omega h(\cos\varphi\sin\theta\cos\psi + \sin\varphi\sin\psi + i\cos\varphi\cos\theta) \cdot$$

$$\exp\left(-ikt - \frac{\omega^2 H}{g}\right)F(\omega, \theta, \psi)$$

$$M_y = \int_{-t_1}^{t_2} -Z' \cdot x\mathrm{d}x = -\rho\omega h(\cos\varphi\sin\theta\cos\psi + \sin\varphi\sin\psi + i\cos\varphi\cos\theta) \cdot$$

$$\exp\left(-ikt - \frac{\omega^2 H}{g}\right)M(\omega, \theta, \psi)$$

$$M_z = \int_{-t_1}^{t_2} Y' \cdot x\mathrm{d}x = \rho\omega h(\sin\varphi\sin\theta\cos\psi - \cos\varphi\sin\psi + i\sin\varphi\cos\theta) \cdot$$

$$\exp\left(-ikt - \frac{\omega^2 H}{g}\right)M(\omega, \theta, \psi)$$

$$(12.30)$$

式中

$$
\left.
\begin{aligned}
F(\omega,\,\theta,\,\psi) &= \int_{-t_1}^{t_2} \{ \mathrm{i}\omega[S_e(x)+S(x)]+US'_e(x)\} \cdot \\
&\qquad \exp\!\left(\frac{\mathrm{i}\omega^2}{g}x\cos\theta\cos\psi+\frac{\omega^2}{g}x\sin\theta\right)\mathrm{d}x \\
M(\omega,\,\theta,\,\psi) &= \int_{-t_1}^{t_2} x\{ \mathrm{i}\omega[S_e(x)+S(x)]+US'_e(x)\} \cdot \\
&\qquad \exp\!\left(\frac{\mathrm{i}\omega^2}{g}x\cos\theta\cos\psi+\frac{\omega^2}{g}x\sin\theta\right)\mathrm{d}x
\end{aligned}
\right\}
\tag{12.31}
$$

以上讨论的是物体全部在水中时波浪扰动力的计算,当物体穿出水面时,一部分物体露出水面,这时我们将沿物长度的积分上限改一下,积分到物轴与水面交点为止,这是一种近似的处理方法,以后再继续加以改进。

12.4　带翼回转体在波浪场中的运动方程式

我们来研究 12.1 节中的式(12.14),即对于具有两个对称平面 xy,xz 的物体形状。在式右端的作用力中,有物体的重力,流体对物体的浮力、阻力,与物体的速度和角速度有关的流体动力,发动机的推力,波浪对物体的扰动力等。设浮力为 B,重力则为 mg,两者方向相反,浮心离重心的位置为 l_3,沿正 x 轴方向为正,则浮力与重力沿 x,y,z 轴方向的分量为

$$(B-mg)\sin\theta,\quad -(B-mg)\cos\theta\cdot\sin\phi,\quad -(B-mg)\cos\theta\cos\phi$$

对重心的力矩为:0,　$Bl_3\cos\theta\cos\phi$,　$-Bl_3\cos\theta\sin\phi$

设阻力为 D,推力为 T,与速度、角速度有关的流体动力利用文献[4]中有关的公式,沿 y,z 轴及绕 x,y,z 轴转动方向,有

$$-U\bar{A}'_{22}(\beta U-rl_1),\quad -U\bar{A}'_{33}(\alpha U+ql_1),\quad -U^2\bar{A}'_{44}p$$
$$-Ul_1\bar{A}'_{33}(\alpha U+ql_1),\quad U\bar{A}'_{22}(\beta U-rl_1)l_1$$

式中:$\bar{A}'_{22}$,$\bar{A}'_{33}$,$\bar{A}'_{44}$ 为物体尾部横截面的附加质量;$-l_1$ 为尾端的 x 坐标。

关于波浪的扰动力,利用 12.2 节中有关的公式,将以上各表达式代入式(12.14),并注意有

$$u=U, v=\beta U,\ w=\alpha U,\ \dot{u}=\dot{U}, \dot{v}=\dot{\beta}U+\beta\dot{U},\ \dot{w}=\dot{\alpha}U+\dot{U}\alpha$$

$$\tag{12.32}$$

可得

$$
\begin{aligned}
&(m+A_{11})\dot{U}+(m+A_{33})\alpha qU+A_{35}q^{2}-(m+A_{22})\beta rU-A_{26}r^{2}\\
&=T-D+(B-mg)\sin\theta \qquad\qquad\qquad\qquad\qquad\qquad\qquad\text{(a)}\\
&(m+A_{22})(\dot{\beta}U+\beta\dot{U})+A_{26}\dot{r}+(m+A_{11})Ur-(m+A_{33})\alpha pU-A_{35}pq\\
&=(mg-B)\cos\theta\sin\phi-U\bar{A}'_{22}(\beta U-rl_{1})+\rho\omega h(\sin\phi\sin\theta\cos\psi-\\
&\quad\cos\phi\sin\psi+\mathrm{i}\sin\phi\cos\theta)F(\omega,\ \theta,\ \psi)\exp[-\mathrm{i}kt-(\omega^{2}H/g)] \qquad\text{(b)}\\
&(m+A_{33})(\dot{\alpha}U+\alpha\dot{U})+A_{35}\dot{q}+(m+A_{22})\beta pU+A_{26}rp-(m+A_{11})Uq\\
&=(mg-B)\cos\theta\cos\phi-U\bar{A}'_{33}(\alpha U-ql_{1})+\rho\omega h(\cos\phi\sin\theta\cos\psi+\\
&\quad\sin\phi\sin\psi+\mathrm{i}\cos\phi\cos\theta)F(\omega,\ \theta,\ \psi)\exp[-\mathrm{i}kt-(\omega^{2}H/g)] \qquad\text{(c)}\\
&(I_{xx}+A_{44})\dot{p}+A_{26}\beta qU-A_{35}\alpha rU+(I_{zz}+A_{66}-I_{yy}-A_{55})qr+\\
&(A_{33}-A_{22})\alpha\beta U^{2}+A_{35}\beta qU-A_{26}\alpha rU\\
&=-U^{2}\bar{A}'_{44}p \qquad\qquad\qquad\qquad\qquad\qquad\qquad\qquad\qquad\text{(d)}\\
&A_{35}(\dot{\alpha}U+\alpha\dot{U})+(I_{yy}+A_{55})\dot{q}+(I_{xx}+A_{44}-I_{zz}-A_{66})pr-A_{26}\beta pU+\\
&(A_{11}-A_{33})\alpha U^{2}-A_{35}Uq\\
&=Bl_{3}\cos\theta\cos\phi-Ul_{1}\bar{A}'_{33}(\alpha U+ql_{1})-\rho\omega h(\cos\phi\sin\theta\cos\psi+\\
&\quad\sin\phi\sin\psi+\mathrm{i}\cos\phi\cos\theta)M(\omega,\ \theta,\ \psi)\cdot\exp[-\mathrm{i}kt-(\omega^{2}H/g)] \qquad\text{(e)}\\
&A_{26}(\dot{\beta}U+\beta\dot{U})+(I_{zz}+A_{66})\dot{r}+A_{35}\alpha pU+\\
&(I_{yy}+A_{35}-I_{xx}-A_{44})pq+A_{26}Ur+(A_{22}-A_{11})\beta U^{2}\\
&=-Bl_{3}\cos\theta\sin\phi+U\bar{A}'_{22}(\beta U+rl_{1})l_{1}+\rho\omega h(\sin\phi\sin\theta\cos\psi-\\
&\quad\cos\phi\sin\psi+\mathrm{i}\sin\phi\cos\theta)M(\omega,\ \theta,\ \psi)\exp[-\mathrm{i}kt-(\omega^{2}H/g)] \qquad\text{(f)}
\end{aligned}
$$

$$\tag{12.33}$$

式中

$$
\begin{aligned}
F(\omega,\ \theta,\ \psi)&=\int_{-t_{1}}^{t_{2}}\{\mathrm{i}\omega[S_{e}(x)+S(x)]+US'_{e}(x)\}\cdot\\
&\qquad\exp\Big(\frac{\mathrm{i}\omega^{2}}{g}x\cos\theta\cos\psi+\frac{\omega^{2}}{g}x\sin\theta\Big)\mathrm{d}x\\
M(\omega,\ \theta,\ \psi)&=\int_{-t_{1}}^{t_{2}}x\{\mathrm{i}\omega[S_{e}(x)+S(x)]+US'_{e}(x)\}\cdot\\
&\qquad\exp\Big(\frac{\mathrm{i}\omega^{2}}{g}x\cos\theta\cos\psi+\frac{\omega^{2}}{g}x\sin\theta\Big)\mathrm{d}x\\
k&=\omega-\frac{\omega^{2}}{g}U\cos\theta\cos\psi+\frac{\mathrm{i}\omega^{2}}{g}U\sin\theta
\end{aligned}
$$

$$\tag{12.34}$$

$$\left.\begin{aligned}
A_{22} &= \int_{-t_1}^{t_2} A'_{22}\,\mathrm{d}x, & A_{33} &= \int_{-t_1}^{t_2} A'_{33}\,\mathrm{d}x, & A_{44} &= \int_{-t_1}^{t_2} A'_{44}\,\mathrm{d}x \\
A_{66} &= \int_{-t_1}^{t_2} A'_{22}x^2\,\mathrm{d}x, & A_{26} &= \int_{-t_1}^{t_2} A'_{22}x\,\mathrm{d}x, & A_{35} &= \int_{-t_1}^{t_2} A'_{33}x\,\mathrm{d}x \\
A_{55} &= \int_{-t_1}^{t_2} A'_{33}x^2\,\mathrm{d}x
\end{aligned}\right\}
\tag{12.35}$$

式中：A'_{22}，A'_{33}，A'_{44} 为物体横截面的附加质量。

物体沿 x,y,z 轴的角速度分量 p,q,r 与欧拉角 ψ,θ,ϕ 及角速度 $\dot{\psi},\dot{\theta},\dot{\phi}$ 之关系式为

$$\left.\begin{aligned}
p &= \dot{\phi} - \dot{\psi}\sin\theta \\
q &= \dot{\theta}\cos\phi + \dot{\psi}\cos\theta\cdot\sin\phi \\
r &= -\dot{\theta}\sin\phi + \dot{\psi}\cos\theta\cos\phi
\end{aligned}\right\}
\tag{12.36}$$

运动的初始条件为

$$\left.\begin{aligned}
t=0\ \text{时}, \quad U=U_0, \quad \alpha=\alpha_0, \quad \beta=\beta_0, \quad p=p_0 \\
q=q_0, \quad r=r_0, \quad \psi=\psi_0, \quad \theta=\theta_0, \quad \phi=\phi_0
\end{aligned}\right\}
\tag{12.37}$$

式中：U_0 为初始轴向速度，即物体离发射管口时的速度；α_0，β_0 为初始攻角和侧滑角，与发射速度 U_0 及发射管运动速度有关；初始角速度 p_0，q_0，r_0 则与发射管运动的角速度有关。

ψ_0，θ_0，ϕ_0 为初始方位角，在这里 ψ 为发射管与波浪行进方向之间的夹角。按方程(12.33)、方程(12.36)计算空间弹道时，计算量甚大，我们再进一步简化，设物体外形绕 x 轴转 $\pi/2$ 以后不变，则有

$$I_{yy}=I_{zz}, \quad A_{22}=A_{33}, \quad A_{55}=A_{66}, \quad A_{26}=-A_{35} \tag{12.38}$$

代入式(12.33)后，某些项可消去。

设初始方位角 ψ_0，θ_0，ϕ_0 中，ψ_0，θ_0 为有限量，ϕ_0 为小量，弹道运动方程中方位角 ψ,θ,ϕ 与初始值的偏离是小量，可令

$$\psi=\psi_0+\Delta\psi, \quad \theta=\theta_0+\Delta\theta, \quad \phi=\Delta\phi \tag{12.39}$$

代入式(12.33)，将式(12.36)回绕初始值按泰勒级数展开，取二级小量，式(12.36)变为

$$\left.\begin{aligned}
p &= \dot{\phi} - \dot{\psi}(\sin\theta_0 + \cos\theta_0\cdot\Delta\theta) = \Delta\dot{\phi} - \Delta\dot{\psi}(\sin\theta_0 + \Delta\theta\cos\theta_0) \\
q &= \dot{\theta} + \dot{\psi}\cos\theta_0\cdot\Delta\phi = \Delta\dot{\theta} + \Delta\dot{\psi}\Delta\phi\cos\theta_0 \\
r &= -\Delta\dot{\theta}\Delta\phi + \Delta\dot{\psi}(\cos\theta_0 - \sin\theta_0)\Delta\theta
\end{aligned}\right\}
\tag{12.40}$$

对时间微分一次，得

$$
\left.
\begin{aligned}
\dot{p} &= \Delta\ddot{\phi} - \Delta\ddot{\psi}(\sin\theta_0 + \Delta\theta\cos\theta_0) - \Delta\dot{\psi}\Delta\dot{\theta}\cos\theta_0 \\
\dot{q} &= \Delta\ddot{\theta} + \Delta\ddot{\psi}\Delta\phi\cos\theta_0 + \Delta\dot{\psi}\Delta\dot{\phi}\cos\theta_0 \\
\dot{r} &= -\Delta\ddot{\theta}\Delta\phi - \Delta\dot{\theta}\Delta\dot{\phi} + \Delta\ddot{\psi}(\cos\theta_0 - \sin\theta_0 \cdot \Delta\theta) - \Delta\dot{\psi}\Delta\dot{\theta}\sin\theta_0
\end{aligned}
\right\}
\tag{12.41}
$$

代入式(12.33)以后，便得计算 6 个自由度的空间弹道的方程式，计算量是大的，我们拟先计算一下 3 个自由度的平面弹道情形，即在顺浪或逆浪的情形，且设没有横移、横滚、偏航的平面运动情形。

令　　$\psi = 0,\ \phi = 0,\ v = p = r = 0,\ u = U,\ \alpha = w/U$

则式(12.33)可简化为

$$
\left.
\begin{aligned}
&(m + A_{11})\dot{U} + (m + A_{33})qw + A_{33}q^2 \\
&= T - D + (B - mg)\sin\theta \\
&(m + A_{33})\dot{w} + A_{35}\dot{q} - (m + A_{11})Uq \\
&= (mg - B)\cos\theta - U\bar{A}'_{33}(w + ql_1) + \\
&\quad \mathrm{Re}\left\{\rho\omega h(\sin\theta + i\cos\theta)F(\omega,\theta)\exp\left(-ikt - \frac{\omega^2 H}{g}\right)\right\} \\
&A_{35}\dot{w} + (I_{yy} + A_{55})\dot{q} + (A_{11} - A_{33})Uw - A_{35}Uq \\
&= Bl_3\cos\theta - Ul_1 \cdot \bar{A}'_{33}(w + ql_1) + \\
&\quad \mathrm{Re}\left\{-\rho\omega h(\sin\theta + i\cos\theta)M(\omega,\theta) \cdot \exp\left(-ikt - \frac{\omega^2 H}{g}\right)\right\}
\end{aligned}
\right\}
\tag{12.42}
$$

式中

$$
\left.
\begin{aligned}
F(\omega,\theta) &= \int_{-t_1}^{t_2} \{i\omega[S_e(x) + S(x)] + US'_e(x)\} \cdot \\
&\quad \exp\left(\frac{i\omega^2}{g}x\cos\theta + \frac{\omega^2}{g}x\sin\theta\right)\mathrm{d}x \\
M(\omega,\theta) &= \int_{-t_1}^{t_2} x\{i\omega[S_e(x) + S(x)] + US'_e(x)\} \cdot \\
&\quad \exp\left(\frac{i\omega^2}{g}x\cos\theta + \frac{\omega^2}{g}x\sin\theta\right)\mathrm{d}x \\
k &= \omega - \frac{\omega^2}{g}U\cos\theta + \frac{i\omega^2}{g}U\sin\theta
\end{aligned}
\right\}
\tag{12.43}
$$

方程(12.36)则简化为

$$
q = \dot{\theta} \quad \text{并有} \quad \dot{q} = \ddot{\theta}
\tag{12.44}
$$

当物体顶端遇到水面,且穿出水面时,附加质量随时间变化,相应方程应变为*

$$
\left.
\begin{aligned}
&(m+A_{11})\dot{U}+\dot{A}_{11}U+(m+A_{33})\dot{\theta}w+A_{35}\dot{\theta}^2 \\
&=T-D+(B-mg)\sin\theta \\
&(m+A_{33})\dot{w}+\dot{A}_{33}w+A_{33}\ddot{\theta}+\dot{A}_{35}\dot{\theta}-(m+A_{11})U\dot{\theta} \\
&=(mg-B)\cos\theta-U\bar{A}'_{33}(w+\dot{\theta}l_1)+ \\
&\mathrm{Re}\left\{\rho\omega h(\sin\theta+\mathrm{i}\cos\theta)\cdot F(\omega,\theta)\exp\left(-\mathrm{i}kt-\frac{\omega^2H}{g}\right)\right\} \\
&A_{35}\dot{w}+\dot{A}_{35}w+(I_{yy}+A_{55})\ddot{\theta}+\dot{A}_{55}\dot{\theta}+(A_{11}-A_{33})Uw-A_{35}U\dot{\theta} \\
&=Bl_3\cos\theta-Ul_1\bar{A}'_{33}(w+\dot{\theta}l_1)+ \\
&\mathrm{Re}\left\{\rho\omega h(\sin\theta+\mathrm{i}\cos\theta)\cdot M(\omega,\theta)\exp\left(-\mathrm{i}kt-\frac{\omega^2H}{g}\right)\right\}
\end{aligned}
\right\}
\tag{12.45}
$$

初始条件为

$$
U=U_0,\ w=w_0,\ \theta=\theta_0,\ \dot{\theta}=\dot{\theta}_0 q_0
$$

再给定物体的形状参数和质量分布参数,便可对出水弹道进行数值计算。

12.5 算　　例

1) 物体形状参数

物体头部轮廓线取二次抛物线,与中部圆柱体相切,尾部带有四片三角形尾翼,成"X"形配置。物体外形与尺寸见图 12.3。

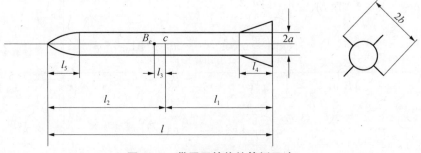

图 12.3　带翼回转体的算例尺寸

$l=5\,\mathrm{m}$, $l_1=2.2\,\mathrm{m}$, $l_2=2.8\,\mathrm{m}$, $l_3=0.185\,\mathrm{m}$, $l_4=0.8\,\mathrm{m}$, $l_5=0.5\,\mathrm{m}$, $a=0.2\,\mathrm{m}$, $b=0.4\,\mathrm{m}$

c 为质心,B_c 为浮心,物体重 800 kg,浮力 600 kg

---

*　当物体穿出水面时,对 xy 平面的对称性消失,式中还应补入附加质量系数 A_{13},A_{14} 等、这里也暂予以忽略。

2）波浪参数

波面方程

$$\zeta = -\frac{1}{g}\frac{\partial \phi_w}{\partial t} = -h\exp\left[\mathrm{i}\left(\frac{\omega^2}{g}x_0 - \omega t\right)\right]$$

取实部

$$\zeta = -h\cos\left(\frac{\omega^2}{g}x_0 - \omega t\right)$$

波长 $\lambda = 120\ \mathrm{m}$，$\omega = \sqrt{\dfrac{2\pi g}{\lambda}} = 0.714\ \mathrm{s}^{-1}$，波幅 $h = 2.5\ \mathrm{m}$。

3）初始条件

物体出管速度 $U_0 = 40\ \mathrm{m/s}$。

发射点沿瞄准线方向离水面直线距离 $D = 40\ \mathrm{m}$（图 12.4），因而对不同的初始发射角 θ_0，发射管的潜深不同，见表 12.1。

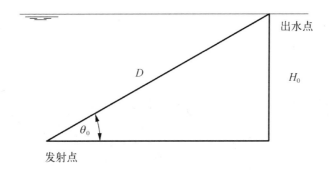

图 12.4　初始发射角和潜深的关系

表 12.1　发射角与潜深的关系

发射角 $\theta_0/(°)$	15	30	45	60	75	90
潜深 H_0/m	10.35	20.0	28.28	34.64	38.64	40.0

发射的初始攻角取为恒定，$\alpha_0 = 2.862°$，相当于物体有横向速度 $w_0 = 2\ \mathrm{m/s}$，当发射角不同时，相应的发射管速度 V_0 也不同，即有 $V_0 = w_0/\sin\theta_0$，如表 12.2 和图 12.5 所示。

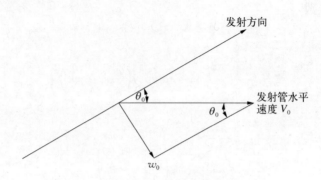

图 12.5　初始发射角和发射管速度的关系

表 12.2　发射角与发射管速度的关系

$\theta_0/(°)$	15	30	45	60	75	90
发射管水平速度 $V_0/(m/s)$	7.41	4.0	2.83	2.31	2.07	2.0
V_0/kn^*	14.8	8.0	5.7	4.6	4.1	4.0

计算结果

1) 概况

波浪条件为波幅 2.5 m(波高 5 m),波长 $\lambda = 120$ m。为了考察不同的波浪相位对物体出水的影响,每一种发射角状态都对几种波浪相位进行了计算,计算的状态共有:

发射角	发射方向	波浪相位
30°	顺　浪	8 种
90°	垂　直	8 种
150°	逆　浪	8 种
15°	顺　浪	4 种
45°	顺　浪	4 种
60°	顺　浪	4 种
120°	逆　浪	4 种

---

* 1 kn = 0.514 m/s。

发射管均为顺浪航行(图 12.6)。

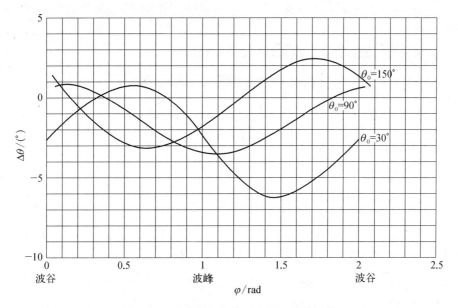

图 12.6　波浪不同相位对物体出水的影响

2) 计算结果整理

将计算所得的弹道与静水弹道加以比较,可以看出,有了波浪以后,随发射时波浪相位不同,出水弹道也有变化。基本上以静水弹道为中心,波浪中的弹道分布于其两侧,形成了喇叭形的弹道区域。波浪下物体出水时姿态的变化范围如表 12.3 所示。

表 12.3　发射角与出水姿态角的关系

发射角 θ_0/(°)	出水姿态角变化范围/(°)	静水出水姿态角/(°)
30	27.24±3.42	27.8
90	88.68±2.03	88.6
150	149.53±2.55	149.4
45	42.67±2.65	42.9
60	58.00±2.05	58.0
120	119.10±1.73	119.1

$\theta_0 = 15°$ 的顺浪顺航发射,有一种相位下计算机不输出结果,估计可能出水有

困难。现有三组结果中,最低一组的出水角仅为$9.65°$,在水下飞行了$2.48\,\mathrm{s}$。水下飞行时间越长,飞行速度衰减越多,看来$15°$的波浪下出水是有危险的,斜发射的角度不能过小。

将顺浪发射的数据进一步整理如表 12.4 所示。

表 12.4　发射角与出水姿态的关系

发射角 θ_0/(°)	30	45	60	90
出水角变化幅度/(°)	±3.42	±2.65	±2.05	±2.03
最大出水角/(°)	30.66	45.32	60.04	90.63
最小出水角/(°)	23.82	40.04	55.95	86.57
最大沉艏角/(°)	−6.18	−4.99	−4.05	−3.43

此四种状态说明,发射角越大,波浪对物体出水角度的扰动越小。但在顺浪下,弹道的主要倾向都是沉艏(见图 12.7),越是小发射角沉艏倾向越大。从计算结果看,$30°$的发射角,物体出水的问题不大。

现将逆浪与顺浪的数据比较,如表 12.5 所示。

表 12.5　顺浪和逆浪的比较

发射角 θ_0/(°)	30	150(水平夹角 30)	60	120(水平夹角 60)
波浪扰动角幅度/(°)	±3.42	±2.55	±2.05	±1.75
最大出水角/(°)	30.66	146.7(33.03)	60.04	117.38(62.62)
最小出水角/(°)	23.82	152.08(27.92)	55.95	120.83(59.17)
最大沉艏角/(°)	−6.18	−2.08	−4.05	−0.83

从表 12.5 看,当发射管顺浪或逆浪航行时,逆浪的斜发射比之顺浪为有利,首先是波浪对物体出水角度的扰动较顺浪时为小。其次从弹道范围看,逆浪发射时,弹道基本上分布于初始发射瞄准线的两侧(而顺浪发射基本上偏于沉艏的一侧)。偏离发射方向的程度较小,且以抬艏的机会为多,从出水的观点看,较容易出水。看来向后方发射(逆浪)较为有利,这与静水弹道的结论是一致的(图 12.7 表示顺浪斜发射弹道范围,发射角 $\theta_0 = 30°$,图 12.8 表示逆浪斜发射弹道范围,发射角 $\theta_0 = 150°$)。

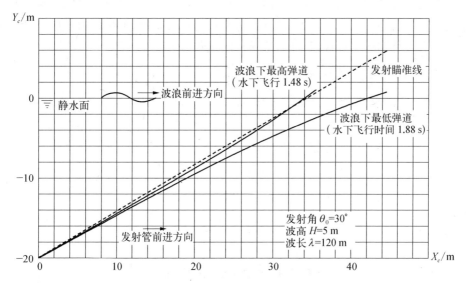

图 12.7　顺浪斜发射弹道范围

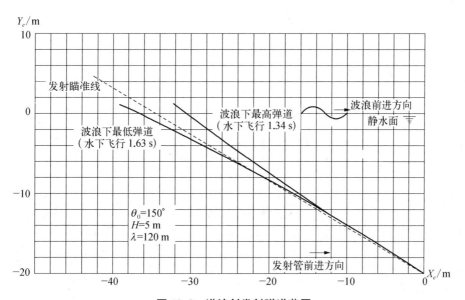

图 12.8　逆浪斜发射弹道范围

12.6　物体出水水弹性响应问题的分析

物体穿出水面的过程是很快的,是一个瞬态过程,具有较强的非线性特性,像回转体类型的物体，其肩部因有低压区域而出现肩部空泡，它与水面的渗混作用而使物体表面出现异常的变化，要从理论上来计算是很难的，水弹性力学中一套频域处理的方法是不适用这种情况的，应该用时域求解方法来处理。

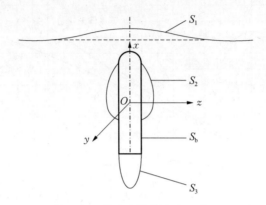

图 12.9　带空泡物体出水示意图

我们先从物体的结构，计算其干模态，取其头 N 个模态，有 N 个广义坐标 q_r，$r = 1, 2, \cdots, N$，一般可以得到运动方程式为[2]

$$a\ddot{q} + b\dot{q} + cq = F \tag{12.46}$$

式中：a，b 和 c 为结构干模态的广义质量阵、广义阻尼阵和广义刚度阵。

$$a = D^T M D \tag{12.47}$$

$$b = D^T C D \tag{12.48}$$

$$c = D^T K D \tag{12.49}$$

F 为物体结构外部流体的广义激励力，在时域中求解，先给定初始状态，设在 $t = 0$ 时，给定自由水表面 S_1 的形状为 S_{01}，其上的压力恒为大气压；肩空泡的形状 S_2 为 S_{02}，其中的压力为 p_{02}，尾空泡形状 S_3 为 S_{03}，其中的压力为 p_{03}；物体和流体的初始状态也给定。

在广义坐标 q_r 中前 6 个是刚体运动的坐标，从第 7 个开始才是弹性体变形的广义坐标。

D 为模态，对于特征频率 $\omega_r (r = 1, 2, \cdots, N)$ 中的每一个相应地有特征模态

$$D_r = \{D_{r1}, D_{r2}, \cdots, D_{rN}\} \tag{12.50}$$

前 6 阶模态为刚体运动，其形式为

$$\boldsymbol{D}_{1j} = \{1,\ 0,\ 0,\ 0,\ 0,\ 0\}$$

$$\boldsymbol{D}_{2j} = \{0,\ 1,\ 0,\ 0,\ 0,\ 0\}$$

$$\boldsymbol{D}_{3j} = \{0,\ 0,\ 1,\ 0,\ 0,\ 0\}$$

$$\boldsymbol{D}_{4j} = \{0,\ -(z_j - z_c),\ (y_j - y_c),\ 1,\ 0,\ 0\}$$

$$\boldsymbol{D}_{5j} = \{-(z_j - z_c),\ 0,\ (x_j - x_c),\ 0,\ 1,\ 0\}$$

$$\boldsymbol{D}_{6j} = \{-(y_j - y_c)\ (x_j - x_c),\ 0,\ 0,\ 1,\ 0\}$$

$$(12.51)$$

任一点的刚体振型位移为

$$\boldsymbol{u}_1 = \{1,\ 0,\ 0\};\ \boldsymbol{u}_4 = \{0,\ -(z - z_c),\ (y - y_c)\}$$

$$\boldsymbol{u}_2 = \{0,\ 1,\ 0\};\ \boldsymbol{u}_5 = \{(z - z_c),\ 0,\ -(x - x_c)\}$$

$$\boldsymbol{u}_3 = \{0,\ 0,\ 1\};\ \boldsymbol{u}_6 = \{-(y - y_c),\ (x - x_c),\ 0\}$$

$$(12.52)$$

结构中任一点的位移为

$$\boldsymbol{u} = \sum_{r=1}^{N} \boldsymbol{u}_r q_r(t)$$

结构外部流体的广义激励力 $\boldsymbol{F}$ 可表示成

$$\boldsymbol{F} = \boldsymbol{E} + \boldsymbol{R} + \boldsymbol{G} + \boldsymbol{B} \tag{12.53}$$

式中：$\boldsymbol{E}$ 为波浪激励力；$\boldsymbol{R}$ 为辐射力；$\boldsymbol{G}$ 为重力；$\boldsymbol{B}$ 为弹体空泡部分上的力。

现在我们令每一个模态的主坐标速度 $\dot{q}_r(t) = 1$，求由它所产生的弹体表面的压力分布 p_r。这是一个混合边值问题，这个问题是已知自由表面 S_1 上的压力等于大气压力，肩空泡表面 S_2 上的压力等于肩空泡内的压力 p_2，尾空泡表面 S_3 上的压力等于 p_3，弹体表面 S_b 上的速度等于 $u_r \dot{q}_r(t)$，$\dot{q}_r(t) = 1$，求弹体表面上的压力分布 p_r。这个问题用一般的势流理论是难以解决的，我们用 MAC 方法来求解，在每一个瞬时 t，我们用压力场和速度场同时迭代，满足混合的边值，求得 p_r，空泡外形是随时间步 Δt 推进而调整的，在这里我们不详细叙述 MAC 方法，而且现在已经做的工作也不完全成熟，可以参考文献[3]。

关于波浪激励力 $\boldsymbol{E}$ 的计算。我们只要令弹体表面速度等于入射波在物体所生的流场速度再加一个负号，同样用上述 MAC 方法求得物体上的压力，再加上克雷洛夫压力（即入射波流场的压力），就可求得 $\boldsymbol{E}$。

设入射波流场的压力 p_w，速度为 u_w，则波浪激励力为

$$E_r = \rho \int_{S_b} \boldsymbol{n} \cdot \boldsymbol{n}_r (p_w + p_D) \mathrm{d}s \tag{12.54}$$

式中：p_D 是令物面上的速度等于 $-u_w$，用 MAC 方法求得的物面上的压力。

关于重力 $\boldsymbol{G}$ 的计算，其公式为

$$G_r(t) = \rho \int_{S_b} \boldsymbol{n} \cdot \boldsymbol{n}_r \, g z_b \, \mathrm{d}s \tag{12.55}$$

式中：$G_r(t)$ 为相应于 r 主坐标广义重力分量，z_b 为物体表面所在位置点的垂向高度。

关于空泡力 $\boldsymbol{B}$ 的计算，其公式为

$$B_r(t) = \int_{S_{B2}} \boldsymbol{n} \cdot \boldsymbol{u}_r \, p_2 \mathrm{d}s + \int_{S_{B3}} \boldsymbol{n} \cdot \boldsymbol{u}_r \, p_3 \mathrm{d}s \tag{12.56}$$

在物体穿出水面时，式(12.56)中的积分面还要调整。

有了以上的各项力的计算，物面的压力 $p(t)$ 可表示为

$$p(x, y, z, t) = \sum_{r=1}^{N} p_r(x, y, z) \dot{q}_r(t) + p_w + p_D + p_b + \rho g z_b \tag{12.57}$$

将求得的各种力代入式(12.46)便可以得到

$$a\ddot{\boldsymbol{q}} + b\dot{\boldsymbol{q}} + c\boldsymbol{q} = \boldsymbol{E}^{\mathrm{T}} \dot{\boldsymbol{q}} + \boldsymbol{R}^{\mathrm{T}} \dot{\boldsymbol{q}} + \boldsymbol{G}^{\mathrm{T}} \boldsymbol{q} + \boldsymbol{B}^{\mathrm{T}} \dot{\boldsymbol{q}} \tag{12.58}$$

令
$$\dot{q}_r = S_r, \ r = 1, 2, \cdots, N \tag{12.59}$$

将它代入式(12.58)，得

$$a\dot{\boldsymbol{S}}_r + b\boldsymbol{S}_r + c\boldsymbol{q} = \boldsymbol{E}^{\mathrm{T}} S_r + R^{\mathrm{T}} S_r + \boldsymbol{B}^{\mathrm{T}} \boldsymbol{S}_r + \boldsymbol{G}^{\mathrm{T}} \boldsymbol{q} \tag{12.60}$$

方程(12.59)和方程(12.60)变成一阶微分方程，便可在时域中求解。这仅是一个分析说明，实际要这样做是一个艰巨过程。

12.7　物体出水水弹性响应的计算

在上一节中分析了物体出水水弹性响应的问题，其中最难的是求解一个混合边值问题，在时域中推进的每一个 Δt 步，都要求解一次每个模态 u_r 的混合边值问题。现在还未见到解决这个问题的报道，如果我们能获得在出水过程中物面分布压力的试验数据，那么我们就不需要求解混合边值的难题，使计算大为简化，且使计算结果更加接近实际情况。

我们将坐标系固定在物体上，坐标原点与物体的重心相重合，我们取平面运动中的 4 个模态，即 x 轴向，z 轴向，绕 y 轴旋转方向，绕 y 轴弯曲的一个弹性模态，这样使得刚体模态运动方程为

$$m\ddot{x}_c + mwq = -\int_{S_b} p n_x \mathrm{d}s \tag{12.61}$$

$$m\ddot{z}_c + muq = -\int_{S_b} p n_z \mathrm{d}s \tag{12.62}$$

$$I_y\ddot{q} = \int_{S_b} -[pn_x(z-z_c) - pn_z(x-x_c)]\mathrm{d}s \tag{12.63}$$

关于弹性模态的运动方程,我们选用第 7 个模态,即弯曲变形模态,其直坐标为 q_7,弯曲模态为 $w_7(x)$,运动方程为

$$M_7\ddot{q}_7 + b_7\dot{q}_7 + K_7q_7 = \int_0^l w_7(x)\int_0^{2\pi} p(x, r, \theta, t)r\mathrm{d}\theta\mathrm{d}x \tag{12.64}$$

式中: M_7 为相应于 q_7 的广义质量。设物体单位长度的质量为 m_7,有

$$M_7 = \int_0^l m_7(x)[w_7(x)]^2\mathrm{d}x \tag{12.65}$$

K_7 为相应于 q_7 的广义刚度,设物体截面的抗弯刚度为 EI,有

$$K_7 = \int_0^l w_7(x)\frac{\partial^2}{\partial x^2}\Big[EI\frac{\partial^2 w_7(x)}{\partial x^2}\Big]\mathrm{d}x \tag{12.66}$$

广义阻尼系数 b_7 则采用半经验的方法来确定,方程(12.64)右端为相应于 q_7 的广义力。

为了在时域中求解,还要改变一下方程(12.61)～方程(12.64)的形式,令

$$\left.\begin{array}{l} \dot{x}_c = \xi \\ \dot{z}_c = \zeta \\ \dot{q} = \theta \\ q_7 = \eta \end{array}\right\} \tag{12.67}$$

则有

$$\left.\begin{array}{l} m\dot{\xi} + m\zeta q = -\displaystyle\int_{S_b} p(x, y, z, t)n_x\mathrm{d}s \\[2mm] m\dot{\zeta} - m\xi q = -\displaystyle\int_{S_b} p(x, y, z, t)n_z\mathrm{d}s \\[2mm] I_y\dot{\theta} = -\displaystyle\int_{S_b} p(x, y, z, t)[n_x(z-z_c) - n_z(x-x_c)]\mathrm{d}s \\[2mm] M_7\dot{\eta} + b_7\eta + K_7q_7 = \displaystyle\int_0^l w_7(x)\int_0^{2\pi} p(x, r, \theta, t)r\mathrm{d}\theta\mathrm{d}x \end{array}\right\} \tag{12.68}$$

式(12.67)和式(2.68)中各式变成各变量对时间一次导数的微分方程,便于用龙格库塔法在时域中推进求解。开始时给出各变量的初始条件:

$$t = 0, \xi = \xi_0, \zeta = \zeta_0, \theta = \theta_0, \eta = \eta_0 \text{ 等}$$

这样可以求得各变量随时间的变化关系。这样的计算可以较方便地得出物体出水的水弹性响应,是现阶段一个比较切实可行的方法,但严格说来还有一定问题,因为物面压力是在模型试验中测得的,但模型与原型之间的弹性结构相似关系是不

能满足的,这个差异所引起影响也可能很小,尚要进一步研究。总的说来,物体出水水弹性响应问题是一个尚未解决的问题,目前正处于研究阶段。

12.8　回转体出水有攻角有空泡时的结构响应时域过程

本节内容采用王一伟等的论文[5]。

论文基于软件 Fluent,并采用单一介质多相混合方法以及 Singhal 模型建立计算方法,对航行体出水全过程进行较大规模并行计算,从而获得出水空泡溃灭时航行体表面的压力特征,且结合结构动力学方法,求解航行体出水全过程中的结构响应载荷,还进一步通过对空泡状态以及演化的分析,指出航行体结构载荷的产生机理。

12.8.1　问题的描述和计算方法

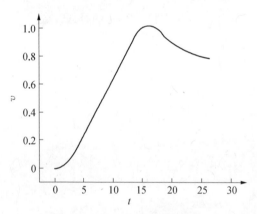

图 12.10　轴向速度曲线

将问题抽象为锥头细长圆柱体的垂直出水,长细比约为 5。为了描述方便,本文中的计算条件与结果均已根据航行体直径、出水过程轴向最高速度以及液态水密度等进行了无量纲化。给定航行体无量纲轴向速度曲线如图 12.10 所示,无量纲深度为 10。为了模拟有攻角的出水状态,给定一个稳定的侧向水流,无量纲速度为 0.056。

上述问题的雷诺数在 10^8 量级,出水前肩部当地空化数 σ 约为 0.16,不可凝结气体的质量分数 $f_g = 1.5 \times 10^{-5}$,韦伯数 We 在 10^8 量级。

对半空间划分六面体网格如图 12.11 所示,为了保证壁面 y^+ 值在 1 左右,第一层网格取为直径的万分之一,总单元数约为 300 万。计算采用航行体固定不动,水流与自由面相对其以前述速度曲线运动的方式,因而计算实际建立在非惯性坐标系上。方程(12.71)体力项为

图 12.11　空间网格

$$F = -\rho_m a \tag{12.69}$$

式中：a 为航行体实际的运动加速度。

　　其他计算及边界条件如图 12.12 所示：整个空间为半圆柱，中间截面为对称条件；下底面为水流出口，给定相对航行体的水流速度；上顶面为空气入口，给定水流的总压；水气间的自由面随着水流掠过航行体。计算采用无量纲时间步长为 4.5×10^{-5}，整个计算使用 64CPU 并行完成，计算时间约为一个月。

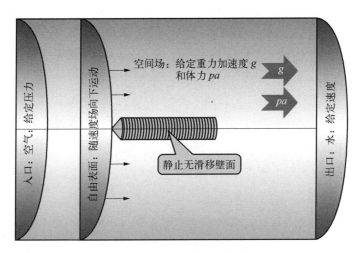

图 12.12　计算条件及边界条件

12.8.2　考虑空化的水动力学基本方程

　　为了模拟流场中的液态水、水蒸气和空气三种组分及其相变，本文采用单一流体多种组分混合物模型[6, 7]并对混合物建立基本方程包括连续性方程、动量方程和能量方程：

$$\frac{\partial}{\partial t}(\rho_m) + \nabla(\rho_m v_m) = 0 \tag{12.70}$$

$$\frac{\partial}{\partial t}(\rho_m v_m) + \nabla(\rho_m v_m v_m) = -\nabla p + \nabla[\mu_m(\nabla v_m + \nabla v_m^{\mathrm{T}})] + \rho_m g + F \tag{12.71}$$

$$\frac{\partial}{\partial t}(\rho_m) + \nabla(\rho_m v_m) = 0 \tag{12.72}$$

　　同时为了描述不同组分的比例关系，针对水蒸气及空气引入关于其质量分数的输运方程：

$$\frac{\partial}{\partial t}(\rho_m f_v) + \nabla(\rho_m v_m f_v) = R_e - R_c \tag{12.73}$$

$$\frac{\partial}{\partial t}(\rho_m f_a) + \nabla(\rho_m v_m f_a) = 0 \tag{12.74}$$

方程(12.73)中的源项 R_e，R_c 分别定义了水的空化率和水蒸气的凝结率，它们都是流动状态和流体属性的函数。根据 Singhal 的文献，它们可由 Rayleigh-Plesset 方程推导而得：

如果当地压力小于空化压力，即 $p < p_v$ 时，空化率表示为

$$R_e = C_e \frac{\sqrt{k}}{\gamma} \rho_l \rho_v \sqrt{\frac{2(p_v - p)}{3\rho_l}} (1 - f_v - f_g) \tag{12.75}$$

当 $p > p_v$ 时，凝结率表示为

$$R_e = C_e \frac{\sqrt{k}}{\gamma} \rho_l \rho_l \sqrt{\frac{2(p - p_v)}{3\rho_l}} f_v \tag{12.76}$$

本文采用 RNGk‑ε 模型来建立并求解关于湍动能及耗散率的输运方程[8]，并对涡黏性系数进行了如下密度修正：

$$\mu_t = f(\rho) C_\mu \frac{k^2}{\varepsilon} \tag{12.77}$$

式中

$$f(\rho) = \rho_v + \frac{(\rho_m - \rho_v)^n}{(\rho_l - \rho_v)^{n-1}} \qquad n = 10 \tag{12.78}$$

12.8.3　回转体表面水动压力的计算

通过对水动力压力积分得到航行体不同截面的侧向合力，将其在时间和空间展开如图 12.13，其中向左为时间轴，向右为空间轴。从图中可见水下航行阶段侧向力主要包括两个系列的峰值，其中时间上较早出现的一系列压力峰是由空泡末端回射压力所形成的，称为回射峰值；出现在出水阶段的另一系列峰值由溃灭压力构成，称为溃灭峰值；空泡末端溃灭时，与回射压力共同作用，多点同时压力升高，出现一个幅值与脉宽均为最大的侧向力峰值（图中方框所标记），称为同步溃灭。计算结果中空泡导致的回射与溃灭峰值无量纲压力普遍在 0.4～0.6 范围内，同步溃灭甚至达到 0.8 以上，显著高于无空泡状态下的水动压力脉动。

回射峰值与溃灭峰值的形成机理及演化过程，主要受到空泡发展以及迎背水面空泡状态差别的影响，将在下一节具体进行分析。

从压力曲线的演化来看，图 12.14 和图 12.15 分别对应不同时刻迎水面和背水面的压力分布曲线。从中可见，随着时间的推进，空泡处的低压区逐渐拉长，空

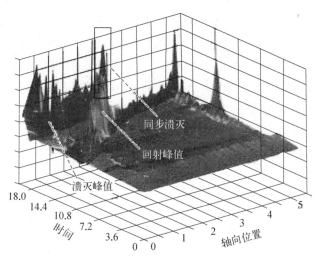

图 12.13　航行体出水全过程截面侧向力

泡发育初期生长得较快,而后期长度逐渐稳定。空泡末端水流的近似驻点处形成回射压力峰值(如图 12.14 和图 12.15 中箭头所指),其中迎水面回射峰值比较稳定,而背水面回射峰值比较不规则,并且泡内低压区在某时刻从中部发生断裂(如图 12.15 在所圈压力升高区域),这也是发生空泡脱落的明显证据。对于航行体所

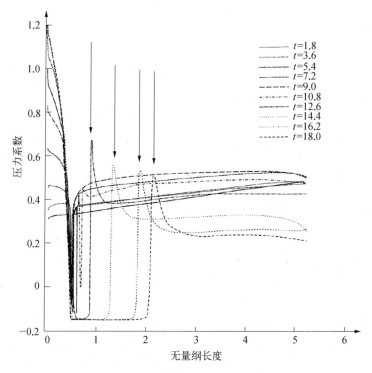

图 12.14　迎水面压力曲线演化

受的整体侧向力系数(如图 12.16 所示,其中已用航行体侧向投影面积作为特征面积进行了无量纲化),则表现出一种振荡向上的形式。振荡的主要原因是前面所述的空泡脱落导致的回射峰值及泡内压力的不稳定,而对其进行二次多项式拟合后可以看出,其整体的综合走势实际与迎背水面的空泡长度差相互关联:空泡初生阶段,长度差逐渐拉大,横向力振荡变大;在空泡发展稳定时,长度差总变化很小,相应的横向力也趋向平稳。

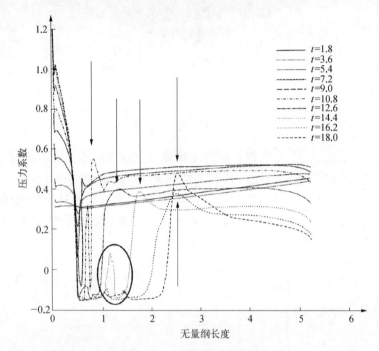

图 12.15 背水面压力曲线演化

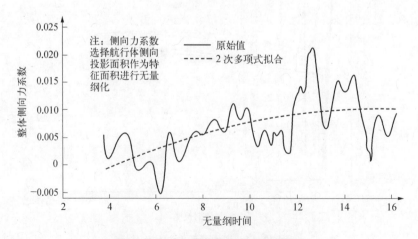

图 12.16 航行体整体侧向力系数演化

航行阶段迎、背水面空泡长度和脱落特征的差别,以及回射压力作用在不同的界面上,就形成了 12.8.3 节中所述的回射压力峰值。从特征来看,回射峰值的推进慢,无量纲特征速度约为 0.4,并且幅值的变化平缓,因而这部分压力主要造成了航行体的刚体运动,对振动的激发并不充分,所引起的弯矩变化幅值比较小。

12.8.4　回转体上的空泡演化规律

航行阶段,随着航行体所处水深的减小和速度的增大,当地空化数持续降低,因而空泡性质也表现出了由不稳定到趋向稳定的过程[9]。计算表明,肩部空泡表现出如下的演化过程:无量纲时间 8 左右,背水面最先出现空化(如图 12.17(a)所示,图中左侧为水面方向,下方为迎水面,上方不背水面);初期的空泡生长过程中伴随着准周期性的非稳态演化,迎、背水面空泡长度比较接近(如图 12.17(b)和图 12.17(c)所示,时间在 8～13);随着空泡的继续快速生长,迎、背水面空泡长度差别逐渐增大,并且从性质上来看,迎水面空泡生长较为稳定,而背水面空泡会发生较大尺度的脱落(如图 12.17(d)～(f),时间在 13～17,σ 为对应时刻肩部当地空化数)。

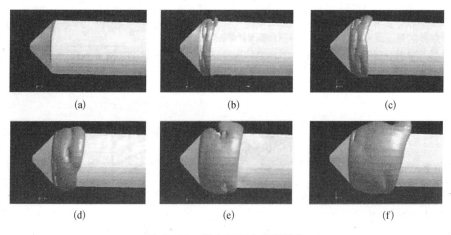

图 12.17　迎水面压力曲线演化

(a) $t=8.64$, $\sigma=1.59$　(b) $t=10.8$, $\sigma=0.81$　(c) $t=11.7$, $\sigma=0.63$
(d) $t=12.6$, $\sigma=0.49$　(e) $t=13.5$, $\sigma=0.39$　(f) $t=14.4$, $\sigma=0.31$

观察出水前典型时刻($t=16.2$,头部出水时刻约为 18)的空泡状态(如图 12.18所示,颜色深浅表示泡内气体体积分数),可以发现迎水面空泡内气体分布均匀且含量较高,背水面空泡由于前期发生了脱落,泡内结构比较复杂,气体分布不均匀,并且含有较多的液态水。从泡内流线来看,背水面空泡含有明显的周向涡结构,使得气体与液态水产生强烈的渗混(如图 12.19 所示)。从压力来看,迎水面的回射压力峰值(图 12.20 所示)更为集中,幅值也较高;而背水面由于空泡的脱落,空泡断开存在局部压力升高(如图12.20和图12.21所示)。这种迎背水面空泡形态、成分以及流动状态的差异,直接会造成下一小节所述的溃灭压力演化特征的不同。

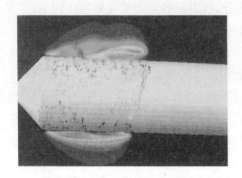

图12.18　背水面压力曲线演化

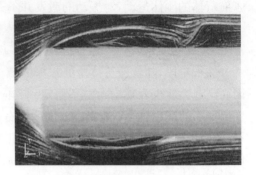

图12.19　航行体整体侧向力系数演化

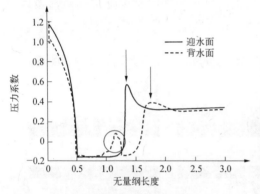

图12.20　迎水面压力曲线演化

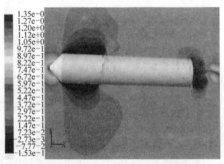

图12.21　背水面压力曲线演化

　　航行体在出水过程中,由于上方空气密度仅为水密度的千分之一左右,肩部的低压区无法维持,因而空泡发生溃灭,泡内水蒸气相变为液态水。在此过程中,气体体积的急剧坍缩以及空泡外侧液态水的拍击作用,导致表面形成较高的溃灭压力峰值。对于水轮机等问题,单个空泡溃灭的压力冲击常常会造成叶片表面的损伤。而对于本文的细长航行体出水问题,单个的溃灭压力峰值往往影响不大,而溃灭压力演化状态则是导致航行体整体弯曲破坏的最主要原因。因此研究溃灭压力演化,并进而分析载荷的产生机理就显得非常重要。

　　对于出水过程中某一典型时刻,水和气体(包括空气和水蒸气)的界面分布如图12.22所示(左侧为航行体运动方向,下方为迎水面,上方为背水面)。航行体迎水面溃灭比较均匀,形成较为稳定的溃灭压力向弹尾方向推进。图12.23为此时航行体表面及对称面压力分布,椭圆包围区域为该时刻溃灭压力峰值推进到达的区域。图 12.24 为不同时刻迎水面的压力曲线,箭头所指即为溃灭压力峰值。可以看到较规则的溃灭压力的向后传播过程。

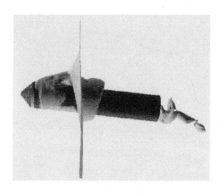

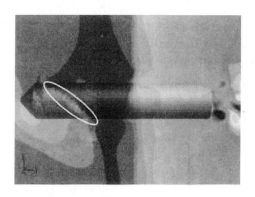

图 12.22　航行体整体侧向力系数演化　　　　图 12.23　迎水面压力曲线演化

相比之下,背水面较大范围的空泡脱落使得其内部结构更为复杂,并含有较多的液态水,因而背水面空泡溃灭峰值压力相对较小,也未形成均匀峰值推进。图 12.25 为典型时刻迎、背水面压力曲线对比,图中箭头所指的迎水面溃灭峰值明显高于圆圈所包围的背水面溃灭压力。航行体迎、背水面的溃灭压力特征的差异,以及在出水溃灭时较大的侧向合力及其逐步推进,就产生了 12.8.3 节中的溃灭压力峰值。

由于溃灭压力峰值的推进速度较快(无量纲速度在 1.4 左右),以及压力幅值存在明显强弱变化,且变化周期接近于航行体一阶振动的特征频率,因此溃灭压力峰值能够很有效地激发航行体的振动,从而产生了较高的出水弯矩。

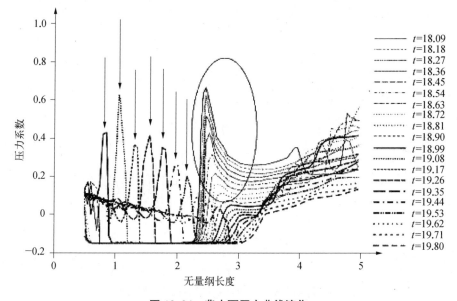

图 12.24　背水面压力曲线演化

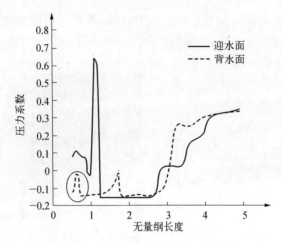

图 12.25 航行体整体侧向力系数演化

12.8.5 回转体结构的响应

结构动力学方面的基本方程为

$$M\ddot{u} + C\dot{u} + Ku = F(t) \tag{12.79}$$

式中：$\ddot{u}$ 为节点加速度向量；$\dot{u}$ 为节点速度向量；u 为节点位移向量；$F(t)$ 为力向量；M 为质量矩阵；K 为刚度矩阵；C 为阻尼矩阵。实际计算中,利用 Adams 软件,采用梁单元进行离散求解。

将航行体简化为梁模型;在水动力计算结束后,将每一时刻水动压力积分得到的侧向力作为分布外力加载,同时考虑头部驻点压力与尾部推力构成的轴压,求解梁上不同节点的振动特性。

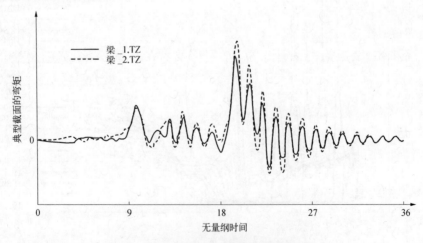

图 12.26 航行体出水全过程曲型截面弯矩

　　在前述外载的作用下,通过结构动力学计算得到两个典型截面弯矩如图 12.26 所示,其中航行过程振动主要是由回射峰值产生,而出水过程的振动主要是受到溃灭峰值的影响。两者相比,出水溃灭过程弯矩明显大于航行阶段,因而应该将其作为结构弯曲强度的设计参考值。两者差别主要来源于回射与溃灭峰值的各自性质的不同,这将在空泡演化规律中具体进行分析。

参考文献

［1］　程贯一,董慎言,等. 带尾翼回转体出水弹道理论计算［J］. 舰船性能研究,1976:154－181.

［2］　王大云. 三维船舶水弹性力学的时域分析方法［D］. 中国船舶科学研究中心博士学位论文,1996.

［3］　王宝寿,程贯一. 利用 MAC 方法计算回转体出水的空泡演化过程［R］. 第702 研究所技术报告,2009.

［4］　Bryson A E. Stability Derivation For a Slender Missile with Application to a Wing-Body-Vertical-Tail Configuration［J］. Jour. Aero. Sic. , 1953:297－308.

［5］　王一伟. 航行体有攻角出水全过程数值模拟［J］. 水动力学研究与进展(A辑),2011,26［1］:48－57.

［6］　Singhal A K,Athavale M M,Li H,et al. Mathematical Basis and Validation of the Full Cavitation Model［J］. Journal of Fluids Engineering,2002,124(3):617－624.

［7］　Fluent Inc. , FLUENT 6. 3 User's Guide［OL］. 2006,http://www. fluent. com.

［8］　Wilcox D C. Turbulence modeling for CFD (2nd edition)［M］. Canada:DCW Industries,1998.

［9］　杜特专,黄晨光,王一伟,等. 动网格技术在非稳态空化流计算中的应用［J］. 水动力学研究与进展,A 辑,2010,25(2):191－198.